高等学校应用型本科规划教材

Shuilixue yu Qiaohan Shuiwen

水力学与桥涵水文

主　编　王丽荣
副主编　李家春　王国峰　杨　扬
主　审　高冬光

人民交通出版社

内 容 提 要

本书是根据高等学校土木工程专业应用型本科教学的要求，以土木工程专业（路桥工程方向）的“水力学与桥涵水文”课程讲授内容为主编写的。本书包括水力学与水文学基础、大中桥桥位设计、小桥涵水力水文计算三大部分内容，主要讲述水静力学、水动力学基础、明渠均匀流、明渠非均匀流、河川水文基础知识、大中桥设计流量的推算、大中桥孔径设计、桥梁墩台冲刷计算及基础埋深、小桥涵设计流量的推算、小桥和涵洞孔径计算等内容。本书同时对《公路工程水文勘测设计规范》（JTG C30—2002）的具体应用也进行了阐述。

本书是高等院校土木工程专业、道路桥梁与渡河工程专业及其相关专业应用型本科规划教材，也可供科研、设计、施工等方面的工程技术人员参考使用。

图书在版编目（CIP）数据

水力学与桥涵水文/王丽荣主编．—北京：人民交通出版社，2007.6
ISBN 978-7-114-06409-8

Ⅰ．水…　Ⅱ．王…　Ⅲ．①水力学②桥涵工程-工程水文学　Ⅳ．TV13　U442.3

中国版本图书馆CIP数据核字(2007)第020708号

高等学校应用型本科规划教材
书　　名：水力学与桥涵水文
著 作 者：王丽荣
责任编辑：毛　鹏
出版发行：人民交通出版社
地　　址：(100011)北京市朝阳区安定门外外馆斜街3号
网　　址：http://www.ccpress.com.cn
销售电话：(010)59757973
总 经 销：人民交通出版社发行部
经　　销：各地新华书店
印　　刷：大厂回族自治县正兴印务有限公司
开　　本：787×1092　1/16
印　　张：16
字　　数：401千
版　　次：2007年6月　第1版
印　　次：2019年5月　第11次印刷
书　　号：ISBN 978-7-114-06409-8
定　　价：27.00元

21世纪交通版
高等学校应用型本科规划教材
编　委　会

前　言

本教材系参考国家级教育研究项目“21世纪中国高等学校应用型人才培养体系的创新与实践”课题“土木工程专业应用型人才培养的创新与实践”子课题教改最新精神编写的，内容加强了课程理论体系的科学性与专业针对性，突出了以培养路桥工程类应用型人才为培养目标的教改指导思想，编写时采用了新颁布的技术标准和技术规范的有关规定。

水力学与桥涵水文两大内容原属两门单独的课程，两者并无严密的学科系统性，但在理论应用方面却有密切的关系。按照应用型本科院校的培养目标的要求我们将两门课程合二为一，有利于专业教学的针对性，在教学上可减小许多不必要的搭接内容，同时特别强调了基础知识的应用这部分内容，为专业知识学习和扩展打下良好基础。

按照教学大纲的要求，学生在学完《理论力学》、《高等数学》等先修课程的基础上，通过本课程的学习，可以使学生掌握从事公路与桥梁（涵）的勘测、设计等工作所必需的水力水文基本理论知识，能进行一般水文地质条件下的大中桥孔径设计，并能熟练运用标准图进行小桥涵孔径计算。

本教材共有三篇。第一篇“水力学与水文学基础”通过水静力学、水动力学基础、明渠均匀流、明渠非均匀流、河川水文基础知识等内容的学习，使学生了解水体平衡和水流运动规律，掌握应用这些规律解决公路桥涵中有关水力计算问题的方法，掌握河川水文现象的特征和水文资料观测收集分析整理的方法，了解河流的泥沙运动、河床演变、河流特性等基本知识，使学生在深入学习各章内容前对水力学与水文学的基本知识有一个比较扎实的了解。

第二篇和第三篇为“大中桥桥位设计”、“小桥涵水力水文计算”。通过对大中桥设计流量的推算、大中桥孔径设计、桥梁墩台冲刷计算、小桥涵设计流量的推算、小桥和涵洞孔径计算等内容的学习，学生应该能进行一般水文地质条件下的大中桥桥位设计和小桥涵孔径计算。此外，为了体现新技术的含量，根据《公路工程水文勘测设计规范》(JTG C30—2002)的一些变化，介绍了与现行规范相配套的计算公式，体现了教材的时效性与实用性。

所有计算例题均按《公路工程水文勘测设计规范》（JTG C30—2002）有关规定编写，便于学生掌握理论计算要领。全书附有必要的思考题和习题。每章还有学习目标、学习重点、学习难点和本章小结，以便学生自学和自测。土木工程专业应用型人才培养的创新与实践教学改革是以培养路桥工程生产第一线高等工程技术应用型人才为目标的，为此我们建议在理论教学的同时加强实践教学学习，增加一个以大中桥孔径设计为主的课程设计，加强设计理论和计算方法的应用，此部分内容建议由各学校根据具体情况结合学时、地区的差异在讲授时以辅导材料形式给出。

本教材由黑龙江工程学院王丽荣主编，由长安大学李家春、黑龙江工程学院王国峰、黑龙江工程学院杨扬任副主编，长安大学高冬光教授主审。本书编写工作的具体编写情况为黑龙江工程学院王丽荣编写第一章、第七章第二、三、四节，并负责全书的统稿工作；长安大学李家春编写第三章、第四章、第五章、第十章、第十一章；黑龙江工程学院王国峰编写第八章第三、四节和第九章；黑龙江工程学院杨扬编写第二章；黑龙江工程学院刘空军编写第六章；黑龙江工程学院王景波编写第七章第一、六节；吉林省宇辉地方铁路有限公司孙平义编写第八章第一、二节；黑龙江工程学院陈铁林编写第七章第五节。

在本书编写过程中，得到了高冬光教授的谆谆教导和无私帮助，长安大学的田伟平、王亚玲老师，也为本书编写提出了宝贵意见，在此一并表示深深的谢意。本书得以顺利出版，也离不开人民交通出版社的帮助与支持。特别感谢毛鹏编辑为此付出的辛勤工作。

由于编者水平有限，编写时间仓促，敬请读者对书中存在的错误和不当之处予以批评指正。

编　者

2007 年 1 月

目　　录

第一篇　水力学与水文学基础

第二篇　大中桥桥位设计

第三篇　小桥涵水力水文计算

第一篇　水力学与水文学基础

第一章　绪　　论

本章学习目标

1. 了解水力学与桥涵水文课程的学习目的和任务；
2. 掌握液体(主要是水)的主要物理性质，了解它们在液体运动时所起的作用。

本章学习重点

液体(主要是水)的主要物理性质。

本章学习难点

液体的黏滞性和牛顿内摩擦定律。

第一节　《水力学与桥涵水文》课程的学习目的与任务

当公路跨越江、河、沟、壑时，需要设置桥涵等人工排水建筑物，如果这些建筑物的大小和基础埋置深度设计不当，就会遭到水毁。此外，公路有不少路段与河道并行，其沿河路基也常因洪水的顶冲和淘刷而发生坍塌或遭到破坏，需要修建路基冲刷防护建筑物，如果这些建筑物的布设和基础埋置深度设计不当，也会遭到水毁而不能发挥防护路基的作用。山区公路的排水问题就比较复杂，不能像平原区那样只考虑设置桥涵，而要考虑设置包括桥涵、急流槽、跌水、渡槽、渗水路堤、挡水墙、路基边沟和截水沟等组成的整个排水系统。这个排水系统不仅要考虑排水，还要考虑输沙，并预防堵塞。如果设计不当，不仅桥涵要遭到水毁，而且水流漫溢到路面上，还要冲毁路面和路基。山区公路常因排水系统设计不当而造成大量的“水洗路面”(路面被冲毁)，有的地区此类情况十分突出。公路不可避免地要通过一些不良工程地质地段，在平原区常遇到的有特殊土，在山区常遇到的有不良地质地段。公路通过不良工程地质地段时，遇到的很多地质病害问题常常牵涉到水的因素。山区公路旱季时问题一般较少，一到雨季，问题就容易出现，除了桥涵和路基的水毁外，其余的多半是滑坡、崩塌和泥石流等病害。这主要是雨水侵入了疏散的岩体，减少了岩体的内摩阻力，使其失去了原有的稳定状态；另外，也有水分侵入缝隙发达的岩体，冬季冰冻膨胀冻结，春季气温升高后，冰冻融解，使岩体失去稳定而发生崩塌。因此，这类地质病害，从成因上看也可视为是由于水的问题所导致的，所以，在解决山区公路的地质病害时，处理好水的问题才是上策。

从上述一系列设计问题中可以看出：在公路建筑物的设计工作中，不仅要从结构设计上使其具有足够的强度以保证交通运输的安全，还要从水文、水力设计上保证在设计洪水与暴雨的作用下结构物具有足够的安全性以维持交通运输的畅通无阻，这样才能达到公路预期的经济效益。就公路桥梁的设计而言，跨越江河上的桥梁，它的整个设计工作，并不只是主体工程桥梁的设计工作，也不只是主体工程桥梁的结构设计工作，而是整个桥渡的设计工作，即首先要结合路线的总方向选择一个好的桥位；然后确定合适的桥孔位置、桥孔长度和高度；按照桥梁墩台处可能出现的最大冲刷深度与河床地质情况，决定墩台基础的安全埋置深度；还要合理地布设桥头引道和必要的调治构造物；最后选定恰当的桥梁方案、上部构造形式和墩台结构形式等。而且还必须牢记：选择什么样的桥梁方案，采用什么样的上部结构形式、墩台结构形式以及桥头引道结构形式等，与桥位河段特性、采用的调治构造物及其冲刷防护措施等密切相关。在江河上建桥，只有深入了解并认清桥位河段的河流特性，才有可能做好整个桥渡的设计工作。一个好的设计，决不能只要求整个设计中的一部分设计达到安全可靠和经济合理就行了，而应当要求全部设计，包括水文、水力设计等都达到安全可靠和经济合理才行。从目前公路建筑物的损毁多半是水毁这一实际情况出发，要使公路建筑物的整个设计达到安全可靠和经济合理，就需要积极加强公路建筑物的水文、水力设计工作。对于任何一个工程设计，如果其中某一方面的设计达不到安全可靠，整个工程的经济合理性就无从谈起。随着我国公路交通运输事业的日益发展，主要公路干线上的交通量将越来越大，公路因水毁而造成任何一段时间的交通中断，都将会造成很大的经济损失与麻烦。正确理解这些问题，无论是对主管设计还是对主管技术的工程技术人员来说，都是十分必要的。

公路桥涵在水力、水文设计工作中，包含有选择桥涵的位置、孔径大小的计算、桥面最低高程和基础底面埋置深度的确定以及相应配置的调治构造物和陡坡过水建筑物设计等问题。为了解决这些专业技术问题，必须了解和掌握有关河床演变的发展趋势、洪水情况、水流自身以及对结构物的作用规律等专业基础知识；同时还必须掌握诸如设计流量、洪水位和流速等水力水文要素的分析和计算方法。本课程正是围绕这些问题而设置的，由此可见，本课程是一门由基础与专业能力紧密结合的课程。

本课程的**内容结构**由三大部分组成。按编排顺序，第一部分为水力学与水文学基础，主要包括绪论、水静力学、水动力学基础、明渠均匀流、明渠非均匀流以及水文学基础。第二部分为水力水文知识在公路桥涵设计中的具体应用，主要介绍大中桥设计流量推算方法、大中桥桥位布置、桥孔确定、桥面最低高程、桥下冲刷深度等确定方法。第三部分为小桥涵设计流量推算方法和小桥涵孔径确定方法。

本课程的**学习目的**是：学会运用水力水文的有关知识，进行综合分析，为路基排水、小桥涵设计和施工，提供必要的水力水文方面的数据和结论，同时对一般大中桥进行桥位设计。

本课程的**任务**是：研究水体平衡、水流运动和水文现象等规律，并结合公路桥涵的总体设计，研究进行水力水文计算的基本理论和方法。具体的要求是：掌握确定公路过水建筑物结构的水力荷载、输水能力的计算方法；掌握野外水文调查与形态勘测的具体方法；掌握在不同情况下推求桥涵断面的设计流量的基本理论和方法；了解合理选择桥位的原则；掌握确定桥孔长度和桥面最低高程、确定最大冲刷线高程及墩台基底埋置深度的基本理论和方法；了解配置相应的调治构造物的原则；掌握通过查表或计算确定小桥涵洞孔径的方法；了解合理选择进出水口处理方法的原则。

第二节 连 续 介 质

液体由大量不断作无规则热运动的分子所组成，其真实结构是由彼此之间有空隙并在进行复杂微观运动的大量液体分子所组成的聚集态。从微观的角度看，分子之间的真空区是随机变化的，并且其尺度远大于分子本身的尺度。因此，液体分子运动的物理量(如流速、压强等)的空间分布是不连续的。另外，由于液体分子运动的随机性，其运动物理量在时间过程中也是不连续的。但从宏观的角度看，液体分子的体积极小，在标准状态下，每立方米的水中，约有 3×10^{16} 个水分子，分子之间的距离约为 3×10^{-10} m，如此众多而密集的水分子，各自作不规则的随机运动，导致分子之间不断地发生碰撞，从而进行充分的能量和动量交换。因此，液体的宏观运动体现了众多液体分子微观运动的统计平均情况，明显地呈现出均匀性、连续性和确定性。

水力学是从宏观的角度研究液体的机械运动。由于在工程实际问题中，所涉及到的液体运动的特征尺度及特征时间均远远大于分子间距及分子碰撞时间，个别分子的行为，几乎不影响大量液体分子统计平均后的宏观物理量(如质量、流速、压力等)。可见，从宏观角度去研究液体运动规律，能够满足工程问题所要求的精度。所以，在水力学中假定：液体质点完全充满所占空间而没有任何空隙存在，其物理性质和运动要素在空间和时间上都是连续分布的，即连续介质，我们称之为**连续介质假定**。根据连续介质假定，水力学中所研究的液体，可以看成是容易流动、不易压缩、各向均匀的连续介质。以水为代表的一般液体和在某些情况下可以忽略压缩性影响的气体，都具有这些基本特征。

液体质点是指微观上足够大而宏观上又充分小的液体分子团。微观上足够大是指液体分子团内包含足够多的分子，使得它们的运动物理量的统计平均值是一个稳定的数值；宏观上充分小是指分子团的宏观尺寸远远小于所研究问题的特征尺寸，则分子团内各分子的物理量可以看成是均匀分布的。

采用连续介质假定，就可以不考虑液体复杂的分子运动，而着眼于实际工程问题所关心的宏观机械运动，并能充分利用连续函数这一数学分析工具，有效地描述液体的平衡和运动规律，这在工程应用中既方便简单，又有足够的精确性。

第三节 液体的主要物理性质

外因是变化的条件，内因是变化的根据。液体受力作机械运动，固然与作用于液体的外部因素和条件有关，但主要决定于液体本身的内在物理性质。从宏观角度来探讨液体的物理性质是研究液体运动的出发点，为此，先讨论液体(主要是水)的几个主要物理性质。

一、液体的密度和重度

液体和固体一样，也具有质量和重力，质量单位为 kg，重力单位为 N、kN。

单位体积液体的质量称为液体的**密度**，以符号 ρ 表示，其单位为 kg/m^3。对于均质液体，设其体积为 V，液体的质量为 m，则

$$\rho=\frac{m}{V} \tag{1-1}$$

质量为 m 的液体，其所受的重力 G 的大小为

$$G = mg \tag{1-2}$$

式中：g——重力加速度(本书中 $g=9.8\text{m/s}^2$)。

单位体积液体的重力称为液体的**重度**，以 γ 表示，其单位为 N/m^3、kN/m^3。对于均质液体，设其体积为 V，重力为 G，则

$$\gamma = \frac{G}{V} \tag{1-3}$$

将式(1-2)代入式(1-3)得

$$\gamma = \frac{mg}{V} = \rho \cdot g \tag{1-4}$$

或

$$\rho = \frac{\gamma}{g} \tag{1-5}$$

在一个标准大气压强条件下，纯水的密度和重度随温度的变化见表 1-1，几种常见液体的重度见表 1-2。

纯水的密度和重度(标准大气压下)　　表 1-1

t(℃)	0	4	10	20	30
密度(kg/m^3)	999.87	1 000.00	999.73	998.23	995.67
重度(N/m^3)	9 798.73	9 800.00	9 797.35	9 782.65	9 757.57
t(℃)	40	50	60	80	100
密度(kg/m^3)	992.24	988.07	983.24	971.83	958.38
重度(N/m^3)	9 723.95	9 683.09	9 635.75	9 523.94	9 392.12

几种常见液体的重度(标准大气压下)　　表 1-2

液体名称	空气	水银	汽油	酒精	四氧化碳	海水
重度(N/m^3)	11.82	133 280	6 664～7 350	7 778.3	15 600	9 996～10 084
测定温度(℃)	20	0	15	15	20	15

二、液体的膨胀性和压缩性

液体随温度升高体积膨胀的性质称为液体的**膨胀性**。液体的宏观体积，在温度升高时膨胀，其密度则减小。从表 1-1 可以看出，在常温下水的密度变化幅度是很小的。例如，温度由 0℃到 30℃，密度只减小 0.4%，故工程上一般可将水的密度看作常数。值得注意的是，当水结冰时，密度只有 917kg/m^3，冰的体积要比水的体积增大 10%，故水管、水泵及公路路基等要注意防冻。

液体的体积随所受压力的增大而减小的特性称为液体的**压缩性**。当液体承受正向压力时，其宏观体积将有所减小，密度有所增大，除去正向压力后，液体的体积能消除变形，恢复原状，这就是液体的弹性。

液体的压缩性和弹性，可分别用体积压缩系数 β 和体积弹性系数 k 来度量。液体的**压缩系数 β** 是液体相对压缩值 $\frac{\text{d}V}{V}$ 与液体压强增量 $\text{d}p$ 的比值，即

$$\beta = -\frac{\text{d}V/V}{\text{d}p} \tag{1-6}$$

β 值越大，表示越易压缩。液体的体积总是随压强增大而减小，即 $\text{d}V$ 有负值，$\text{d}V$ 与 $\text{d}p$ 的符号相反。为使 β 为正，故式(1-6)右端取负号。β 的单位为 m^2/N。

β 的倒数为**弹性系数 k**

$$k=-\frac{\mathrm{d}p}{\mathrm{d}V/V} \tag{1-7}$$

k 值越大，表示越不易压缩，k 的单位为 N/m^2。

不同种类的液体具有不同的 β 值和 k 值，同一种液体的 β 值和 k 值也随压强和温度的变化而略有变化。例如，在普通水温和压强在 50MPa 内，水的平均 k 值均为 2.06×10^9Pa，β 的平均值约为 $0.485\times10^{-9}/Pa^{-1}$，即每增加 100kPa，水的体积比原来体积只缩小约为 1/20 000。在实用中，一般认为液体是不可压缩的，即认为液体的体积和密度不随压力而变化，我们称之为**不可压缩液体假定**。但讨论压强变化很大的水力现象(如水中爆炸或水击问题)时，就必须考虑液体的压缩性。

综上分析，均质液体的重度和密度均随液体温度和压力的变化而有微小的变化，但实用上亦看作常数。对于水，常以 100kPa 下，温度为 4℃时的重度 $\gamma=9\,800N/m^3$，密度 $\rho=1\,000kg/m^3$ 作为计算值。

三、液体的流动性和黏滞性

液体与固体的主要区别，在于它们对外力的抵抗能力。固体的分子作用力较强，能维持一定体积和形状，静止时可以承受切向应力。与此相反，液体由于分子之间的距离较大(水分子之间的距离约为 3.07×10^{-10}m)，分子之间的引力(表现为内聚力)很小，分子可以结群游动，不能维持一定的形状。静止时不能承受切向应力。一旦受到无论多么小的拉力或剪力，液体都会发生很大的变形。外力不去，变形不止。因此，液体在静止时，只有法向应力而没有切向应力。液体这种宏观性质称为**流动性或易流性**。例如河道坡降虽小，河流却日夜川流不息；又如静止液体不可能维持倾斜的自由表面等，都是液体易流性的例证。

液体的流动性说明液体在静止状态下不能承受剪力作用，然而流动一经发生，在液体内部相对运动的液层间便出现成对的切力(亦称内摩擦力)，并阻碍着液体内部的相对运动(即变形)。就是说，液体具有运动状态下抵抗剪切变形的能力，称为液体的**黏滞性或简称为黏性**。相对运动的液层间出现的成对切力(内摩擦力)称为黏滞力，以 T 表示，如图 1-1b)所示。

液体的黏滞性的存在可用牛顿平板实验来阐明，如图 1-1a)所示，在两块水平放置的相距为 H 的平板之间充满液体，下板固定不动，上板面积为 ω，用 F 力拖动上板以 U 的速度向右做匀速运动。这样，黏附于上板的液体速度为 U，黏附于下板液体的速度为零，其余液体则像薄纸片一样，作层状运动。如果通过任意点 C 作水平面，取上部作隔离体，如图 1-1c) 所示，分析它在水平方向的受力情况。很显然，拖动上板所需的力 F，必等于液层接触面上的黏滞力 T，即 $F=T$。实验表明，液体质点在不混杂分层运动时，液体内的黏滞力 T 与平板面积 ω 和流速梯度 $\frac{du}{dn}$(沿 n 轴方向单位距离的流速变化值)成正比，并与液体的黏滞性有关，而与接触面上的压力无关。这一结论称为

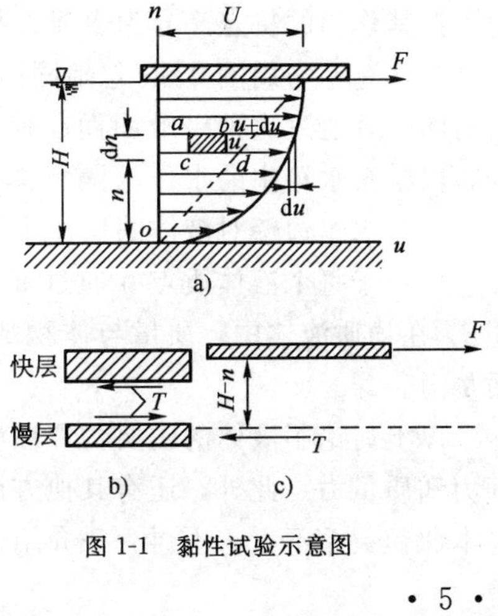

图 1-1 黏性试验示意图

牛顿内摩擦定律，其表达式为

$$T = \mu \cdot \omega \frac{du}{dn} \tag{1-8}$$

式中：μ——动力黏滞性系数，反映液体黏滞性大小的系数，单位为 Pa·s。

在水力计算中，液体动力黏滞性系数 μ 和密度 ρ 常以比值形式出现，以 ν 表示，即

$$\nu = \frac{\mu}{\rho} \tag{1-9}$$

ν 亦反映液体黏滞性大小，因其量纲中含有运动学的量纲，故称为运动黏滞性系数，单位为 m^2/s。液体的 μ 和 ν 值与液体的种类和温度有关。一个标准大气压下，水在不同温度时的黏滞性系数见表 1-3。

不同温度下水的黏滞性系数 表 1-3

温度 (℃)	$\mu\times10^{-3}$ (Pa·s)	$\nu\times10^{-6}$ (m^2/s)	温度 (℃)	$\mu\times10^{-3}$ (Pa·s)	$\nu\times10^{-6}$ (m^2/s)	温度 (℃)	$\mu\times10^{-3}$ (Pa·s)	$\nu\times10^{-6}$ (m^2/s)
0	1.781	1.785	25	0.890	0.893	70	0.404	0.413
5	1.518	1.519	30	0.798	0.800	80	0.354	0.364
10	1.307	1.306	40	0.653	0.658	90	0.315	0.326
15	1.139	1.139	50	0.547	0.553	100	0.282	0.294
20	1.002	1.003	60	0.466	0.474			

液体在流动过程中，黏滞力做功不断消耗机械能，这种液流机械能的消耗称为液流的能量损失。因此，黏滞性是引起液体能量损失的主要根源。能量损失是水力学中一个重要问题，将在第三章水动力学基础中论述。

在分析水力学问题时，为了简化起见，有时不考虑液体黏滞性的影响，这种假想无黏滞性的液体称为**理想液体**，而具有黏滞性的液体则称为**实际液体**。分析理想液体所获得的研究成果可作为进一步探讨实际液体运动规律的手段，我们将这种处理方法称之为**理想液体假定**。此假定与连续介质假定、不可压缩液体假定统称为**水力学三大假定**。

第四节　作用在液体上的力

液体处于运动或平衡状态，受到各种力的作用，按其物理性质的不同可以分为惯性力、重力、黏滞力、弹性力和表面张力等。为便于分析液体的运动或平衡规律，作用于液体上的力，按其作用的特点又分为表面力与质量力两大类。

液体总是与周围介质(包括固体、液体和气体)相接触，其中液体和气体的交界面，称为自由面。凡通过这种接触面而起作用的力，称为**表面力**，其大小与接触面的面积有关。例如，以整个水箱中的水作为隔离体，它所受的表面力，一是作用于上部自由表面的大气压力，二是水箱边壁对液体的反作用力。

作用于每个液体质点并通过液体的质量而起作用的力，称为**质量力**，其大小与质量成正比。在均质液体中，质量与体积成正比，故质量力又可称体积力。重力与惯性力均属于质量力。

以上讨论了液体的主要物理性质：密度和重度、膨胀性和压缩性、流动性和黏滞性、表面力和质量力。此外，还有其他方面的物理性质，例如表面张力、毛细现象、热传导等，因与本课程关系不大，不再一一介绍。

本章小结

《水力学与桥涵水文》课程的任务是研究水体平衡、水流运动和水文现象等的规律，并结合公路桥涵的总体设计，研究水力水文计算的基本理论和方法。本章介绍的液体物理性质等内容属于水力学理论的基本问题。

(1)把液体视为由一个挨一个的连续的无任何空隙的质点所组成后，即所谓连续介质假定，就可以充分利用连续函数这一数学分析工具有效地描述液体的平衡和运动规律。

(2)液体机械运动的规律不仅与作用于液体的外部因素及边界条件有关，更主要的是取决于液体本身所具有的物理性质。在水力学中常涉及到的液体的主要物理性质有：质量与密度、膨胀性与压缩性、流动性和黏滞性等，它们对于研究液体的平衡与运动规律、定性分析和定量计算等都是必备的基本知识。

(3)当液体处在运动状态时，由于液体分子间的作用力，液体内部质点间或液层间因相对运动而产生内摩擦力以抗抵相对运动的性质，称为液体的黏滞性，此内摩擦力称为黏滞力。可由牛顿内摩擦定律来描述。液体的黏滞性常用动力黏滞系数或运动黏滞系数来表示。

(4)理想液体是一种假想的液体，这种液体仅有质量和重力，没有黏滞性及表面张力，不考虑压缩性。由于实际液体的压缩性及表面张力，在大多数情况下都可以忽略不计，所以理想液体与实际液体相比，主要差别为没有黏滞性，即 $\mu=0$。引入理想液体假定和不可压缩液体假定，主要是为了简化理论分析和数学求解的工作。水力学的研究方法是首先对理想液体的运动进行理论分析，然后再用试验研究方法检验并修正由于没有考虑黏滞性所产生的理论分析结果的误差。

(5)正确分析作用在液体上的力是研究液体平衡与运动规律的基础。作用于液体(不论静止或运动)上的力，按其物理性质可以分为惯性力、重力、黏滞力、弹性力和表面张力等，通常按其作用方式分为两大类：表面力和质量力。

思考题与习题

1-1　液体的压缩性与什么因素有关？

1-2　“液体在静止状态下不存在黏滞性”，这种说法对吗？为什么？静止的液体能否抵抗剪切变形？

1-3　何为牛顿内摩擦定律？

1-4　引入连续介质和理想液体的概念有何实际意义？

1-5　已知 0.5m^3 水银的质量为 6 795kg，求水银的密度和重度。

1-6　已知液体的密度为 997.0kg/m^3，动力黏滞系数 $\mu=8.9\times10^{-4}\text{Pa}\cdot\text{s}$，问其重度和运动黏滞系教各为多少？

1-7　作用在液体上的力按其作用特点可分为哪两类？通常包括哪些具体的力？

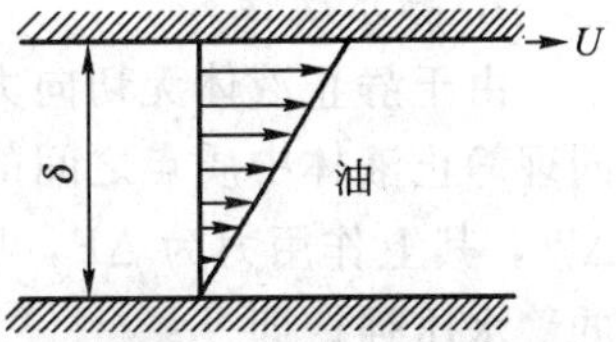

图 1-2　习题 1-8 图

1-8　图 1-2 所示为一平板在油面上作水平运动，已知运动速度 $U=1\text{m/s}$，板与固定边界的距离 $\delta=1\text{mm}$，油的动力黏滞系数 μ 值为 $1.15\text{N}\cdot\text{s/m}^2$，由平板所带动的油的运动速度在板的垂直线方向上呈直线分布。求作用在平板单位面积上的黏滞阻力为多大？

第二章　水静力学

本章学习目标

1. 了解静水压强的定义及其特性；
2. 了解液体平衡微分方程的物理意义和等压面的概念；
3. 掌握水静力学基本方程，并能说明各个物理量所表示的含义；
4. 掌握静水压强的表示方法，能绘制各种情况下的静水压强分布图；
5. 掌握作用在平面和曲面上的静水总压力的计算方法。

本章学习重点

从力的平衡分析，掌握水静力学基本方程的物理意义和工程应用；掌握平面上静水总压力的计算方法。

本章学习难点

作用在平面和曲面的静水总压力的计算方法。

本章研究液体在静止状态下的平衡规律及应用。

水静力学研究的静止状态是液体质点相对于参考坐标系没有发生运动的静止状态。液体在静止状态下，内部质点之间没有相对运动，没有内摩擦力，液体的黏滞性不存在。隔离体的表面力只有压力，质量力只有重力。处于静止状态的液体质点之间以及液体质点与固体边壁之间的相互作用，是通过压强的形式来表现的。因此，水静力学的主要任务就是根据理论力学中作用力的平衡关系来研究静水压强的分布规律，掌握压强的计算，进而研究建筑物固体边壁上静水总压力的计算方法。

第一节　静水压强

一、静水压强及其特性

1. 静水压强

由于静止液体无切向力作用，不承受拉力，所以作用于界面上的外力只可能是正压力。同理静止液体中质点之间的作用力也只可能是正压力。切取一部分静止液体，作用面面积为 ΔW，其上作用力为 ΔP，则当面积缩小到一点时，平均压强 $\Delta P/\Delta W$ 的极限值定义为该点的静水压强。即

$$p = \lim_{\Delta W \to 0} \frac{\Delta P}{\Delta W} \tag{2-1}$$

材料力学中压应力冠以负号来进行表示，但水力学中静水压强一般用正号来进行表示。

2. 静水压强的特性

静水压强有两个特性：一是它的方向和作用面的内法线方向一致；二是任意一点上各个

方向的静水压强的大小都相等。

对特征一的证明如下：

在静止液体中任取截面 $N—N$，将其分为上、下两部分，取下部分为隔离体来进行研究，如图 2-1 所示。若 $N—N$ 面上，任一点的应力 p 的方向不是作用面的法线方向，则必可分解为法向应力 p_n 和切向力 τ。而流体具有流动性，静止时不能承受切向力，所以以上情况不可能。又由于液体不能承受拉力，故 p 的方向只能和作用面的内法线方向一致，即静止流体中只存在压应力—压强。

对特性二的证明如下：

如图 2-2 所示，从平衡液体中分离出一单元体，α 表示斜面与铅垂面的夹角，dx 表示单元体顶面水平宽度，则铅垂面与斜面的长度分别为 $dx/\tan\alpha$ 和 $dx/\sin\alpha$，单元体的厚度(垂直于图面方向)按单位 1 计。p_y、p_x、p_n 分别表示水平面、铅垂面及斜面上的静水压强，这样，单元体在水平面、铅垂面和斜面上所受的水压力分别为 $p_y dx$、$p_x dx/\tan\alpha$ 和 $p_n dx/\sin\alpha$。因为单元体尺寸很小，其自重可略去不计。按照平衡条件，有 $\sum F_x=0$ 和 $\sum F_y=0$，即

$$\sum F_x=\frac{p_x dx}{\tan\alpha}-\frac{p_n dx}{\sin\alpha}\cos\alpha=0$$

可得

$$p_x=p_n$$

$$\sum F_y=p_y dx-\frac{p_n dx}{\sin\alpha}=0$$

可得

$$p_y=p_n$$

所以

$$p_x=p_y=p_n \tag{2-2}$$

故上式表明了静止液体中任一点处各方向的静水压强大小均相等。

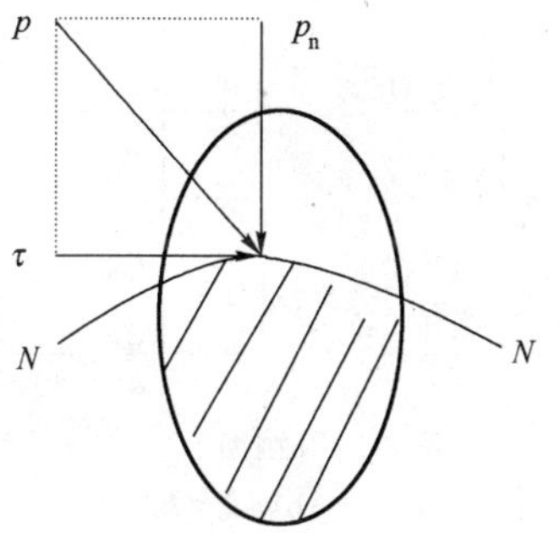

图 2-1　液体静压强的方向

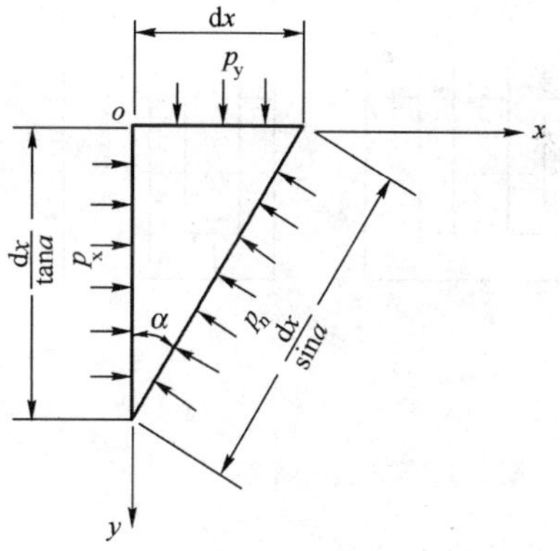

图 2-2　微小单元体的平衡

二、等压面及静水压强的表示

1. 等压面

液体中压强相等的各点所组成的面叫做**等压面**。等压面可以是平面，也可以是曲面。等压面上压强差为零。

对于静止状态的液体，则作用于液体的质量力只有重力，重力的方向是指向地球中心的，因此就大范围而言，等压面是处处与地心引力正交的曲面；就某一局部范围而言，等压面是水平面。例如静止液体的自由表面，就可以看作是一个水平的等压面。

需要注意的是，我们在用等压面的概念进行工程应用计算时，必须是针对于相联通的同一种液体而言的，也就是常指的**连通器原理**。如图 2-3 所示，从中我们可以判断出，1—1 面是等压面，2—2 面不是等压面。

等压面的概念非常重要，利用等压面的特性，对分析静水压强的变化规律有很大帮助，还可以据此量测静水压力的大小。

2. 静水压强的表示

(1)绝对压强、相对压强和真空值

压强的大小可以按照计算的起算点不同分为绝对压强和相对压强。

以设想的不存在任何气体的绝对真空状态作为计算零点的压强称为**绝对压强**，以符号 p_{abs} 表示，其值恒为正。大气压随当地的高程和温度变化而变化，所以国际上规定了标准大气压(单位：atm)，1atm＝101 325Pa。为方便计算，工程中常采用工程大气压(单位：at)，1at＝98 000Pa。

以当地的大气压作为计算零点的压强称为**相对压强**，以符号 p 表示，其值可正可负。工程应用中，液体的自由表面都受到当地大气压(Pa)的作用，所以用绝对压强计算较为简便。绝对压强与相对压强的关系是

$$p = p_{abs} - p_a \tag{2-3}$$

$p_{abs} > p_a$，则 $p > 0$，称为**正压**；$p_{abs} < p_a$，则 $p < 0$，称为**负压**。

负压出现也可以说出现了真空，此时把大气压强与该点绝对压强的差值称为**真空值**，以符号 p_v 表示，即 $p_v = p_a - p_{abs}$。图 2-4 表示了绝对压强、相对压强和真空值三者之间的关系。

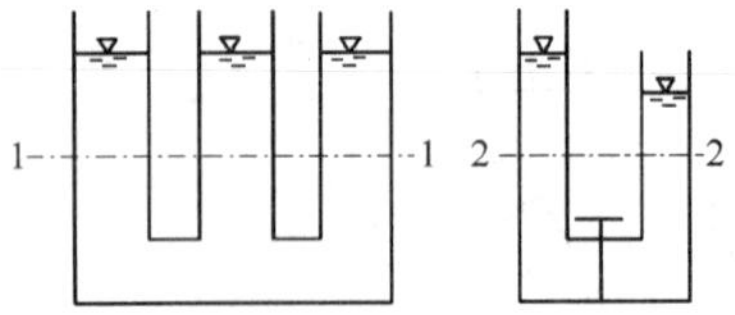

图 2-3　等压面的概念

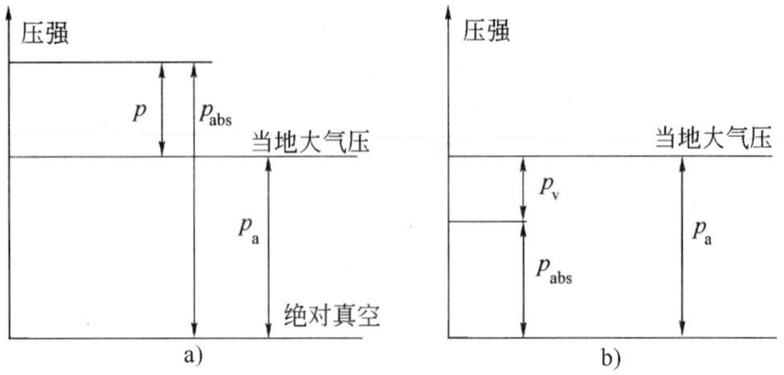

图 2-4　压强图示

a) $p_{abs} > p_a$；b) $p_{abs} < p_a$

(2)压强的单位

①以应力形式表示。这是从压强定义出发的，国际单位为 Pa、kPa，或 N/m^2、kN/m^2。

②以液柱高度表示。常用水柱高度或水银柱高度，单位是 m 水柱或 m 汞柱。

③用大气压的倍数来表示。工程中常用工程大气压作为计量单位，即 1at＝98 000Pa。

三种表示方法的关系是

$$1\ 工程大气压 = 760mm\ 汞柱 = 10m\ 水柱 = 98kPa$$

需要注意的是在进行压强计算时，同一运算方程中的量纲必须是同一种单位。应力单位 $Pa(N/m^2)$ 是国际单位制(SI)单位，液柱高度单位及大气压单位均不是(SI)单位，目前尚有使用。

三、静水压强三种表示的计算算例

[例 2-1] 已知某点的真空值 $p_v=7\times10^4$Pa，当地大气压为 0.1MPa，试求该点的绝对压强和相对压强。

解： 由 $p_v=P_a-p_{abs}$ 故 $p_{abs}=p_a-p_v=0.1\times10^6-7\times10^4=3\times10^4$Pa

$$p=p_{abs}-p_a=-p_v=-7\times10^4\text{Pa}$$

[例 2-2] 若当地大气压强相当于 700mm 汞柱高，试将绝对压强 $p_{abs}=19.6\times10^4$N/m^2 用其不同的单位表示。

解： 先计算当地大气压强

已知 760mm 汞柱相当于 9.8×10^4Pa 的压强，故 700mm 汞柱高所对应的压强为

$$p_a=\gamma_{汞}\times h_{汞}=133\,280\times0.7=9.33\times10^4\text{Pa}$$

(1)对于绝对压强

$p_{abs}=19.6\times10^4$N/m^2，改用其他单位表示

①用水柱高度表示

因为 $$\gamma_{水}=9\,800\text{N/m}^3$$

所以 $$h_{水}=p_{abs}/\gamma_{水}=\frac{19.6\times10^4}{9\,800}=20\text{m} \text{ 故 } p_{abs}=20\text{m 水柱}$$

②用汞柱高度表示

因为 $$\gamma_{汞}=133\,280\text{N/m}^3$$

所以 $$h_{汞}=p_{abs}/\gamma_{汞}=\frac{19.6\times10^4}{133\,280}=1.47\text{m} \text{ 故 } p_{abs}=1.47\text{m 汞柱}$$

③用工程大气压表示

$$p_{abs}=\frac{19.6\times10^4}{9.8\times10^4}=2\text{ 工程大气压}$$

(2)若用相对压强表示，则

①用应力形式表示

$$p=p_{abs}-p_a=19.6-9.33=10.27\times10^4\text{Pa}$$

②用水柱高度表示

$$h_{水}=p/\gamma_{水}=\frac{10.27\times10^4}{9.8\times10^3}=10.49\text{m} \quad \text{故 } p=10.49\text{m 水柱}$$

③用水银柱高度表示

$$h_{汞}=p/\gamma_{汞}=\frac{10.27\times10^4}{133\,280}=0.771\text{m} \quad \text{故 } p=0.771\text{m 汞柱}$$

④用工程大气压表示

$$p=\frac{10.27\times10^4}{9.8\times10^4}=1.048\text{ 工程大气压}$$

第二节　静水压强的分布规律

一、静水压强的基本方程

图 2-5 所示为仅在重力作用下处于静止状态的水体，水表面受表面压强 p_0 的作用。在静止液体中任取一点 M，该点在液面以下的深度为 h，求 M 点的静水压强。

在 M 点取一微小铅垂液柱，$d\omega$、h 分别表示底面积和高。作用于这一液柱上的力有：

(1)液面上表面的压力 $P_0=p_0 d\omega$，方向铅垂向下；

(2)液柱底面上的压力 $P=p d\omega$，方向铅垂向上；

(3)液柱侧面上的压力 P_1、P_2、…，它们都是水平方向的，且方向对称，每一对力大小相等，相互平衡；

(4)液柱的自重力 $dG=\gamma h d\omega$，方向铅垂向下。

列出液柱沿铅垂方向的平衡方程，得

$$p_0 d\omega - p d\omega + \gamma h d\omega = 0$$

上式除以 $d\omega$，整理得

$$p = p_0 + \gamma h \tag{2-4}$$

上式就是**重力作用下静水压强的基本方程**，也称为**水静力学基本方程**。静止液体中任意一点的静水压强大小，可由水静力学基本方程求得，由上式得到的压强即为绝对压强。

水静力学基本方程(2-4)表明：

(1)静止液体内任意点的静水压强由两部分组成。一部分是液面压强 p_0，p_0 等值地传递到液体内部各点；另一部分是重力产生的压强 γh。

(2)公式中的 p_0 和 γ 都是常数，压强 p 仅随水深呈线性规律变化。

(3)在连通的同一种类静止液体中，水平面上各点的静水压强相等。

水静力学的基本方程还可以表达为另一种形式。如图 2-6 所示，一封闭容器内盛有静止液体，其重度为 γ，表面压强为 $p_0(p_0>p_a)$在液体内任取两点 1 与 2，它们在液面以下的深度分别为 h_1 和 h_2，与基准面 0—0 的铅垂距离分别为 z_1 与 z_2。

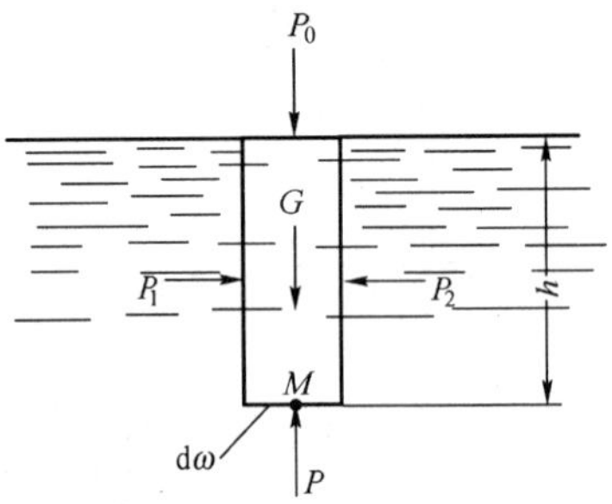

图 2-5　$p=p_0+\gamma h$ 公式推导

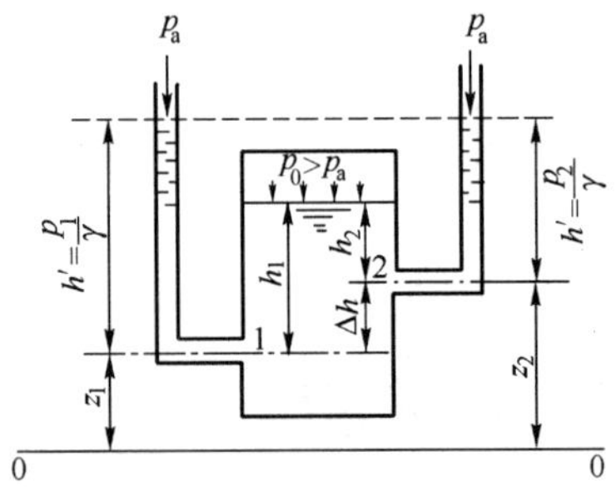

图 2-6　$z+\frac{p}{\gamma}=C$ 公式推导

根据水静力学基本方程，可得 1、2 两点的静水压强为

$$p_1 = p_0 + \gamma h_1$$

$$p_2 = p_0 + \gamma h_2$$

两式相减得这两点的压强差为

$$p_1 - p_2 = \gamma(h_1 - h_2) = \gamma \Delta h \tag{2-5}$$

$$p_1 = p_2 + \gamma \Delta h \tag{2-6}$$

因此，在已知一点压强的情况下，若已知二者之间的高差，就可以求出另一点的压强。又由图 2-6 可知：

$$h_1 - h_2 = z_2 - z_1$$

则有

$$p_1 - p_2 = \gamma(z_2 - z_1)$$

上式除以 γ，整理得

$$z_1 + \frac{p_1}{\gamma} = z_2 + \frac{p_2}{\gamma} \tag{2-7}$$

由于 1、2 两点是任意的，因此

$$z + \frac{p}{\gamma} = C \tag{2-8}$$

式(2-8)就是水静力学基本方程的另一种表达形式。该方程表明：在静止液体中，任何一点的 $z+\frac{p}{\gamma}$ 总是一个常数。

二、静水压强分布规律

1. 水静力学基本方程的意义

水静力学基本方程 $z+\frac{p}{\gamma}=C$ 表明，在重力作用下，静止液体中任一点的 $\left(z+\frac{p}{\gamma}\right)$ 均为常数。在水力学中习惯用“水头”代替高度。

(1)位置水头和位能

z 表示计算点相对于基准面的位置高度，称为**位置水头**。从能量角度出发，表示单位重力液体相对于基准面的位置势能，称为**位能**。

(2)压强水头和压能

$\frac{p}{\gamma}$ 表示测压管中水面距计算点的高度，称为**压强水头**。从能量角度出发，表示单位重力液体以相对压强计算时所具有的压强势能，称为**压能**。p 可以是相对压强，可以是绝对压强，两者相差 $\frac{p_a}{\gamma}=10\text{m}$ 水柱。

(3)测压管水头和势能

$\left(z+\frac{p}{\gamma}\right)$ 表示测压管液面相对于基准面的高度，当 p 取绝对压强时，称为**测压管水头**。同时表示单位重力液体所具有的**势能**。

静水压强基本方程 $z+\frac{p}{\gamma}=C$ 的**能量意义**表明：在静止液体中，单位重力液体的势能是守恒的。同时，位能与压能之间可以互相转化，位置水头大些，压强水头就小些，位能小些，压能就大些。其**水力学**意义为：各点测压管水头的连线称为测压管水头线，$z+\frac{p}{\gamma}=C$ 表明静止液体中各点测压管水头相等，测压管水头线为水平线。

2. 静水压强分布图

根据静力学基本方程及静水压强的两个特性(即垂直性和各向等值性)，可用带有箭头的直线表示压强的方向，用直线的长度表示压强的大小，将作用面上的静水压强分布规律形象而直观地画出来。所画出的几何图形称为**静水压强分布图**，如图 2-7 所示。

由于建筑物的四周都处在大气之中，各个方向的大气压强互相抵消。因此，在实际工程应用中，一般只需绘出相对压强的分布图。此时的水静力学基本方程简化为 $p=\gamma h$，即静水压强沿水深 h 成直线分布。绘图时需要注意的是：

(1)平面边壁上静水压强分布图为梯形或三角形，曲面边壁静水压强分布图的外包线为曲线。

(2)利用公式 $p=p_0+\gamma h$ 进行运算时，p_0 为液体表面压强，它等值传递到液体中各点，与深度 h 无关，其压强分布图是矩形或梯形。

(3)点压强的大小用 $p=p_0+\gamma h$ 或 $p=\gamma h$ 确定，方向垂直指向作用面，压强分布图可叠加。

(4)为求两点间的压强分布，只需画出两点压强箭线，然后将它们的尾端用直线相连即可。

(5)工程应用中，可绘制建筑物某一部分的压强分布图。

3. 静水压强的测量

工程应用中，经常需要测量压强的大小。压强的测量方式，常用的有以下几种。

(1)测压管

测压管是接于测点竖直向上的开口玻璃管，是直接用同种液体的液柱高度来测量液体压强的。如图 2-8 所示，量出测压管高度，便可得测点的相对压强

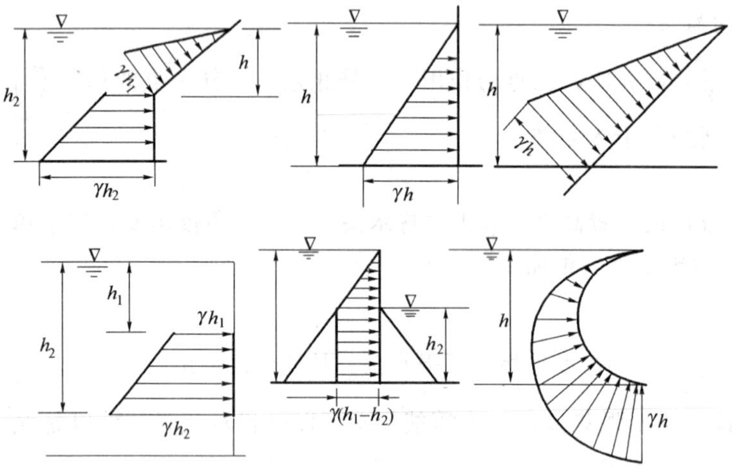

图 2-7　不同情况下的静力压强分布图

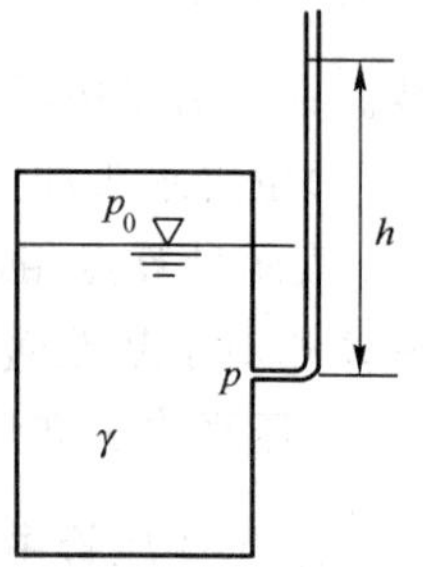

图 2-8　测压管

$$p=\gamma h$$

用测压管时，通常压强应不超过 20kPa，此时测压管高度不超过 2m 水柱高。为避免毛细现象的发生，测压管的直径不宜过小，通常控制在 10mm 左右。

(2)U 形管测压计

U 形管测压计是一根 U 形玻璃管，两端开口，一端与容器相连通，弯管部分装有水银。在容器内液体压强作用下，若压强大于大气压，则弯管内左侧支管的水银面下降，右侧支管的水银面上升，平衡后左右支管的高差 h_p 就是测压计的读数，如图 2-9 所示。此时，$N—N$ 是等压面，设水银的重度是 γ'，所测液体的重度是 γ，则有

$$p_A+\gamma h=\gamma'\cdot h_p,\quad p_A=\gamma'\cdot h_p-\gamma h$$

当测点为真空状态时，在大气压的作用下，弯管内水银面左支高右支低，如图 2-10 所示，根据等压面 $N—N$ 有

$$p_A+\gamma h=-\gamma'\cdot h_p$$

A 点的真空值为

$$p_v=-p_A=\gamma h+\gamma'\cdot h_p$$

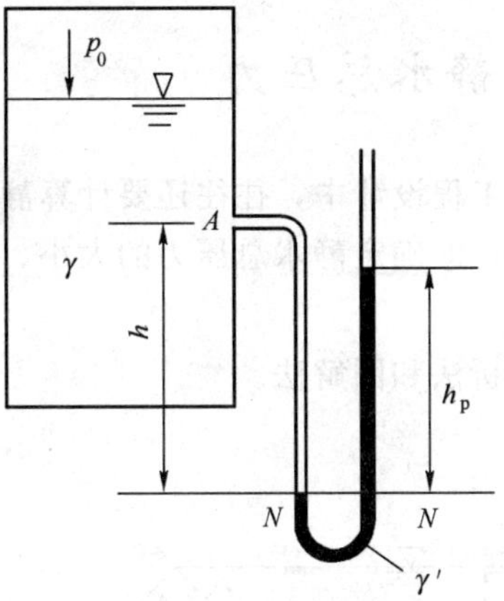

图 2-9　U 形水银测压计(正压)

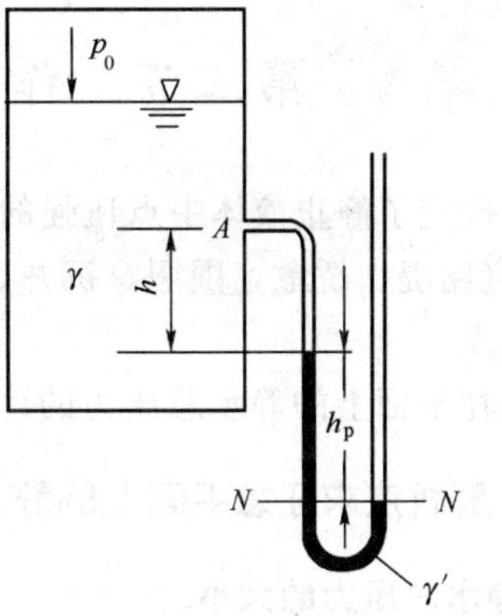

图 2-10　U 形水银测压计(负压)

三、静水压强分布规律计算算例

［例 2-3］　密闭盛水容器，如图 2-11 所示，顶部压力表读数为 8 000Pa，试求水面下 1.5m 处的压强。

解：由 $p=p_0+\gamma h$ 得

$$p=p_0+\gamma h=8\,000+9\,800\times1.5=22\,700\text{Pa}$$

因为压力表值是相对压强，所以上述计算值是相对压强，若当地大气压为 98 000Pa，则绝对压强为

$$p_{abs}=p_a+p=98\,000+22\,700=120\,700\text{Pa}$$

［例 2-4］　一密闭盛水容器如图 2-12 所示，装有两支水银测压计，已知 $h_1=0.5$m，$\Delta h_1=0.3$m，$\Delta h_2=0.4$m，求深度 h_2。

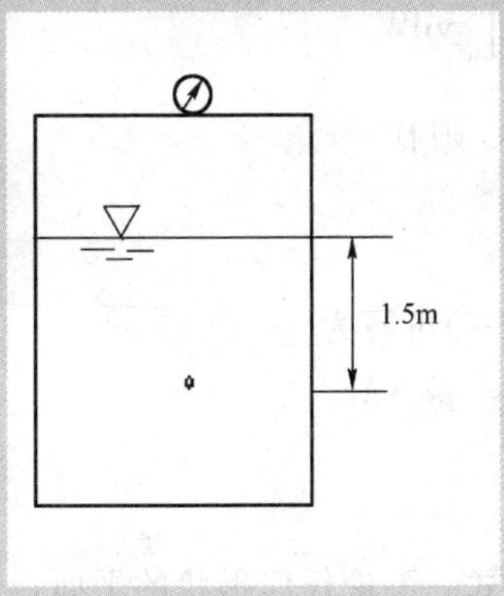

图 2-11　密闭盛水容器

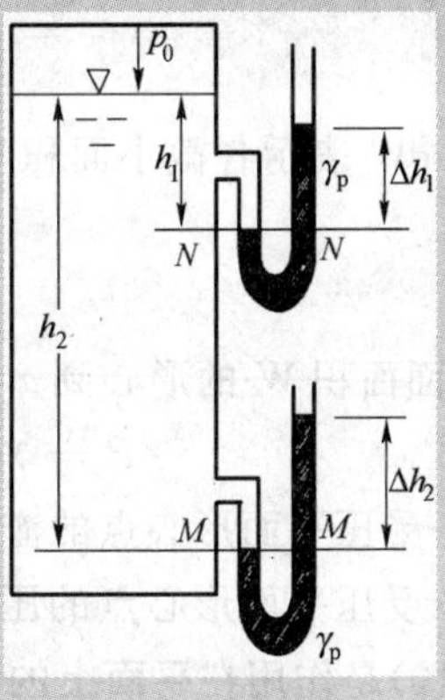

图 2-12　密闭盛水容器

解：作 N—N 等压面 γ 为水的重度，γ_p 为水银的重度，求出容器内液面压强 $p_0=r_p\Delta h_1-\gamma h_1$

再作 M—M 等压面，有 $\begin{cases}p_0+\gamma h_2=\gamma_p\Delta h_2\\ \gamma h_2=\gamma_p\Delta h_2-p_0=\gamma_p\Delta h_2-\gamma_p\Delta h_1+\gamma h_1\end{cases}$

代入可得 $h_2=\dfrac{\gamma_p}{\gamma}(\Delta h_2-\Delta h_1)+h_1=\dfrac{133.28}{9.8}(0.4-0.3)+0.5=1.86\text{m}$

第三节　作用在平面上的静水总压力

前面研究了静止液体中点压强的分布规律，在实际工程设计中，往往还要计算静水压强对建筑物(路堤、桥墩、围堰、沉井、涵洞等)的总压力，即确定静水总压力的大小、方向和压力作用点。

作用在平面上的静水总压力的计算有两种方法：解析法和图解法。

一、解析法求任意平面上的静水总压力

1. 静水总压力的大小

如图 2-13 所示为一任意形状的平面，倾斜放置水中与水面相交成 α 角。受压面面积为 W，左侧承受水压力，液面压强为大气压强。在受压平面建立坐标系 xoy，该坐标面与液面的交线为 ox 轴，为便于分析，将坐标面沿 y 轴旋转 90°，展现受压平面如图 2-13 所示。

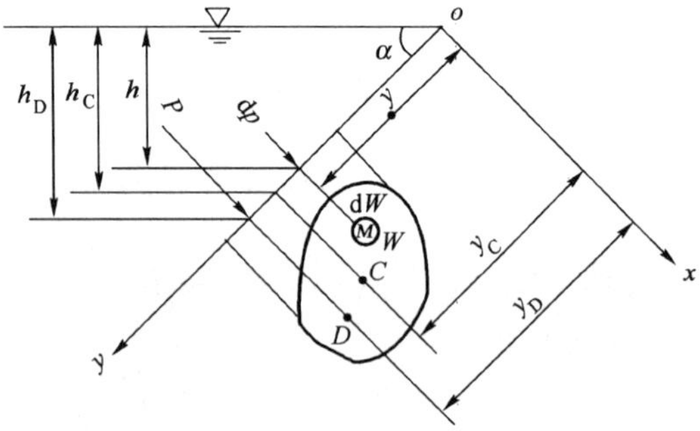

图 2-13　任意形状平面上的静水总压力

在平面内任取一点 M，其微元面积为 dW，水深为 h，该点的静水压强为 $p=\gamma h$，则作用在 dW 上的液体压力为

$$dP = p dW = \gamma h dW = \gamma y \sin\alpha dW$$

由于受压平面上各个微小面积 dA 的静水压力 dP 的方向是相同的，故作用在面积 W 上的静水总压力 P 等于各微小面积上的静水压力 dP 之和，则有

$$\begin{aligned} P &= \int_W dP = \int_W p dW = \int_W \gamma h dW \\ &= \int_W \gamma y \sin\alpha dW = \gamma \sin\alpha \int_W y dW \end{aligned} \quad (2\text{-}9)$$

因为 $\int_W y dW$ 表示各微小面积对 x 轴的面积矩之和，则有

$$\int_W y dW = y_C \cdot W$$

式中 y_C 为平面面积 W 的形心到 x 轴的距离，则公式(2-9)可写为

$$P = \gamma \sin\alpha \cdot y_C W = \gamma h_C W = p_C \cdot W \quad (2\text{-}10)$$

式中：h_C——受压平面形心点的淹没深度；

p_C——受压平面形心点的压强，$p_C = \gamma h_C$。

公式(2-10)是作用在**平面上的静水总压力的计算公式**。不论任何形状的平面，也不论平面的位置是水平的、竖直的、还是倾斜的都适用。该公式表明：作用在平面上的静水总压力的大小 P 等于其形心点的压强 p_C 与受压面面积 W 的乘积。

2. 静水总压力的方向

静水总压力 P 的方向垂直指向受压平面。

3. 静水总压力的作用点

静水总压力 P 的作用点称为压力中心，以 D 表示。D 到 x 轴的距离为 y_D，根据合力矩

定理：合力对任意轴的力矩等于各分力对该轴的力矩的代数和，得

$$Py_{D}=\int_{W}y\,\mathrm{d}P=\int_{W}y(\gamma y\sin\alpha\,\mathrm{d}W)=\gamma\sin\alpha\int_{W}y^{2}\,\mathrm{d}W$$

积分 $\int_{W}y^{2}\mathrm{d}W$ 为面积 W 对 x 轴的惯性矩，用 $I_{x}=\int_{W}y^{2}\mathrm{d}W$ 代入上式，得

$$Py_{D}=\gamma\sin\alpha I_{x}\tag{2-11}$$

由惯性矩的平行移轴定理：$I_{x}=I_{c}+y_{c}^{2}W$

又有 $P=\gamma\sin\alpha y_{c}$，代入式(2-11)，得

$$y_{D}=y_{c}+\frac{I_{c}}{y_{c}W}\tag{2-12}$$

式中：y_{D}——总压力作用点到 x 轴的距离；

y_{C}——受压面形心到 x 轴的距离；

I_{C}——受压面对通过形心 C 的 x 轴的惯性矩。

式(2-12)中，$\frac{I_{C}}{y_{C}W}>0$，所以 $y_{D}>y_{C}$，即总压力作用点 D 一般在受压面形心之下，这是由于压强沿水深增加的结果，只有当受压面水平时，两点重合。

在实际工程中，受压平面多是轴对称面，总压力的作用点 D 位于对称轴上，因此，只需确定 y_{D} 的数值也就确定了 D 的位置。I_{C}、y_{C}、W 一般可查表 2-1 选取。

常见图形的几何特征 表 2-1

名　称	几 何 图 形	面　积　W	形　心　y_{C}	惯 性 矩 I_{C}
矩形	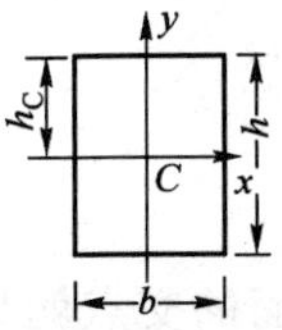	bh	$\frac{1}{2}h$	$\frac{1}{12}bh^{3}$
三角形	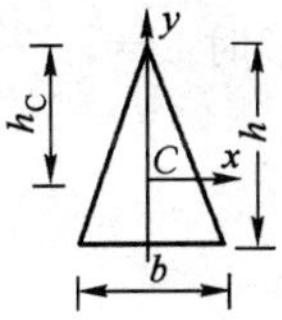	$\frac{1}{2}bh$	$\frac{2}{3}h$	$\frac{1}{36}bh^{3}$
梯形	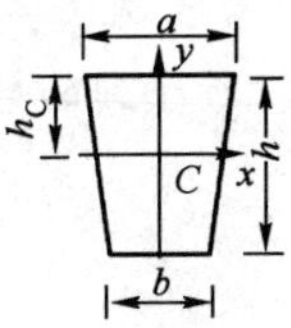	$\frac{a+b}{2}h$	$\frac{a+2b}{3(a+b)}h$	$\frac{a^{2}+4ab+b^{2}}{36(a+b)}h^{3}$
圆形	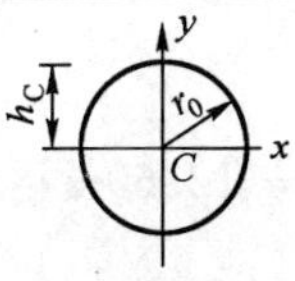	πr_{0}^{2}	r_{0}	$\frac{1}{4}\pi r_{0}^{4}$
半圆形	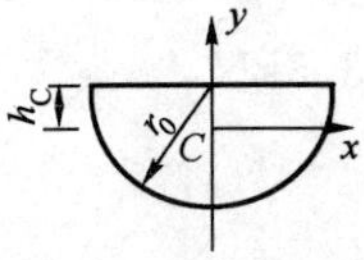	$\frac{1}{2}\pi r_{0}^{2}$	$\frac{4}{3\pi}r_{0}$	$\frac{9\pi^{2}-64}{72\pi}r_{0}^{4}$

二、图解法求矩形平面上的静水总压力

对于底边平行于液面的矩形平面计算静水总压力时，采用图解法较为简单。用图解法，首先应该绘出压强分布图。设矩形平面 AB 与水平面夹角为 α，平面长为 l，宽度为 b。其顶边的淹没深度为 h_1，底边的淹没深度为 h_2，如图 2-14 所示。

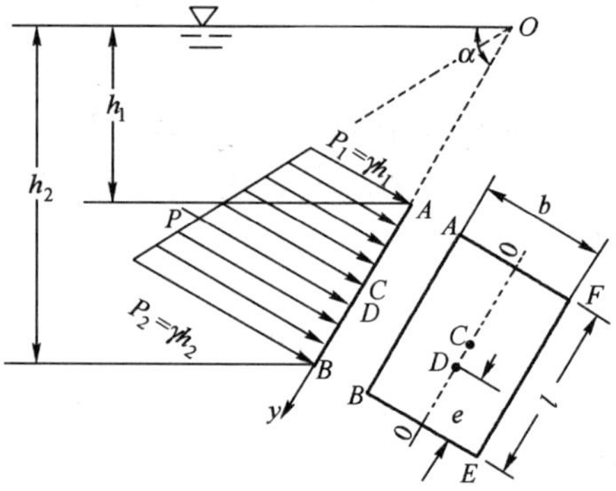

图 2-14　倾斜放置矩形平面静水总压力

则水深 h_1 处顶边的压强为 γh_1，水深 h_2 处顶边的压强为 γh_2，绘出压强分布图如图 2-14 所示。平面上静水总压力的大小等于分布在平面上各点静水压强的总和，计算单位宽度($b=1$)时，平面上所受到的总压力为

$$P=\frac{1}{2}(\gamma h_1+\gamma h_2)lb=\frac{1}{2}(\gamma h_1+\gamma h_2)l$$

正是压强分布图的面积为 Ω，所以平面所受静水总压力的大小为

$$P=\Omega b \tag{2-13}$$

即矩形平面静水总压力的大小等于压强分布图的面积 Ω 与受压面宽度 b 的乘积。

若顶边于水平面重合时 $h_1=0$，压强分布图为三角形，则

$$\Omega=\frac{1}{2}\gamma h_2 l$$

平面淹没于水下($h_1\neq0$)，压强分布图是梯形，则

$$\Omega=\frac{1}{2}(\gamma h_1+\gamma h_2)l$$

总压力的作用线通过压强分布图的形心，作用线与受压面的交点就是总压力的作用点。如果是三角形分布，合力作用点距底边的距离为 $e=\frac{1}{3}l$；梯形时 $e=\frac{l\ (2h_1+h_2)}{3\ (h_1+h_2)}$。

三、平面上的静水总压力计算算例

[例 2-5] 路基涵洞进口有一矩形平面闸门(图 2-14)，若长边 $l=6$m，宽度 $b=4$m，倾角 α 为 60°，顶边水深 $h_1=10$m，试用解析法及图解法求闸门所受到的静水总压力 P。

解：(1)解析法

由式(2-10)可知静水总压力 P 的大小为

$$P=\gamma h_C W=p_C\cdot W$$

式中

$$h_C=h_1+\frac{l}{2}\sin60^\circ=10+\frac{6}{2}\times0.866=12.60\text{m}$$

所以

$$P=9.8\times12.60\times4\times6=2\,963.5\text{kN}$$

总压力 P 作用点的位置 $y_D=y_C+\frac{I_C}{y_C W}$

式中

$$y_C = \frac{l}{2} + \frac{h_1}{\sin 60^\circ} = 3 + \frac{10}{\sin 60^\circ} = 3 + 11.5 = 14.5\text{m}$$

$$I_C = \frac{1}{12}bl^3 = \frac{1}{12} \times 4 \times 6^3 = 72\text{m}$$

所以

$$y_D = 14.5 + \frac{72}{14.5 \times 4 \times 6} = 14.5 + 0.21 = 14.71\text{m}$$

(2)图解法

作闸门静水压力分布图，如图 2-14 所示，门顶处静水压强为

$$\gamma h_1 = 9.8 \times 10 = 98\text{kPa}$$

门底处静水压强为

$$\gamma h_2 = \gamma(h_1 + l\sin 60^\circ) = 9.8\left(10 + 6 \times \frac{\sqrt{3}}{2}\right) = 149\text{kPa}$$

压强分布图为梯形，其面积为

$$\Omega = \frac{\gamma}{2}(h_1 + h_2)l = \frac{1}{2}(98 + 149) \times 6 = 741\text{kN/m}$$

静水总压力 P 大小为

$$P = b \cdot \Omega = 4 \times 741 = 2\,964\text{kN}$$

P 距底边的距离

$$e = \frac{l}{3} \times \frac{2p_1 + p_2}{p_1 + p_2} = \frac{6}{3} \times \frac{2 \times 98 + 149}{98 + 149} = 2.79\text{m}$$

压力中心 D 的位置

$$y_D = (l + h_1/\sin 60^\circ) - e = (6 + 10/0.866) - 2.79 = 14.75\text{m}$$

第四节　曲面上的静水总压力

在工程实际中，承受静水压力的面除平面外还有曲面，如圆管涵、圆柱形桥墩、弧形闸门等。由于压力垂直于受压面，曲面上各点的静水压力的方向不同，所以作用在曲面上的静水压强不是平行力系，不能像求平面总压力那样直接积分求其代数和。因此，求曲面上的静水压力时，一般将它分解为水平方向和铅直方向两个分力首先进行计算，然后根据矢量合成原理，求出曲面上的静水总压力。

一、总压力的大小、方向、作用点

如图 2-15 所示，有一二向曲面 AB 的母线垂直于纸面，母线长为 b，曲面的面积为 W，一侧受压。建立直角坐标系，x 轴与液面重合，z 轴垂直向下。

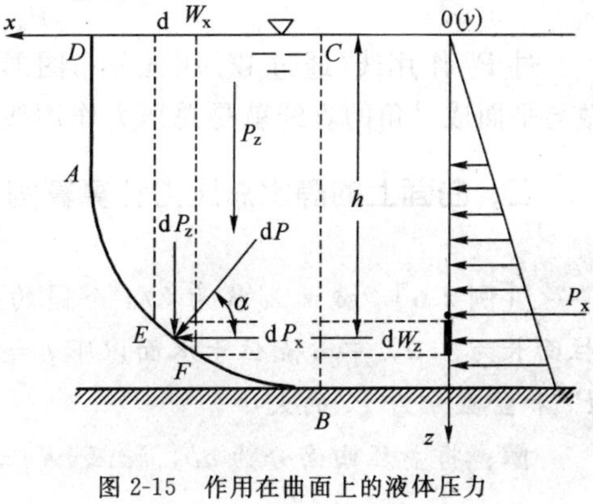

图 2-15　作用在曲面上的液体压力

在曲面 AB 上任取一点微小面积为 dW，水

深为 h，则作用在 dW 的静水压力为

$$dP = p dW = \gamma h dW$$

该力垂直于面积 dW，并与水平面成夹角 α，则可分解为水平方向和铅直方向两个分力 dP_x、dP_z，它们的大小分别是

$$dP_x = dP\cos\alpha = \gamma h dW\cos\alpha = \gamma h dW_z$$

$$dP_z = dP\sin\alpha = \gamma h dW\sin\alpha = \gamma h dW_x$$

全面积积分，得出水平方向分力 P_x

$$P_x = \int_W dP_x = \int_{W_z} \gamma h dW_z = \gamma \int_{W_z} h dW_z$$

积分 $\int_{W_z} h dW_z$ 是曲线的铅垂投影面 W_z 对 y 轴的静力矩，设 W_z 的形心在水下淹没深度为 h_C，则有 $\int_{W_z} h dW_z = h_C W_z$，代入上式得

$$P_x = \gamma h_C W_z = p_C W_z \tag{2-14}$$

式中：W_z——曲面的水平投影面积；

p_C——投影面 W_z 形心点的压强。

公式(2-14)表明，作用在曲面上的静水总压力的水平分力 P_x，等于作用在该曲面的竖直投影面上的静水总压力，因此可以用求平面静水总压力的方法来求解 P_x。

静水总压力的铅直方向分力

$$P_z = \int dP_Z = \int_{W_x} \gamma h dW_x = \gamma \int_{W_x} h dW_x \tag{2-15}$$

积分 $\int_{W_x} h dW_x$ 是曲面到自由液面之间的铅垂柱体—压力体的体积，令 $\int_{W_x} h dW_x = V$，则

$$P_z = \gamma V \tag{2-16}$$

公式(2-16)表明，作用在曲面上的静水总压力的铅垂分力 P_z，等于压力体中液体的重力。P_z 的作用线通过压力体的重心。

求出了 P_x 和 P_z，进而就可以求出作用在曲面上的静水总压力

$$P = \sqrt{P_x^2 + P_z^2} \tag{2-17}$$

总压力的作用线与水平面的夹角

$$\tan\theta = \frac{P_z}{P_x} \quad 即 \quad \theta = \arctan\frac{P_z}{P_x}$$

过 P_x 作用线(通过 W_z 压强分布图形心)和 P_z 作用线(通过压力体的作用重心)的交点，做与平面成 θ 角的直线就是总压力作用线，该线与曲面的交点即为总压力的作用点。

二、曲面上的静水总压力计算算例

[例 2-6] 截面形状为 3/4 个圆的圆柱面 $abcd$，如图 2-16 所示。半径 $r=0.8$m，圆柱面长为 1.0，中心点位于水面以下 $h=2.4$m 处。求该曲面所受的静水总压力的水平分力 P_x 和竖直分力 P_z 的大小。

解：将受压曲面分为 ab，bc 及 cd 三个曲面分别讨论：

(1)水平总压力 P_x

曲面 bc 和 cd 位于相同的水深处，所以它们的水平总压力互相抵消，曲面 ab 上的水平总压力等于其竖直投影面 ao 上的静水总压力，其方向向右，大小为

$$P_x = \gamma\left(h - \frac{r}{2}\right)r \cdot b$$

$$= 9.8\left(2.4 - \frac{0.8}{2}\right) \times 0.8 \times 1.0 = 15.7\text{kN}$$

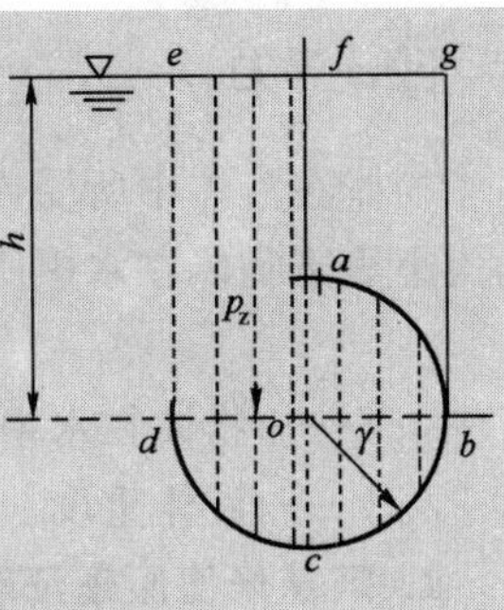

图 2-16　圆柱面上的静水总压力

(2)竖直总压力

曲面 ab 上的压力体 $abgf$，其竖直方向的水压力向上，bc 上的压力体 $cbgf$，其竖直方向的水压力向下，cd 上的压力体 $cdef$，其竖直方向的水压力向下，将上述三部分曲面上的竖直方向的水压力作代数相加后，总压力体如图中阴影线范围所示，竖直方向的总压力的作用方向向下，大小为

$$P_z = \gamma\left(hr + \frac{3}{4}\pi r^2\right) \cdot b = 9.8\left(2.4 \times 0.8 + \frac{3}{4}\pi \times 0.8^2\right) \times 1.0 = 33.59\text{kN}$$

三、压力体

式(2-15)中，积分 $\int_{W_x} h\text{d}W_x = V$ 表示的几何体积称为**压力体**。压力体是以自由水面(或它的延长线)为顶，以曲面为底，以相切于曲面四周的铅垂平面为侧面的脱离体。因为曲面与液体的相对位置不同，P_z 有上、下不同的方向，相应的压力体有两种情况。

(1)实压力体

压力体和液体在曲面的同侧。具体说，如果曲面处于自由水面以下，曲面壁的上表面有水时，称为**实压力体**。此时 P_z 方向向下，如图 2-17 所示。

(2)虚压力体

压力体和液体在曲面的异侧，曲面壁的上表面无水，压力体内虚空，称为**虚压力体**。此时 P_z 方向向上，如图 2-18 所示。

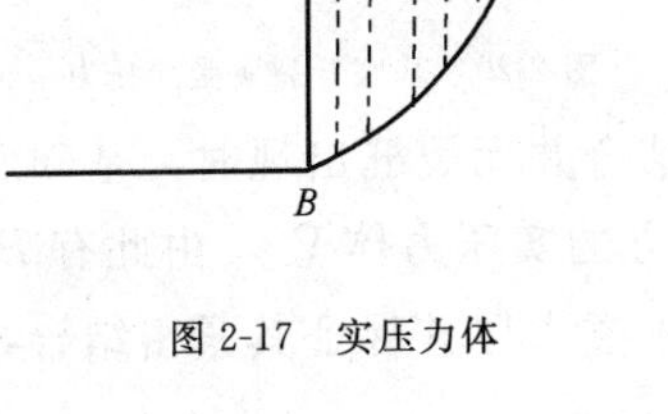

图 2-17　实压力体

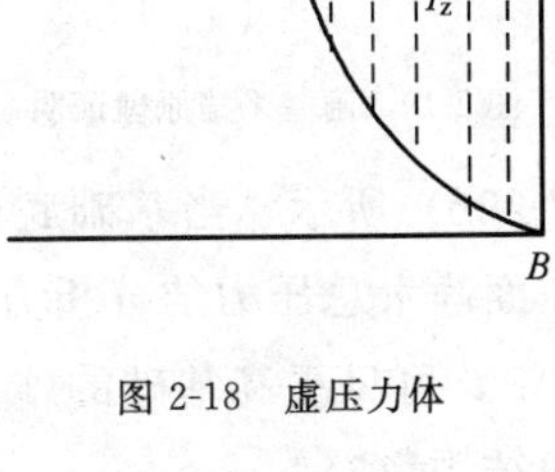

图 2-18　虚压力体

四、浮力

物体在液体中所受铅垂向上的浮托力称为浮力。按照阿基米德(Archimede)原理：浮力的大小等于物体在水中所排开的同体积水重。如图 2-19 所示，物体浮力按下式计算

$$P_z = \gamma V \tag{2-18}$$

式中：V——物体在水中排开的液体体积；

γ——液体重度。

1. 阿基米德原理证明

如图 2-19 所示，设取物体由曲面 $abcd$ 组成，其浸没于液体中的体积为 V。

(1)物体所受水平总压力

取物体表面的曲面在铅垂面上的投影面，可得相同的左右投影面积及投影面形状，因此有

$$P_{x1} = P_{x2}$$

这表明物体在静水中不会自行作水平位移。

(2)物体所受浮力

如图 2-19 所示，按压力体分析可得：

曲面 adc 的压力体为 V_{adcef}(实压力体)，曲面 abc 的压力体为 V_{abcef}(虚压力体)。由几何关系可知，两压力体的重心在同一铅垂线上，按曲面壁静水总压力计算方法，可得铅垂方向的曲面静水总压力的合力为

$$P_z = P_{z2} - P_{z1} = \gamma V_{abcef} - \gamma V_{adcef} = \gamma(V_{abcef} - V_{adcef}) = \gamma V$$

即阿基米德原理。因此浮力实际上是物体外表面所受曲面静水总压力不平衡的结果。

2. 基础浮托力分析

桥墩、水坝等建筑物所受浮托力问题，也是一种曲面静水总压力计算问题。它和建筑物基础底板与不透水岩基结合情况有关，如图 2-20a) 所示，当基础底板与不透水岩基的结合面出现开裂时，部分底板上因水进入会产生铅垂方向的浮托力，按曲面静水总压力的分析方法，此时的压力体 V_1 为虚压力体，表明曲面(即基底面)所受铅垂方向的静水总压力 $P_z = \gamma V_1$。此时的 V_1 不等于桥墩的体积，而只是桥墩的部分淹没体积。显然，建筑在透水基础上的桥墩，其压力体将等于整个桥墩受淹没的体积。

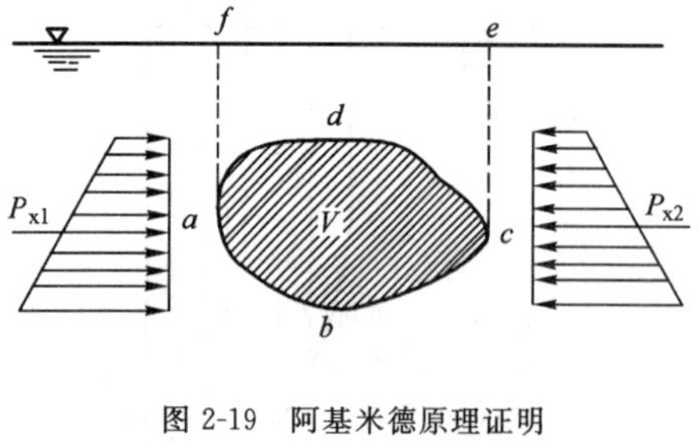

图 2-19 阿基米德原理证明

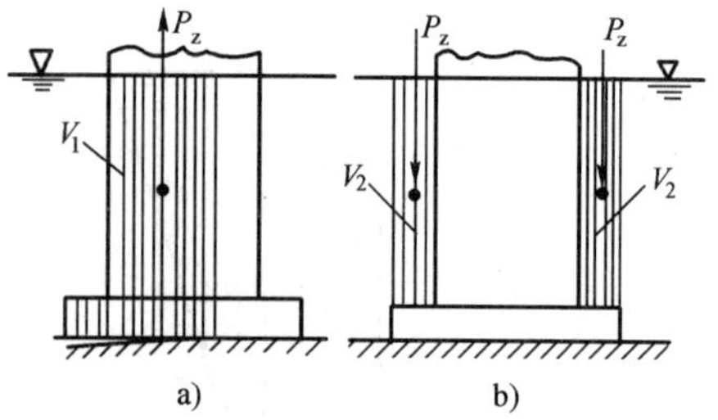

图 2-20 基底开裂所受浮托力

如图 2-20b) 所示，当基础底板与不透水岩基紧密结合并无裂缝出现时，基础底面无水压力。按曲面静水总压力的分析方法，此时只有墩台上方的实压力体 V_2，由此有 $P_z = \gamma(V_2 + V_2) = 2\gamma V_2$，可见提高基础的施工质量，将基础深入不透水层并保证其紧密结合，将有助于建筑物的结构稳定。

本章小结

水静力学是研究液体在静止或相对静止状态下的平衡规律及其应用。本章主要讨论了静水压强的定义及其特性，建立了水静力学基本方程 $p_1=p_2+\gamma\Delta h$ 或 $z+\frac{p}{\gamma}=C$，并说明了各个物理量所表示的含义；通过水静力学基本方程说明了重力液体的静水压强分布规律，介绍了作用在平面和曲面的静水总压力的计算方法。

1. 静止或相对静止液体对其接触面上所作用的力称为液体静水压力，其单位为牛顿(N)或千牛顿(kN)。单位面积上所受的平均流体静压力称为平均静水压强，用 $\overline{p}$ 表示。当受压面的面积无限缩小至一点时，则该受压面所受的力与受压面面积的比值的极限称为该点的静水压强。压强的国际制单位是牛顿/平方米(N/m^2)或帕(Pa)；工程上常用千帕(kPa)或兆帕(MPa)表示。液体静压强有两个特性：一是指方向，即静水压强的方向是垂直指向受压面；二是指大小，即任一点静水压强的大小和受压面方位无关，只与该点在液面下的位置有关。

2. 液体中压强相等的点所组成的面称为等压面。它有两个特性：在平衡液体中等压面即等势面；等压面与质量力正交。单纯重力作用下的静止液体，其等压面必然是水平面。在应用等压面时，必须保证所讨论的液体是静止同种连续介质。等压面(尤其水平等压面)在计算压强时经常用到。

3. 液体中任一点的压强可用静水压强的基本公式 $p=p_0+\gamma h$ 或 $z+\frac{p}{\gamma}=C$ 来计算。压强随淹没深度 h 按线性规律变化。$z+\frac{p}{\gamma}$ 称为测压管水头，其中：z 为位置水头，$\frac{p}{\gamma}$ 为压强水头。同一静止液体中，所有各点的测压管水头均相等，即 $z+\frac{p}{\gamma}=C$。

4. 绝对压强是以绝对真空状态作为零点计量的压强，用 p_{abs} 表示。相对压强是以当地大气压强作为零点计量的压强，用 p 表示。二者之间相差一个当地大气压强 p_a。压强的计量单位有三种表示法，即用应力单位表示、用大气压的倍数表示、用液体高度表示。

5. 根据静水压强公式以及静水压强垂直并指向受压面的特点，可利用图形来表示静水压强的大小和方向，此图形称为静水压强分布图。静水压强分布图的绘制规则，一是按比例用线段长度表示点压强的大小，二是用箭头表示压强的方向，并使之垂直于受压面。

6. 作用于平面上的液体总压力的计算内容包括总压力的大小、方向和作用点的确定。对于矩形受压面，利用图解法求解较为方便，因而要正确绘出静水压强分布图。对于受压面为任意形状，常用解析法求解其液体总压力的大小和作用点位置。

7. 作用于曲面上液体总压力的计算，先求其水平分力 P_x 和垂向分力 P_z，再求合力 P。水平分力 P_x 等于作用于该曲面的垂直投影面积上的静水总压力，其方向垂直指向投影面。垂直分力 P_z 等于压力体内液体的重力。

思考题与习题

2-1　露天水池，求水深 3m 处的相对压强。

2-2　密闭容器，测压管液面高于容器内液面 $h=2.0$m，液体的密度为 850kg/m^3。求液面压强。

2-3　密闭水箱，压力表测得压强为 5 000Pa，压力表中心比 A 点高 0.4m，A 点在液面下 1.5m，求液面压强。

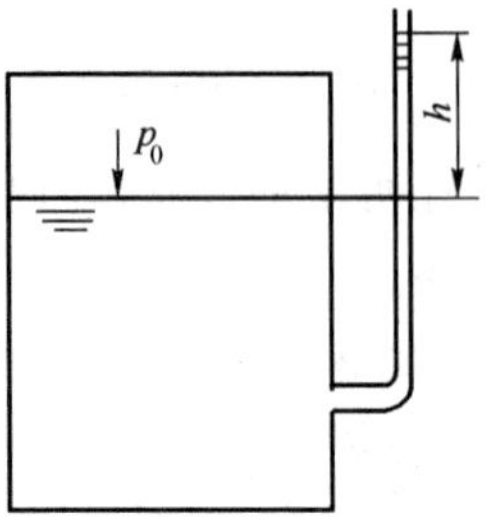

图 2-21　习题 2-2 图

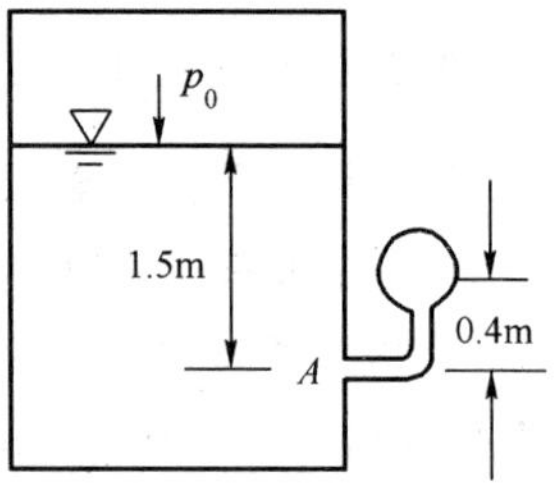

图 2-22　习题 2-3 图

2-4　用图 2-23 所示 U 形管量测 A 点压强，管右端开口通大气，如果 $h=1.5$m，求 A 点的绝对压强和相对压强，并分别用 Pa，m 水柱、mm 汞柱表示。

2-5　水管 A、B 两点高差 $h_1=0.3$m，U 形压差计中汞液面高差 $h_2=0.2$m，试求 A、B 两点的压强差。

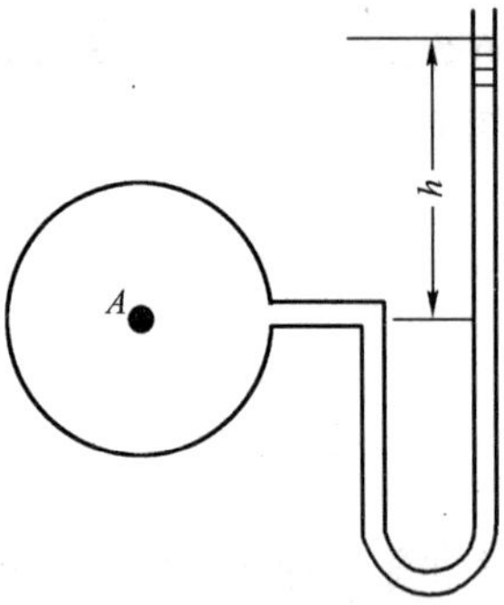

图 2-23　习题 2-4 图

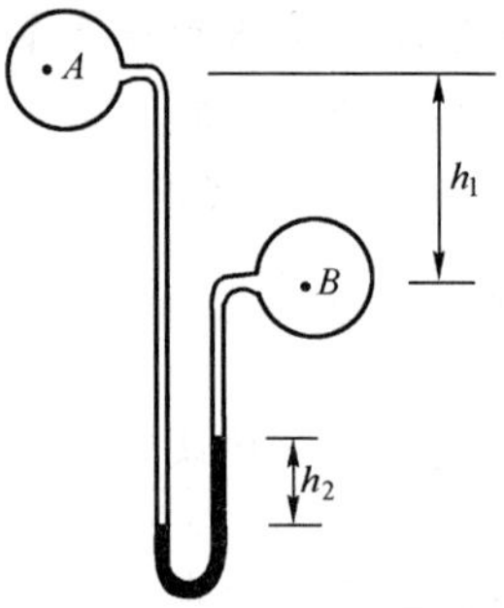

图 2-24　习题 2-5 图

2-6　绘制题图中 AB 面上的压强分布图。

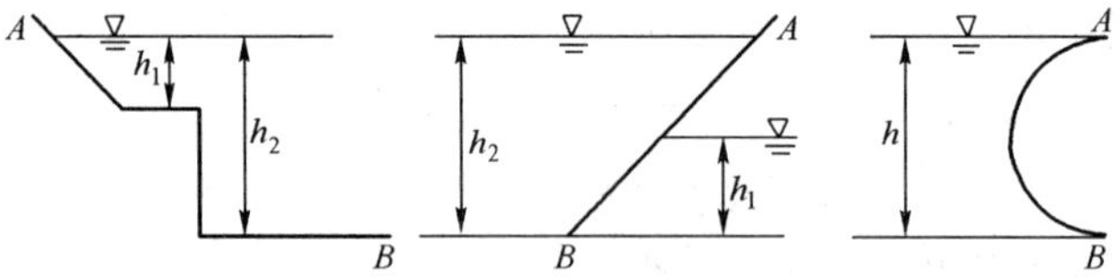

图 2-25　习题 2-6 图

2-7　图 2-26 所示盛水容器，在容器左侧壁安装一测压管，右侧壁装一 U 形水银测压计。已知容器中心点的相对压强为 0.5 大气压，$h=0.2$m，试求 h_1、h_2。

2-8　图 2-27 所示为一倾斜水管上测定压强差的装置，测得 $z=20$cm，$h=12$cm；当(1) $\gamma_1=9.02\text{kN/m}^3$ 为油的重度时；(2)γ_1 为空气重度时，分别求 A、B 两点的压强差。

2-9　有一容器，下部为水，上部为油，如图 2-28 所示。已知 $h_1=1.0$m，$h_2=2.0$m，油的重度 $\gamma_{oil}=7.84\text{kN/m}^3$，求作用于容器侧壁 AB 单位宽度上的作用力及其作用位置。

2-10　如图 2-29 所示容器内盛有水，水面高程为 1.0m，两个测压管的安装高程各为 0.5m 和 0.1m，当地大气压强值 $p_a=98\,000$Pa，若$\dfrac{p_c}{\gamma}=6$m 水柱高(绝对压强)，则两个测压管中的液面高程各为多少？点 1 和点 2 的绝对压强、相对压强、压强水头、测压管水头、真空值各为多少？

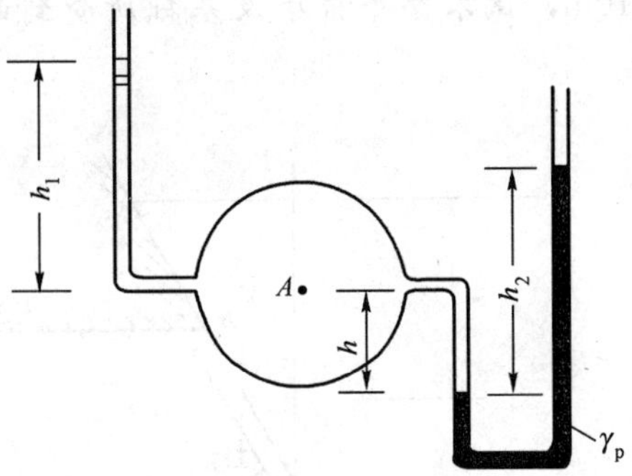

图 2-26　习题 2-7 图

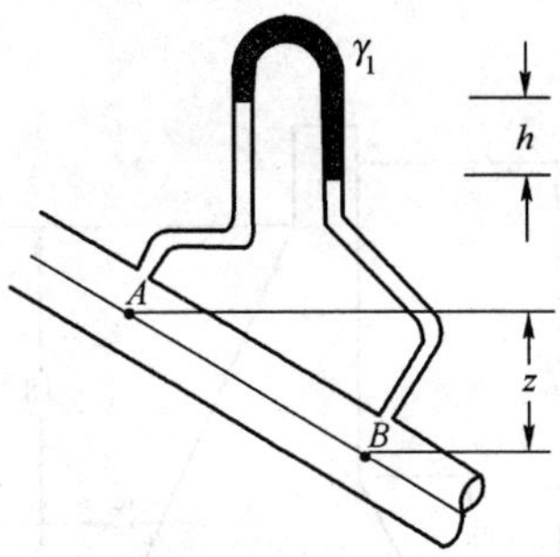

图 2-27　习题 2-8 图

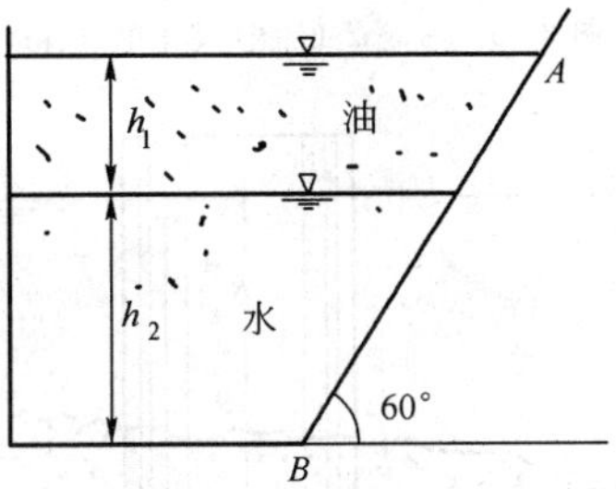

图 2-28　习题 2-9 图

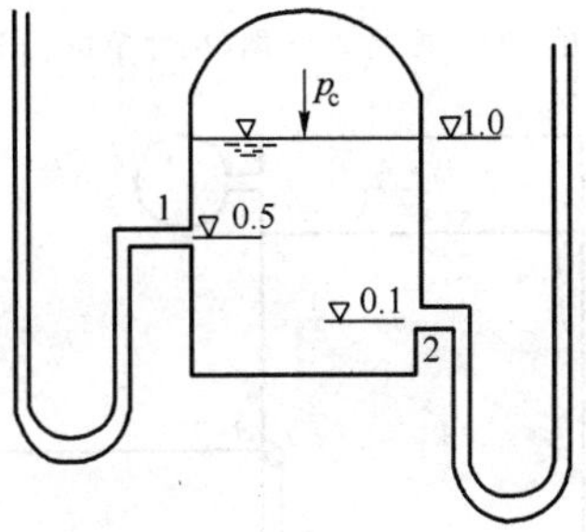

图 2-29　习题 2-10 图

2-11　用多管水银测压计来测水箱中的表面压强。图 2-30 中高程的单位为 m，试求水面的绝对压强。

2-12　量测容器中 A 点压强的真空计如图 2-31 所示，已知 $z=1\text{m}$，$h=1.5\text{m}$，若当地大气压强值 $p_a=98\text{kPa}$，求 A 点的绝对压强、相对压强及真空值(略去气柱重力)。

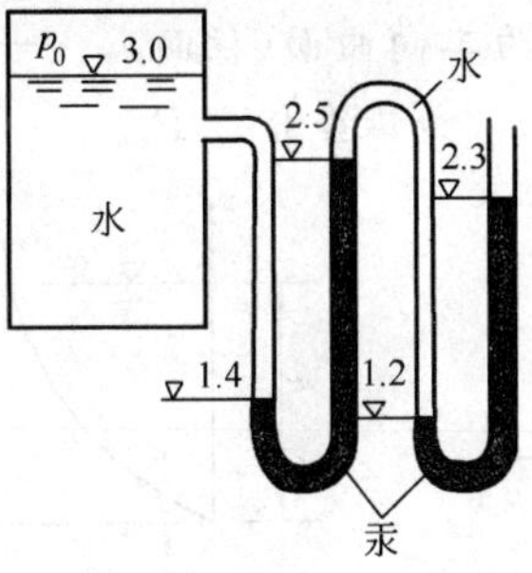

图 2-30　习题 2-11 图

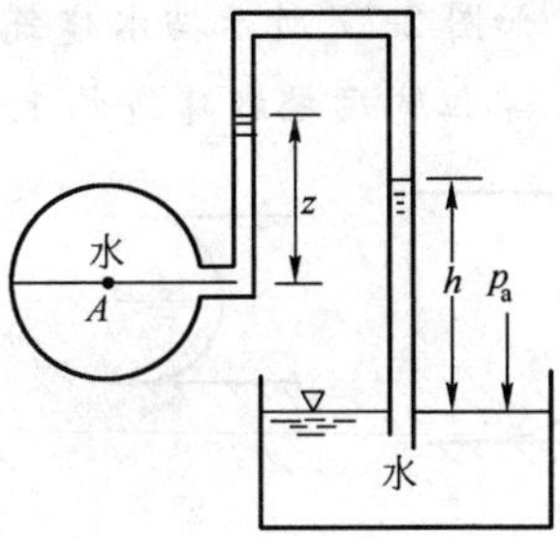

图 2-31　习题 2-12 图

2-13　如图 2-32 所示一混凝土重力坝，为了校核坝的稳定性，试分别计算当下游有水和下游无水两种情况下，作用于 1m 长坝体上水平方向分力 P_x 和铅垂分力 P_z。

2-14　如图 2-33 所示输水涵洞进口，为满足农业灌溉蓄水需要，涵洞进口设圆形平板闸门，其直径 $d=1.0\text{m}$，闸门与水平面成 $\alpha=60°$ 倾角，并铰接于 B 点，闸门中心点位于水下 4.0m，闸门重力 $G=980\text{N}$。求当门后无水时，启动闸门的力 T(不计摩擦力)。

2-15　如图 2-34 所示，闸门 AB 宽 1.2m，A 点铰接于容器壁上。压力计 G 的读数是 14 700Pa，右边的油箱里是相对密度为 0.750 的油。试求使闸门 AB 处于平衡，必须在 B 点施加多大的水平力？

2-16　一个圆柱形桥墩，如图 2-35 所示，半径 $R=2$m，埋设在透水层内，其基础为正方形，边长 $b=4.3$m，高 $h=2$m，水深 $H=10$m，试求整个桥墩及基础所受到的静水总压力。

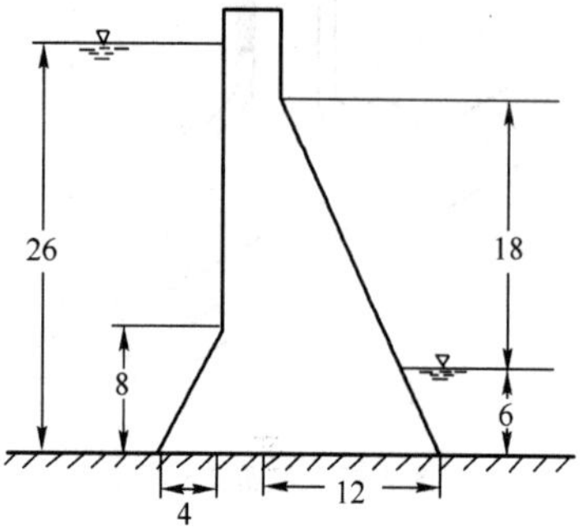

图 2-32　习题 2-13 图(尺寸单位:m)

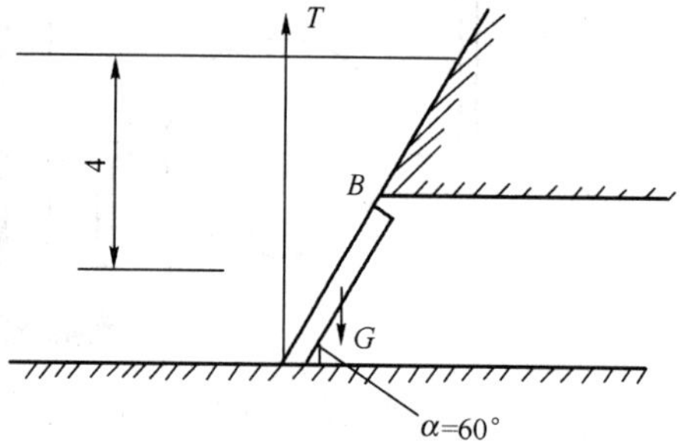

图 2-33　习题 2-14 图(尺寸单位:m)

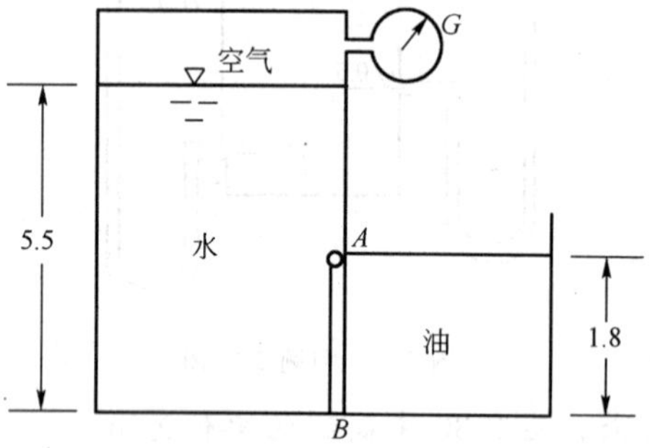

图 2-34　习题 2-15 图(尺寸单位:m)

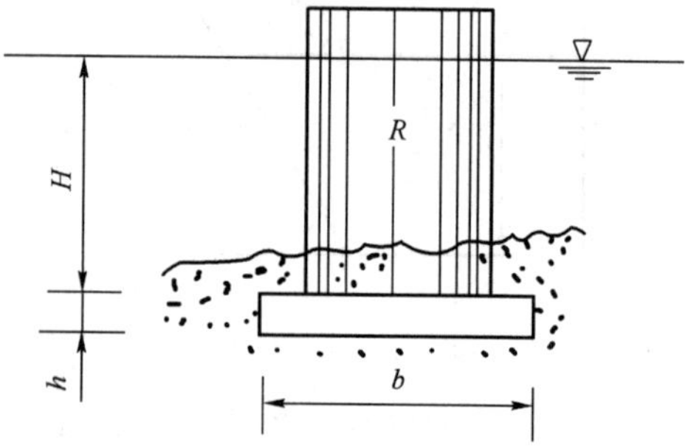

图 2-35　习题 2-16 图

2-17　绘出作用在图 2-36 所示曲面上的水平水压力的压强分布图和垂直水压力的压力体。

2-18　如图 2-37 所示挡水建筑物一侧挡水，该建筑物为二向曲面(柱面)，$z=ax^2$，a 为常数。试求单位宽度挡水建筑物上静水总压力的水平分力 P_x 和铅垂分力 P_z。

图 2-36　习题 2-17 图

图 2-37　习题 2-18 图

第三章　水动力学基础

本章学习目标

1. 了解液体运动的基本概念；
2. 掌握恒定流的连续性方程、恒定流的能量方程、恒定流的动量方程；
3. 掌握液体运动的两种形态(层流和紊流)以及判别指标(雷诺数)；
4. 了解水流阻力与水头损失产生机理，掌握沿程和局部水头损失计算公式；
5. 掌握能量方程的应用，短管水力计算原理。

本章学习重点

水力学三大方程；均匀流基本方程；达西公式；谢才曼宁公式：局部水头损失计算公式。

本章学习难点

雷诺试验；尼古拉兹试验。

水动力学研究液体运动的规律及其应用。液体的运动用流速和动水压强等运动要素来描述，研究方法有理论分析法和实验观测法。工程上，在很多情况下不必研究液体的微观运动，而只需要研究液体运动的平均性质，这样比较简单。同时，室内模型试验及对实际工程的观测，是验证和补充理论分析成果的重要手段，在水力学中占很重要的地位。水力学中引用了物理学的三个基本定律，即质量守恒定律、能量守恒定律、动量守恒定律，但具有水力学特有的形式。

第一节　液体运动的基本概念

一、迹线与流线

描述液体运动有两种不同的方法，一是研究个别液体质点在不同时刻的运动情况，另一种是描述同一时刻液体质点在不同空间点的运动情况。迹线和流线即是代表这两种描述方法的基本概念。

某一液体质点在运动过程中，不同时刻所流经的空间点所连成的线称为**迹线**。迹线是液体质点在连续时间内所走过的轨迹线。

流线与迹线不同，它是液体中不存在的假想的线，是用来反映流速场内瞬时流速方向的曲线。某一瞬时，在流场中画出这样一条光滑曲线，这条曲线上任意一点在该瞬时的速度矢量在该点处与曲线相切，这条曲线就称为该瞬时的一条**流线**。可见，流线具有瞬时性，表明了某时刻这条曲线上各点的流动方向，如图 3-1 所示，流线上的 1、2、3…各点的质点流速方向都和流线相切。

对于一个具体的实际水流，可以根据流线方程，或者采用试验方法来绘制它的流线。在流场中绘出一系列同一瞬时的流线，这些流线构成的图形，称为流线图或流谱。流线图反映了整个流场的运动状况，例如在实验室中作一个断面突然扩大的渠道水流模型，在上游的一些点连续向水面撒下许多木屑，这许多木屑随水流动而排列成一条条的线，每一颗木屑的运动方向，代表相应水流质点经过各空间点的流速方向，所以在每一时刻木屑排列成的连线就能代表该时刻和质点流速矢量相切的流线，如果用照相机拍摄下来，那么拍摄时刻的水面的流线就留在照片上了，如图 3-2 所示。对于不可压缩液体，流线的疏密程度还可以用来反映该时刻流场中各处流速大小的变化情况，流线密集的地方流速大，流线稀疏的地方流速小。

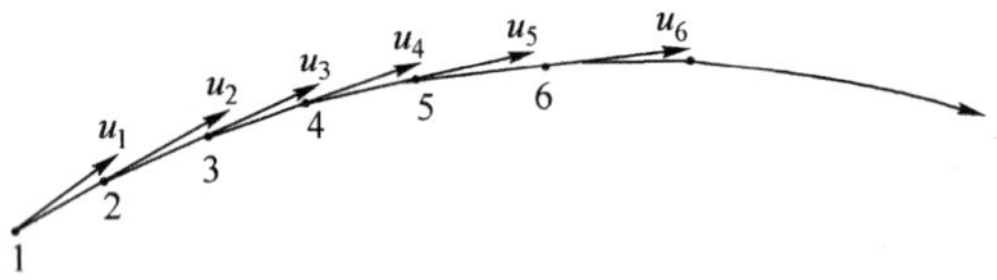

图 3-1　流线的定义

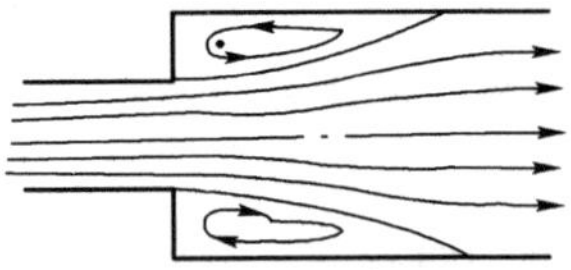

图 3-2　流线

根据流线的定义，**流线的基本特性**如下：

(1)流线是一条光滑的曲线。因为液体是连续介质，运动要素的空间分布为连续函数，液体运动受惯性影响，其方向只能是逐渐变化。

(2)在同一时刻，流场中两条流线不会相交，否则在交点处会有一个液体质点在同一时刻有两个不同方向的速度，所以流线是不能相交的。

(3)通过流场中同一点在不同时刻所绘出的流线是不同的。一般情况下，流速矢量不仅随位置变化，也随时间而变化，流速 $u=u(x, y, z, t)$，不同时刻，流线的图形可以不同。

显然，流线与迹线是两个不同的概念。迹线是单个液体质点在某一时间段内的运动轨迹线，而流线代表某一瞬时流场中一系列液体质点的流动方向线，二者不应混淆。一般情况下，流线与迹线的形状也是不同的。但是，当运动要素不随时间而变化［运动要素只随坐标不同而变化，不随时间而变化，这种流动称为恒定流，如 $u=u(x, y, z)$］时，流线的位置和形状不随时间改变，流线上质点的速度方向沿流线切向，质点只能一直沿着这条曲线运动而不离开它，则流线将与迹线重合。

二、元流与总流

1. 元流

在流场中任取一封闭曲线 L，通过该封闭曲线上的各点作某一瞬时的流线，由这些流线所构成的封闭管状曲面称为流管，如图 3-3 所示。根据流线的特性，流管的周界可以视为与固体边壁一样，在该瞬时，液体只能在流管内部或沿流管表面流动，而不能穿越管壁流入或流出。一般情况下，不同瞬时通过同一封闭曲线所画出的流管的形状和位置是有差异的。

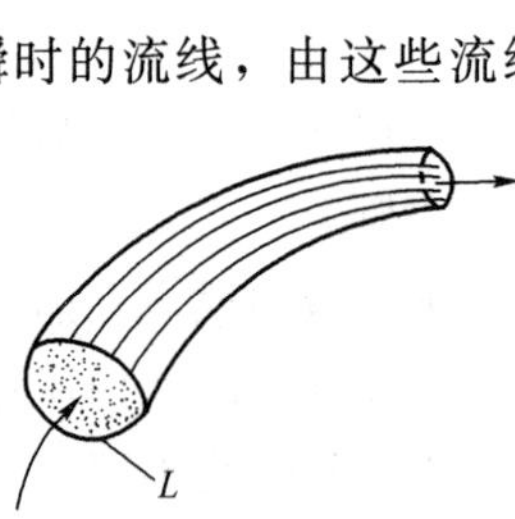

图 3-3　流管与元流

当封闭曲线 L 所包围的面积无限小时，充满微小流管内的液流称为**元流**或微小流束。因为元流的横断面积是很小的，一般在其横断面上各点的流速或动水压强可看作是相等的。从元流推导得出的方程，同样适用于一条流线，故常用流线表示元流。若沿元流的流动方向取坐标轴 s，则元流各断面的流速可以表示为：$u = u(s, t)$。

2. 总流

任何一个实际水流都具有一定规模的边界，这种具有一定大小尺寸的实际水流称为**总流**。总流可以视为是流场中无限多个元流的总和。

天然水道或管道中的水流，均属于总流。在总流的横断面上，流速和动水压强一般呈不均匀分布。例如，河道中的水流，其横断面上流速分布受边界条件的影响，呈现河中心大、两岸边小，河水面大、河底小的分布规律。

三、过水断面、流量、断面平均流速

1. 过水断面

与元流或总流的流线相垂直的横断面，称为**过水断面**(对于气体流动，则称为过流断面)，其面积用符号 $d\omega$ 或 ω 表示，称为元流或总流的过水断面面积，单位为 m^2。

根据过水断面的定义，过水断面上处处与流线垂直，液流将不会沿过水断面方向流动。由于元流的过水断面为一无限微小的面积，可以认为元流的过水断面为平面。对于总流而言，当水流的所有流线相互平行时，总流过水断面是平面，否则就是曲面。如图 3-4 中所示 1—1 和 2—2 断面。

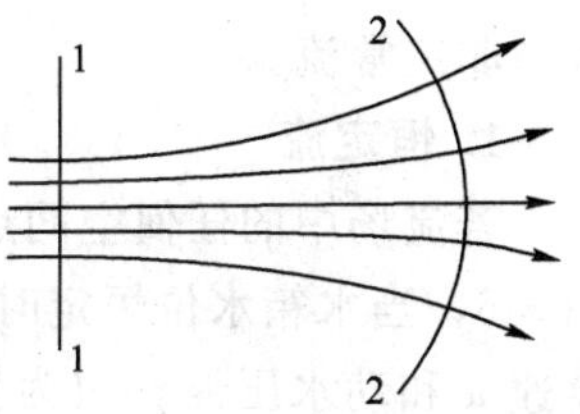

图 3-4 过水断面

若元流的过水断面面积为 $d\omega$，则总流的过水断面面积 ω 为

$$\omega = \int_{\omega} d\omega$$

2. 流量

工程上，经常会使用流量这个概念来表示渠道输水量、河流水量、供水和排水管路的输水能力等的大小。单位时间内通过某一过水断面的液体的数量，称为**流量**。如果以体积来度量，称为体积流量，对于元流用 dQ 表示，对于总流用 Q 来表示，常用单位是 m^3/s。

对于元流，可以近似认为过水断面 $d\omega$ 上各点的流速 u 在同一时刻是相同的，因此，单位时间内通过过水断面的液体体积，即元流的流量为

$$dQ = u d\omega \tag{3-1}$$

式中：u——点流速。

总流的流量等于通过总流过水断面的无限多个元流流量之和，即

$$Q = \int_{\omega} u d\omega = \int_{\omega} dQ \tag{3-2}$$

3. 断面平均流速

由于液体的黏滞性及固体边界的影响，总流过水断面上各点的流速是不相同，即过水断面上流速分布是不均匀的，如图 3-5 所示的管道流动，管轴线处的流速最大，愈靠近管壁，流速愈小。为了表示过水断面上流速的平均情况，引入断面平均流速，用符号 v 表示，工程上所称的流速往往是指断面平均流速。

总流断面平均流速，是一个想象的流速，假想过水断面上各点的流速都相等并等于

v，此时通过的流量与实际流速分布不均匀时通过的流量相等，则流速 v 就称为**断面平均流速**。

根据断面平均流速的定义，可知

$$Q = \int_{\omega} u\mathrm{d}\omega = Av \text{ 或 } v = Q/\omega \tag{3-3}$$

由此可见，通过总流过水断面上的流量等于断面平均流速 v 和过水断面面积 ω 的乘积。引入断面平均流速概念，是一种科学手段。它等于流量与过水断面面积之比，当流量一定时，过水断面面积越大，断面平均流速越小；过水断面面积越小，断面平均流速越大。它使三元流动简化为一元流动，若沿流程取坐标轴 s，则 $v=v(s, t)$。

四、恒定流与非恒定流

液体的运动按其运动要素是否随时间发生变化，可以分为恒定流与非恒定流两类。运动要素不随时间变化的流动，称为恒定流；反之称为非恒定流。恒定流与非恒定流又称为定常流与非定常流。

1. 恒定流

若流场中的任何空间点上的所有运动要素都不随时间而变化，这种流动称为**恒定流**。如图 3-6，当水箱水位恒定时，管道水流中各点的流速和压强等运动要素均不随时间而变化，流速 u 和动水压强 p 仅为坐标的函数，即 $u=u(x, y, z)$，$p=p(x, y, z)$。因为恒定流过水断面的面积和流速都不随时间而变化，所以恒定流的流量也不随时间而变化。

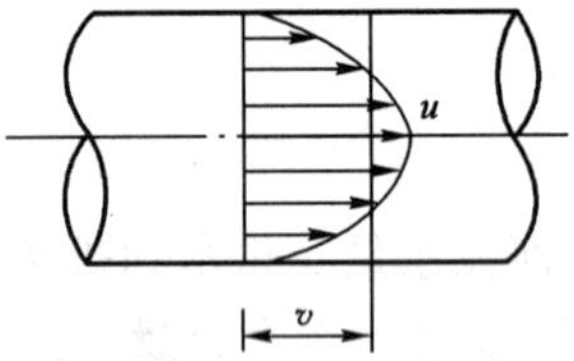

图 3-5 断面平均流速

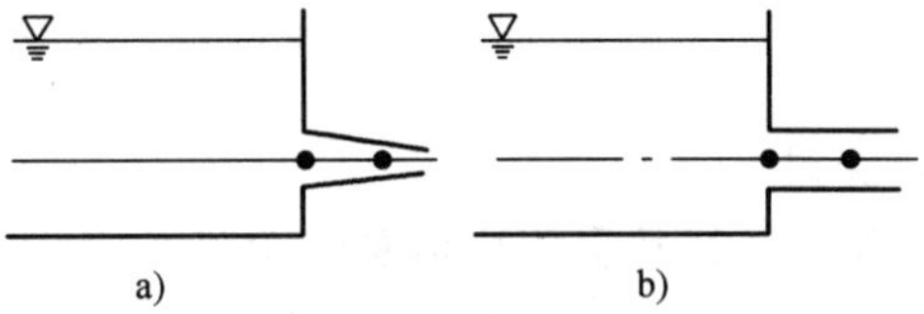

图 3-6 恒径与变径出流

2. 非恒定流

如果流场中任何空间点上有任何一个运动要素是随时间而变化的，这种流动称为**非恒定流**。如图 3-6 中，当水箱中的水位逐步下降时，管中各点的流速是随时间变化的，非恒定流的运动要素不仅是空间坐标 x、y、z 的函数，而且也是时间变量 t 的函数。非恒定流动中，加速度不等于零，且流线的形状随时间变化，因而流线与迹线不相重合。

在恒定流情况下，由于运动要素不随时间变化，因而，在分析问题时要简单得多。在**实际工程**中许多非恒定流动问题的运动要素随时间变化是非常缓慢的，可以在一定时间范围内将这种流动近似地作为恒定流处理。在处理液体运动问题时，恒定流与非恒定流的划分，并不是绝对的。例如，水泵起动后压强基本稳定时的管道流动；水塔中水位虽然有变化，但与整个水塔高度相比，压强变化不大的与水塔相通的管中水流；河、渠中水位变化缓慢的水流等，都可以视为恒定流。但是，对于压强变化很大，如水泵启动或停止时的水流；河道中在汛期水位涨落颇大、流速变化显著的洪水流动以及涨潮、落潮时的水流，则只能作为非恒定流的问题处理。

五、均匀流与非均匀流、渐变流与急变流

在水力学中，根据流线形状及过水断面上的流速分布是否沿流程变化，将液体流动分为均匀流与非均匀流。

1. 均匀流与非均匀流

当流场中的所有流线是相互平行的直线时，该流动称为**均匀流**，如图 3-7a)所示。均匀流要求液体流动边界必须是直的，而且过水断面形状、尺寸也都是沿程一致，如直径不变的长直管道中的水流(进口段除外)，顺直长棱柱形渠道中水深不变的恒定流动等，均属于均匀流。因均匀流的流线是平行直线，所以均匀流的过水断面为平面；且同一流线上各点的流速大小相等且方向相同，沿流程各过水断面上的流速分布规律相同，断面平均流速也相等。

若流场中的流线不是相互平行的直线，这样的流动称为**非均匀流**。如果流线虽是直线但不平行，例如图 3-7b)所示，液体在管径沿程缓慢均匀扩散或收缩的渐变管中的流动；或者流线虽然平行但不是直线，例如图 3-7c)所示，液体在管径不变的弯管中的流动，都属于非均匀流。非均匀流各过水断面上的流速大小与流速分布均可以不相同。

需要注意的是，均匀流(或非均匀流)和恒定流(或非恒定流)是从不同的角度对流动进行的划分，它们是相互独立的。液体的流动可以有恒定均匀流、恒定非均匀流、非恒定均匀流、非恒定非均匀流等四种组合，任何一种组合都有可能出现。例如，流量不随时间变化时，在等直径的长、直管段中的管流，是恒定均匀流，在逐渐扩散管中的管流，是恒定非均匀流；当流量随时间而变化时，就分别成为非恒定均匀流和非恒定非均匀流了。在明渠流动中，因为存在自由表面，一般没有非恒定的均匀流，只可能有恒定均匀流，这时候液体质点做匀速直线运动；至于非均匀流，则恒定流与非恒定流都可能发生。

2. 渐变流与急变流

根据流线不平行和弯曲的程度，还可以将非均匀流分为渐变流和急变流两种类型。当流场中的流线虽然不是相互平行的直线，但几乎近似于平行直线的流动，称为渐变流。它是一种近似的均匀流，其极限情况即是均匀流。如果一个实际水流，其流线之间的夹角很小，或流线的曲率半径很大，则看作渐变流。若水流的流线之间夹角很大或流线弯曲较大，这种水流称为**急变流**。在急变流中，惯性力的影响不可忽略。

最后要说明，渐变流与急变流之间的判别没有严格的定量标准，视精度要求进行具体分析。一般情况下，实际水流是渐变流还是急变流与水流的边界有密切关系，当固体边界为近于平行的直线时，水流往往作为渐变流研究；当管道转弯，断面扩大或收缩以及明渠中由于建筑物的存在使水面发生急剧变化时的水流都是急变流(图 3-8)。

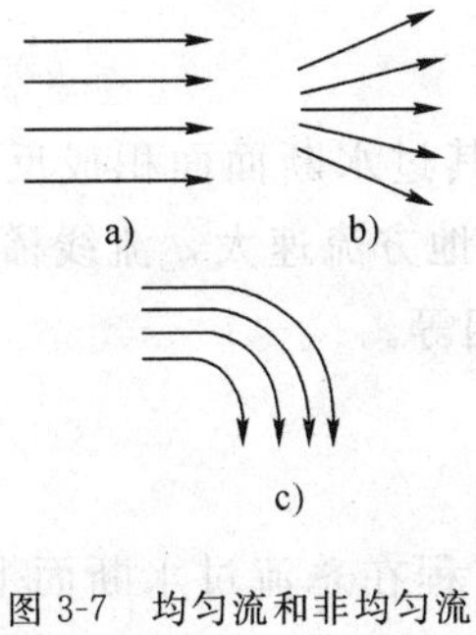

图 3-7　均匀流和非均匀流

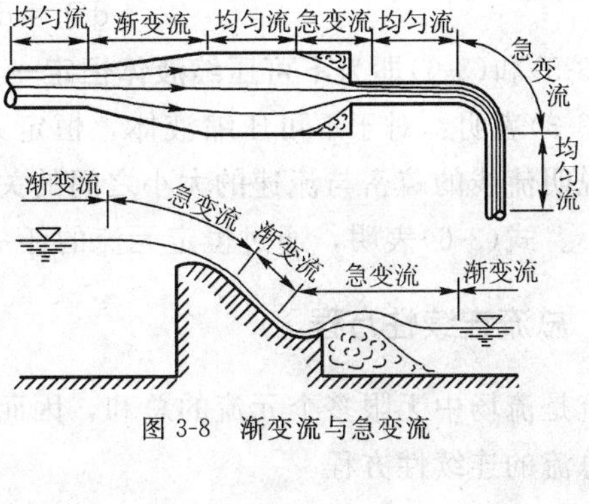

图 3-8　渐变流与急变流

六、有压流和无压流

按照液体流动的边界条件和产生运动的力的性质可将水流分为无压流和有压流。当液体完全充满输水管道所有横断面，管道中的水流不直接与空气相接，没有自由表面，整个管壁都受到液体压力的作用，过水断面上的压强一般不等于大气压时，这样的水流称为**有压流**。有压流动主要是依靠两端的压力差。在有压管流中，液流由于受到边界条件(管道)的约束，过水断面的大小和形状固定不变，流量变化只会引起压强和流速的变化，水力计算主要是寻找流量 Q、流速 v 和压强 p 三者的关系。天然河道、人工渠道中以及具有自由表面的排水管中的液体的流动，具有与气体接触的自由表面，其表面压强等于大气压强(即相对压强等于零)，这种水流称为**无压流**，又称为明渠流。无压流动受液体重力作用。无压流的特性与有压流动不同，当流量变化时，其过水断面的大小、形状均可随之改变，流速和压强的变化表现为水深的变化，无压流比有压流复杂。

第二节　恒定流的连续性方程

液体运动和其他物质运动一样要遵循质量守恒定律，由于水流本身的特点，质量守恒定律在水流运动中有其特殊的表现形式，即水流的连续性方程。

一、元流连续性方程

在恒定元流中取过水断面 1—1 和 2—2 之间的液体作为研究对象，如图 3-9 所示。

令过水断面 1—1 的面积为 $d\omega_1$，流速为 u_1，过水断面 2—2 的面积为 $d\omega_2$，流速为 u_2。由于：

①在恒定流条件下，元流的形状和位置不随时间而变化，从而控制体的形状及位置亦不随时间而变化；

②液体是不可压缩的连续介质，$\rho_1=\rho_2=$常数；

③液体不可能穿越元流管壁流入或流出。

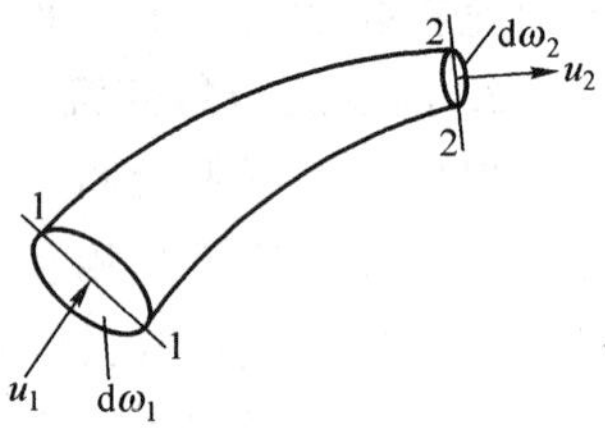

图 3-9　元流

根据质量守恒定律，单位时间内流进 $d\omega_1$ 的液体质量等于流出 $d\omega_2$ 的液体质量，即

$$\rho_1 u_1 d\omega_1=\rho_2 u_2 d\omega_2=\text{常数} \tag{3-4}$$

化简后得

$$u_1 d\omega_1=u_2 d\omega_2=dQ=\text{常数} \tag{3-5}$$

或

$$dQ_1=dQ_2=dQ \tag{3-6}$$

式(3-5)和(3-6)即为**不可压缩液体恒定一元流的连续性方程**。

式(3-3)表明：对于不可压缩液体，恒定元流流速的大小与其过水断面面积成反比，由此可以说明流线的疏密与流速的大小之间的关系，即流线密集的地方流速大，流线稀疏的地方流速小。式(3-6)表明，通过恒定元流的任一过水断面的流量相等。

二、总流连续性方程

总流是流场中无限多个元流的总和，因而将元流的连续性方程在总流过水断面上积分，可得到总流的连续性方程

$$\int_A dQ = \int_A u_1 d\omega_1 = \int_\omega u_2 d\omega_2 = Q \tag{3-7}$$

引入断面平均流速，上式可写为

$$v_1\omega_1 = v_2\omega_2 = Q = \text{常数} \tag{3-8}$$

或

$$Q_1 = Q_2 = Q \tag{3-9}$$

式(3-8)、(3-9)即为**恒定总流的连续性方程**。式中 v_1 和 v_2 分别是总流过水断面 ω_1 和 ω_2 的断面平均流速。(3-8)表明，对于不可压缩液体的恒定总流，任意两过水断面的平均流速与过水断面面积成反比。式(3-9)说明：任意恒定总流的过水断面所通过的流量相等。也就是说，上游断面流进多少流量，下游断面也必然流走多少流量。

三、连续性方程说明

连续性方程是水力学三大基本方程之一，是用以解决水力学问题的重要方程，它总结和反映了水流的过水断面面积与断面平均流速沿程变化的规律性。

无论是元流还是总流连续性方程，因并未涉及作用力问题，所以元流和总流的连续性方程都是运动学方程，对于理想液体或实际液体都是适用的。连续性方程对于有压管流，即使是非恒定流，对于同一时刻的两过水断面仍然适用。当然，非恒定有压管流中的流速和流量要随时间而变化。

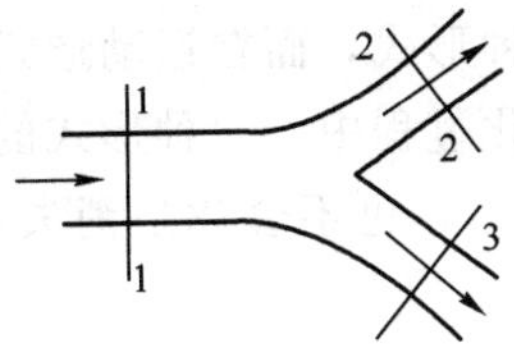

图 3-10　三通

式(3-8)和(3-9)所示的连续性方程只适用于一股总流。若沿程有分流，如图 3-10 所示，则控制体选在分流之前的过水断面 1—1 和分流之后的过水断面 2—2 及 3—3 之间，根据质量守恒定律，流入控制体的流量应等于流出控制体的流量，即

$$Q_1 = Q_2 + Q_3 \tag{3-10}$$

同理，由流入控制体的流量应等于流出控制体的流量，也可以得出汇流时的连续性方程。

四、连续性方程应用计算算例

［例 3-1］ 如图 3-11 所示，在一个三通管中的恒定有压水流，各管段均为变直径管道。已知：过水断面 1—1、2—2、3—3 和 4—4 处的管径分别为 d_1，d_2，d_3 和 d_4，过水断面 1—1 和 4—4 的断面平均流速分别为 v_1 和 v_4。求通过过水断面 3—3 和 4—4 的流量 Q_3 和 Q_4 以及断面 2—2 和 3—3 的平均流速 v_2 和 v_3。

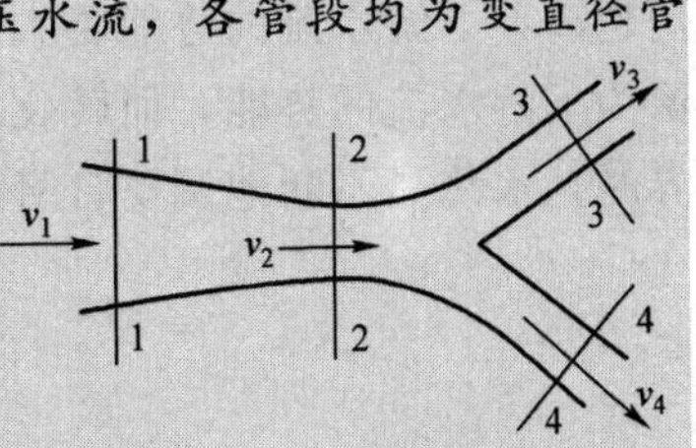

图 3-11　三通管出流

解： 根据已知过水断面 1—1 和 4—4 的断面尺寸和断面平均流速，计算两断面所通过的流量

$$Q_1 = v_1\omega_1 = v_1 \cdot \frac{\pi d_1^2}{4}; Q_4 = v_4\omega_4 = v_4 \cdot \frac{\pi d_4^2}{4}$$

取过水断面 1—1 到 3—3 和 4—4 之间的流段为控制体，则根据连续性方程有

$$Q_1 = Q_3 + Q_4$$

所以

$$Q_3 = Q_1 - Q_4 = v_1 \cdot \frac{\pi d_1^2}{4} - v_4 \cdot \frac{\pi d_4^2}{4} = \frac{\pi}{4}(v_1 d_1^2 - v_4 d_4^2)$$

于是，过水断面 3-3 的断面平均流速为 $v_3=\frac{Q_3}{\omega_3}=\frac{4Q_3}{\pi d_3^2}$。将 Q_3 值代入得 $v_3=\frac{v_1 d_1^2-v_4 d_4^2}{d_3^2}$，又以过水断面 1—1 到 2—2 之间的流段为控制体，则有 $Q_1=Q_2$，得 2—2 断面的断面平均流速为 $v_2=\frac{Q_2}{\frac{1}{4}\pi d_2^2}=\frac{Q_1}{\frac{1}{4}\pi d_2^2}=v_1\frac{d_1^2}{d_2^2}$

第三节　恒定流的能量方程

由于水流运动过程是在一定条件下的能量转化过程，因此水流各运动要素之间的关系，可以通过分析水流的能量守恒定律求得。水流的能量方程就是能量守恒定律在水流运动中的具体表现。

一、液流的能量转化现象

从物理学知，自然界中不同的运动形式(机械运动、热运动、电磁运动等)具有不同的能量(机械能、热能、电磁能等)。物质的运动可从一种形式转化为另一种形式，而在运动形式的相互转化过程中，能量也从一种形式转化为另一种形式。在能量转化过程中，一种形式的能量减少多少，必有另一种形式的能量增加多少，即能量不会凭空产生，也不会凭空消失，只能从一种形式转化为另一种形式，这就是**能量转化和守恒定律**。

水流和其他运动的物质一样只有动能和势能两种机械能。流速越大，动能越大；水位越高，势能越大。水流的动能和势能之间以及水流的机械能和其他形式的能量之间也可以相互转化，其转化关系都必须遵循能量转化和守恒定律。

如图 3-12a)所示，溢流坝上游断面 1—1 处位置高，水深大，势能大，但流速缓慢，动能较小。随着水流沿坝顶下泄，势能逐渐减小，动能逐渐增大。上游水位越高，上游水流的势能越大，由势能转化成的动能也越大，下泄水流的流速就越大。当水流下泄至 2—2 断面以后时，由于下游水深的影响，水深又加大，势能有所增加，动能有所减小。同理，下游水位越高，下游水流的势能越大，水从上游流向下游时，上游水流的势能必须有较大的部分保留为下游水流的势能，而转化为动能的部分必然减少。当水流流经不同位置和不同性质的边界时，水总是不断地调整自身的水流结构，动能与势能的比例关系也随之调整。

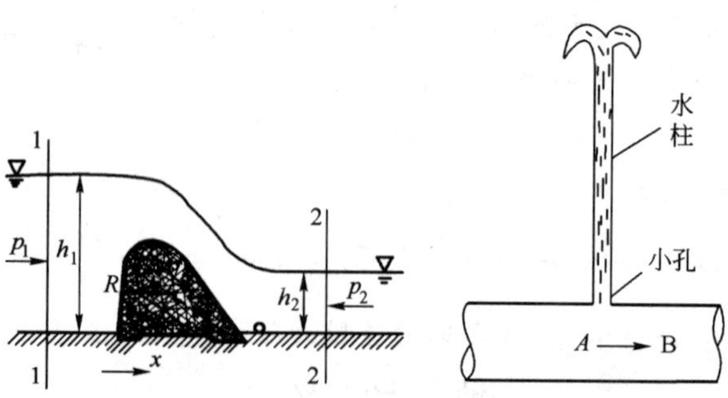

a)　　b)

图 3-12　水流的能量转化现象

再如图 3-12b)所示，管道中水流速度为 u，管壁上侧开一小孔，则在动水压力作用下，管中的水将以一定的速度由小孔向上射出。随着射出水流的继续上升，流速不断减小，至某一高度时，流速为零。这说明水流的压能(势能)先转化为动能，然后又逐渐转化为位能。

水流运动时，由于黏滞性的作用而产生水流阻力，因而引起水流能量损失。通过坝顶的水流同样因克服水流阻力而引起能量损失。边界的形状较平顺，水流阻力和能量损失较小，泄流流速就较大。

能量转化的现象比比皆是，是液体流动的普遍现象。研究水流的能量转化规律是解决水力学问题的一个重要理论基础。

二、重力理想液体元流的能量方程

由于实际液体具有黏滞性，其运动规律十分复杂，对其直接分析研究非常困难。因而，遵循由简单到复杂的认识规律，水动力学是先以忽略了黏滞性影响的理想液体为研究对象，进行分析研究，在此基础上，再进一步研究实际液体的运动规律。

1. 方程

设在恒定流动的理想重力液体中的一元流，如图 3-13 所示。元流的任意两个过水断面 1—1，2—2 上的压强、流速、断面面积和距基准面的高度分别为 p_1、u_1、$d\omega_1$、z_1 和 p_2、u_2、$d\omega_2$、z_2。在 dt 时间内，断面 1—1 和 2—2 移动到 1′—1′和 2′—2′的位置，移动的距离分别为 $ds_1=u_1dt$，$ds_2=u_2dt$。根据动能定律：运动物体动能的改变等于外力所做的功。

断面 1—1 和 2—2 移动到 1′—1′和 2′—2′后，动能的改变等于断面 2—2 和 2′—2′间液体的动能减去 1—1 和 1′—1′间液体的动能。

注意到 $u_1d\omega_1=u_2d\omega_2=dQ$，则动能的改变为

$$\begin{aligned}&\frac{1}{2}m_2u_2^2-\frac{1}{2}m_1u_1^2\\&=\frac{1}{2}\rho d\omega_2\cdot ds_2\cdot u_2^2-\frac{1}{2}\rho d\omega_1\cdot ds_1\cdot u_1^2\\&=\frac{1}{2}\rho d\omega_2\cdot u_2dt\cdot u_2^2-\frac{1}{2}\rho d\omega_1\cdot u_1dt\cdot u_1^2\\&=\frac{1}{2}\rho dQdt(u_2^2-u_1^2)\end{aligned}$$

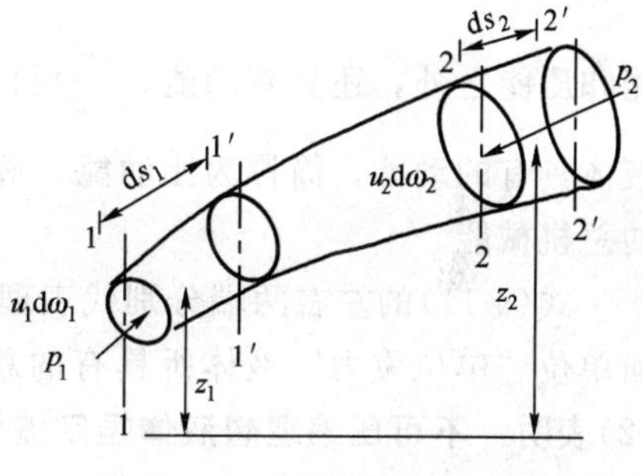

图 3-13 理想液体元流

在 dt 时间内，外力所做的功为断面 1—1 和 2—2 的总压力所做的功加这两个断面间液体重力所做的功，侧表面的压力因为与运动方向垂直而不做功。这里假定是理想液体，不存在内摩擦力。压力所做的功是

$$\begin{aligned}&p_1d\omega_1\cdot ds_1-p_2d\omega_2\cdot ds_2\\&=p_1d\omega_1\cdot u_1dt-p_2d\omega_2\cdot u_2dt\\&=(p_1-p_2)dQdt\end{aligned}$$

重力所做的功可认为是断面 1—1 与 1′—1′间的液体移动到 2—2 与 2′—2′间的位置所做的功，而重力对断面 1′—1′与 2—2 间的液体未做功。即

$$d\omega_1ds_1\cdot\rho g(z_1-z_2)=d\omega_1u_1dt\cdot\rho g(z_1-z_2)=\rho g(z_1-z_2)dQdt$$

动能的改变等于外力所做的功，即

$$\frac{1}{2}\rho dQdt(u_2^2-u_1^2)=(p_1-p_2)dQdt+\rho g(z_1-z_2)\cdot dQdt$$

等式两边同除以 $\rho g\cdot dQdt$，得

$$z_1+\frac{p_1}{\gamma}+\frac{u_1^2}{2g}=z_2+\frac{p_2}{\gamma}+\frac{u_2^2}{2g} \tag{3-11}$$

即对理想重力液体恒定元流任意两个过水断面或同一流线上任意两点有

$$z+\frac{p}{\gamma}+\frac{u^2}{2g}=\text{常数} \tag{3-12}$$

式(3-11)就是**不可压缩理想重力液体恒定元流的能量方程**。该式是由瑞士科学家伯诺里(Bernoulli)于 1738 年首先推导出来的，在水力学中习惯称为理想液体恒定元流的伯诺里方程。

2. 方程各项意义

(1)物理意义

理想液体恒定元流能量方程反映了能量守恒与转化定律。

液体中某一点处的几何高度 z，表示相对于基准面的位置，所以 z 代表单位“单位重力”液体具有的相对于基准面(即 $z=0$ 的水平面)的位能。$\frac{p}{\gamma}$代表单位“单位重力”液体具有的压力能(压能)。由于 z 和$\frac{p}{\gamma}$反映的是单位“单位重力”液体具有的能量，也简称为**比位能**和**比压能**，两项的和$(z+\frac{p}{\gamma})$称为**比势能**，用 H_p 表示。在运动液体中，液体除了具有位能和压能之外，还具有动能。$\frac{u^2}{2g}$可以改写为：$\frac{mu^2}{2mg}=\frac{\frac{1}{2}mu^2}{\text{mg}}$，可见，$\frac{u^2}{2g}$是单位“单位重力”液体具有的动能，简称为**比动能**。液体的比势能与比动能之和，称为单位“单位重力”液体的总机械能。

式(3-11)的左右两端分别代表理想液体恒定元流(或同一流线)上任意所取的两个过水断面单位“单位重力”液体所具有的总机械能(位能、压能和动能)。因而，式(3-11)和式(3-12)表明：**不可压缩理想液体恒定流情况下，元流不同的过水断面上，单位“单位重力”液体具有的机械能保持相等(守恒)，但各项能量的形式又是可以相互转化的**。

(2)几何意义

理想液体恒定元流能量方程中的每一项都具有长度的量纲。因而可以用高度来表示能量方程中的各项。称 z 为**位置高度(或位置水头)**，$\frac{p}{\gamma}$为**压强高度(或压强水头)**，$\frac{u^2}{2g}$为**流速高度(或流速水头)**。

位置水头 z 表示元流过水断面上某点相对于某基准面的位置高度。当 p 为相对压强时，压强水头$\frac{p}{\gamma}$表示测压管中液柱高度(测压管内液面到测点之间的高差)。流速水头$\frac{u^2}{2g}$是指不计空气阻力时，液体以初速度 u 垂直向上喷射到空气中所能达到的理论高度。

式(3-11)或(3-12)表明，**理想液体的三种形式水头在流动过程中可以相互转化，但总水头沿流程守恒**。

上面讨论的是没有黏滞性影响的理想液体，因为没有黏滞性的存在，液体不需要克服内摩擦力做功而消耗能量，所以运动液体的总机械能沿程保持不变。

三、实际液体元流的能量方程

1. 方程

由于实际液体都具有黏滞性，在流动过程中，液体质点之间的内摩擦阻力做功而消耗部分机械能，使之转化为热能耗散掉，因而液流的机械能沿程减小，对机械能来说即存在着能量损失。

令 h'_w 为元流中单位重力液体从过水断面 1—1 流至过水断面 2—2 所损失的机械能，则能量方程式可以写为

$$z_1+\frac{p_1}{\gamma}+\frac{u_1^2}{2g}=z_2+\frac{p_2}{\gamma}+\frac{u_2^2}{2g}+h'_w \tag{3-13}$$

式(3-13)就是**考虑能量损失的不可压缩实际液体恒定元流的能量方程**。式中 h'_w 称为元流的水头损失(或比能损失)，h'_w 具有长度的量纲。

2. 水力坡度和测压管水力坡度

由于能量方程中的各项都具有长度的量纲，于是可以用水头为纵坐标，按一定比例尺沿流程把各过水断面的 z、$\frac{p}{\gamma}$ 和 $\frac{u^2}{2g}$ 分别绘于图上，这种直观表示液体运动过程中各种水头(能量)沿程变化规律的图形称为水头线图。

(1)测压管水头线

如图 3-14 所示的一段元流，在元流的各个过水断面上分别设置测压管和测速管。任选一水平面 0—0 作为基准面，元流中心线上各点到 0—0 线的竖向距离则为该点的位置水头 z，元流各个过水断面的测压管液面上升高度即为 $\frac{p}{\gamma}$，液柱的液面距基准面的高度等于该过水断面处的位置水头与压强水头之和，即比势能 $\left(z+\frac{p}{\gamma}\right)$，称为**测压管水头**，将所有过水断面上的测压管水面相连可以得到一条测压管水头线(H_p 线)。

(2)总水头线

用测速管可测得各断面的流速水头，测速管液面比液压管液面高 $\frac{u^2}{2g}$，则测速管中液面距基准面的高度等于测压管水头再加上流速水头，即 $z+\frac{p}{\gamma}+\frac{u^2}{2g}$，称为**总水头**，连接各过水断面的测速管液面可以得到一条总水头线(H 线)。测压管水头线所表示的是元流各断面的比势能沿流程的变化情况，总水头线表示元流各断面总比能 $\left(z+\frac{p}{\gamma}+\frac{u^2}{2g}\right)$ 的沿程变化情况。

图 3-14 所示为理想液体恒定元流的水头线图。对于理想液体，由于不考虑水头损失，总水头线为一水平线。由于实际液体的总机械能在流动过程中是沿程减小的，所以实际液体的总水头线总是一条沿程下降的线(直线或曲线)(图 3-15)。因比势能与比动能之间可以互相转化，则测压管水头线可能是上升的线(直线或曲线)，也可能是下降的线(直线或曲线)，甚至可能是一条水平线，其变化趋势取决于势能与动能相互转化的具体情况。若沿流程元流断面面积减小、流速增大的流段，其 H_p 线向下降，而断面面积增大、流速减小的流段，H_p 线向上倾斜，当流速沿流程不变时，测压管水头线才与总水头线平行。

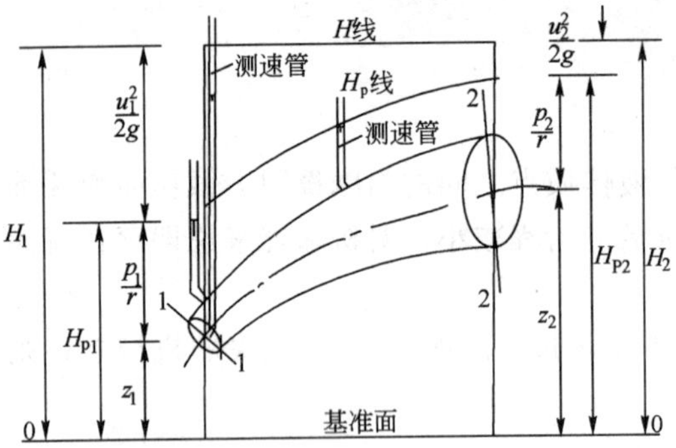

图 3-14　理想液体恒定元流的总水头线和测压管水头线图

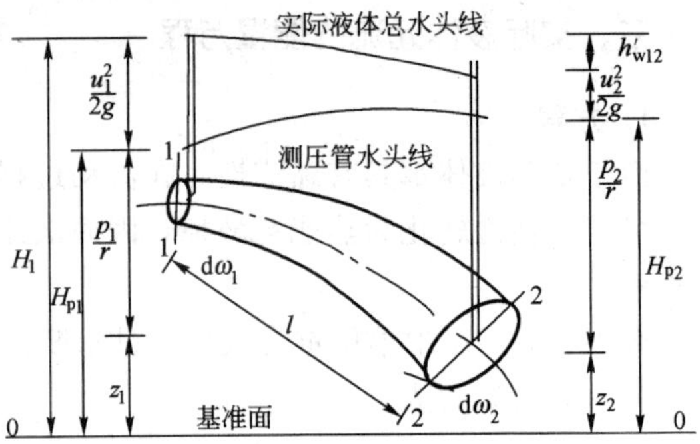

图 3-15　实际液体恒定元流的总水头线和测压管水头线图

(3)水力坡度

实际液体流动的总水头沿流程的降低值与流程长度之比，称为总水头线坡度，也称**水力坡度**(即总水头线向下倾斜的陡缓程度)，它表示单位重力液体在单位流程上的水头损失，用 J 表示，即

$$J=-\frac{\mathrm{d}}{\mathrm{d}L}\left(z+\frac{p}{\gamma}+\frac{u^2}{2g}\right)=\frac{\mathrm{d}h'_{\mathrm{w}}}{\mathrm{d}L} \tag{3-14}$$

式中：$\mathrm{d}L$——沿流程的微元长度；

$\mathrm{d}h'_{\mathrm{w}}$——在 $\mathrm{d}L$ 距离上的单位重力液体的水头损失。

由于总水头沿程总是减小的$\left[\text{即 } \mathrm{d}\left(z+\frac{p}{\gamma}+\frac{u^2}{2g}\right)\text{只能为负}\right]$，为使 J 永远为正值，上式中加负号。当总水头线为曲线时，其坡度为变值，用(3-14)式计算某一断面处的水力坡度；当水头损失沿流程为均匀分布时(即总水头线为一条向下倾斜的直线)时，水力坡度为常数，可用下式计算

$$J=\frac{h'_{\mathrm{w}1-2}}{L_{1-2}} \tag{3-15}$$

式中：$h'_{\mathrm{w}1-2}$——单位重力液体沿元流从过水断面 1—1 流至过水断面 2—2 的水头损失；

L_{1-2}——从过水断面 1—1 到过水断面 2—2 的流程长度。

类似的，**测压管水头线坡度** J_{p} 反映测压管水头线沿程变化的快慢，它是单位重力液体在单位长度流程上的比势能的变化，即

$$J_{\mathrm{p}}=-\frac{\mathrm{d}\left(z+\frac{p}{\gamma}\right)}{\mathrm{d}L} \tag{3-16}$$

式中：$\mathrm{d}\left(z+\frac{p}{\gamma}\right)$——沿流程的微元长度上单位重力液体的势能增量。规定：当测压管水头线向下时为正，上升时为负。

3. 毕托管——元流能量方程的应用

毕托管是一根很细的弯管，如图 3-16 所示，其前端和侧面均开有小孔，当需要测量水中某点流速时，将弯管前端置于该点并正对水流方向，前端小孔和侧面小孔分别由两个不同通道接入两根测压管，测量时只需要读出这两根测压管的水面差，即可求得所测点的流速。该点流速的求得，就是利用能量守恒的关系，下面简述其原理。

如图 3-16a)所示，先将一根弯管的前端封闭，弯管侧面开一小孔，把弯管正对水流方

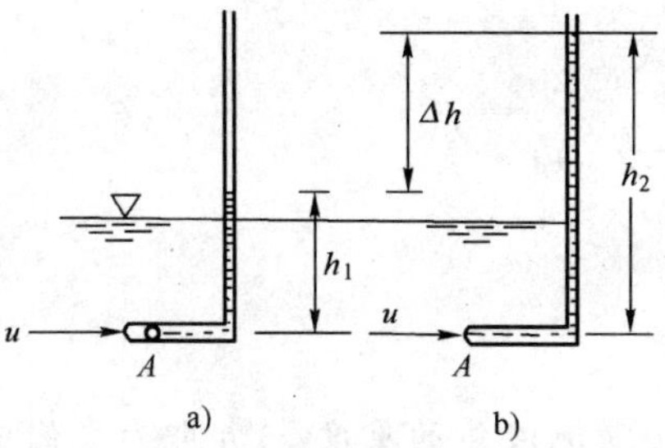

图 3-16　毕托管原理

向，把侧面开孔处置于测点 A 位置，此时弯管（相当于测压管）中水面上升到某一高度 h_1，测压管所量得的高度代表了该点的动水压强，即 $h_1=\frac{p_A}{\gamma}$。假定 A 点水流流速为 u，若以通过 A 点的水平面为基准面，A 点处水流的总能量 $H=\frac{p_A}{\gamma}+\frac{u^2}{2g}=h_1+\frac{u^2}{2g}$。

假定再以另一根同样的弯管，如图 3-16b）所示，侧面不开孔，在其前端开一小孔，将弯管前端置于 A 点并正对水流方向。弯管放入后，由于 A 点水流受弯管的阻挡，流速变为零，动能将全部转化为压能，使测压管中水面上升至高度 h_2。h_2 代表 A 点处水流的总能量，即 $H=h_2$。上述两不同弯管所得的 A 点总能量应相等，即 $h_1+\frac{u^2}{2g}=h_2$

得

$$\frac{u^2}{2g}=h_2-h_1=\Delta h$$

由此可得 A 点流速

$$u=\sqrt{2g\Delta h} \tag{3-17}$$

式中：Δh——两根测压管的水面差值。

真实的毕托管，并不是用两根弯管进行两次测量，而是把两根管子纳入一根弯管中，只是将前端的小孔和侧面的小孔由分别不同的通道接在两个测压管上。由于两个小孔的位置不同，因而测得的并不是同一点的能量，且毕托管放入流场后所产生的扰动影响，应使用修正系数 φ，对该式的计算结果加以修正。即

$$u=\varphi\sqrt{2g\Delta h} \tag{3-18}$$

式中：φ——毕托管的校正系数，一般 φ 约为 0.98～1.0。

四、元流能量方程应用（毕托管）的计算算例

［例 3-2］　如图 3-17 所示，利用毕托管测量管流断面上 A 点的流速，采用盛有四氯化碳的压差计连接测压管及测速管，已知四氯化碳的重度为 15.68kN/m³，今测得 $h'=$ 80mm，求：

(a) 管中为水流时 u_A？

(b) 如管中液体为油，其重度为 $\gamma_{油}=7.84\text{kN/m}^3$，而读数 h' 不变，求 u'_A。

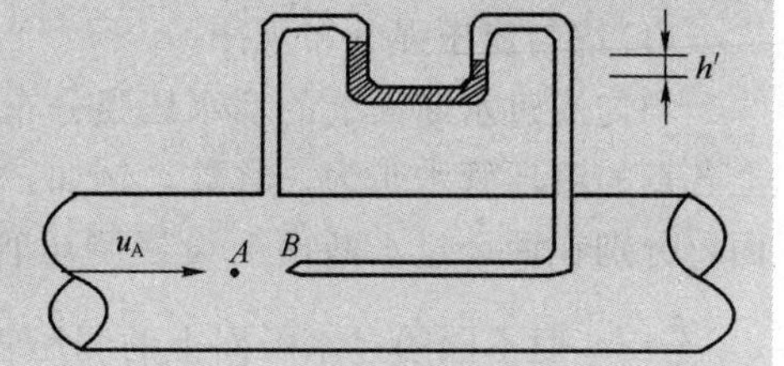

图 3-17　毕托管

解： 测速管进口点为 B 点，紧靠 B 点上游方的一点为 A 点，以 A、B 线为基准线，沿 AB 流线写出理想流体恒定元流的伯诺里方程为

$$0+\frac{p_A}{\gamma}+\frac{u_A^2}{2g}=0+\frac{p_B}{\gamma}+0$$

所以

$$\frac{u_A^2}{2g}=\frac{p_B-p_A}{\gamma}$$

可以认为压差计直接与测点相连，利用压差计的公式

$$\left(z_B+\frac{p_B}{\gamma}\right)-\left(z_A+\frac{p_A}{\gamma}\right)=\frac{\gamma'-\gamma}{\gamma}\Delta h$$

所以

$$\frac{p_B-p_A}{\gamma}=\frac{\gamma'-\gamma}{\gamma}\Delta h$$

该式中的γ'为压差计内液体(四氯化碳)的重度，γ为所测液体的重度，Δh即为本例中的h'。

(a)当管中为水流时，$\gamma_水=9\ 800\text{N/m}^3$，代入上式得：

$$\frac{u_A^2}{2g}=\frac{15.68-9.8}{9.8}\times 0.08$$

所以

$$u_A=\sqrt{2\times 9.8\times 0.6\times 0.08}=0.97\text{m/s}$$

(b)当管中为油时，$\gamma_油=7.84\text{kN/m}^3$，故有：$\frac{u_A^2}{2g}=\frac{15.68-7.84}{7.84}\times 0.08$

所以

$$u'_A=\sqrt{2\times 98\times 1.0\times 0.08}=1.25\text{m/s}$$

五、实际液体总流的能量方程

在工程实际中，我们所遇到的水流运动都是总流，要把能量方程式运用于解决实际问题，还必须把恒定元流的能量方程对总流过水断面积分，从而推广为实际液体恒定总流的能量方程。但不是所有的水流运动都能进行积分，只有对某些特定形式的水流运动，积分才能实现，所以为了求得实际液体恒定总流的能量方程，首先讨论恒定总流过水断面上的压强分布规律。

1. 恒定总流过水断面上的压强分布

由前述可知，根据流线形状及过水断面上的流速分布是否沿流程变化，可将液体流动分为均匀流与非均匀流，而非均匀流又分为急变流和渐变流两种情况。下面分别讨论不同水流运动情况下过水断面上的压强分布规律。

(1)均匀流压强分布规律

均匀流过水断面上的动水压强分布规律与静水压强分布规律相同，即在同一个过水断面上各点的测压管水头为一常数。例如：在管道均匀流中，任意选择1—1及2—2两个过水断面，分别在两个过水断面上设置测压管，同一断面上各测压管水面必上升至同一高程，即$z+\frac{p}{\gamma}=c$,但不同的过水断面上的测压管水头值不相等，对1—1断面$\left(z+\frac{p}{\gamma}\right)_1=c_1$，对2—2断面$\left(z+\frac{p}{\gamma}\right)_2=c_2$。下面证明均匀流的这一特性。

在均匀流过水断面上，取一高度为l、截面积为$d\omega$的微分柱体，其轴线1—2与流线正交，并与铅垂线成夹角α，如图3-18所示。微分柱体两端面形心点距基准面高度分别为z_1及z_2，其动水压强分别为p_1和p_2。作用在微分柱体上的力在轴向1—2方向的投影有柱体两端面上的动水压力$P_1=p_1 d\omega$和$P_2=p_2 d\omega$，及柱体自重沿轴向的投影$G\cos\alpha=\gamma l d\omega\cos\alpha$。

柱体侧表面上所受的动水压力以及水流的内摩擦力与轴向正交，所以沿 1—2 方向投影为零。由于均匀流是一种等速直线运动，所以，在均匀流中，与水流成正交的轴线方向无加速度，亦即无惯性力存在。以上各力在轴向投影的代数和为零，于是 $p_1 d\omega + \gamma l d\omega \cos\alpha = p_2 d\omega$

由几何关系可知：$l\cos\alpha = z_1 - z_2$，则有 $z_1 + \frac{p_1}{\gamma} = z_2 + \frac{p_2}{\gamma}$

或

$$z + \frac{p}{\gamma} = \text{常数} \tag{3-19}$$

式(3-19)表明，**均匀流过水断面上的动水压强分布规律与静水压强分布规律相同**，因而过水断面上任一点动水压强或断面上动水总压力都可以按照静水压强以及静水总压力的公式来计算。

(2)渐变流压强分布规律

由于渐变流中的流线近似于平行直线，在过水断面上动水压强分布规律，可近似于均匀流的情况，近似地看作与静水压强的分布规律相同。

需要说明：关于均匀流或渐变流的过水断面上动水压强遵循静水压强的分别规律的结论，必须是对于有固体边界约束的水流才适用。如由孔口或管道末端射入空气的射流，虽然在出口断面处或距出口断面不远处，水流的流线也近似于平行的直线，可视为渐变流，但因该断面的周界上均与大气接触，断面上各点压强均为大气压强，从而过水断面上的动水压强分布不服从静水压强的分布规律。

(3)急变流压强分布规律

由试验表明，急变流过水断面上的压强分布不服从静水压强的分布规律。如图 3-19 所示明渠的闸下出流，即使在过水断面 1—1 处，流线平行，但该过水断面上的质点，除受重力加速度的影响外，还受到离心加速度的影响，若其离心加速度为 u^2/r(r 为流线的曲率半径)，则断面上的压强分布将有 $p=\rho\ [g+(u^2/r)]\ h$ 的关系。可见，急变流过水断面上的压强分布规律不仅不服从静水压强分布规律，而且不同的急变流过水断面有不同的压强分布函数，例如图 3-19 中的 1—1、2—2 及 3—3 断面，它们的压强分布函数均不相同。

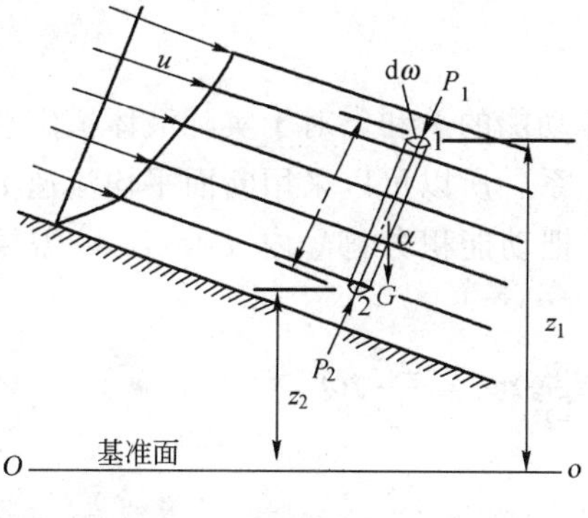

图 3-18 均匀流及过流断面

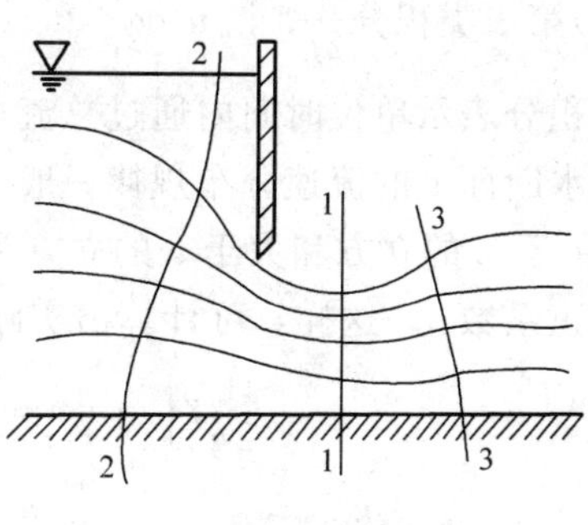

图 3-19 急变流

2. 实际液体总流的能量方程

不可压缩实际液体恒定元流的能量方程为

$$z_1 + \frac{p_1}{\gamma} + \frac{u_1^2}{2g} = z_2 + \frac{p_2}{\gamma} + \frac{u_2^2}{2g} + h'_w$$

若元流的流量为 dQ，单位时间通过元流任何过水断面的液体重力为 γdQ，将上式中的各项乘以 γdQ，可得单位时间内通过元流两过水断面的全部液体的能量关系式为

$$\left(z_1+\frac{p_1}{\gamma}+\frac{u_1^2}{2g}\right)\gamma dQ=\left(z_2+\frac{p_2}{\gamma}+\frac{u_2^2}{2g}\right)\gamma dQ+h'_w\gamma dQ$$

将上式在总流的两个过水断面上积分，考虑不可压缩液体元流的连续方程 $dQ=u_1 d\omega_1=u_2 d\omega_2$，可以得到单位时间内通过总流两过水断面的液体总能量之间的关系为

$$\gamma\int_{\omega_1}\left(z_1+\frac{p_1}{\gamma}+\frac{u_1^2}{2g}\right)u_1 d\omega_1=\gamma\int_{\omega_2}\left(z_2+\frac{p_2}{\gamma}+\frac{u_2^2}{2g}\right)u_2 d\omega_2+\gamma\int_Q h'_w dQ$$

上式可改写为

$$\gamma\int_{\omega_1}\left(z_1+\frac{p_1}{\gamma}\right)u_1 d\omega_1+\frac{1}{2g}\gamma\int_{\omega_1}u_1^3 d\omega_1=\gamma\int_{\omega_2}\left(z_2+\frac{p_2}{\gamma}\right)u_2 d\omega_2+\frac{1}{2g}\gamma\int_{\omega_2}u_2^3 d\omega_2+\gamma\int_Q h'_w dQ \tag{3-20}$$

在上式中含有三种类型的积分。因为通常不知道 p、u 等运动要素在过水断面上的具体分布规律，所以无法用数学函数来表达并进行积分。

(1)第一类积分为 $\gamma\int_\omega\left(z+\frac{p}{\gamma}\right)u\,d\omega$

该积分表示单位时间内通过总流过水断面的液体势能的总和。如要求得该积分，则需要知道总流过水断面上各点$\left(z+\frac{p}{\gamma}\right)$的分布规律。从理论上讲，式(3-20)中所涉及的两个断面1—1和2—2是可以任意选取的，但为了能够解出上述积分，在这里选取过水断面1—1和2—2是均匀流或渐变流断面。由于均匀流或渐变流过水断面上的压强分布服从或近似服从静水压强分布规律，则同一过水断面上的$\left(z+\frac{p}{\gamma}\right)$等于或近似等于常数，因而积分是可能的，即

$$\gamma\int_\omega\left(z+\frac{p}{\gamma}\right)u\,d\omega=\gamma\left(z+\frac{p}{\gamma}\right)\int_\omega u\,d\omega=\left(z+\frac{p}{\gamma}\right)\gamma Q \tag{3-21}$$

(2)第二类积分$\frac{1}{2g}\gamma\int_\omega u^3 d\omega$

该积分表示单位时间内通过总流过水断面的液体动能的总和。对于实际液体恒定总流而言，过水断面上的流速分布规律一般不易建立函数关系，所以可以采用断面平均流速 v 来代替 u。由于 u 的立方和大于 v 的立方和，故不能直接把动能积分符号内 u 换成 v，需要乘以一个修正系数 α。这样，可计算出实际液体的总动能为

$$\frac{1}{2g}\gamma\int_\omega u^3 d\omega=\frac{\alpha}{2g}\gamma\int_\omega v^3 d\omega=\frac{\alpha v^3}{2g}\gamma\omega=\frac{\alpha v^2}{2g}\gamma Q \tag{3-22}$$

式中：α——动能修正系数，$\alpha=\frac{\int_\omega u^3 d\omega}{v^3\omega}$。

动能修正系数 α 值的大小取决于过水断面上流速分布情况。对于一般的工程问题，流速分布愈均匀，α 愈接近于1；流速分布不均匀时 α 值较大，甚至可以达到2.0。在渐变流时，$\alpha=1.05\sim1.10$，为计算简便起见，在工程问题的初步计算中，通常取 $\alpha=1.0$。

(3)第三类积分 $\gamma\int_Q h'_w dQ$

该积分是单位时间内总流液体从过水断面1—1流动到过水断面2—2的水头损失，若以

h_w 表示各个元流单位质量液体在这两个断面之间的平均机械能损失(称为总流的水头损失)，则

$$\int_Q h'_w \gamma \mathrm{d}Q = h_w \gamma Q \tag{3-23}$$

将三种类型积分结果代入式(3-20)中可得

$$\left(z_1+\frac{p_1}{\gamma}\right)\gamma Q_1+\frac{\alpha_1 v_1^2}{2g}\gamma Q_1=\left(z_2+\frac{p_2}{\gamma}\right)\gamma Q_2+\frac{\alpha_2 v_2^2}{2g}\gamma Q_2+h_w\gamma Q$$

考虑到连续性方程：$Q_1=Q_2=Q$，则上式整理为

$$z_1+\frac{p_1}{\gamma}+\frac{\alpha_1 v_1^2}{2g}=z_2+\frac{p_2}{\gamma}+\frac{\alpha_2 v_2^2}{2g}+h_w \tag{3-24}$$

上式即为**不可压缩实际液体恒定总流的能量方程**。它反映了总流中不同过水断面上测压管水头值和断面平均流速的变化规律及其相互关系，是水动力学中第二个最重要的基本方程，它和水流连续性方程联合运用，可以解决许多水力学计算问题。

恒定总流的能量方程与恒定元流的能量方程形式类似。实际液体恒定总流的能量方程中各项的物理意义及几何意义与元流的能量方程中各对应项相同，只是总流的能量方程中采用断面平均流速 v 计算流速水头，并考虑了相应的修正系数，而 h_w 代表总流单位重力液体由一个断面流至另一个断面的平均能量损失。总流的水头损失机理十分复杂，关于 h_w 的分析与计算将在后面的有关章节中介绍。

实际液体总流能量方程的总水头线与测压管水头线的绘制方法也与元流基本相同，只是它表示的是总水头和测压管水头沿流程的平均变化情况。

3. 总流能量方程应用条件和文丘里管

(1)能量方程**应用条件**

在解决大量实际水力学问题中，恒定总流的能量方程应用广泛，因而要求深入领会其物理意义、建立条件和适用范围，并掌握正确运用的方法和步骤。从该方程的推导过程中可以看出，它是在一定条件下建立的，因而该方程具有一定的应用条件。

①均质不可压缩液体的恒定流；

②作用在液体上的质量力只有重力；

③建立能量关系的两个过水断面，必须符合均匀流或渐变流条件，但在所取的两个过水断面之间，允许存在急变流；

④在所取的两个过水断面之间，总流的流量保持不变(没有分流或汇流情况)；在两个过水断面之间除水头损失以外，没有其他的机械能输入或输出。

(2)应用能量方程时的**注意事项**

为了正确应用总流能量方程，还需注意以下几个问题：

①选取基准面时，z 是过水断面上任一点(称为计算点)相对于某一基准面的位置高程，基准面的选择是可以任意的，但同一方程的两个 z 值必须选取同一基准面。一般选在较低位置上，使位置水头大于等于零。

②方程中的动水压强，可以采用绝对压强，也可以用相对压强，但在同一方程中 p_1 和 p_2 必须采用相同的表示方法。在路桥工程中，研究对象一般都在大气的包围中，所以大多采用相对压强。

③过水断面上的计算点原则上是可以任意选取的，这是因为在均匀流或渐变流断面上任

一点的测压管水头相等，即 $z+\frac{p}{\gamma}=$常数；并且对于同一个过水断面，平均流速水头 $\frac{\alpha v^2}{2g}$ 的值，与计算点的位置无关。但一般为计算方便，对于有压管流，一般选取管轴中心点作为计算点，对于具有自由表面的无压流(明渠流)，计算点一般取在自由表面处或渠底处。

④不同过水断面上的动能修正系数严格意义上是不相等的，且不等于 1.0，实用上对大多数渐变流，可令 $\alpha_1=\alpha_2=1.0$。

(3)总流能量方程的应用——文丘里流量计

文丘里(Venturi)流量计是一种测量有压管道中流量大小的一种装置，它是由两段锥形管和一段较细的管子相连接而组成(图 3-20)，前面部分称为收缩段，中间为喉管(管径不变段)，后面部分为收缩段。若欲测量某管道中通过的流量，则把文丘里流量计连接在管道中，在收缩段进口与喉管处分别安装测压管(也可直接设置压差计)，用以测得该两断面(图中 1—1 和 2—2)上的测压管水头差 Δh。当已知测压管水位差 Δh 时，运用能量方程即可计算出通过水管中流量，下面分析其测流原理。

任选一基准面 0—0，对安装测压管的断面 1—1 和 2—2 列出总流的能量方程

$$z_1+\frac{p_1}{\gamma}+\frac{\alpha_1 v_1^2}{2g}=z_2+\frac{p_2}{\gamma}+\frac{\alpha_2 v_2^2}{2g}+h_w$$

取 $\alpha_1=\alpha_2=1$，因断面 1—1 和 2—2 相距很近，暂时略去水头损失 h_w，令 $h_w=0$，能量方程变为 $\frac{v_2^2-v_1^2}{2g}=\left(z_1+\frac{p_1}{\gamma}\right)-\left(z_2+\frac{p_2}{\gamma}\right)$。

其中 $\left(z_1+\frac{p_1}{\gamma}\right)-\left(z_2+\frac{p_2}{\gamma}\right)=\Delta h$

该式表明：其动能的增加等于势能的减少。该式右边的测压管水头差可由压差计或两个测压管测出。建立这两个断面的总流连续性方程，可得

$$v_1\omega_1=v_2\omega_2$$

故

$$v_2=\frac{\omega_1}{\omega_2}v_1=\left(\frac{d_1}{d_2}\right)^2 v_1$$

式中：d_1 和 d_2——断面 1—1 及 2—2 处管道的直径。

把 v_1 和 v_2 的关系代入前式可得 $\frac{v_1^2}{2g}\left[\left(\frac{d_1}{d_2}\right)^4-1\right]=\Delta h$，或 $v_1=\frac{1}{\sqrt{\left(\frac{d_1}{d_2}\right)^4-1}}\sqrt{2g\Delta h}$，因而通过文丘里流量计的流量为

$$Q'=v_1\omega_1=\frac{\frac{1}{4}\pi d_1^2}{\sqrt{\left(\frac{d_1}{d_2}\right)^4-1}}\sqrt{2g\Delta h}$$

令

$$K=\frac{\frac{1}{4}\pi d_1^2}{\sqrt{\left(\frac{d_1}{d_2}\right)^4-1}}\cdot\sqrt{2g}$$

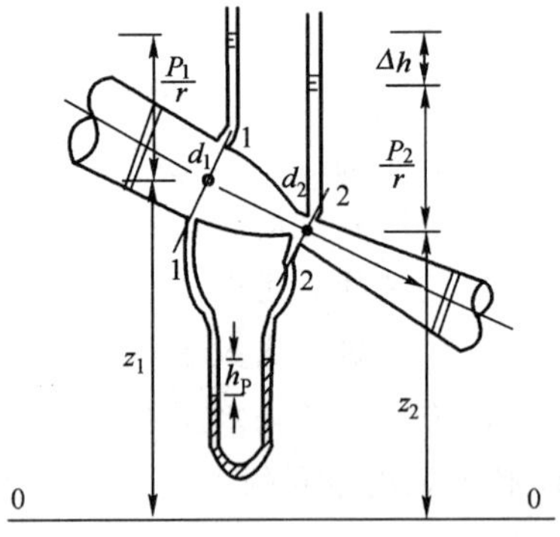

图 3-20　文丘里流量计

K 值取决于文丘里管的结构尺寸，称为**文丘里管常数**。

则

$$Q' = K\sqrt{\Delta h}$$

当管道直径 d_1 和 d_2 确定以后，K 值为一定值，可以预先计算。只要测得水管断面与喉部断面的测压管高差 Δh，就可以根据上式计算出管道流量值。

由于上面的分析计算中，没有考虑水头损失，考虑水头损失的实际流量 Q 比上式计算流量 Q'小，这个误差一般用一个修正系数 μ(称为文丘里管流量系数)来改正，故实际液体的流量为

$$Q = \mu K\sqrt{\Delta h} \tag{3-25}$$

式中：流量系数 $\mu=\frac{Q_{实际}}{Q_{理想}}<1$，$\mu$ 一般约为 0.95～0.98。

如果文丘里流量计上直接安装水银压差计，由压差计原理可知

$$\left(z_1+\frac{p_1}{\gamma}\right)-\left(z_2+\frac{p_2}{\gamma}\right)=\frac{\gamma_m-\gamma}{\gamma}h_p=12.6h_p$$

式中：h_p——水银差压计两支水银面高差。

此时文丘里流量计的流量为：$Q=\mu K\sqrt{12.6h_p}$。

六、实际液体总流的能量方程计算算例

［例 3-3］ 一大水箱中的水通过在水箱底部接通的一竖直管道流入大气中，管道出口处断面收缩(收缩管嘴)，管道直径 d 为 100mm，收缩管嘴出口断面直径 d_B 为 50mm，若不计水头损失，求直管中 A 点的相对压强 p_A。各断面的高度差如图 3-21 所示。

解： 应用总流能量方程求 A 点处的相对压强 p_A，需先求得 A 点处的断面平均流速。

(1)过水断面 1—1 选择在大水箱的水面，2—2 断面选在通过 A 点的直管的断面；

(2)因为 ω_1 远大于 ω_2，由连续性方程可知：$v_1 << v_2$，可以认为 1—1 断面的断面平均流速 $v_1\approx0$，即认为水面恒定；

(3)选择基准面 0—0 为通过 B 点的水平面。

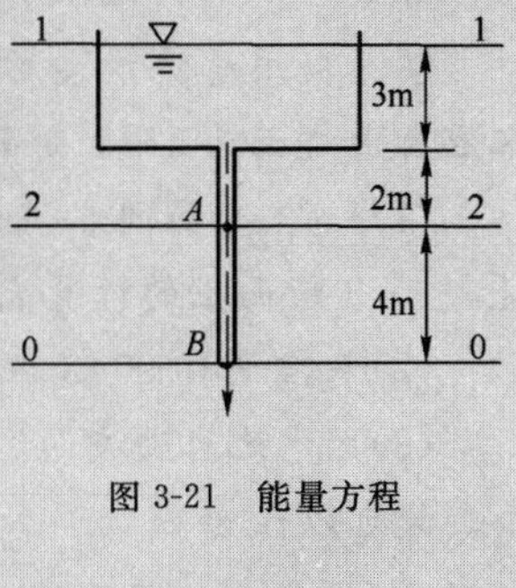

图 3-21　能量方程

先求管嘴出口断面的平均流速：写出管流 1—1 断面到 0—0 断面间水流的总流能量方程

$$9+0+0=0+0+\frac{v_B^2}{2g}$$

可以求得 $v_B=\sqrt{18g}$

(4)由连续性方程知：$v_A\omega_A=v_B\omega_B$，

所以 $v_A=\frac{\omega_B}{\omega_A}v_B=v_B\left(\frac{d_B}{d}\right)^2$

(5)再以 2—2 断面作为基准面，写 1—1 断面到 2—2 断面间水流的总流能量方程

$$5+0+0=0+\frac{p_A}{\gamma}+\frac{v_A^2}{2g}$$

所以$\frac{p_A}{\gamma}=5-\frac{v_A^2}{2g}=5-\frac{v_B^2}{2g}\left(\frac{d_B}{d}\right)^4=5-\frac{18g}{2g}\left(\frac{0.05}{0.1}\right)^4=4.4375\text{m}$

故得 $p_A=4.437\times9.8=43.5\text{kN/m}^2$

[例 3-4] 有一直径缓慢变化的锥形水管(图 3-22),1—1 断面处直径 d_1 为 0.15m,中心点 A 的相对压强为 7.2N/m²,2—2 断面处直径 d_2 为 0.3m,中心点 B 的相对压强为 6.1N/m²,断面平均流速 v_2 为 1.5m/s,A、B 两点高差为 1m,试判别管中水流方向,并求 1、2 两断面间的水头损失。

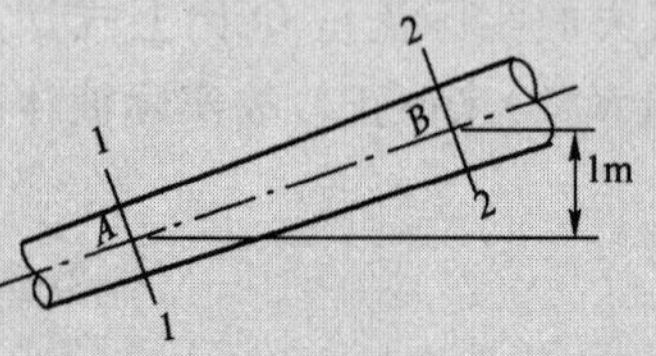

图 3-22 锥形水管

解: 首先利用连续原理求断面 1—1 的平均流速。因 $v_1\omega_1=v_2\omega_2$,故

$$v_1=\frac{\omega_2}{\omega_1}v_2=\left(\frac{d_2}{d_1}\right)^2v_2=\left(\frac{0.30}{0.15}\right)^2v_2=4v_2=6\text{m/s}$$

因水管直径变化缓慢,1—1 及 2—2 断面水流可近似看作渐变流,以过 A 点水平面为基准面分别计算两断面的总能量

$$z_1+\frac{p_1}{\gamma}+\frac{\alpha_1v_1^2}{2g}=0+\frac{7.2}{9.8}+\frac{6^2}{2\times9.8}=2.57\text{m}$$

$$z_2+\frac{p_2}{\gamma}+\frac{\alpha_2v_2^2}{2g}=0+\frac{6.1}{9.8}+\frac{1.5^2}{2\times9.8}=1.74\text{m}$$

因$\left(z_1+\frac{p_1}{\gamma}+\frac{\alpha_1v_1^2}{2g}\right)>\left(z_2+\frac{p_2}{\gamma}+\frac{\alpha_2v_2^2}{2g}\right)$,管中水流应从 A 点流向 B 点。

水头损失

$$h_w=\left(z_1+\frac{p_1}{\gamma}+\frac{\alpha_1v_1^2}{2g}\right)-\left(z_2+\frac{p_2}{\gamma}+\frac{\alpha_2v_2^2}{2g}\right)=2.57-1.74=0.83\text{m}$$

[例 3-5] 如图 3-23 所示,一离心式水泵的抽水量 $Q=20\text{m}^3/\text{h}$,安装高度 $H_s=5.5\text{m}$,吸水管管径 $d=100\text{mm}$,若吸水管总的水头损失 h_w 为 0.25m(水柱),试求水泵进口处的真空值 p_{v2}。

解: 应用总流能量方程,首先选取渐变流过水断面:水池自由液面为 1—1 断面,水泵进水口处为 2—2 断面;

(1)1—1 断面间水流的计算点取在水池自由液面上某处,2—2 断面上的计算点取在管轴上;

(2)基准面 0—0 选在水池自由液面上;

(3)因水池自由液面远大于吸水管的断面面积,$\omega_1>>\omega_2$,故可以认为 $v_1=0$;水池自由液面上的压强 p_a 为大气压强,取 $\alpha_2=1$,采用绝对压强列出 1—1 断面到 2—2 断面的总流能量方程为

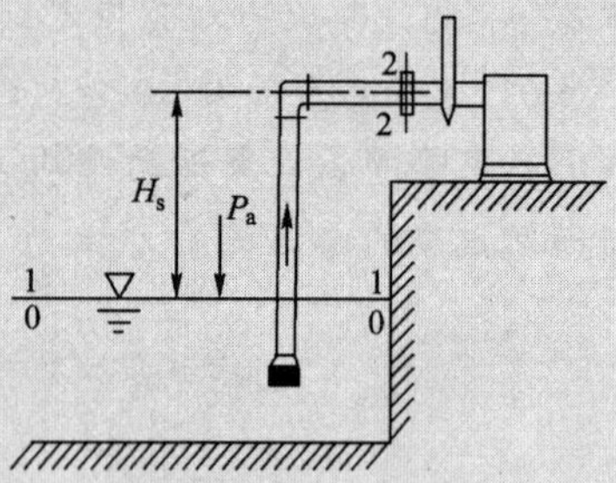

图 3-23 水泵进口处的真空值

$$0+\frac{p_a}{\gamma}+0=H_s+\frac{p_2}{\gamma}+\frac{v_2^2}{2g}+h_w$$

整理得

$$h_{v2}=\frac{p_a-p_2}{\gamma}=H_s+\frac{v_2^2}{2g}+h_w$$

该式说明，从水池液面到吸水管中要形成水流，必须克服流动过程中的能量损失，并增加位能和动能，因而压能减小。水池液面为大气压，所以在水泵进口处必为负压，即为真空，真空值是上式所表示的 h_{v2}，其中

$$v_2=Q/\frac{1}{4}\pi d^2=20/\left(3\ 600\times\frac{1}{4}\times 3.14\times 0.1^2\right)=0.707\text{m/s}$$

故 $$h_{v2}=5.5+\frac{0.707^2}{2\times 9.80}+0.25=5.78\text{m}$$

即 $$\frac{p_{v2}}{\gamma}=5.78\text{m 水柱}$$

或 $$p_{v2}=\gamma h_{v2}=9\ 800\times 5.78=56\ 600\text{N/m}^2=56.6\text{kN/m}^2$$

水泵进口处的真空高度是有限制的。当进口压强降低至该温度下的蒸汽压强时，水会发生气化而产生大量气泡。气泡随水流进入泵内高压部位受到压缩而突然溃灭，周围的水便以极大的速度向气泡溃灭点冲击，在该点形成一个应力集中区，其压强高达数百大气压以上。这种集中在极小面积上的强大冲击力，如果作用在水泵部件的表面，会很快破坏部件，这种现象称**气蚀**。为了防止气蚀发生，通常由实验确定水泵进口的允许真空高度。

［例 3-6］ 为测验一台水泵(图 3-24)的功率，可在水泵进、出口处分别安装一真空表和一压强表。测得真空值 $p_v=2.45\times 10^4\text{N/m}^2$，压强 $p_2=19.6\times 10^4\text{N/m}^2$。泵进、出口断面的高差为 $z_2=0.2\text{m}$，进口管径 $d_1=150\text{mm}$，出口管径 $d_2=100\text{mm}$，管中流量为 50L/s，求水流从水泵处所获得的净功率。

解：应用实际液体总流的能量方程，选取计算断面

(1)取进、出口断面分别为 1—1 过水断面及 2—2 过水断面；

(2)取基准面与 1—1 断面重合，$z_1=0$，$z_2=0.2\text{m}$

(3)采用相对压强：

$$\frac{p_1}{\gamma}=\frac{-2.45\times 10^4\text{N/m}^2}{9.8\times 10^3\text{N/m}^3}=-2.5\text{m},$$

$$\frac{p_2}{\gamma}=\frac{19.6\times 10^4\text{N/m}^2}{9.8\times 10^3\text{N/m}^2}=20\text{m}$$

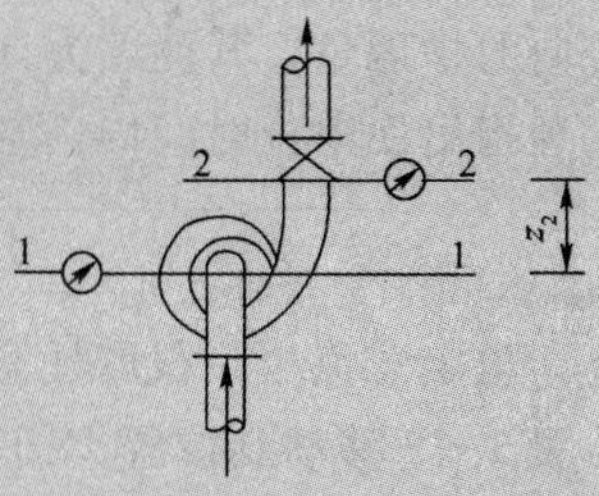

图 3-24　水泵

(4)设水泵供给单位重力水流的净能量，即水泵提供的净水头(不计泵内水流的水头损失)为 H_m，工程上称 H_m 为水泵的扬程，本例为有机械能输入水流中的情况。列出 1—1 断面到 2—2 断面的实际液体总流的能量方程

$$z_1+\frac{p_1}{\gamma}+\frac{v_1^2}{2g}+H_m=z_2+\frac{p_2}{\gamma}+\frac{v_2^2}{2g}$$

(5)由连续方程知

$$v_1\omega_1=v_2\omega_2=Q,\ v_1=Q/\omega_1,\ v_2=Q/\omega_2$$

$$\omega_1=\frac{1}{4}\pi d_1^2=\frac{1}{4}\times 3.14\times 0.15^2=0.017\ 7\text{m}^2$$

$$\omega_2=\frac{1}{4}\pi d_2^2=\frac{1}{4}\times 3.14\times 0.1^2=0.007\ 85\text{m}^2$$

$$v_1=0.05/0.017\ 7=2.83\text{m/s},\ v_1^2/2g=0.408\text{m}$$

$$v_2=0.05/0.007\ 85=6.37\text{m/s},\ v_2^2/2g=2.07\text{m}$$

将所算得的数据代入能量方程中得 $0-2.5+0.408+H_m=0.2+20+2.07$

因此，$H_m=24.36$m，即水泵将单位重力的水提升 24.36m。

水流从水泵中获得的净功率应等于水泵在单位时间内提升的水的重力与泵的扬程的乘积，即 $N=\gamma QH_m=1\ 000\times 0.05\times 24.36=11.94$kW。

第四节　恒定流的动量方程

一、恒定流的动量方程

前面介绍了总流连续性方程和能量方程以及水流能量损失，它们描述了液体的流速、压强及位置高度等运动要素沿流程的变化规律，在解决实际水力学问题中具有重要的意义。但是对某些水力学问题，用能量方程求解就有一定的困难，例如求急变流范围内液体对边界的作用力；若用能量方程求解，水头损失一般很难确定，但又不能忽略。因而还需要建立水动力学第三大方程，即根据理论力学中质点系动量定律，建立恒定总流的动量方程。

动量 K 是指运动物体的质量 m 与其速度 v 的乘积，即 $K=mv$。动量是一个有大小，有方向的物理量，其速度方向就是动量方向，所以动量是一个矢量。理论力学中质点系的动量定理指出：单位时间内，物体动量的增量 $\text{d}K$，等于物体所受外力的合力 $\sum F$，即

$$\sum F=\frac{\text{d}K}{\text{d}t} \tag{3-26}$$

恒定总流中，截取任意流段 1—2，如图 3-25 所示。其中微小流束段，经过 $\text{d}t$ 时段，由位置 1—2 移动到位置 1′—2′。对恒定流，1′—2 流段内部所含液体的动量在 $\text{d}t$ 时段前后并没有变化，故微小流束 1—2 段经过 $\text{d}t$ 时段后的动量等于 2—2′段微小流束的动量减去 1—1′段微小流束的动量。通过对总流上所有微小流束动量增量的积分，可得到总流 1—2 段经过 $\text{d}t$ 时段的动量增量，即

$$\text{d}K=\alpha'_2\rho Qv_2\text{d}t-\alpha'_1\rho Qv_1\text{d}t$$

将此增量 $\text{d}K$ 代入式(3-26)，可得恒定总流的动量方程为

$$\sum F=\rho Q\ (\alpha'_2v_2-\alpha'_1v_1) \tag{3-27}$$

式(3-27)中 $\sum F$、v_2 和 v_1 均为矢量，在进行代数运算时，可分解为以下三个标量方程

$$\left.\begin{aligned}\sum F_X&=\rho Q\ (\alpha'_2v_{2X}-\alpha'_1v_{1X})\\ \sum F_Y&=\rho Q\ (\alpha'_2v_{2Y}-\alpha'_1v_{1Y})\\ \sum F_Z&=\rho Q\ (\alpha'_2v_{2Z}-\alpha'_1v_{1Z})\end{aligned}\right\} \tag{3-28}$$

图 3-25　流段的动力平衡

式中：α'——动量修正系数，是实际动量与按断面平均流速计算的动量的比值，其表达式为

$$\alpha = \frac{\int_{\mathrm{w}} u^2 \mathrm{d}w}{v^2 w} \tag{3-29}$$

其值与断面流速分布情况有关，一般 $\alpha'=1.02\sim1.05$。在粗略计算中可近似取 $\alpha'=1.0$。

动量方程中的外力 $\sum F$ 有

(1)两过水断面上的动水压力。

(2)隔离体的液体重力。

(3)除两过水断面以外的固体边界作用于隔离体上的反作用力 R'，它与隔离体的液流对边界的作用力 R，是大小相等，方向相反，即 $R=-R'$。而液流对边界的作用力 R，就是所需求的未知力。

二、恒定流的动量方程的应用

动量方程是水动力学中重要的基本方程之一，应用广泛。在应用动量方程时，需要注意以下几点：

(1)动量方程是向量式，流速和作用力都是有方向的，因此必须选定投影轴，并标明投影轴的正方向，然后把流速和作用力向该投影轴投影。投影轴的选取以计算方便为宜。

(2)控制体是可以任意选取的，一般是取整个总流的边界为控制边界，控制体的横向边界一般是过水断面，应选在均匀流或者渐变流断面上，以便于计算断面平均流速和断面上的压力。

(3)$\sum \vec{F}$ 是作用在被截取的液流上的全部外力之和，外力应包括质量力(通常为重力)以及作用在断面上的压力和固体边界对液流的压力及摩擦力。

(4)动量方程的左端，是单位时间内控制体内液体的动量改变值，必须是输出的动量减去输入的动量。

(5)定律方程只能求解一个未知数，若方程中未知数多于一个时，必须联合连续性方程或能量方程求解。

当液流有分流或汇流的情况时，动量方程可推广应用于流场中任意选取的封闭控制体。

如图 3-26a)所示分流情况时，有 $Q_1=Q_2+Q_3$，则

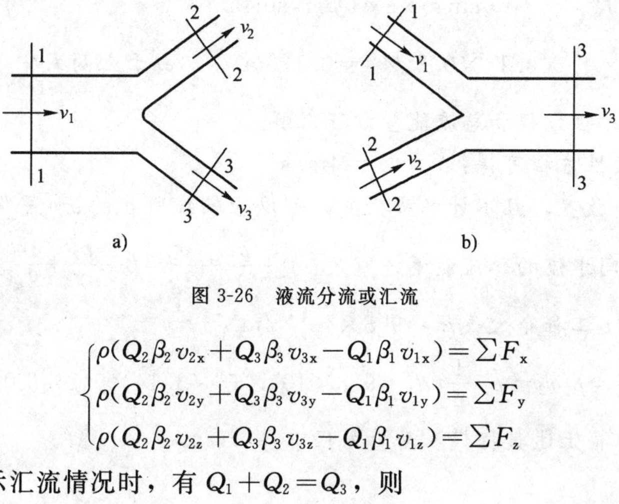

图 3-26 液流分流或汇流

$$\begin{cases}\rho(Q_2\beta_2 v_{2x}+Q_3\beta_3 v_{3x}-Q_1\beta_1 v_{1x})=\sum F_x\\ \rho(Q_2\beta_2 v_{2y}+Q_3\beta_3 v_{3y}-Q_1\beta_1 v_{1y})=\sum F_y\\ \rho(Q_2\beta_2 v_{2z}+Q_3\beta_3 v_{3z}-Q_1\beta_1 v_{1z})=\sum F_z\end{cases}$$

如图 3-26b)所示汇流情况时，有 $Q_1+Q_2=Q_3$，则

$$\begin{cases}\rho(Q_3\beta_3 v_{3x}-Q_2\beta_2 v_{2x}-Q_1\beta_1 v_{1x})=\sum F_x\\ \rho(Q_3\beta_3 v_{3y}+Q_2\beta_2 v_{2y}-Q_1\beta_1 v_{1y})=\sum F_y\\ \rho(Q_3\beta_3 v_{3z}+Q_2\beta_2 v_{2z}-Q_1\beta_1 v_{1z})=\sum F_z\end{cases} \tag{3-30}$$

三、恒定流的动量方程计算算例

［例 3-7］ 管路中一段水平放置的等截面弯管，直径 d 为 200mm，弯角为 45°。管中 1—1 断面的平均流速 $v_1=4\text{m/s}$，其形心处的相对压强 p_1 等于一个工程大气压。若不计管流的水头损失，求水流对弯管的作用力 R_x 和 R_y。（坐标轴 x 与 y 如图 3-27 所示）。

解： 欲求水流对弯管的作用力，可先求得弯管对水流的反作用力。

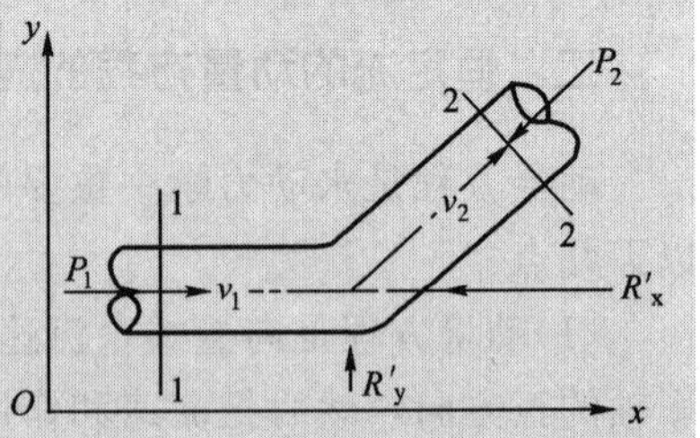

图 3-27 水流对弯管的作用力

(1)取渐流过水断面 1—1 和 2—2 以及管内壁所围封闭曲面内的液体作为研究对象；

(2)作用于该段液流表面的表面力有断面 1—1 和 2—2 上的压力，可以用断面形心处的压强作为断面平均压强，因而断面上的总压力为：$P_1=p_1\omega_1$，$P_2=p_2\omega_2$。

其中 p_1 和 p_2 为相对压强(由于管壁两侧均为大气，相互抵消，因而可以用相对压强)，另有弯管对水流的反作用力 R'_x 及 R'_y，设其作用方向如图 3-27 所示；质量力为该段液体的重力，它在水平坐标面 Oxy 上的投影为零。

(3)为求得弯管对水流的作用力，则需采用动量方程。可分别写出 x 与 y 方向上的总流动量方程为

$$\left.\begin{aligned}\rho Q(\beta_2 v_2\cos45°-\beta_1 v_1)&=p_1\omega_1-p_2\omega_2\cos45°-R'_x\\ \rho Q(\beta_2 v_2\sin45°-0)&=0-p_2\omega_2\sin45°+R'_y\end{aligned}\right\}$$

于是可得

$$\left.\begin{aligned}R'_x&=p_1\omega_1-p_2\omega_2\cos45°-\rho Q(\beta_2 v_2\cos45°-\beta_1 v_1)\\ R'_y&=p_2\omega_2\sin45°+\rho Q\beta_2 v_2\sin45°\end{aligned}\right\}$$

式中：$Q=\frac{1}{4}\pi d^2 v_1=\frac{1}{4}\times3.14\times0.2^2\times4=0.126\text{m}^3/\text{s}$，由于上两式中 p_2 和 v_2 还未知，因而还需配合应用连续性方程和总流能量方程求解。

(4)由总流连续性方程可得：$v_2=v_1=4\text{m/s}$。

(5)因弯管水平放置，且不计水头损失，可以管轴线所在的 xy 平面作为基准面，列出断面 1—1 到 2—2 间水流的总流能量方程为：$0+\frac{p_1}{\gamma}+\frac{v_1^2}{2g}=0+\frac{p_2}{\gamma}+\frac{v_2^2}{2g}$。

故得 $p_1=p_2=1$ 工程个大气压$=9.8\times10^4\text{N/m}^2$

于是 $p_1\omega_1=p_2\omega_2=p_1\,\frac{1}{4}\pi d_1^2=9.8\times10^4\times\frac{1}{4}\times3.14\times0.2=3\,077\text{N}$

取 $\beta_1=\beta_2=1$，将上述数据代入动量方程中得：

$$R'_x = 3\ 077 - 3\ 077 \times \frac{\sqrt{2}}{2} - 1\ 000 \times 0.126 \times 4 \times \left(\frac{\sqrt{2}}{2} - 1\right) = 1\ 049\text{N}$$

$$R'_y = 3\ 077 \times \frac{\sqrt{2}}{2} + 1\ 000 \times 0.126 \times 4 \times \frac{\sqrt{2}}{2} = 2\ 532\text{N}$$

水流对弯管的作用力 R_x 和 R_y 分别与 R'_x 和 R'_y 大小相等，方向相反。

［例 3-8］ 矩形断面渠道中的水流从闸门下流出，如图 3-28 所示，上游水深 $h_0=2.5\text{m}$，下游水深 $h_1=0.5\text{m}$，求作用在每米宽闸门上水流的水平推力。略去水头损失与摩擦阻力。

解： 欲求作用在闸门上水流的水平推力，应先求闸门对水流的反作用力。为此，选择渐变流过水断面 1—1 至 2—2 断面之间的一段水流进行讨论。

(1)过水断面 1—1 到 2—2 的总流所受的表面力有：作用于1—1 断面和 2—2 断面上的动水压力 P_1 与 P_2，它们的大小可按静水压强的分布规律计算，其中

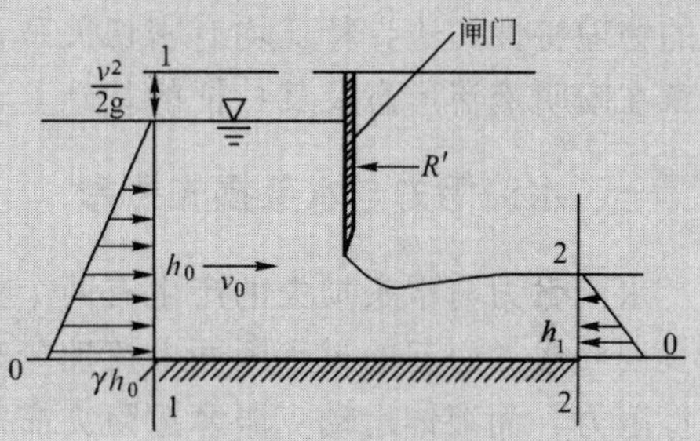

图 3-28 水流对闸门的水平推力

$$P_1 = \frac{1}{2}\gamma h_0^2 \cdot 1 = \frac{1}{2} \times 9.8 \times 2.5^2 \times 1 = 30.625\text{kN}$$

$$P_2 = \frac{1}{2}\gamma h_1^2 \cdot 1 = \frac{1}{2} \times 9.8 \times 0.5^2 \times 1 = 1.225\text{kN}$$

以及闸门对水流的反作用力 R'；总质量力为过水断面 1—1 到 2—2 之间的液流的重力；

(2)要求作用力，则要采用恒定总流的动量方程，为此需先配合采用总流能量方程和连续性方程求出两过水断面的断面平均流速 v_1 和 v_2。因而，选择渠道底面为基准面，略去水头损失，列出 1—1 断面到 2—2 断面间水流的总流能量方程为(取 $\alpha_1=\alpha_2=1$)

$$h_0 + 0 + \frac{v_0^2}{2g} = h_1 + 0 + \frac{v_2^2}{2g}$$

整理得 $\frac{v_2^2 - v_0^2}{2g} = h_0 - h_1 = 2.5 - 0.5 = 2\text{m}$，或 $v_2^2 - v_0^2 = 4\text{g}$。

应用连续性方程：$v_1\omega_1 = v_2\omega_2$ $(v_1 = v_0)$ 取单位宽度计算 ω，则 $v_0 h_0 \cdot 1 = v_2 h_2 \cdot 1$，$v_2 = 5v_0$

可解得 $v_0 = 1.278\text{m/s}$，$v_2 = 6.39\text{m/s}$，$Q = v_0 h_0 \cdot 1 = 1.278 \times 2.5 \times 1 = 3.195\text{m}^3/\text{s}$。

(3)最后，由总流的动量方程得

$$\rho Q(v_2 - v_0) = p_1 - p_2 + (-R')$$

$$R' = p_1 - p_2 - \rho Q(v_2 - v_0) = 30.625 - 1.225 - 1\ 000 \times 3.195 \times (6.39 - 1.278) \times 10^{-3}$$
$$= 13.07\text{kN}$$

水流作用在每米宽闸门上的推力为 $R = -R' = -13.07\text{kN}$。

通过以上例题可以看出，要求解实际液体恒定总流的运动要素的数值或总流控制体上所受的作用力时，往往需要综合应用恒定总流的三大基本方程。实际液体恒定总流的三大基本

方程，即连续性方程、能量方程与动量方程，它们是水动力学的基本方程，是求解工程实际的水力计算问题的基本依据，也是本课程的理论核心。连续性方程及动量方程的限制条件与能量方程的限制条件不相同，在求解实际液体恒定流的动力学问题时，如果需用这三大方程联立求解，则必须同时考虑三个方程的全部适用条件。特别要注意的是过水断面应该选在均匀流或渐变流断面上。

第五节　水流阻力与水头损失

实际液体都具有黏滞性，在流动过程中，液体质点之间的内摩擦阻力做功而消耗部分机械能，使之转化为热能耗散掉，因而液流的机械能沿程减少，造成水头损失。水头损失与液体的物理特性和边界特征均有密切关系，水头损失的变化规律与液流形态有密切关系，所以本章在阐明液流形态及其特征的基础上，再讨论水头损失的变化规律及其计算方法。

一、水流阻力与水头损失概念

水流阻力与水头损失的产生有两个主要原因。一是液体具有黏滞性，由于液体的黏滞性以及固壁边界引起的过水断面上流速分布不均匀所导致的横向速度梯度，从而使水流中存在摩擦阻力，而液体运动克服摩擦阻力需消耗一部分能量；二是固体边界的影响，由于液体黏滞性、边界条件变化以及其他原因，使液流中产生旋涡，从而改变了水流的内部结构。这样，水流中各质点间产生相对运动，并进行势能与动能的相互转化，在这个过程中有一部分机械能转化为热能，造成机械能的损失。前者是主要的、起决定性作用的因素。但对于不同边界的液流，过水断面上流速分布是不同的，因而对流动阻力及水头损失的影响也不同。为了便于分析研究，可根据造成水流阻力和水头损失的外在因素，即流动的不同边界条件，将水头损失 h_w 分为沿程水头损失 h_f 和局部水头损失 h_j 两类。

1. 沿程阻力和沿程水头损失

在流动边界条件沿流程不变的均匀流中，固壁边界虽然是平直的，但由于边界粗糙及液流的黏滞作用，引起过水断面上流速分布不均匀，液流内部质点之间发生相对运动，从而产生切应力。但是，因均匀流沿流程的流动情况不变，则过水断面上切应力的大小及分布沿流程不变，这种切应力称为**沿程阻力**(或摩擦阻力)。在流动过程中，要克服这种摩擦阻力就需要做功，单位质量液体由于沿程阻力做功所引起的机械能损失称为**沿程水头损失**，以 h_f 表示。由于沿程阻力沿流程均匀分布，因而沿程水头损失与流程的长度成正比。均匀流的水力坡度 J 沿程不变，总水头线为一条直线。由能量方程可计算出均匀流从过水断面 1—1 到过水断面 2—2 之间流段的沿程水头损失为

$$h_{f1-2} = \left(z_1 + \frac{p_1}{\gamma}\right) - \left(z_2 + \frac{p_2}{\gamma}\right) \tag{3-31}$$

上式说明均匀流时克服沿程阻力所消耗的能量由势能提供。

当液体流动为渐变流时，水流阻力就不仅仅有沿程阻力了，而且沿程阻力的大小沿流程也要发生变化。为了简化计算，常将比较接近的两过水断面之间的渐变流视为均匀流，用均匀流的计算方法计算该段的沿程水头损失。实践表明，这样的近似处理方法对于工程中的水力计算问题是可行的。

2. 局部阻力和局部水头损失

在急变流段上所产生的流动阻力称为**局部阻力**，相应的水头损失称为**局部水头损失**，以

h_j 表示。急变流段上流动边界急剧变化，使得过水断面形状及大小、断面上的流速分布与压强分布均沿程迅速变化，并且往往会发生主流与固壁边界分离，在主流与固壁边界之间形成旋涡区，旋涡区内过水断面上的流速梯度增大，相应的摩擦阻力也增大。旋涡运动的产生及发展还会使液体质点的运动更加紊乱，相互碰撞加剧。局部阻力一般集中在不长的流程上，水流结构发生急剧变化，如：水管的弯头、变径、闸门、阀门等处的阻力均属此类。如图 3-29a)所示，管流中有半开的阀门，断面 2—2 至 4—4 为急变流，而断面 1—1 为均匀流；图 3-29b)为均匀流断面 1—1 和急变流断面 3—3 的流速分布。显然，急变流段上的流动阻力及水头损失均比同样长度的均匀流段上大得多。

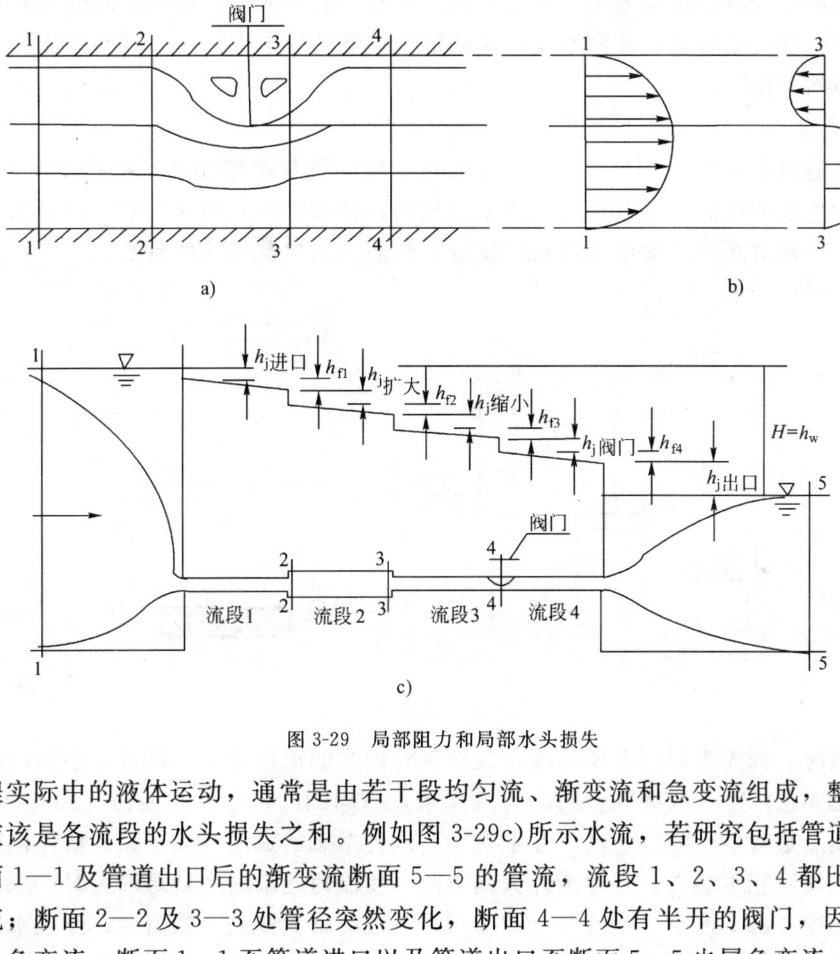

图 3-29　局部阻力和局部水头损失

工程实际中的液体运动，通常是由若干段均匀流、渐变流和急变流组成，整个流动的水头损失应该是各流段的水头损失之和。例如图 3-29c)所示水流，若研究包括管道进口前的渐变流断面 1—1 及管道出口后的渐变流断面 5—5 的管流，流段 1、2、3、4 都比较长，主要为均匀流；断面 2—2 及 3—3 处管径突然变化，断面 4—4 处有半开的阀门，因而这些断面前、后是急变流，断面 1—1 至管道进口以及管道出口至断面 5—5 也属急变流。则整个管流总的水头损失 h_w 是所有均匀流段的沿程水头损失以及所有急变流段的局部水头损失之和

$$h_w=(h_{f1}+h_{f2}+h_{f3}+h_{f4})+(h_{j进口}+h_{j扩大}+h_{j缩小}+h_{j阀门}+h_{j出口})$$

对于任意一个流动，总的水头损失可用下式计算

$$h_w=\sum h_f+\sum h_j \tag{3-32}$$

上式表明，能量方程中总的水头损失即为两个计算断面之间所有沿程水头损失与所有局部水头损失的代数和，其计算满足叠加原理。

需要说明的是，把水头损失区分为沿程损失与局部损失对液流本身来说，仅仅在于促使水头损失的外在原因有所不同而已，丝毫不意味着这两种水头损失在液流内部的物理作用方

面有任何本质上的不同。就液流内部的物理作用来说，水头损失不论其产生的外因如何，都是由于液体内部质点之间有相对运动，因黏滞性的作用产生切应力的结果。

二、液体流动的两种形态及判别

水流阻力和水头损失的形成原因，不仅与边界条件有关，也与液体内部的微观运动结构有关。从运动液体内部的微观运动结构分析，流动存在两种形态，即层流和紊流，这一点很早就被人们所认识，但直到 1883 年，英国物理学家雷诺（Osborne Reynolds）通过试验才深入地揭示了这两种流动形态不同的本质。雷诺通过管道水流试验，研究不同的管径、管壁粗糙度及不同的流速与沿程水头损失之间的关系，证实了实际液体运动在不同的边界条件下和不同的流速时会有层流和紊流两种不同的流动形态。流动形态不同时，其断面流速分布、水头损失等规律均不相同。

1. 雷诺试验

雷诺试验的装置如图 3-30a）所示。水平放置一玻璃管与水箱相连，水箱水面保持恒定，另接一装有颜色水的容器，颜色水与水的重度相同，经细管流入玻璃管中，以小阀门调节颜色水的流量。以调节阀调节玻璃管内水的流量，从而达到控制流速的目的。

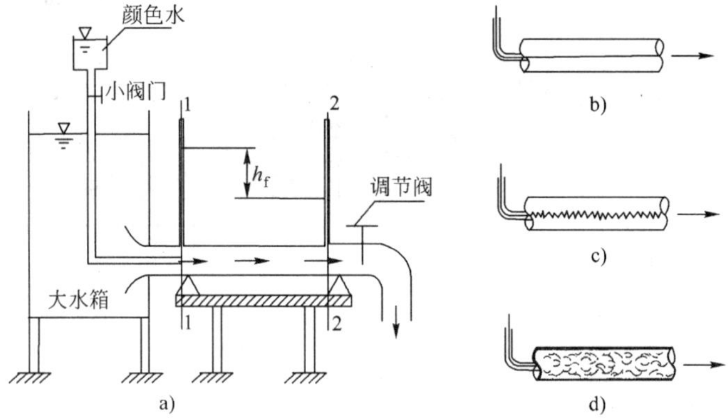

图 3-30 雷诺试验

进行试验时，首先缓慢打开调节阀，使玻璃管内水的流速很小，再打开小阀门放出颜色水，此时可见颜色水呈一股界线分明的直线流束，与周围的清水互不混掺［图 3-30b）］，各流层的液体质点是有条不紊的运动，互不混杂，这种形态的流动叫做**层流**。液体作层流运动时，各层液体质点互不混掺。若逐渐开大调节阀，使流速逐渐增大到足够大时，颜色水产生微小波动，如图 3-30c）所示。继续开大调节阀，当流速增大到某一数值时，颜色水横向扩散遍及管道的整个断面，与清水混掺，使得整个管中水流被均匀染色，如图 3-30d）所示，各流层的液体质点形成涡体，在流动过程中互相混掺，杂乱无章，这种形态的流动称为**紊流**。图 3-30c）是层流与紊流之间的过渡状态。由层流转化为紊流时的流速称为上临界流速，以 v'_c 表示。紊流状态下液体质点的运动轨迹极不规则，既有沿质点主流方向的运动，又有垂直于主流方向的运动，各点速度的大小和方向随时间无规律地随机变化。

若以相反的程序进行试验，将开大的调节阀逐渐关小，玻璃管中已处于紊流状态的液体逐渐减速，经图 3-30c）所示的过渡状态后，当液体的流速降低到某一值 v_c 时，玻璃管中的液流又呈现出颜色水鲜明的直线元流，说明水流已由紊流转变为层流了。由试验知 $v_c < v'_c$，即紊流转变为层流的流速要比层流转变为紊流的流速小，v_c 称为**下临界流速**。

为了探讨沿程水头损失与边界情况及流速等之间的关系，在玻璃管的1—1断面及2—2断面分别接一测压管，由伯诺里方程 $h_w = h_{f1-2} = \left(z_1 + \frac{p_1}{\gamma}\right) - \left(z_2 + \frac{p_2}{\gamma}\right)$ 可知，两断面间的水头损失等于两断面的测压管水头差。当管内流速不同时，测压管水头差值亦不相同，即沿程水头损失亦不相同。试验时，每调节一次流速，都测定一次测压管水头差值，并同时观察流态，最后将不同的流速 v 及相应的水头损失 h_f 的试验数据点绘在双对数坐标纸上，令横坐标为 $\lg v$，纵坐标为 $\lg h_f$，得出 h_f 与 v 的关系曲线，如图3-31所示。从图中可以看出，曲线有三段不同的规律：

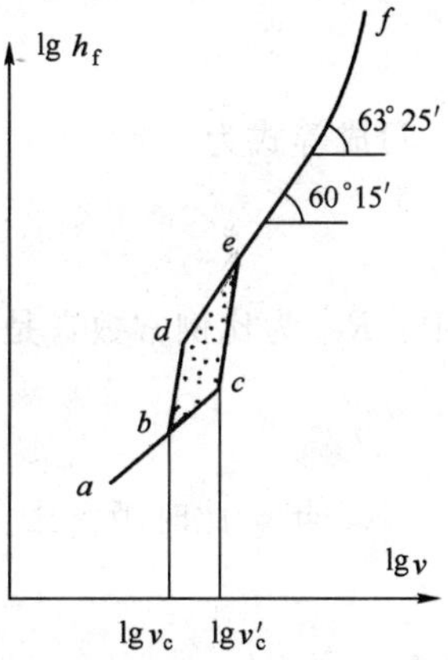

图3-31 h_f 与 v 关系

①ab 段：此段流速 $v < v_c$，流动为稳定的层流，h_f 与流速 v 的一次方成正比，试验点分布在与横坐标轴($\lg v$)呈45°的直线上，因而 ab 线的斜率为1；

②ef 段：此段流速 $v > v'_c$，流态为紊流，试验曲线 ef 的开始部分为与横轴($\lg v$ 轴)呈约60°夹角的直线，向上微弯后又渐为与横轴成63°25′夹角的直线；ef 线的斜率为1.75～2.0；

③be 段：此段流速 $v_c < v < v'_c$，流速由小增大时，层流维持至 c 点才转变为紊流，试验曲线为 bce，c 点对应于上临界流速 v'_c；若试验以相反程序进行，即流速由大减小时，则紊流维持至 b 点才转变为层流，b 点对应于下临界流速 v_c，be 之间的流态是层流与紊流的过渡段。v'_c 值易受试验过程中任何微小干扰的影响而不稳定，但 v_c 的值却是不易受干扰的稳定值。

试验结果可表示为

$$\lg h_f = \lg k + m \lg v$$

即

$$h_f = k v^m \tag{3-33}$$

式中：m——图3-31中各段直线的斜率。

层流时，$m = 1.0$，$h_f = k_1 v$，此时，沿程水头损失与流速的一次方成正比；紊流时，$m = 1.75 \sim 2.0$，$h_f = k v^{1.75 \sim 2.0}$，此时，沿程水头损失与流速的1.75～2.0次方成正比。

雷诺试验的意义在于揭示了液体运动存在着层流与紊流两种不同形态的流动，并对一定的管道水流初步探讨了流速与沿程水头损失 h_f 之间的关系。用其他液体或气体，或在其他边界条件下做相同的试验，可以得到同样的结果。**层流与紊流的区别**不仅是流体质点的运动轨迹不同，而且其水流内部结构也完全不同，从而导致水头损失的变化规律不同，因而计算水头损失须首先判别流态。

2. 流态的判别

(1)流态的判别标准

根据以上讨论和有关试验可知，下临界流速远远小于上临界流速，下临界流速在相同试验条件下比较稳定；而上临界流速则随外界条件的不同，有很大的变化范围，其流动状态的改变取决于液体的黏滞性和外界干扰两个方面。另外，上、下临界流速之间的层流极不稳定，稍有扰动即可能转变为紊流。因此，通常判别流态不采用上临界流速，而采用比较稳定的下临界流速(简称临界流速)。若实际液体的流速小于下临界流速，即 $v < v_c$，则液体运动

为层流运动。由于在 be 过渡段，试验点分布较为散乱，即未能归纳出 h_f 与 v 等因素的确定规律，故一般认为当实际液体的流速大于下临界流速时，均按紊流考虑。

因为流态不同，沿程阻力和水头损失的规律不同，所以计算水头损失之前，需对流态作出判断。临界流速 v_c 是该流动条件下层流与紊流的转变流速，它与哪些因素有关呢？雷诺试验发现，临界流速 v_c 与流体的黏度 μ 成正比，与流体的密度 ρ 和管径 d 成反比，即

$$v_c \propto \frac{\mu}{\rho d}$$

写成等式为

$$v_c = Re_c \frac{\mu}{\rho d}$$

式中：Re_c 为比例常数，是不随管径大小和流体物性（ρ、μ）变化的无量纲数

$$Re_c = \frac{v_c \rho d}{\mu} = \frac{v_c d}{\nu}$$

1908 年，此时距雷诺实验已 25 年，后人为纪念雷诺，将无量纲数

$$Re = \frac{v d}{\nu} \tag{3-34}$$

称为雷诺数。与下临界流速 v_c 对应的雷诺数 $Re_c = \frac{v_c d}{\nu}$ 称为下临界雷诺数，实用上称为临界雷诺数。雷诺及后来的试验都得出，临界雷诺数 Re_c 稳定在 2 000 左右，其中以 Schiller(1921)的实验值 $Re_c = 2\ 300$ 得到公认。

用临界雷诺数作为流态的判别标准，应用起来十分方便。对于管流，只需按式(3-34)计算出雷诺数，同临界雷诺数 $Re_c = 2\ 300$ 比较，便可判别流态：

$Re < Re_c$，则 $v < v_c$，流动是层流；

$Re > Re_c$，则 $v > v_c$，流动是紊流；

$Re = Re_c$，则 $v = v_c$，流动是临界流。

(2)水力要素

设过水断面面积为 ω，过水断面上液体与固壁接触部分的长度，称为**湿周**，以希腊字母 χ 表示，过水断面面积 ω 与湿周 χ 的比值称为**水力半径**，以 R 表示

$$R = \frac{\omega}{\chi} \tag{3-35}$$

水力半径相当于单位长度湿周对应的过水断面面积，具有长度的量纲。在边界上，由于黏滞力和分子吸引力很大，液体质点速度为零，而稍离开边界处的液体具有较大的流速，这说明边界处附近的液体速度梯度很大，则内摩擦力也大。所以在其他条件不变(如过水断面面积 ω 一定)的情况下，湿周愈长，液体消耗于克服内摩擦力的能量也愈多；而水力半径与湿周成反比关系，水力半径愈大，液体消耗于克服内摩擦力的能量愈小。水力半径和湿周是表示液体承受阻力情况的重要特征数，在水力学中广泛应用。

在圆形的过水断面中，水力半径等于圆直径的四分之一，即 $R = \frac{d}{4}$。

采用水力半径 R 作为雷诺数中的特征长度，则雷诺数和下临界雷诺数可表示为：$Re = \frac{vR}{\nu}$，$Re_c = \frac{v_c R}{\nu}$。

根据测定，渠道的下临界雷诺数 $Re_c=500$。所以在渠道中，当 $Re=\frac{vR}{\nu}\leqslant 500$ 时，出现层流，当 $Re=\frac{vR}{\nu}>500$ 时，出现紊流。

在公路工程中，所涉及到的绝大多数水流运动是紊流，只是在实验室和地下水中出现层流的情况多一些，所以在公路工程中一般着重于研究紊流运动。层流运动规律对研究石油的运动、润滑油的运动或细管中、狭缝和极浅的水槽中的水流运动具有重要的意义。

三、流态的判别计算算例

［例 3-9］ 有压管流水温为 15℃，管径为 0.02m，水流的断面平均流速为 0.08m/s，试求管中水流形态以及水流形态转变时的临界流速或水温。

解：水温 15℃，查表 1-3 可知，$\nu=1.139\times10^{-6}\text{m}^2/\text{s}$，实际管流的雷诺数为：

$$Re=\frac{vd}{\nu}=\frac{0.08\times0.02}{1.139\times10^{-6}}=1\,400<2\,000(\text{层流})$$

临界流速：
$$v_c=\frac{Re_c\nu}{d}=\frac{2\,000\times1.139\times10^{-6}}{0.02}=0.114\text{m/s}$$

即当 v 增大到 0.114m/s 以上时，水流由层流转变为紊流。

若不改变流速，即 $v=0.08\text{m/s}$，也可以因水温的改变而使 ν 及 Re 改变，从而使层流转变为紊流。临界流态下，ν 值为

$$\nu=\frac{vd}{Re_c}=\frac{0.08\times0.02}{2000}=0.8\times10^{-6}\text{m}^2/\text{s}$$

查表可知，当水温升高到 30℃以上时，水流转变为紊流。

［例 3-10］ 断面为矩形的排水沟，沟底宽 0.2m，水深 0.15m，流速 0.15m/s，水温 15℃，试判别其流态。

解：当水温为 15℃时，$\nu=0.0114\times10^{-4}\text{m}^2/\text{s}$，非圆形断面的水力半径为

$$R=\frac{\omega}{\chi}=\frac{0.20\times0.15}{0.20+2\times0.15}=0.06\text{m}$$

$$Re=\frac{vR}{\nu}=\frac{0.15\times0.06}{0.0114\times10^{-4}}=7\,900>500$$

因此，流态为紊流。

四、均匀流基本方程和沿程水头损失计算

1. 均匀流基本方程

由前面的分析讨论可知，均匀流过水断面上的切应力 τ 是引起沿程水头损失的原因，且切应力 τ 的大小及分布沿程不变。反映 τ 与沿程水头损失 h_f 之间关系的方程式称为**均匀流基本方程**。

根据均匀流的定义，若要在圆管有压流动中形成均匀流，则管道必须是管径及圆管壁面材料均沿程不变的长直管。对于明渠流动，若要在渠道中形成均匀流，则要求渠道断面的形状、尺寸、壁面粗糙情况都沿程不变，渠道长、直，且底坡大于零(即渠底高程沿流程降低，称为顺坡)；同时，流动必须为恒定流。为建立均匀流基本方程，以有压管流中的均匀流为

例，取过水断面1—1至2—2长度为l的流段作为控制体进行轴向受力分析，由于是等直径圆管，两个过水断面的面积相等，即$\omega_1=\omega_2=\omega$，如图3-32所示。设流动轴线与竖直方向的夹角为α，流段所受的轴向外力有：$P_1=p_1w_1$，$P_2=p_2w_2$，重力的分量$G\cos\alpha=\gamma\omega l\cos\alpha=\gamma w\ (z_1-z_2)$，流段边壁的摩擦切力$T=\tau_0\chi l$，$\tau_0$为边壁上的平均切应力，$\chi$为湿周。均匀流是等流速直线流动，故流段所受的轴向外力必定相互平衡，即

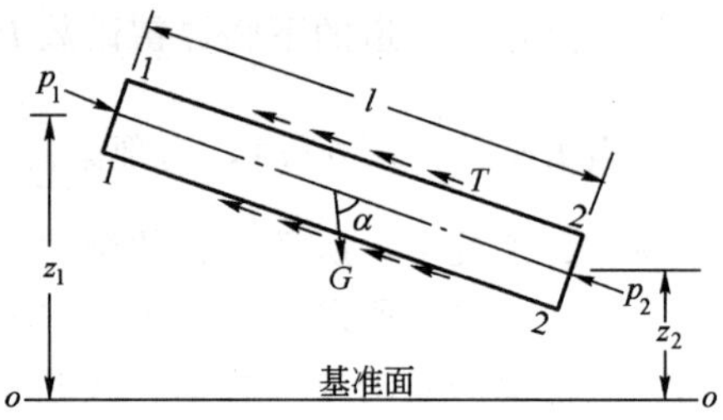

图3-32 圆管中的均匀流动

$$P_1+G\cos\alpha-P_2-T=0;(p_1-p_2)\omega+\gamma\omega(z_1-z_2)-\tau_0\chi l=0$$

用$\gamma\omega l$除上式中的各项，可得$\dfrac{\left(z_1+\dfrac{p_1}{\gamma}\right)-\left(z_2+\dfrac{p_2}{\gamma}\right)}{l}=\dfrac{\tau_0\chi}{\gamma\omega}$。

上式中的左端为均匀流单位长度上的测压管水头损失或总水头损失($\dfrac{v_1^2}{2g}=\dfrac{v_2^2}{2g}$)，即为水力坡度$J$。而水力半径$R$是过水断面面积$\omega$与湿周$\chi$的比值。这样，上式可简化为

$$\tau_0=\gamma RJ \tag{3-36}$$

或

$$h_f=\frac{\tau_0 l}{\gamma R} \tag{3-37}$$

式(3-36)或式(3-37)就是均匀流基本方程，它表明均匀流单位长度的水头损失(J)与内摩擦应力(τ_0)的一次方成正比。只要内摩擦应力能够求出，则水头损失就很容易确定。应该说明，因为这一方程在推导过程中未加限制，所以对层流和紊流都是适用的。顺便指出，因J与R成反比，而$R=\dfrac{\omega}{\chi}$。当ω一定时，χ愈小，R愈大，则J愈小，即水头损失愈小。水头损失随水力半径的增大而减小，说明水力半径是反映液体水头损失的因素。水力学上把影响水头损失的断面几何条件，如ω、χ、R等，称为断面水力要素。对同样大小的ω，χ最小、R最大的断面形状是圆形，工程上常将水管做成圆形，渠道做成接近圆形的梯形，这样就能减小水头损失(减小阻力)，使液体的流动更通畅。

2. 沿程水头损失通用计算公式

(1)沿程水头损失的通用公式推导

根据均匀流基本方程，沿程水头损失h_f是由于τ_0的存在而产生的。从物理性质分析和试验观测可知，液体流动的摩擦切应力τ_0与下列因素有关：流速v、水力半径R、液体密度ρ、液体的动力黏滞系数μ以及流动边界固壁的粗糙凸起高度Δ(称为绝对粗糙度)等。

液流的平均切应力τ_0，根据物理方程进行因次关系分析求得

$$\tau_0=\frac{\lambda}{8}\rho v^2 \tag{3-38}$$

式中：λ——沿程阻力系数或达西系数，它综合反映各个与τ_0有关的因素对h_f的影响。

将式(3-38)代入均匀流基本方程(3-37)，可得

$$h_f=\lambda\frac{l}{4R}\frac{v^2}{2g} \tag{3-39}$$

上式称为**达西—魏兹巴赫公式**(Darcy-Weisbach equation)，它是计算沿程水头损失的通用公式，适用于任何流动形态的液流。

对于有压圆管流动，$4R=d$，代入式(3-39)，可得到有压圆管流动的沿程水头损失计算公式为

$$h_f = \lambda \frac{l}{d} \frac{v^2}{2g} \tag{3-40}$$

(2)尼古拉兹试验

利用上述公式，计算 h_f 的问题就转化为求解 λ 值的问题了。λ 与液流的雷诺数 Re 及壁面的相对粗糙度$\frac{\Delta}{R}$有关。1933 年德国学者尼古拉兹(Nikuradse)在人工均匀粗糙圆管中对 λ 系数作了系统的试验。尼古拉兹用经过筛分的比较均匀的沙粒黏贴到直径为 d 的管壁上以代替粗糙度，试验采用了六种相对粗糙度的管道，$\frac{\Delta}{d}=\frac{1}{30}\sim\frac{1}{1\,014}$，雷诺数变化范围为 $Re=500\sim10^6$。

将测得的 λ 和 Re 值整理后，以 $\lg Re$ 为横坐标、$\lg(100\lambda)$ 为纵坐标绘出变化规律曲线，称为尼古拉兹试验曲线，如图 3-33 所示。由该曲线可看出，λ 值的变化规律可分为以下五个不同的区域，图中分别以 I、II、III、IV、V 表示。

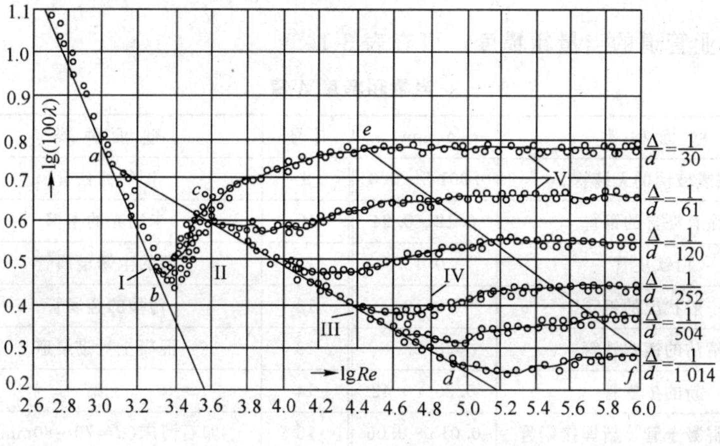

图 3-33　尼古拉兹粗糙管沿程阻力系数

第 I 区：**层流区**，$Re<2\,000$，对各种不同相对粗糙度的管道，其试验点都集中在同一直线 ab 上，说明 λ 与粗糙度$\frac{\Delta}{d}$无关，只与雷诺数 Re 有关，且 λ 与 Re 的关系基本上与理论公式一致。即

$$\lambda = \frac{64}{Re} \tag{3-41}$$

该试验的结果也同时指出：Δ 不影响临界雷诺数的数值。

第 II 区：该区为液流从层流到紊流的形态转化区，称为**层流转变为紊流的过渡区**(或临界区)。该区域范围较窄，大约是 $2\,000<Re<4\,000$，试验点不很集中，规律性较差，未能总结出成熟的计算公式，基本上是 λ 值只与 Re 数有关，与粗糙度$\frac{\Delta}{d}$无关。

第 III 区：对应于图中的 cd 线，该区 $Re>4\,000$，此时的水流已处于紊流状态，属于

"紊流光滑"区，即水力光滑管。在该区内，对于各种不同相对粗糙度的管道，其试验点都集中在 cd 线上，说明这时的 λ 值仍不受粗糙度$\frac{\Delta}{d}$值变化的影响，仅仅是雷诺数 Re 的函数。但不同相对粗糙度$\frac{\Delta}{d}$的管流，试验点离开 cd 线（即离开紊流光滑区）的位置不同。相对粗糙度较大的管流较早离开 cd 线，而相对粗糙度小的管道，则在 Re 数较大时才离开该线。

这一区 λ 值的计算公式很多，如伯拉休斯（Blasius）公式 $\lambda=\frac{0.3164}{Re^{0.25}}$，该公式的适用范围为：$Re<10^5$ 或 $\Delta<0.4\delta$。尼古拉兹公式$\frac{1}{\sqrt{\lambda}}=21\mathrm{g}(Re\sqrt{\lambda})-0.8$，该公式的适用范围为：$5\times10^4<Re<3\times10^6$。

第Ⅳ区：对应于图中 cd 线与 ef 线之间的区域。在该区域内，对相对粗糙度不同的管道，具有不同的阻力系数曲线，说明这时的阻力系数 λ 不仅与雷诺数 Re 有关，而且与相对粗糙度$\frac{\Delta}{d}$有关，即 $\lambda=f\left(Re,\ \frac{\Delta}{d}\right)$，是由**"紊流光滑"**转变为**"紊流粗糙"**的紊流过渡区。

这一区 λ 的计算公式也不少，如柯列勃洛克（Colebrook）公式

$$\frac{1}{\sqrt{\lambda}}=-21\mathrm{g}\left(\frac{\Delta}{3.7d}+\frac{2.51}{Re\sqrt{\lambda}}\right) \tag{3-42}$$

式中：Δ——工业管道的当量粗糙度，可查表 3-1。

当量粗糙度 Δ 值　　表 3-1

序号	壁面种类	Δ(mm)	序号	壁面种类	Δ(mm)
1	铜或玻璃的无缝管	0.001 5～0.01	9	旧的铸铁管	1.0～1.5
2	涂有沥青的钢管	0.12～0.24	10	未刨光的木槽	0.35～0.7
3	白铁皮管	0.15	11	旧的生锈金属管	0.6
4	一般状况的钢管	0.19	12	污秽的金属管	0.75～0.97
5	清洁的镀锌铁管	0.25	13	混凝土衬砌渠道	0.8～9
6	新的生铁管	0.25～0.42	14	土渠	4～11
7	光滑的混凝土管、新焊接钢管	0.015～0.06	15	卵石河床（d=70～80mm）	30～60
8	磨光的水泥管	0.33			

第Ⅴ区：ef 线的右侧区域。在该区域内，阻力系数 λ 与雷诺数无关，只是相对粗糙度的函数，即 $\lambda=f\left(\frac{\Delta}{d}\right)$。水流属于充分发展的紊流状态，水流阻力与流速的平方成正比，该区称为紊流粗糙区或阻力平方区。这一区的 Re 和流速都很大，是工程上比较常见的，λ 的公式特别多，如尼古拉兹公式 $\lambda=\frac{1}{\left(21\mathrm{g}\frac{d}{\Delta}+1.14\right)}$尼古拉兹试验的意义在于全面揭示了不同流态情况下沿程阻力系数 λ 和雷诺数 Re 及相对粗糙度$\frac{\Delta}{d}$的关系，并说明确定 λ 的各种经验公式或半经验公式有一定的适用范围。

尼古拉兹在人工均匀粗糙管道中所得到的试验规律，基本上适用于工程上应用的工业材料管道。但由于工业管道壁面的粗糙高度、粗糙形状及其分布都是随机的。为了能够将尼古

拉兹的试验规律应用于工业管道，须引入“当量粗糙度”的概念进行计算。“当量粗糙度”是指与工业管道粗糙区 λ 值相等的同直径人工粗糙管的粗糙度，以 Δ 表示。确定 Δ 值的方法是使工业管道在雷诺数很大的阻力平方区条件下通过液流，量测其 λ 值，用公式反算出当量粗糙度 Δ。表 3-1 中列出了部分常见壁面材料的当量粗糙度 Δ 值。

由于工业管道壁面粗糙凸起的不均匀性，它的紊流过渡区范围比人工均匀粗糙管要宽，也就是说，它的阻力系数曲线，在更小的雷诺数值条件下，就偏离了水力光滑区曲线。因为在雷诺数较小、层流底层厚度 δ 较大时，工业管道壁面粗糙凸起中，可能有一部分较大的凸起物，已经开始影响紊流阻力。

3. 明渠流动的沿程水头损失计算

对于明渠中的紊流沿程水头损失，也可以采用通用公式(3-39)计算，但工程上更常用的是法国水力学家谢才(Antoine de Chézy)于 1775 年提出的公式

$$v = C\sqrt{RJ} \tag{3-43}$$

式中：v——断面平均流速，m/s；

R——水力半径，m；

J——水力坡度；

C——谢才系数，是有因次的系数，$m^{0.5}/s$ 它综合反映各种因素对断面平均流速与水力坡度关系的影响。

谢才系数 C 和达西系数 λ 可以互换，若代入 $h_f = Jl$ 和 $d = 4R$ 就可以得出

$$C = \sqrt{\frac{8g}{\lambda}} \text{ 或 } \lambda = \frac{8g}{C^2} \tag{3-44}$$

明渠中出现的水流几乎全部属于阻力平方区，所以下面只介绍阻力平方区的水流。明渠中的水流习惯上采用谢才公式计算，谢才系数 C 也由试验观测而得，在公路工程中应用比较广泛的经验公式是曼宁(Robert Manning)公式

$$C = \frac{1}{n}R^{\frac{1}{6}} \tag{3-45}$$

式中：n——粗糙系数，它综合反映了壁面对水流的阻滞作用，其值可参考采用表 3-2 中的数据。对于 $n<0.02$，$R<0.5$m 的管道和小河渠，此公式适用情况更好。

粗 糙 系 数 *n* 值　　表 3-2

序号	边界种类及状况	n	$\frac{1}{n}$
1	仔细刨光的木板，新制的清洁的生铁和铸铁管，铺设平整，接缝光滑	0.011	90
2	未刨光但连接很好的木板，正常情况下的给水管，极清洁的排水管，很光滑的混凝土面	0.012	83.3
3	正常情况下的排水管，略有污秽的给水管，很好的砖砌	0.013	76.9
4	污秽的给水和排水管，一般混凝土表面，一般砖砌	0.014	71.4
5	陈旧的砖砌面，相当粗糙的混凝土面，光滑、仔细开挖的岩石面	0.017	58.8
6	坚实黏土的土渠；有不连接淤泥层的黄土，或沙砾石中的土渠；维修良好的大土渠	0.022 5	44.4
7	一般的大土渠；情况良好的小土渠；情况极其良好的天然河流(河床清洁顺直，水流通畅，没有浅滩深槽，其纵坡 i=0.000 5～0.000 8)	0.025	40.0

续上表

序号	边界种类及状况	n	$\frac{1}{n}$
8	情况较坏的土渠(如部分地区有杂草或砾石，部分的岩坡倒塌等)；情况良好的天然河流，源于山区河流的天然河槽；小卵石、砾石河槽，纵坡 $i=0.0008\sim0.0010$	0.030	33.3
9	情况极坏的土渠(剖面不规则，有杂草、块石、水流不畅等)；情况比较良好的天然河流，但有不多的块石和野草；山区河流，河槽形状和表面状况良好的周期性河流的河槽	0.035	28.6
10	情况特别不好的土渠(深槽或浅滩，杂草众多，渠底有大块石等)；情况不甚良好的天然河流(野草、块石较多，河床不甚规则且有弯曲，有不少的倒塌和深潭等)；山区河流的下游规则且整治良好的小卵石河槽，纵坡 $i=0.003\sim0.007$	0.040	25.0
11	河底为大卵石覆盖或有植被覆盖的山区周期性河流的河槽，纵坡 $i=0.007\sim0.015$；稍加整治的较大和中等平原河流的河槽	0.050	20.0
12	水流表面不平稳的山区型卵石或巨石河槽，纵坡 $i=0.015\sim0.05$；平原河流的多石滩区段	0.065	15.4

此外，还有巴甫洛夫斯基公式

$$C=\frac{1}{n}R^{y} \tag{3-46}$$

其中 $y=2.5\sqrt{n}-0.13-0.75\sqrt{R}(\sqrt{n}-0.10)$，或采用近似公式 $y=1.5\sqrt{n}$($R<1.0$m 时)，$y=1.3\sqrt{n}$($R>1.0$m 时)。

式中，n 和 R 的意义与曼宁公式相同。

巴甫洛夫斯基公式适用于 $0.1\text{m}\leqslant R\leqslant5.0\text{m}$ 和 $0.011\leqslant n\leqslant0.40$ 的范围，显然比曼宁公式的适用范围要宽。应该说明的是，粗糙系数 n 值的选择，目前还没有十分成熟的方法。对 n 值的选择，意味着对所给渠道的水流阻力进行估计，很难做到恰当取值。n 值对渠道水力计算结果和工程造价影响颇大，若 n 值取小了，即对水流阻力估计过小，预计渠道的泄水能力大了，由此可能造成渠道水流漫溢。因此，对于重要工程的 n 值，有时还需通过试验确定。

五、沿程水头损失计算算例

[例 3-11] 某水管长 $l=500$m，直径 $d=0.2$m，管壁粗糙突起高度 $\Delta=0.1\times10^{-3}$m，如输送流量 $Q=10$L/s，水温 $t=10$℃，试计算沿程水头损失。

解： 断面平均流速

$$v=\frac{Q}{\frac{1}{4}\pi d^{2}}=\frac{10\times10^{-3}}{\frac{1}{4}\times3.14\times0.2^{2}}=0.3183\text{m/s}$$

当 $t=10$℃ 时，水的运动黏滞系数 $\nu=0.01310\times10^{-4}\text{m}^2/\text{s}$，雷诺数为 $Re=\frac{vd}{\nu}=\frac{0.3183\times0.2}{0.01310\times10^{-4}}=48595>2000$

管中水流为紊流。$Re<10^5$，故可先采用勃拉休斯公式计算 λ，$\lambda=\frac{0.3164}{Re^{\frac{1}{4}}}=\frac{0.3164}{48\,595^{\frac{1}{4}}}=0.0213$

因为 $Re=48\,595<10^5$，流态是紊流光滑区，勃拉休斯公式适用。沿程水头损失为

$$h_f=\lambda\frac{l}{d}\frac{v^2}{2g}=0.0213\times\frac{500}{0.2}\times\frac{0.318^2}{2\times9.8}=0.275\text{m 水柱}$$

[例 3-12] 铸铁管(按旧管计算)直径 $d=0.25$m，长 700m，通过自来水流量为 56L/s，水温度为 10℃，求通过这段管道的水头损失。

解：断面平均流速

$$v=\frac{Q}{\frac{1}{4}\pi d^2}=\frac{56\times10^{-3}}{\frac{1}{4}\times3.14\times0.25^2}=1.141\text{m/s}$$

水流的雷诺数

$$Re=\frac{vd}{\nu}=\frac{1.141\times0.25}{0.01310}=217\,748$$

查表 3-1 可得当量粗糙高度，采用 $\Delta=1.25$mm，则 $\frac{\Delta}{d}=1.25/250=0.005$，由 Re 和 $\frac{\Delta}{d}$ 的值，查图得 $\lambda=0.0304$。

沿程水头损失 $h_f=\lambda\frac{l}{d}\cdot\frac{v^2}{2g}=0.0304\times\frac{700}{0.25}\times\frac{1.14^2}{2\times9.8}=5.64$m 水柱

[例 3-13] 一混凝土衬砌的矩形渠道，底宽 $b=4.0$m，水深 $h=1.2$m，假设流动属于紊流粗糙区，分别用曼宁公式和巴甫洛夫斯基公式，计算谢才系数 C 的值。

解：水力半径：$R=\frac{4\times1.2}{4+2\times1.2}=0.75$m，查表 3-2 得：$n=0.014$。

按曼宁公式计算 $C=\frac{1}{n}R^{\frac{1}{6}}=\frac{1}{0.014}0.75^{\frac{1}{6}}=68.08\text{m}^{0.5}/\text{s}$

按巴甫洛夫斯基公式计算

$$y=2.5\sqrt{0.014}-0.13-0.75\sqrt{0.75}(\sqrt{0.014}-0.10)=0.1539$$

$$C=\frac{1}{n}R^y=\frac{1}{0.014}0.75^{0.1539}=68.34\text{m}^{0.5}/\text{s}$$

从以上计算可以看出，按两种公式计算的结果比较接近。计算 C 值主要取决于粗糙率 n 的选择，而 n 是一个综合性因素确定的值，它对计算结果的精确度影响较大，故在实际应用时应慎选。

六、局部水头损失

1. 局部水头损失的一般特征

在液流中，除了平直流段外，常有边界条件急剧变化的局部地段，水流在这些局部地段

产生局部阻力，引起局部水头损失。在产生局部水头损失的流段上，流态一般位于紊流粗糙区。尽管局部障碍的形状千差万别，水力现象极为复杂，但引起局部水头损失的原因，却有一定的共性。以管道为例，管道中的局部障碍，可归纳为以下几类，如图 3-34 所示。

①流动断面的扩大、缩小或变形；

②流动方向的改变；

③管道流动中有各种障碍物(如闸、阀、栅、网等)；

④管道中存在分叉口，有流量的汇入或分出。

由图中可见，虽然各类局部地段的流场情况不相同，但都有如下两方面的**共同特征**：

①在局部地段的流场中，不同程度的存在着主流和固体壁面脱离的旋涡区，旋涡区内的液体具有强烈的紊动性，增大了液流的能量损失；

②流速分布不断变化，造成液流沿流程的断面流速重新分布，并使某些断面上的流速梯度大大增加，从而加大了流层间的内摩擦力。

这两个特征，是形成局部水头损失的基本原因，也是改善流道设计以减少局部水头损失时应考虑的基本因素。

2. 局部水头损失通用公式

图 3-35 表示圆管水流流经管径从 d_1 到 d_2 突然扩大的流段，这种情况的局部水头损失可由理论分析结合试验求得。当水流从管径为 d_1 的管道流入管径为 d_2 的大管时，将与边界发生分离，并在断面突然扩大处形成旋涡区，在大管中水流前进至距离约为(5～8)d_2 处，即图 3-35 的断面 2—2 处，主流才充满管路，在这个过程中，水流不断调整流速分布，至 2—2 断面成为渐变流。设 1—1 过水断面和 2—2 过水断面的断面平均流速分别为 v_1 和 v_2，断面平均压强分别为 p_1 和 p_2，列出 1—1 断面到 2—2 断面的伯诺里方程

$$z_1+\frac{p_1}{\gamma}+\frac{\alpha_1 v_1^2}{2g}=z_2+\frac{p_2}{\gamma}+\frac{\alpha_2 v_2^2}{2g}+h_j \tag{3-47}$$

式中：h_j——急变流段 1—1 断面到 2—2 断面间的局部水头损失。

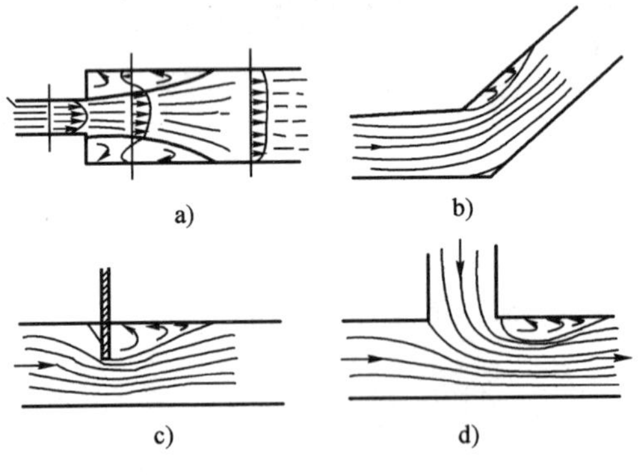

图 3-34 几种典型的局部障碍

a)突然放大；b)弯管；c)闸板；d)汇合三通

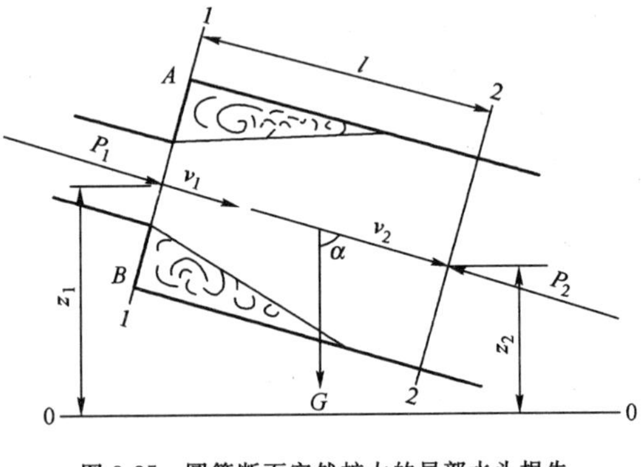

图 3-35 圆管断面突然扩大的局部水头损失

从该式可得

$$h_j=(z_1-z_2)+\left(\frac{p_1}{\gamma}-\frac{p_2}{\gamma}\right)+\frac{\alpha_1 v_1^2}{2g}-\frac{\alpha_2 v_2^2}{2g} \tag{3-48}$$

为将式(3-48)变为 h_j 与流速 v 的关系式，须消去压强 p，为此，取控制体 $AB22$ 分析其受力，并列出动量方程。控制体内液体所受的外力有：作用在 1—1 和 2—2 过水断面上的总

压力分别为 P_1 和 P_2，$P_1=p_1\omega_1$，$P_2=p_2\omega_2$；AB 断面上环形面积(旋涡区)管壁的作用力，等于旋涡区水作用于环形面积上的力 P，由试验知 AB 断面上的压强基本符合静水压强分布规律，因此，$P=p_1(\omega_2-\omega_1)$；控制体内水体的重力 $G=\gamma\omega_2 l\sin\theta$；略去了相对于其他力较小的管壁阻力，列出动量方程为

$$p_1\omega_1-p_2\omega_2+\gamma\omega_2 l\sin\theta+p_1(\omega_2-\omega_1)=\rho Q(\beta_2 v_2-\beta_1 v_1) \tag{3-49}$$

从图 3-35 中可以看出几何关系：$\sin\theta=\dfrac{z_1-z_2}{l}$，代入式(3-49)中得

$$(z_1-z_2)+\left(\frac{p_1}{\gamma}-\frac{p_2}{\gamma}\right)=\frac{v_1}{g}(\beta_2 v_2-\beta_1 v_1) \tag{3-50}$$

在紊流状态下，可假设动能及动量修正系数 $\alpha_1=\alpha_2=1$，$\beta_1=\beta_2=1$，将式(3-50)代入式(3-48)中得

$$h_j=\frac{(v_1-v_2)^2}{2g} \tag{3-51}$$

式(3-51)即为断面突然扩大的局部水头损失的理论计算式，它表明断面突然扩大的水头损失等于所减小的平均流速水头。又由连续性方程 $v_1\omega_1=v_2\omega_2$ 得：$v_1=\dfrac{\omega_2}{\omega_1}v_2$，代入式(3-51)得

$$h_j=\left(\frac{\omega_2}{\omega_1}-1\right)^2\frac{v_2^2}{2g}=\zeta_2\frac{v_2^2}{2g}$$

或

$$h_j=\left(1-\frac{\omega_1}{\omega_2}\right)^2\frac{v_1^2}{2g}=\zeta_1\frac{v_1^2}{2g} \tag{3-52}$$

式中：$\zeta_1=\left(1-\dfrac{\omega_1}{\omega_2}\right)^2$，$\zeta_1=\left(\dfrac{\omega_2}{\omega_1}-1\right)^2$ 称为断面突然扩大的局部阻力系数。

当液流从管道流入很大容器的液体中或气流流入大气时，$\omega_2\gg\omega_1$，$\dfrac{\omega_1}{\omega_2}\approx 0$，则 $\zeta=1$，这是断面突然扩大的局部阻力系数的特殊情况，称为出口局部阻力系数。

大多数局部地段的水头损失，目前还不能用理论方法推导。但由于各种类型局部水头损失的基本特征有共同点，所以在工程水力计算问题中，通常把局部水头损失表示为以下通用计算公式形式

$$h_j=\zeta\frac{v^2}{2g} \tag{3-53}$$

由于局部阻力情况不同，局部阻力系数 ζ 值不同。用不同的流速水头计算 h_j，则 ζ 值也不同。局部阻力系数 ζ 一般与雷诺数 Re 和边界条件有关。但由于局部障碍的强烈干扰，水流在较小的雷诺数($Re=10^4$)就进入了阻力平方区。因此，在一般的工程计算中，认为 ζ 只取决于局部障碍的不同类型而与雷诺数 Re 无关。对于不同形态的局部阻力，其局部阻力系数一般由试验确定。在专业用的设计手册中详细列出了在阻力平方区，各种形状局部阻力地段的局部阻力系数 ζ 的试验值。

3. 平面上断面突变的局部水头损失

在明渠水流中，常存在过水断面由宽变窄的情况，变化前后断面水深、平均流速可量测获得，有关参数也可用动量定律简化计算。

当断面突然缩窄(直角入口)时，断面面积由 w_1 变为 w_2，$\zeta_c=f(w_2/w_1)$，根据试验测

定，其值见表 3-3；

当断面逐渐缩窄时，$\zeta_c=0.05\sim0.10$。$h_j=\zeta_c\dfrac{v_2^2}{2g}$ (3-54)

断面突然缩窄的局部阻力系数 ζ_c 值 表 3-3

w_2/w_1	0.1	0.2	0.4	0.6	0.8	1.0
ζ_c	0.5	0.4	0.3	0.2	0.1	0

渠道中断面扩宽的局部水头损失可表示为

$$h_j=\zeta\frac{(v_1-v_2)^2}{2g} \tag{3-55}$$

据试验资料，ζ 值如表 3-4。

渠道中断面扩宽的局部阻力系数 ζ 值 表 3-4

扩宽边界条件	ζ 值
突然扩宽(直角出口)	0.82
逐渐扩宽(边墙直线扩张)：1∶1	0.87
1∶2	0.68
1∶3	0.41
1∶4	0.29

在表 3-5 中摘选了管道中若干典型局部阻力系数 ζ 值，可供计算参考采用。在使用表 3-5 中的 ζ 值计算 h_j 时，应注意采用与 ζ 对应的流速水头。

局部阻力系数 ζ 表 3-5

<table>
<tr><th>局 部 情 况</th><th>计算流速</th><th colspan="10">ζ</th></tr>
<tr><td>管道锐缘进口</td><td>v</td><td colspan="10">0.5</td></tr>
<tr><td>管道边缘平缓进口</td><td>v</td><td colspan="10">0.2</td></tr>
<tr><td>圆管断面突然扩大($\omega_2>\omega_1$)</td><td>$v_1=v(\omega_1)$
$v_2=v(\omega_2)$</td><td colspan="10">$\left(1-\frac{\omega_1}{\omega_2}\right)^2$
$\left(\frac{\omega_2}{\omega_1}-1\right)^2$</td></tr>
<tr><td rowspan="2">管道断面突然收缩($d_2<d_1$)</td><td rowspan="2">$v_2=v(d_2)$</td><td>$\frac{\omega_1}{\omega_2}$</td><td>0.01</td><td>0.10</td><td>0.20</td><td>0.40</td><td>0.60</td><td>0.80</td><td colspan="3">1</td></tr>
<tr><td>ζ</td><td>0.50</td><td>0.45</td><td>0.40</td><td>0.30</td><td>0.20</td><td>0.10</td><td colspan="3">0</td></tr>
<tr><td>弯管管径 d，弯曲半径 r，圆心角(θ)</td><td>v</td><td colspan="10">$\zeta\left[0.131+0.163\left(\frac{d}{r}\right)^{3.5}\right]\left(\frac{\theta^\circ}{90^\circ}\right)^{0.5}$</td></tr>
<tr><td>管道淹没出流</td><td>v</td><td colspan="10">1.0</td></tr>
<tr><td rowspan="2">管道中的蝶形阀门(阀门与流向所成角度为 α)</td><td rowspan="2">v</td><td>α°</td><td>5</td><td>10</td><td>20</td><td>30</td><td>45</td><td>60</td><td>70</td><td colspan="2">90</td></tr>
<tr><td>ζ</td><td>0.24</td><td>0.52</td><td>1.54</td><td>3.91</td><td>18.7</td><td>118</td><td>750</td><td colspan="2">∞</td></tr>
<tr><td rowspan="2">管道平板闸门(高度 d，闸门开启高度 e)</td><td rowspan="2"></td><td>$\frac{e}{d}$</td><td>$\frac{0}{8}$</td><td>$\frac{1}{8}$</td><td>$\frac{2}{8}$</td><td>$\frac{3}{8}$</td><td>$\frac{4}{8}$</td><td>$\frac{5}{8}$</td><td>$\frac{6}{8}$</td><td>$\frac{7}{8}$</td><td>$\frac{8}{8}$</td></tr>
<tr><td>ζ</td><td>∞</td><td>97.8</td><td>17.0</td><td>5.52</td><td>2.06</td><td>0.81</td><td>0.026</td><td>0.07</td><td>0</td></tr>
<tr><td rowspan="2">抽水机吸水管(直径为 d)末端莲蓬头(具有单向逆止阀)</td><td rowspan="2">v</td><td>d(m)</td><td>0.04</td><td>0.07</td><td>0.10</td><td>0.15</td><td>0.20</td><td>0.30</td><td>0.50</td><td colspan="2">0.75</td></tr>
<tr><td>ζ</td><td>12</td><td>8.5</td><td>7</td><td>6</td><td>5.2</td><td>3.7</td><td>2.5</td><td colspan="2">1.6</td></tr>
</table>

七、局部水头损失

［例 3-14］ 两水箱用两段不同直径的水管连接如图 3-36 所示。1-3 管段长度为 10m，直径 $d_1=0.2$m，已知 $\lambda_1=0.019$，3—6 管段长度为 10m，直径 $d_2=0.1$m，已知 $\lambda_2=0.018$。管路中有：90°弯头两个(2，5)，每个 $\zeta=0.6$；渐缩管一个(3)，$\zeta=0.10$；闸阀(全开，4)一个，$\zeta=0.12$。已知进口 $\zeta=0.5$；出口 $\zeta=1.0$。管中流量 $Q=20$L/s，求：两水箱间水流的总水头损失 h_w。

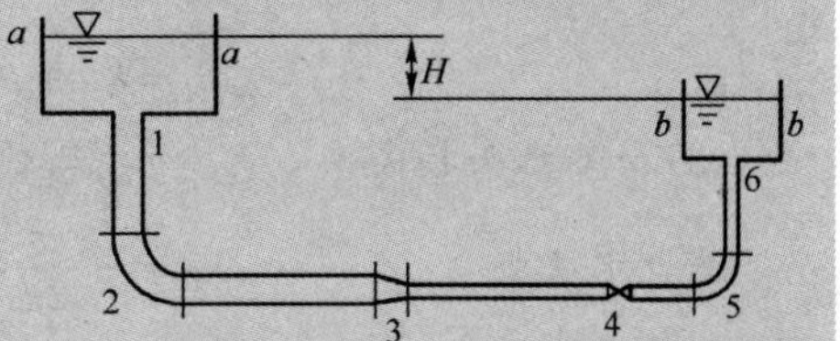

图 3-36 水管

解：因为流量及管径已知，故可先算出流速水头。设 1—3 管段内流速为 v_1，3—6 管段内流速为 v_2

$$v_1=\frac{Q}{\omega_1}=\frac{0.02}{\frac{1}{4}\pi d_1^2}=0.02/(0.785\times0.04)=0.64\text{m/s}$$

$$v_1^2/2g\approx0.02\text{m}$$

$$v_2=\frac{Q}{\omega_2}=\frac{0.02}{\frac{1}{4}\pi d_2^2}=\frac{0.02}{\frac{1}{4}\times3.14\times0.1^2}=2.55\text{m/s}$$

$$v_2^2/2g\approx0.33\text{m}$$

两水箱间水流的总水头损失为自 $a—a$ 断面至 $b—b$ 断面水流的全部沿程水头损失及所有局部水头损失之和

$$h_w=\left(0.5+0.019\times\frac{10}{0.20}+0.6\right)\frac{v_1^2}{2g}+\left(0.10+0.018\times\frac{10}{0.1}+0.12+0.6+1.0\right)\frac{v_2^2}{2g}$$

$$=2.05\times0.02+3.62\times0.33\approx1.24\text{m 水柱}$$

［例 3-15］ 水从水箱流入一段管径不同的串联管道，管道连接情况如图 3-37 所示。已知：$d_1=0.15$m，$l_1=25$m，$\lambda_1=0.037$；$d_2=0.125$m，$l_2=10$m，$\lambda_2=0.039$，局部水头损失系数：进口 $\zeta_1=0.5$，逐渐收缩 $\zeta_2=0.15$，阀门 $\zeta_3=2.0$。(以上 ζ 值相应的流速均采用发生局部水头损失后的流速)。试计算：

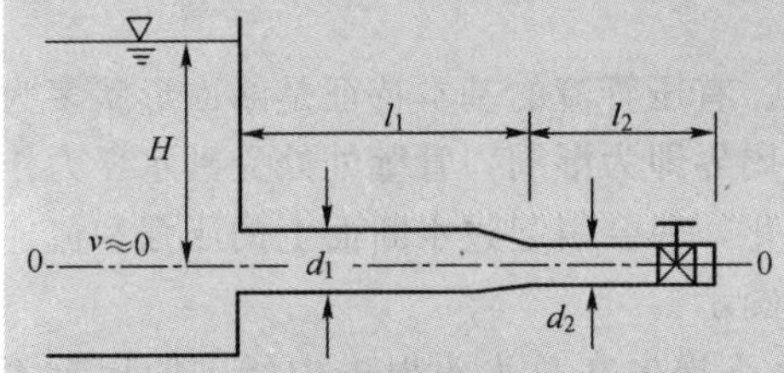

图 3-37 管道

(1)沿程水头损失 $\sum h_f$；

(2)局部水头总损失 $\sum h_j$；

(3)要保持流量 Q 为 0.025m³/s 所需水头 H。

解：(1)求沿程水头损失 $\sum h_f$

第一管段：

$$h_{f1}=\lambda_1\cdot\frac{l_1 v_1^2}{d_1 2g},\ v_1=Q/\omega_1=\frac{4\times0.025}{\pi(0.15)^2}=1.415\text{m/s}$$

$$h_{f1}=0.037\times\frac{25}{0.15}\times\frac{1.415^2}{2\times9.8}=0.63\text{m}$$

第二管段：

$$h_{f2}=\lambda_2\cdot\frac{l_2 v_2^2}{d_2 2g},\quad v_2=Q/\omega_2=\frac{4\times0.025}{\pi(0.125)^2}=2.04\text{m/s}$$

$$h_{f2}=0.039\times\frac{10}{0.125}\times\frac{2.04^2}{2\times9.8}=0.663\text{m}$$

故 $$\sum h_f=h_{f1}+h_{f2}=0.63+0.663=1.293\text{m}$$

(2)局部水头损失

进口水头损失 $$h_{j1}=\xi_1\frac{v_1^2}{2g}=0.5\times\frac{1.415^2}{2\times9.8}=0.051\text{m}$$

逐渐收缩水头损失

$$h_{j2}=\xi_2\frac{v_2^2}{2g}=0.15\times\frac{2.04^2}{2\times9.8}=0.032\text{m}$$

阀门水头损失

$$h_{j3}=\xi_3\frac{v_2^2}{2g}=2.00\times\frac{2.04^2}{2\times9.8}=0.423\text{m}$$

故 $$\sum h_j=h_{j1}+h_{j2}+h_{j3}=0.051+0.032+0.423=0.506\text{m}$$

(3)要保持 Q 为 $0.025\text{m}^3/\text{s}$ 所需的水头

以0—0为基准面，对水箱液面上(1—1断面)与管子出口处(2—2断面)列出能量方程

$$H+0+0=0+0+\frac{v_2^2}{2g}+h_w$$

得 $$H=\frac{v_2^2}{2g}+h_w$$

因 $$h_w=\sum h_f+\sum h_j=1.293+0.506=1.799\text{m}$$

故求得所需水头

$$H=\frac{2.04^2}{2\times9.8}+1.799=0.212+1.799=2.011\text{m}$$

第六节　能量方程的应用——短管计算

水沿管道作满管流动的水力现象，称为**有压管流**。有压管流的基本特征是断面形状多为圆形，整个断面被水充满，无自由表面，过水断面的周界即为湿周，管壁处处受到水压力作用，液体压强一般都不等于大气层压；管中流量的变化，只会引起过水断面上的压强和流速变化，总水头线及测压管水头线则是这种变化的几何图示。

对于有压管流，可以根据局部水头损失及沿程水头损失在总水头损失中所占的比重不同，分为短管和长管。**短管**是指局部水头损失与流速水头所占的比重均较大，在总水头损失中，它们与沿程水头损失所占的份额属同一量级，计算时均不能忽略的管道。如工程上常见的虹吸管、有压涵管、水泵的吸水管及压水管等，管道不太长，但局部变化较多的管道，一般均按短管计算。**长管**是指有压管流的局部水头损失与流速水头之和与沿程水头损失相比，所占比例很小(一般小于沿程水头损失的5%～10%)，因而可忽略不计或将它按沿程水头损失的某一百分比估计的管流系统。由于不计流速水头，长管的测压管水头等于总水头，测压管水头线与总水头线重合。城镇的供水管道系统通常按长管考虑。公路工程中很少遇见长管水力学问题，本教材从略。

短管的水力计算包括三类问题：

(1)已知作用水头、断面尺寸和局部阻力的组成，计算管道输水能力(求解流量 Q)；

(2)已知管线的布置和必需输送的流量(设计流量)，求所需水头；

(3)已知管线的布置、设计流量及作用水头，求管道直径 d。

下面结合具体问题进一步说明。

1. 虹吸管的水力计算

虹吸管一般属于短管，其布置如图 3-38 所示，顶部弯曲且其高程高于上游供水水面。虹吸管的工作原理是：将管内空气排出，使管内形成一定的真空，则作用在上游水面的大气压强与虹吸管内压强之间产生压差，水将能够由上游通过虹吸管流向下游。虹吸管内的真空度理论上不能大于最大真空度，否则管内液体将在常温下汽化，破坏水流的连续性，因此虹吸管顶部的真空度应限制在 7～8m 以下。

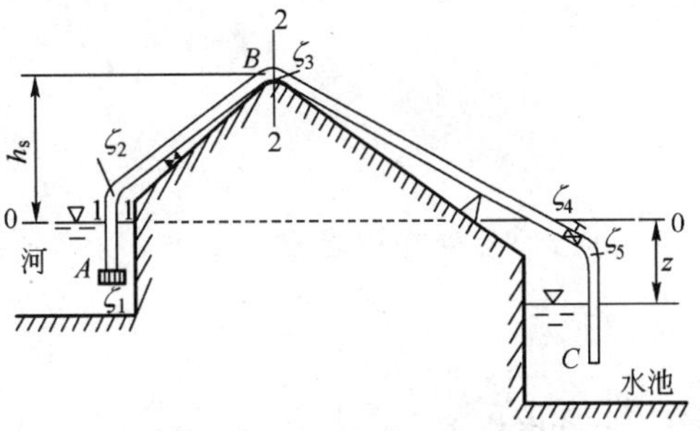

图 3-38　虹吸管

虹吸管输水，可以跨越高地，减少挖方，避免埋设管道工程，并便于自动操作，在水利工程中应用普遍。虹吸管水力计算主要是确定虹吸管输水量或管径，确定虹吸管顶部的允许安装高度(安装高度指虹吸管顶部高于上游水面的高度)。

2. 水泵的水力计算

水泵抽水是通过水泵转轮转动的作用，在水泵入口处形成真空，使水流在水源水面大气压力作用下沿吸水管上升。水流从吸水管入口至水泵入口的一段内，其流速水头、位置水头及克服水流阻力所损失的能量，均由吸水管进口与水泵入口之间的压强水头差转化得来。水流流经水泵时从泵取得能量，再经压水管进入水塔或用水地区。

水泵管路系统的吸水管一般属于短管，压水管则视管道具体情况而定。水泵管路系统水力计算的任务，主要是确定水泵的安装高度 h_s 及水泵的扬程 H。扬程是指水泵对单位质量液体提供的总能量，用于使水提升几何给水高度和补偿管路的水头损失。确定安装高度需要进行吸水管水力计算，确定水泵扬程必须进行压水管水力计算。

3. 倒虹吸管的水力计算

倒虹吸管是穿越道路、河渠等障碍物的一种输水管道。倒虹吸管中的水流并无虹吸作用，由于它的外形像倒置的虹吸管，故称为倒虹吸管。倒虹吸管的水力计算主要是计算流量和确定管径。

4. 短管水力计算算例

［例 3-16］ 用虹吸管将河水引入水池，如图 3-38 所示。已知河道与水池间的恒定位高差为 $z=2.6$m，选用铸铁管，铸铁管的粗糙系数 $n=0.0125$，直径为 $d=0.35$m，每个弯头的局部阻力系数 $\zeta_2=\zeta_3=\zeta_5=0.2$，阀门局部阻力系数 $\zeta_4=0.15$，入口网罩的局部阻力系数 $\zeta_1=5.0$，出口淹没在水面下，管线上游 AB 段长 15m，下游段 BC 长 20m，虹吸管顶部的安装高度 $h_s=5$m，试确定虹吸管的输水量并核对管顶断面的安装高度 h_s 是否不大于允许值。

解：

(1)确定输水量

忽略行近流速水头的影响，上游河道水面、下游水池水面符合渐变流条件，以这两个断面列出能量方程 $z+0+0=0+0+0+h_w$

上式说明短管在出口淹没在水面下的情况，其作用水头完全消耗在克服水流阻力上，水头损失为

$$h_w=\sum h_f+\sum h_j=\left(\lambda\frac{1}{d}+\sum\zeta\right)\frac{v^2}{2g}$$

可见

$$v=\frac{1}{\sqrt{\lambda\frac{1}{d}+\sum\zeta}}\cdot\sqrt{2gz}$$

由已知条件可以求出

$$R=\frac{d}{4}=\frac{0.35}{4}=0.0875\text{m}$$

由曼宁公式 $C=\frac{1}{n}R^{\frac{1}{6}}=\frac{1}{0.0125}\times(0.0875)^{\frac{1}{6}}=53.3\text{m}^{0.5}/\text{s}$，$\lambda=\frac{8g}{C^2}=\frac{8\times9.8}{(53.3)^2}=0.0275$，$\omega=\frac{\pi}{4}d^2=\frac{3.14}{4}\times0.35^2=0.096\text{m}^2$

所以 $Q=v\omega=0.22\text{m}^3/\text{s}$

(2)计算虹吸管顶断面2—2的真空度

取上游河道水面为断面1—1，列出断面1—1至断面2—2的水流的能量方程，采用相对压强，以1—1断面为基准，$z_1=0$，$z_2=h_s$。取 $\alpha_1=\alpha_2=1.0$，河面水位恒定，所以 $\frac{\alpha_1 v_1^2}{2g}=0$，$\frac{p_1}{\gamma}=0$，能量方程为 $0+0+0=h_s+\frac{p_2}{\gamma}+\frac{{v_2}^2}{2g}+h_{w1-2}$

又已求得流量 $Q=0.22\ \text{m}^3/\text{s}$，故流速为 $v_2=\frac{Q}{\omega}=\frac{0.22}{0.096}=2.30\text{m/s}$，$\frac{v_2^2}{2g}=\frac{2.3^2}{19.6}=0.27\text{m}$，则 $h_{w1-2}=\left(\lambda\frac{l_{AB}}{d}+\zeta_1+\zeta_2+\zeta_3\right)\frac{v_2^2}{2g}=\left(0.0275\times\frac{15}{0.35}+5+2\times0.2\right)\times0.27=1.78\text{m}$

故断面2-2的真空度 $h_v=-\frac{p_2}{\gamma}=h_s+\frac{v_2^2}{2g}+h_{w1-2}=5+0.27+1.78=7.05<[h_v]=7\sim8\text{m}$ 水柱

在允许限值内，即管顶安装高度 $h_s=5.0\text{m}$ 在允许范围内。

［例3-17］ 欲从水池取水，离心泵管路系统布置如图3-39所示。水泵流量 $Q=25\text{m}^3/\text{h}$，吸水管长 $l_1=3.5\text{m}$，$l_2=1.5\text{m}$。压水管长 $l_3=20\text{m}$。水泵提水高度 $z=18\text{m}$，水泵最大真空度不超过6m，水流沿程阻力系数 $\lambda=0.046$。试确定水泵的允许安装高度并计算水泵的扬程。

解：(1)确定水泵的允许安装高度 h_s

吸水管管径以 d_1 表示，压水管管径以 d_3 表示。由下式决定管径 d：$d_1=\sqrt{\frac{4Q}{\pi v_1}}$。

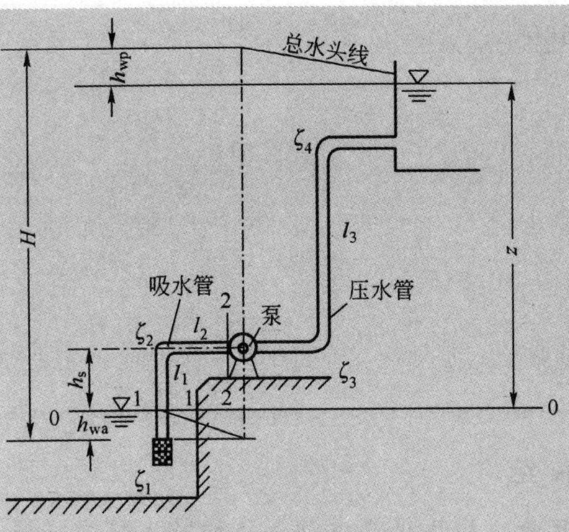

图 3-39 水泵

一般在工程中取吸水管的经济流速 $v_1=1.6\text{m/s}$，则 $d_1=\sqrt{\dfrac{4\times 25}{1.6\pi\times 3\ 600}}=0.074\ 0\text{m}$。

选标准管径 $d_1=0.075\text{m}$，相应 $v_1=1.57\text{m/s}$。

取进口水池水面为 1—1 断面，水泵入口为 2—2 断面，列出能量方程，忽略水池水面流速，池面为大气压强，基准面取在水池水面，得 $0+0+0=h_s+\dfrac{p_2}{\gamma}+\dfrac{\alpha v_1^2}{2g}+h_{w1-2}$，$h_s=-\dfrac{p_2}{\gamma}-\left(\dfrac{\alpha v_1^2}{2g}+h_{w1-2}\right)$。

局部阻力系数由表 3-5 查得，有网底阀 $\zeta_1=8.5$，弯头 $\zeta_2=\zeta_3=\zeta_4=0.294$，出口 $\zeta_5=1.0$，取 $\alpha=1.0$，而 $h_v=6.0\text{m}$ 水柱。将已知数据代入能量方程。

$$h_s=h_v-\left(1+\lambda\frac{l_1+l_2}{d_1}+\zeta_1+\zeta_2\right)\frac{v_1^2}{2g}=6.0-\left(1+0.046\frac{5}{0.075}+8.5+0.294\right)\frac{1.57^2}{19.6}=4.38\text{m}$$

根据计算，水泵安装高度以水泵水平轴线在水池水面上 4.38m 为限，否则可能破坏水泵的正常工作。题中 $l_1=3.5<4.38\text{m}$，故该方案是允许的。

(2)计算水泵的扬程

设水泵总扬程为 H，吸水管水头损失为 h_{w1}，压水管水头损失为 h_{w3}，则 $H=z+h_{w1}+h_{w3}$，对压水管，选定标准管径 $d_3=0.075\text{m}$，则相应 $v_3=1.57\text{m/s}$。

$$h_{w1}=\left(\lambda\frac{l_1+l_2}{d_1}+\zeta_1+\zeta_2\right)\frac{v_1^2}{2g}=\left(0.046\times\frac{5.0}{0.075}+0.294\right)\times\frac{1.57^2}{19.6}=1.49\text{m}$$

$$h_{w3}=\left(\lambda\frac{l_3}{d_3}+\sum\zeta\right)\frac{v_3^2}{2g}=\left(0.046\times\frac{20}{0.075}+2\times 0.294+1.0\right)\times\frac{1.57^2}{19.6}=1.75\text{m}$$

已知 $z=18\text{m}$，故水泵总扬程 $H=18.0+1.49+1.75=21.24\text{m}$。

根据计算的水泵扬程 H 与水泵抽水量 Q，可以选择适当型号的水泵。

[例 3-18] 如图 3-40 所示，一穿越路堤的排水圆形管道，上下游水位差 $H=0.7\text{m}$，通过流量为 $3.5\text{m}^3/\text{s}$。假设各段管道长度如图 3-40 所示，局部阻力系数分别为：$\zeta_e=0.45$，$\zeta_b=0.3$(两处)，$\zeta_0=1.0$，水流沿程阻力系数 $\lambda=0.025$。求所需的圆管直径。

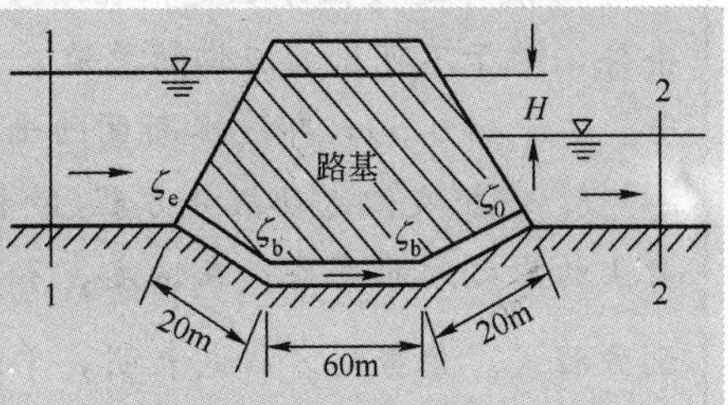

图 3-40 倒虹吸管

解：因倒虹吸管出口在下游水面以下，为出流被淹没情况，由

$$v=\frac{Q}{\omega}=\frac{1}{\sqrt{\lambda\dfrac{l}{d}+\sum\zeta}}\cdot\sqrt{2gH}$$ 可得 $H=\dfrac{Q^2}{2g\omega^2}\left(\lambda\dfrac{l}{d}+\sum\zeta\right)=\dfrac{8Q^2}{g\pi^2 d^4}\left(\lambda\dfrac{l}{d}+\sum\zeta\right)$，代入已知数据得：

$$0.7=\frac{0.0827\times3.5^2}{d^4}\left(0.025\times\frac{100}{d}+0.45+2\times0.3+1.0\right)$$

$$0.7=\frac{1.0132}{d^4}\left(\frac{2.5}{d}+2.05\right)$$ 整理可得：$0.7d^5-2.08d-3.619=0$

上式为高次方程，可利用试算法求解。

设 $d=1.52\text{m}$ 代入上式 $8.114-4.510-3.619=0.015\approx0$

故求得所需管径 $d=1.50\text{m}$。

本章小结

本章首先介绍一些有关液体运动的基本概念，然后根据运动液体的特点建立描述液体运动规律的三大基本方程，即从质量守恒定律建立水流的连续性方程，从能量守恒定律建立水流的能量守恒方程，从动量守恒定律建立水流的动量守恒方程。液体的三大基本方程是水力学的重要基础理论。水动力学是水力学的主要部分，本章介绍水动力学的基本运动定律及一般应用，第四章、第五章将讨论具有特殊边界条件的水流现象(明渠均匀流、明渠非均匀流)，即研究水动力学基本定律在公路工程中的应用问题。

1. 迹线和流线是两个不同概念。流线是分析液体流动的重要概念。流线上所有各质点的流速分量都与之相切。流线不能相交、不能转折、是一条光滑的曲线，它表示瞬间的流动方向。流线图可以清晰地表示出整个空间在某一瞬间的流动情况。恒定流时，流线的形状和位置不随时间变化；流线与迹线重合。

2. 总流、过水断面、流量、断面平均流速是实际工程中常用的概念。

3. 恒定流与非恒定流、均匀流与非均匀流、渐变流与急变流是不同的概念，要了解它们之间的区别和联系，千万不要混淆。恒定流与非恒定流是以运动要素是否随时间变化来区分的。均匀流与非均匀流是以流动过程中运动要素是否随坐标位置(流程)变化来区分的，亦可根据流场中的所有流线是否是彼此平行的直线来判断。非均匀流按流线不平行和弯曲程度分为渐变流和急变流。

4. 液体连续性方程是根据质量守恒定律导出的，它是液体运动所必须满足的连续条件，对于不可压缩液体的总流，连续性方程表述为任意两个过水断面所通过的流量相等，$v_1w_1=v_2w_2$，即过水断面的平均流速与过水断面的面积成反比。

5. 理想液体运动微分方程(欧拉运动微分方程)表达了液体质点运动和作用在它本身上的力之间的关系。在恒定、不可压缩、质量力只有重力条件下对其积分得到了伯努利方程式。伯努利方程式表明，单位质量液体所具有的位能 z、压能$\frac{p}{\gamma}$和动能 $\frac{u^2}{2g}$之和沿同一条流线保持不变，且三者之间可以相互转化。$H_p=z+\frac{p}{\gamma}$为测压管水头；$H=z+\frac{p}{\gamma}+\frac{u^2}{2g}$称为总水头。

6. 理想液体动水压强的特性与静水压强特性相同。

7. 实际液体恒定总流的能量方程是水力学中一个非常重要的方程，它与总流连续性方程联合运用，可以解决许多实际流动问题。恒定总流能量方程反映了液体在流动过程中，断面上的平均位能、平均压能、平均动能和平均水头损失之间的能量转化与守恒关系。应用时，要特别注意其应用条件。所选过水断面要符合渐变流条件，基准面的选择应方便计算。对恒定总流能量方程应通过计算算例的学习和习题的练习，深刻理解，熟悉掌握。

8. 实际液体恒定总流的动量方程将运动液体与固体边界相互作用力直接与运动液体的动量变化联系起来。应用时，要注意动量方程是一矢量方程，式中流速和作用力都是有方向的矢量。方程式中的动量变化必须是流出控制体的动量减去流进控制体的动量之差，两者切不可颠倒。应用动量方程时要注意其步骤：围取控制体、建立坐标；分析作用于控制体上的所有外力；建立动量方程。当动量方程中的未知数多于一个时，则应联合能量方程和连续性方程求解。

9. 本章短管水力计算的核心是能量方程的应用，由于水流阻力问题的复杂性，一些参数，如：流速系数、流量系数、局部损失系数等，通常是用经验公式或试验的方法确定，重点掌握这些参数的影响因素；在水力计算时往往做出一些假定或规定，在学习时要善于总结。

思考题与习题

3-1　理解并比较以下各组概念：

(1)拉格朗日法和欧拉法；(2)元流和总流；(3)流线和迹线；(4)流量及断面平均流速；(5)恒定流和非恒定流；(6)均匀流和非均匀流；(7)有压流和无压流；(8)渐变流与急变流；(9)测压管水头和总水头；(10)水力坡度和测压管水力坡度；(11)沿程阻力与局部阻力；(12)长管与短管。

3-2　简述能量方程式中各项的物理意义和几何意义。

3-3　应用能量方程时，计算断面为什么只能选用渐变流断面，但两断面间为什么允许存在急变流？两计算断面是否可以选在非均匀流断面处？

3-4　渐变流或均匀流过水断面压强分布与静水中的压强分布有何异同处？

3-5　如图 3-41 所示，水从圆管中流过，在倒 U 形管比压计中，油的重度 $\gamma'=8.16\text{kN/m}^3$，水油界面高差 $\Delta h=0.2\text{m}$，求管轴线处的流速 u。

3-6　如图 3-42 所示，在一管路上测得过水断面 1—1 的测压管高度$\frac{p_1}{\gamma}$为 1.5m，过水断面面积为 0.05m^2，2—2 断面的过水断面面积为 0.02m^2，两断面间水头损失为 $0.5\frac{v_1^2}{2g}$，管中流量为 20L/s，试求 2—2 断面的测压管高度$\frac{p_2}{\gamma}$，已知 z_1 为 2.5m，z_2 为 2.6m。

3-7　直径 d 为 0.1m 的输水管，管中有一变截面管段，如图 3-43 所示，若测得管内流量 Q 为 10L/s，变截面管段最小截面处的断面平均流速 $v_0=20.3\text{m/s}$，求输水管的断面平均流速 v 及最小截面处的直径 d_0。

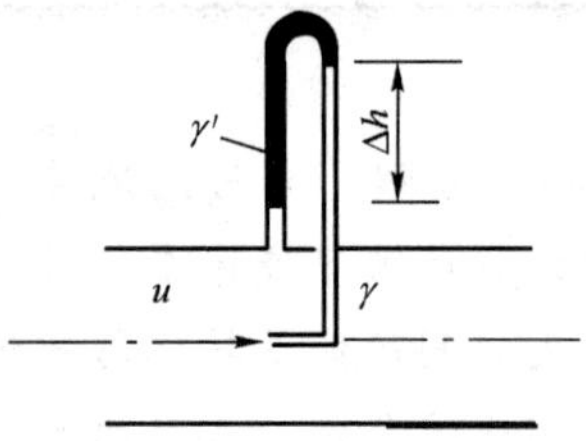

图 3-41　习题 3-5 图

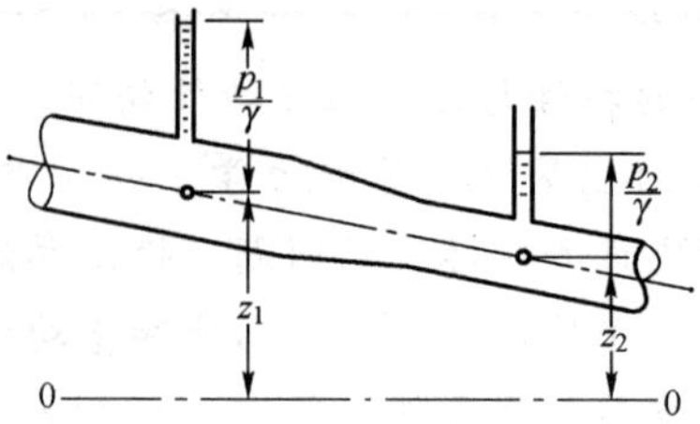

图 3-42　习题 3-6 图

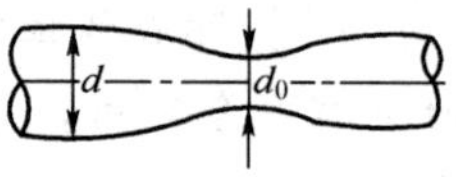

图 3-43　习题 3-7 图

3-8　一直径 d 为 1m 的盛水圆筒铅垂放置，现接出一根直径 $d_1=0.1\text{m}$ 的水平管子。已知某时刻水管中断面平均流速 $v_2=2\text{m/s}$，求该时刻圆筒中液面下降的速度 v_1。

3-9　如图 3-45 所示文丘里管。已知 $d_1=0.05\text{m}$，$d_2=0.1\text{m}$，$h=2\text{m}$，不计水头损失，试计算：管中流量至少为多大时，才能抽出基坑中的积水？

3-10　如图 3-46 所示的水泥混凝土有压涵管，其管径 $d=1.5\text{m}$，上、下游水位差 $H=2\text{m}$。求涵管泄流量 Q。

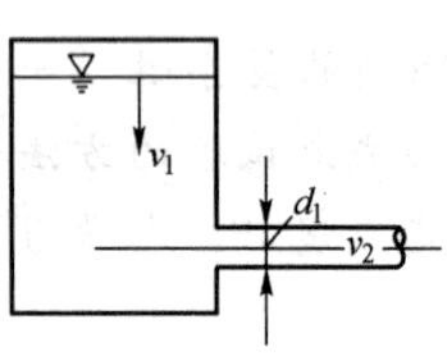

图 3-44　习题 3-8 图

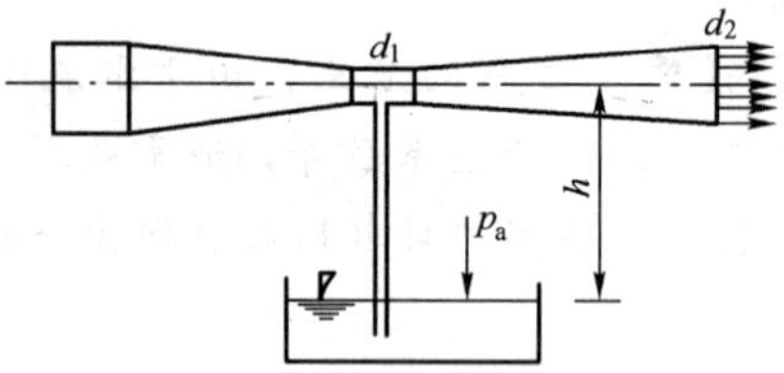

图 3-45　习题 3-9 图

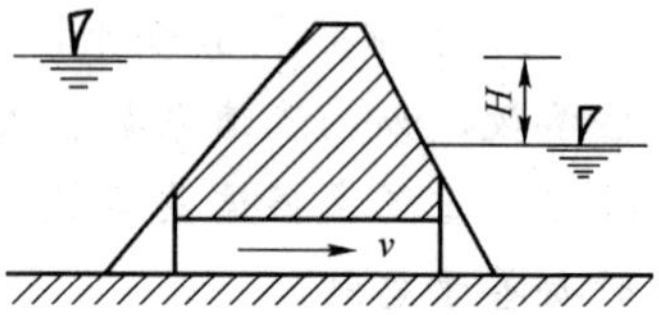

图 3-46　习题 3-10 图

3-11　如图 3-47 所示一虹吸管，通过的流量 $Q=28\text{L/s}$，管段 AB 和 BC 的水头损失均为 0.5m，B 处离水池水面高度为 3m，B 处与 C 处的高差为 6m。试求虹吸管的直径 d 和 B 处的压强。

3-12　如图 3-48 所示容器内存有水，水流沿变截面管道流入大气作恒定流动。已知 $A_0=4\text{m}^2$，$A_1=0.04\text{m}^2$，$A_2=0.1\text{m}^2$，$A_3=0.03\text{m}^2$。水面与各断面距离为：$h_1=1\text{m}$，$h_2=2\text{m}$，$h_3=3\text{m}$，不计水头损失，试求断面 A_1 及 A_2 处的相对压强。

3-13　如图 3-49 所示，用一根直径 $d=0.2\text{m}$ 的管道从水箱中引水，水箱中的水由于不断得到外界的补充而保持水位恒定。若需要流量 Q 为 60L/s，问水箱中水位与管道出口断面中心的高差 H 应保持多大？假定水箱截面积远大于管道截面积，水流总的水头损失 h_w 为 5m 水柱。

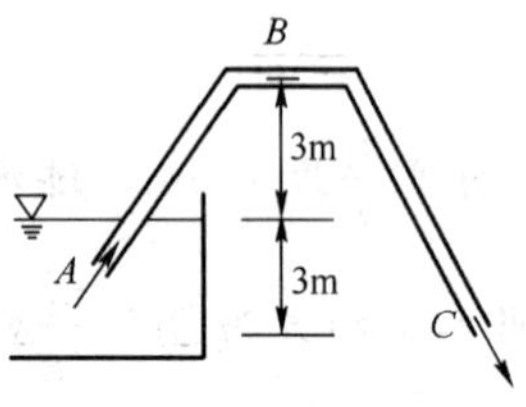

图 3-47　习题 3-11 图

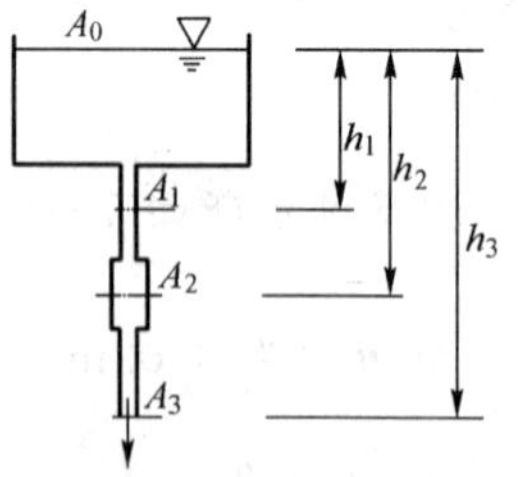

图 3-48　习题 3-12 图

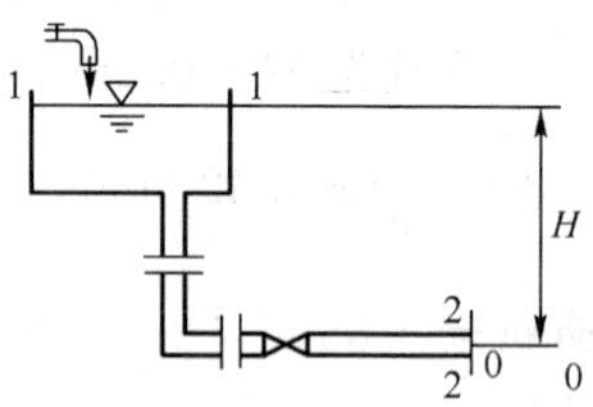

图 3-49　习题 3-13 图

3-14　如图 3-50 所示，从一喷嘴中水平喷射出一股水流，直接冲击作用在一竖直平板上，射流的流量 $Q=10\text{L/s}$，流速 $v=10\text{m/s}$，求射流对平板的作用力。

3-15　如图 3-51 所示，一过水堰，上游渐变流断面 1—1 的水深 $h_1=1.5\text{m}$，下游渐变流断面 2—2 的水深 $h_2=0.6\text{m}$，断面 1—1 和 2—2 之间的水头损失略去不计，求水流对每米宽过水堰的水平推力。

3-16 矩形断面渠道，如图 3-52 所示，渠宽 $B=10\text{m}$。渠内插入一直立式平板闸门。已知闸前水深 $H=5\text{m}$，行近流速 $v=0.96\text{m/s}$，门后收缩断面水深 $h_c=0.8\text{m}$。求水流对闸门的推力 R'。

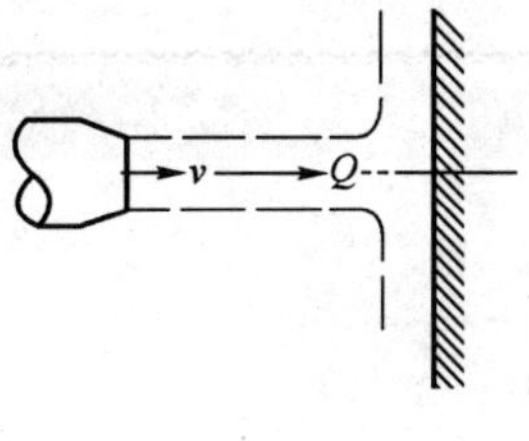

图 3-50 习题 3-14 图

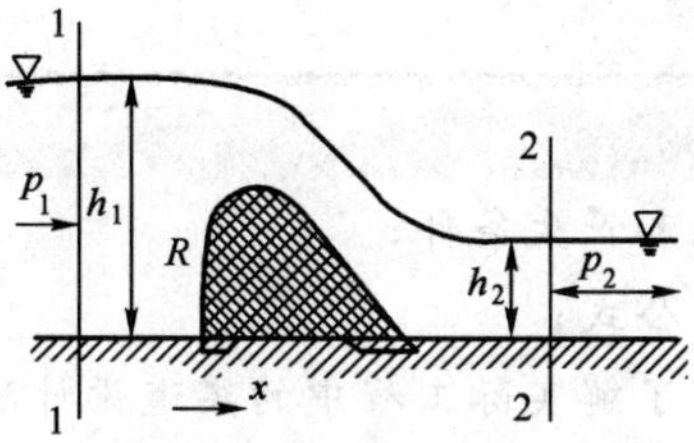

图 3-51 习题 3-15 图

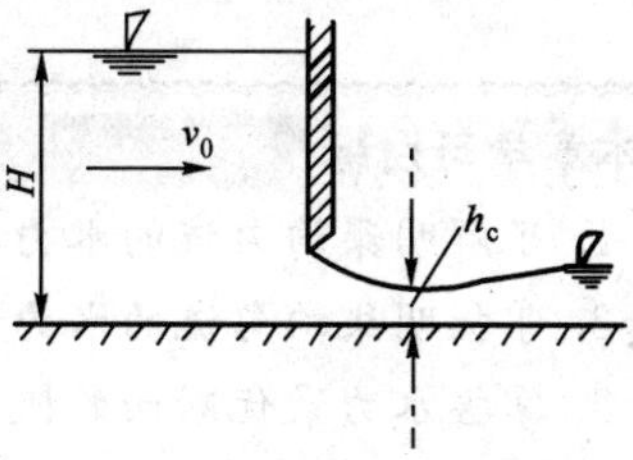

图 3-52 习题 3-16 图

3-17 水流经变截面管道，已知小管径为 d_1，大管径为 d_2，$d_2/d_1=2$。试问：哪个断面的雷诺数大？两个断面雷诺数的比值 Re_1/Re_2 是多少？

3-18 圆管直径 $d=0.006\text{m}$，有重油通过，密度 $\rho=870\text{kg/m}^3$，运动黏性系数为 $v=2.2\times10^{-6}\text{m}^2/\text{s}$，管中流量为 0.02L/s。试判别其流态。

3-19 有一矩形断面的排水沟，水深 $h=15\text{cm}$，$b=20\text{cm}$，流速 $v=0.15\text{m/s}$，水温为 15℃，试判别其流态。

3-20 已知试验渠道断面为矩形，底宽 $b=25\text{cm}$，当 $Q=10\text{L/s}$ 时，渠中水深 $h=30\text{cm}$，测知水温 $t=20℃$，运动黏度 $v=0.010\ 1\text{cm}^2/\text{s}$，试判别渠道中水流的流态。

3-21 输送石油管道直径 $d=0.2\text{m}$，石油重度 $\gamma=8.34\text{kN/m}^3$，动力黏度 $\mu=0.29\text{Pa}\cdot\text{s}$，求管中流量 Q 为多少时，液流将从层流转变为紊流。

3-22 某塑料管，直径 $d=0.107\text{m}$，内壁当量粗糙凸出高为 0.01mm，流速为 1.2m/s，水温 $t=10℃$，要求判别流态，并求出阻力系数 λ。

3-23 某水管长 $l=500\text{m}$，直径 $d=0.2\text{m}$，当量粗糙度 $\Delta=0.1\text{mm}$，输水流量 $Q=10\text{L/s}$，水温 $t=10℃$，试计算沿程水头损失 h_f。

3-24 铸铁管直径 $d=0.25\text{m}$，长 $l=700\text{m}$，流量 $Q=56\text{L/s}$，水温 $t=10℃$，求管中流动所属的流区与沿程水头损失 h_f。

3-25 钢筋混凝土涵管内径 $d=0.8\text{m}$，粗糙系数 $n=0.014$，长 $l=240\text{m}$，沿程水头损失 $h_f=2\text{m}$，求断面平均流速及流量。

3-26 如图 3-53 所示，流速由 v_1 变为 v_3 的突然扩大圆管。若改为两级断面扩大，问中间级流速 v_2 应取多大时，所产生的局部水头损失最小？

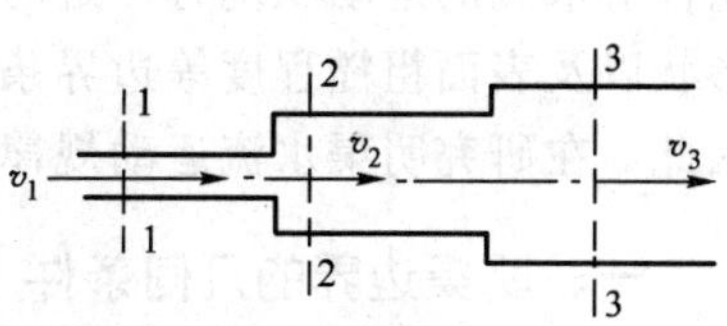

图 3-53 习题 3-26 图

3-27 用虹吸管将河道中的水引入水池，钢管总长为 30m，直径 $d=0.4\text{m}$，设沿程阻力系数 $\lambda=0.02$，每个弯头的局部阻力系数为 $\zeta=0.7$，求：管中流量和最大真空值。

第四章 明渠均匀流

本章学习目标

1. 了解明渠均匀流的水力特性和产生条件；
2. 掌握明渠均匀流的水力计算公式；
3. 掌握水力最优断面的概念，了解实际工程中的渠道设计思想；
4. 掌握新建渠道的设计方法和对已修成的渠道进行校核。

本章学习重点

明渠均匀流的水力计算公式；新建渠道的设计方法和对已修成的渠道的校核步骤。

本章学习难点

水力最优断面的概念。

有自由表面的水流，称为明渠流动。天然河道和人工渠道(公路排水系统中的边沟、排水沟、急流槽、无压力式涵洞等)中的水流都是明渠流动。明渠水流水面上的压强都等于大气压强，相对压强为零，所以明渠流动又称为**无压流动**。若明渠水流各运动要素不随时间变化，则为明渠恒定流，否则为明渠非恒定流。若明渠恒定流中的水深和流速等沿程不变，则称为明渠均匀流。本章讨论明渠均匀流的水力特性及在公路工程中的应用。

第一节 明渠均匀流的水力特性和基本公式

为使明渠能够通过一定的设计流量，必须正确地确定其宽度、深度和底坡，为此就需要了解明渠水流的运动规律。根据这种规律来设计明渠，做到减少挖方量，节省人力和物力。

明渠水流运动是在重力作用下形成的。在流动过程中，水流要克服阻力而消耗能量。根据实践经验，由于渠床表面较粗糙，且水流速度较大以致水流的雷诺数较大，所以明渠水流多属于粗糙区的紊流，其沿程水头损失和流速的平方成正比。渠床是明渠水流的边界。边界条件对水流的运动状况有一定的影响。在通过一定流量的明渠中，当明渠的底坡、横断面的形状以及表面粗糙程度等边界条件沿流动方向改变时，明渠水流的运动状况也就发生变化。因此，在研究明渠水流运动规律之前，先介绍明渠的边界条件。

一、明渠边界的几何条件

1. 明渠底坡

为了使液体作均匀流动，渠底必须具有一定的坡度。渠底高程沿水流方向的变化，可以用渠道底坡 i 表示。**渠道底坡** i 习惯上采用渠底的高差 ΔZ 与相应渠长 L 的比值计算，故有

$$i=\frac{\Delta Z}{L}=\sin\theta \tag{4-1}$$

式中：θ——渠底与水平线间的夹交，如图 4-1 所示。

通常，渠道的底坡很小($i<1\%$)，即 θ 角很小，渠道底沿水流方向的长度 L 可用渠道水平投影长度 L'代替，即 $\sin\theta\approx\tan\theta$。另外，在渠道底坡很小的情况下，水流的过水断面可以用铅垂断面代替，过水断面的水深也可以沿铅垂方向量取，即 $h\approx h'$。

当渠底高程沿程降低时，$i>0$，称为顺坡渠道；当渠底高程沿程不变时，$i=0$，称为平坡渠道；当渠底高程沿程增加时，$i<0$，称为逆坡渠道，如图 4-2 所示。由于人工渠道的底坡一般比较平顺，$i\approx$常数；天然河道的河底凹凸不平，其底坡可取一定长度河段的平均底坡计算。公路排水中所设计的渠道一般为顺坡($i>0$)。

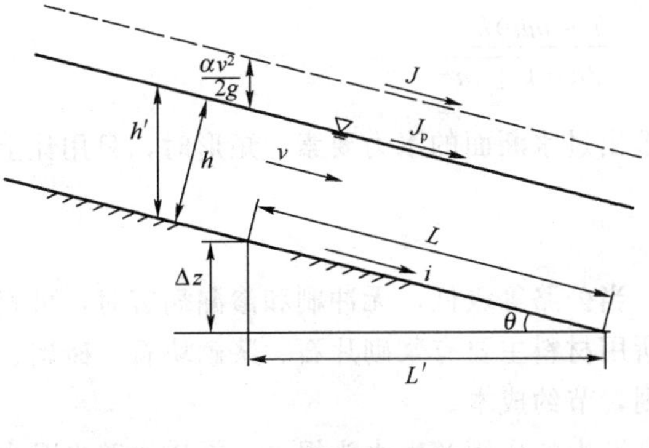

图 4-1　明渠均匀流

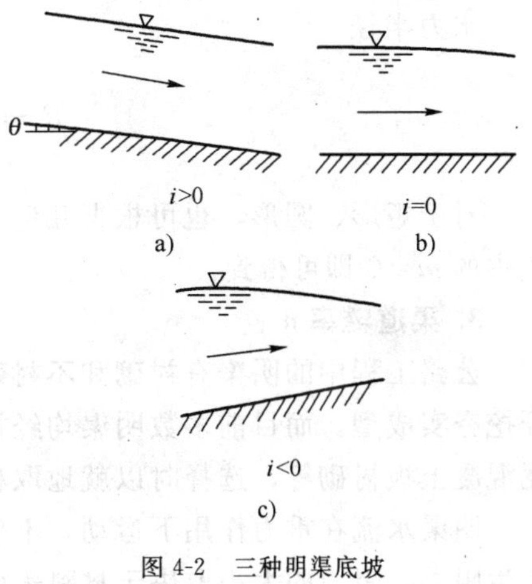

图 4-2　三种明渠底坡

2. 渠道横断面形状

(1)横断面形状

人工明渠的横断面可根据工程要求和筑渠材料做成各种形状，常见的有梯形、矩形、浅三角形、圆形等，如图 4-3 所示。一般土渠的横断面都做成梯形，它可根据土质的好坏选用不同的坡率，以保证渠道边坡的稳定。如公路工程中大部分坡顶截水沟、排水沟均设计为梯形断面。矩形及圆形断面多用于混凝土渠、砌石渠或岩石中开凿的明渠。例如山岭重丘区路基宽度受到限制时，往往将公路边沟修筑成矩形断面渠道。圆形断面通常用于无压隧洞中。

图 4-3　常见的明渠断面形状

至于河道的横断面，则常呈不规则的形状，如图 4-4 所示。

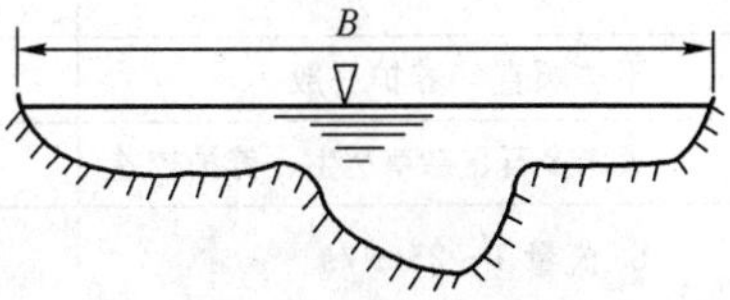

图 4-4　河道复式断面

为了使水流平顺以及施工方便，一般将明渠横断面的形状和尺寸筑成沿程不变的，这种明渠称为**棱柱形明渠**。但在某些情况下，如需要连接两种断面形状、尺寸不同的明渠(如连接梯形断面边沟和矩形断面急流槽)时，同样为了尽量使水流平顺，需要将明渠的横断面形状、尺寸筑成沿程变化的，这种明渠称为**非棱柱形明渠**。

(2)过水断面的水力要素

根据渠道的**梯形**横断面形式、尺寸，即可计算过水断面的水力要素。

水面宽度

$$B=b+2mh \text{ 或 } B=\left(\frac{b}{h}+2m\right)h \tag{4-2}$$

过水断面面积

$$\bar{\omega}=\left(\frac{b+B}{2}\right)h=(b+mh)h \tag{4-3}$$

湿周

$$\chi=b+2h\sqrt{1+m^2} \tag{4-4}$$

水力半径

$$R=\frac{\bar{\omega}}{\chi}=\frac{(b+mh)h}{b+2h\sqrt{1+m^2}} \tag{4-5}$$

对于矩形、圆形，也可根据几何关系，求出过水断面的水力要素。矩形时，只用让上面式中的 $m=0$ 即可得到。

3. 渠道糙率 *n*

公路工程中的明渠有**衬砌**和**不衬砌**两种。当公路等级低，无冲刷和渗漏病害时，可直接开挖夯实成型。而目前多数明渠均经衬砌，所用材料主要有浆砌片石、浆砌块石、砖砌、水泥混凝土板衬砌等，选择时以就地取材为原则，节约成本。

明渠水流在重力作用下运动，不仅由于黏滞力的作用产生水头损失，渠道边壁也对水流产生阻力，阻力的大小取决于材料表面的粗糙程度。水力学中常用**粗糙系数** n 反映材料表面的阻力作用。渠道中粗糙系数大的地方摩阻增大，水流流速会减小，水深增大。反之，在粗糙系数小的地方，流速则会增大，水深减少。所以设计排水沟槽时，粗糙系数选择正确与否，直接影响到断面尺寸的大小，应当慎重，特别重要的工程还可通过水工试验确定。$\frac{1}{n}$是粗糙系数 n 的倒数，渠道$\frac{1}{n}$的数值参见表 4-1、表 4-2。

常见渠道的$\frac{1}{n}$值 表 4-1

渠道特征	$\frac{1}{n}$值		渠道特征	$\frac{1}{n}$值	
	灌溉渠	退水渠		灌溉渠	退水渠
A. 土质渠道 a. 流量大于 $25m^3/s$ 平整顺直，养护良好	50	45	c. 流量小于 $1m^3/s$ 渠床弯曲，养护一般	40	36
			d. 支渠以下的固定渠道	36～33	
平整顺直，养护一般	45	40	B. 岩石上开凿的渠道 经过良好修整的	40	
渠床多石、杂草丛生、养护较差	40	35			
b. 流量 $1\sim25m^3/s$ 平整顺直，养护良好	45	40	经过中等修整的，无凸出部分的	33	
平整顺直，养护一般	40	35	经过中等修整的，有凸出部分的	30	
渠底多石、杂草丛生、养护较差	35	33	未经过修整的，有凸出部分的	29～22	

续上表

渠道特征	$\frac{1}{n}$值		渠道特征	$\frac{1}{n}$值	
	灌溉渠	退水渠		灌溉渠	退水渠
C. 用各种材料护面的渠道 抹光的水泥抹面	83		砖砌护面	67	
			粗糙的混凝土护面	59	
不抹光的水泥抹面	71		不平整的喷浆护面	56	
光滑的混凝土护面	67		浆砌护面	40	
平整的喷浆护面	67		干砌护面	30	
料石砌护面	67				

常见土壤种类对应的边坡系数 m　　表 4-2

土壤种类	m	土壤种类	m
细粒沙土	3.0～3.5	重壤土、密实黄土和普通黏土	1.0～1.5
沙壤土或松散土壤	2.0～2.5	密实重黏土	1.0
密实沙壤土和轻黏壤土	1.5～2.0	各种不同硬度的岩石	0.5～1.0
砾石和沙砾石土	1.5		

二、明渠均匀流的水力特性及其产生的条件

1. 明渠均匀流的水力特性

由于明渠均匀流的流线为平行直线，因此具有下列主要特征。

(1)过水断面的形状、尺寸及水深沿程不变，过水断面上流速的大小、方向及分布沿程不变，因此过水断面上的平均流速 v、动能修正系数 α、动量修正系数 β 也都沿流程不变，所以流速水头$\frac{\alpha v^2}{2g}$也沿流程不变。

(2)由于流线为平行直线，所以过水断面上压强满足静水压强分布规律。即明渠均匀流的水面线就是测压管水头线，水深沿程不变。

(3)基于上述原因，总水头线为平行于水面的直线；而水深流程不变，水面线又平行于底坡。所以总水头线坡度 J、测压管水头线坡度 J_p、渠底坡度 i 这三个坡度相等，即

$$J = J_p = i \tag{4-6}$$

上式说明，明渠均匀流的比动能和比压能沿程不变，比位能则沿程减少。比位能减少的数值，恰好等于水流克服阻力所消耗的比能，即明渠均匀流的重力功完全用来克服摩擦力功，所以明渠均匀流是重力和阻力达到平衡的一种流动。明渠均匀流的水深称为正常水深，用 h_0 表示。

2. 明渠均匀流产生的条件

明渠均匀流只能在一定条件下发生，这些条件是：

(1)渠底高程必须沿程降低，即 $i>0$(顺坡)，且 i 沿程不变；

(2)渠道必须是长而直的棱柱形渠道，过水断面的大小及形状、渠道表面的粗糙系数 n 都应沿程不变；

(3)渠道中的流量应恒定不变。

由此可见，在明渠均匀流中，无分流或汇流，也无障碍物对水流运动的干扰。显然，天然河道中不能形成均匀流；人工渠道的过水断面比较规则，在基本符合上述条件时，可作为明渠均匀流计算；在没有障碍的天然顺直河道，如果过水断面基本一致，也可近似视为均匀流。

三、明渠均匀流的基本公式

明渠均匀流的流速，一般按谢才公式计算，由于渠道底坡 i 一般是已知的，而明渠均匀流的 $J=i$，所以有 $v=C\sqrt{Ri}$，在公路工程中，谢才系数 C 通常按曼宁公式计算，并且常将谢才—曼宁公式写成 $v=\frac{1}{n}R^{\frac{2}{3}}i^{\frac{1}{2}}$，式中 $\frac{1}{n}$ 是粗糙系数 n 的倒数，渠道 $\frac{1}{n}$ 的数值见表 4-1。因此，**明渠均匀流的基本流量公式**为

$$Q=\omega C\sqrt{Ri}=\frac{1}{n}\omega R^{\frac{2}{3}}i^{\frac{1}{2}} \tag{4-7}$$

在计算流速和流量时，有时还采用下列两模数作为简化计算之用

$$W=C\sqrt{R}=\frac{v}{\sqrt{i}} \tag{4-8}$$

$$K=\omega C\sqrt{R}=\frac{Q}{\sqrt{i}} \tag{4-9}$$

式中：W 和 K——分别为渠道的流速模数和流量模数，是 $i=1$ 时的假想流速和流量，它们综合反映渠道断面形状、尺寸和壁面粗糙度对输水能力的影响。

当渠道断面形状及粗糙系数一定时，K 是正常水深 h_0 的函数。由式(4-7)可知，当流量 Q 一定时，明渠底坡 i 愈大，则均匀流水深即正常水深 h_0 愈小，h_0 与 i 之间成反比关系。

四、明渠水力最优断面和允许流速

1. 水力最优断面

由式(4-7)可知，明渠均匀流的流量决定于渠道底坡、粗糙系数以及过水断面的形状和大小。在设计渠道时，底坡 i 一般随地形条件而定，如公路边沟纵坡一般与路线纵坡一致，截水沟、排水沟等依地形而定，最终排入自然水系；粗糙系数 n 取决于所采用的渠壁材料，通常是就地取材。于是，在渠道底坡和粗糙系数已定的前提下，明渠的流量 Q 取决于过水断面的大小和形状。当渠道的 i、n 及过水断面面积 ω 一定时，使渠道所通过的流量最大的那种断面形状称为**水力最优断面**。

由明渠均匀流的基本公式(4-7)得

$$Q=\omega C\sqrt{Ri}=\frac{1}{n}\omega R^{\frac{2}{3}}i^{\frac{1}{2}}=\frac{\sqrt{i}}{n}\frac{\omega^{\frac{5}{3}}}{\chi^{\frac{2}{3}}}$$

可见，若 i、n、ω 不变，湿周 χ 最小的断面能通过最大流量；若 Q、n、i 不变，ω 最小，则 χ 也应最小，所以水力最优断面的过水断面面积和湿周都最小。过水断面面积最小，则土方开挖量最小；湿周最小，使用的衬砌材料最少，渠壁的阻力也最小，则渠壁加固数量和渠道渗漏也最小，在工程上都是有利的。

根据几何学可知，各种形状的渠道断面面积相同时，半圆形断面具有最小的湿周，所以它是水力最优断面，但这种断面的边坡比较陡，只能用砖石、混凝土等坚硬的材料修筑。为了施工方便，工程上的渠道断面，一般多采用与半圆形接近的梯形断面，如图 4-5 所示。下

面讨论梯形断面的水力最优条件。

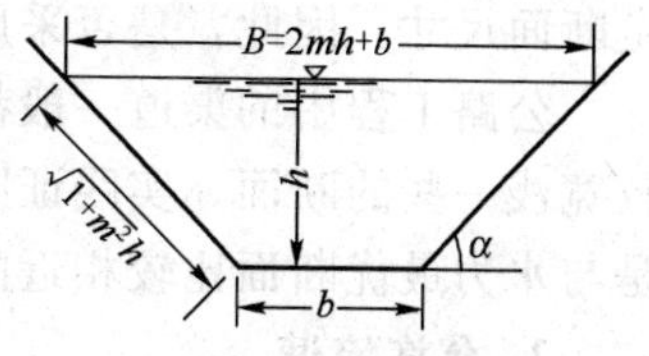

图 4-5　梯形断面形状

各种梯形断面，当边坡系数 m 和宽深比 $\frac{b}{n}$ 不同时，它们的水力性能也不相同，其中最接近半圆形的一种是正六边形的一半，但这种梯形的边坡系数 $m=\cot\alpha=\cot 60^\circ=0.577$，对大多数种类的土壤仍然偏陡。

在工程实践中，通常首先根据渠面土壤的种类来确定边坡系数 m，可参阅表 4-2。当渠道边壁有铺砌时，边坡系数可以不受这一限制。当边坡系数已经确定，要求选择梯形渠道水力最优断面，使过水能力最大。因此设明渠梯形过水断面(图 4-5)所示的底宽为 b，水深为 h，边坡系数 m，由几何关系得

$$\omega=(b+mh)h$$

$$\chi=b+2h\sqrt{1+m^2}$$

从而有 $b=\frac{\omega}{h}-mh$，代入上式得

$$\chi=\frac{\omega}{h}-mh+2h\sqrt{1+m^2} \tag{4-10}$$

由前可知，水力最优断面是过水断面面积 ω 一定时，湿周 χ 最小的断面。因此对式(4-10)取导数，求 $\chi=f(h)$ 的极小值，即可确定底宽 b 和水深 h 的关系。

$$\frac{d\chi}{dh}=-\frac{\omega}{h^2}-m+2\sqrt{1+m^2}=-\frac{bh+mh^2}{h^2}-m+2\sqrt{1+m^2}$$

$$=-\frac{b}{h}-2m+2\sqrt{1+m^2}=0$$

又

$$\frac{d^2\chi}{dh^2}=\frac{-b(-1)}{h^2}>0$$

故存在极小值，**即湿周最小时，梯形断面的宽深比为**

$$\frac{b}{h}=2(\sqrt{1+m^2}-m) \tag{4-11}$$

为了便于计算，将上式列成表，如表 4-3。

梯形断面渠道的水力最优宽深比　　表 4-3

m	0	0.25	0.5	1.0	1.5	2.0	2.5	3.0
b/h	2.00	1.56	1.24	0.83	0.61	0.47	0.39	0.32

表 4-3 中，$m=0$ 是半个正方形的矩形断面。此外，由于梯形水力最优断面的 b/h 有固定的比值，因此，其水力要素的计算公式就具有比较简单的形式，这一特性使水力最优断面的水力计算大为简化，由式(4-11)的关系可得梯形水力最优断面的断面参数为

$$\omega=(b+mh)h=(2\sqrt{1+m^2}-m)h^2 \tag{4-12}$$

$$\chi=b+2h\sqrt{1+m^2}=2h(2\sqrt{1+m^2}-m) \tag{4-13}$$

$$R=\frac{\omega}{\chi}=\frac{h}{2} \tag{4-14}$$

水力最优断面只是从水力学角度讨论的。对于中小型渠道，挖土不深，造价基本由渠道的土方工程量来决定，因此水力最优断面的造价也最经济。对于大型渠道，按水力最优断面设计，往往挖土过深，使土方的单价增加，一般来说不经济，也不适用，增加了施工、养护的难度。另外，公路排水设计中，往往由于地形、路基宽度等限制，也不一定按最优条件确

定断面尺寸。因此，是否采用水力最优断面，应综合考虑各方面的因素，权衡利弊后确定。

公路工程中的渠道一般都比较小，如果受条件限制不能采用水力最优断面，则可采用比较宽浅一些的断面。实践证明，只要渠道断面不偏离水力最优断面太远，其断面水力性能还是与水力最优断面比较相近的。

2. 允许流速

在渠道的设计中，除了要考虑水力最优断面这一因素外，还须对渠道的最大和最小流速进行限制。流速过大，将使渠道受冲刷或塌方，流速过小，将使渠道发生淤积。因此，渠道中的流速应是不冲不淤流速。

所谓**允许流速**，是指对渠身不会产生冲刷，也不会使水中悬浮的泥沙在渠道中发生淤积的断面平均流速。设渠道中最大允许流速为不冲流速，用 v_{max}表示，最小允许流速为不淤流速，用 v_{min}表示，则渠道中的设计流速应满足

$$v_{min} < v < v_{max} \tag{4-15}$$

渠道中的不冲流速与渠道壁面的土壤或加固材料和水深有关，由试验确定。表 4-4、4-5、4-6 为我国陕西省水利电力勘测设计院 1965 年总结的各种渠道的最大允许流速值，可供渠道设计时选用。

坚硬岩石和人工护面渠道的最大允许不冲流速(m/s)　　表 4-4

岩石或护面的种类	渠道的流量(m^3/s)		
	<1	1～10	>10
软质岩石(泥灰岩、页岩、软砾岩)	2.5	3.0	3.5
中等硬质岩(致密砾岩、多孔石灰岩、层状石灰岩、白云石灰岩、灰质砂岩)	3.5	4.25	5
硬质岩石(白云砂岩、沙质石灰岩)	5.0	6.0	7.0
结晶岩、火成岩	8.0	9.0	10.0
单层块石铺砌	2.5	3.5	4.0
双层块石铺砌	3.5	4.5	5.0
混凝土护面(水流中不含沙和砾石)	6.0	8.0	10.0

均质黏性土质渠道最大允许不冲流速(m/s)　　表 4-5

土　　质	最大允许不冲流速(m/s)	土　　质	最大允许不冲流速(m/s)
轻壤土	0.6～0.8	重壤土	0.75～1.0
中壤土	0.65～0.85	黏土	0.75～0.95

均质无黏性土质渠道最大允许不冲流速(m/s)　　表 4-6

土　　质	粒径(mm)	最大允许不冲流速(m/s)	土　　质	粒径(mm)	最大允许不冲流速(m/s)
极细沙	0.05～0.1	0.35～0.45	中砾石	5.0～10.0	0.90～1.10
细沙和中沙	0.25～0.5	0.45～0.60	粗砾石	10.0～20.0	1.10～1.30
粗沙	0.5～2.0	0.60～0.75	小卵石	20.0～40.0	1.30～1.80
细砾石	2.0～5.0	0.75～0.90	中卵石	40.0～60.0	1.80～2.20

说明：①均质黏性土质渠道中各种土质的干重度为 12 740～16 660N/m^3；

②表中所列为水力半径 $R=1.0$m 的情况，若 $R\neq1.0$m 时，则应将表中数值乘以 R^{α} 才得到相应的不允许流速值。对于沙、砾石、卵石、疏松的沙壤土、壤土和黏土，$\alpha=1/3\sim1/4$；对于中等密实和密实的沙壤土、壤土和黏土，$\alpha=1/4\sim1/5$；

③对于流量大于 50m^3/s 的渠道，最大允许不冲流速应专门研究确定。

渠道中的最小允许不淤流速与水流中含沙量、泥沙的粒径以及水深等因素有关，一般不小于 0.5m/s，具体可按经验公式计算。经验公式很多，建议可采用下式计算

$$v_{\min} = a\sqrt{R}\,\mathrm{m/s} \tag{4-16}$$

式中：R——水力半径，m；

a——系数，其值与水中所含泥沙有关，粗沙 $a=0.65\sim0.77$，中沙 $a=0.58\sim0.64$，细沙 $a=0.41\sim0.45$。

第二节　明渠均匀流水力计算基本问题

一、明渠均匀流水力计算基本情况

由明渠均匀流的基本公式 $Q=K\sqrt{i}$［式(4-9)］可知，K 决定于渠道断面的特征。在 Q、K、i 中，已知其二，即可求出另一个。因此，梯形断面中明渠均匀流的水力计算可归纳为以下三类。

1. 已知渠道断面形状及大小、渠壁的粗糙系数及渠道底坡，求渠道的输水能力。

这一类问题多用来校核已建成渠道的过水能力，已知：m、n、b、h_0、i，求 Q。在这种情况下，可根据已知条件，求出 ω、χ、R、C，直接用式(4-7)计算流量 Q。

2. 已知渠道断面尺寸、粗糙系数以及通过的流量或速度，求渠道的底坡。

设计新建渠道时，要求确定渠道的底坡。一般是已知渠道断面形状及尺寸、粗糙系数以及通过的流量或速度，求所需的渠道的底坡。对于这一类情况，与第一类问题相似，首先根据已知的参数算出流量模数 $K=\omega C\sqrt{R}$，再按式(4-9)直接求出渠道底坡 i，即 $i=Q^2/K^2$。

3. 已知设计流量 Q、底坡 i，确定渠道断面尺寸。

因为 $K=\dfrac{Q}{\sqrt{i}}=\dfrac{1}{n}\omega R^{\frac{2}{3}}$，$K$ 决定于粗糙系数 n，边坡系数 m，断面尺寸 b、h。一般情况下，渠身材料已初步拟定，可参阅表 4-1 确定粗糙系数 n 值；根据土壤种类，可参照表 4-2 确定边坡系数 m。在这种情况下，已知设计流量 Q、底坡 i、粗糙系数 n 及边坡系数 m，要设计一条新的渠道，则需求出渠道断面尺寸 b 和 h。可见，这类问题的未知量有两个，满足式(4-9)的 b 和对应的 h 有无限多个，因此，必须结合工程实际和技术经济要求，再附加一个条件，才能得到唯一的解，一般工程中有以下两种情况。

(1)根据工程要求或地形，选定渠道底宽 b 或水深 h，求对应的水深 h 或对应的渠底宽 b。

对这类问题，直接解方程计算往往比较复杂，所以常采用试算法，即先假定若干个水深 h 值或若干个渠底宽 b 值，计算出相应的 K 值，并作 $h\sim K$ 或 $b\sim K$ 曲线(图 4-6)，再从已知 K 值上作垂线和 $h\sim K$ 或 $b\sim K$ 曲线交于 A 点，过 A 点作水平线，和纵轴的交点 B，即为所求的 h 值或 b 值。

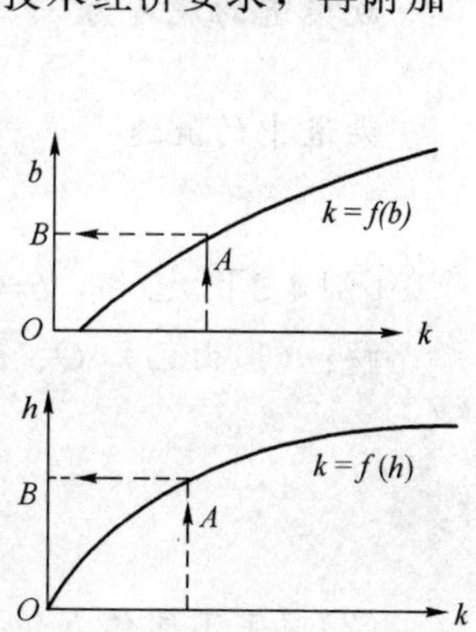

图 4-6　$h\sim K$ 或 $b\sim K$ 曲线

(2)按水力最优断面的条件或给定设计流速 v，求设计断面尺寸 b、h。

二、明渠均匀流水力计算算例

[例 4-1] 某梯形断面浆砌石渠道，按水力最优断面设计，底宽 $b=3\text{m}$，$n=0.025$，底坡 $i=0.001$，$m=0.25$，求 Q。

解： 因渠道较长，断面规则，底坡较为一致，故可按均匀流计算。由于按水力最优断面设计，所以由(4-11)式得

$$\frac{b}{h}=2(\sqrt{1+m^2}-m)=2(\sqrt{1+0.25^2}-0.25)=1.56$$

水深 $$h=\frac{b}{1.56}=\frac{3}{1.56}=1.92\text{m}$$

过水断面 $$\omega=(b+mh)h=(3+0.25\times1.92)\times1.92=6.68\text{m}^2$$

湿周 $$\chi=b+2h\sqrt{1+m^2}=3+2\times1.92\times\sqrt{1+0.25^2}=6.96\text{m}$$

水力半径 $$R=\frac{\omega}{\chi}=\frac{6.68}{6.96}=0.96\text{m}$$

谢才系数 $$C=\frac{1}{n}R^{\frac{1}{6}}=\frac{1}{0.025}\times0.96^{\frac{1}{6}}=39.7\text{m}^{0.5}/\text{s}$$

流量 $$Q=\omega C\sqrt{Ri}=6.68\times39.7\times\sqrt{0.96\times0.001}=8.22\text{m}^3/\text{s}$$

[例 4-1] 已知：某石砌渠道，底宽 $b=10\text{m}$，水深 $h=3.5\text{m}$，壁面粗糙系数 $n=0.025$，通过的设计流量为 $Q=54.6\text{m}^3/\text{s}$，边坡系数 $m=1.5$，可按均匀流计算，求渠道底坡 i 及流速。

解： 过水断面面积 $\omega=(b+mh)h=(10+1.5\times3.5)\times3.5=53.4\text{m}^2$

湿周 $$\chi=b+2h\sqrt{1+m^2}=10+2\times3.5\sqrt{1+1.5^2}=22.6\text{m}$$

水力半径 $$R=\frac{\omega}{\chi}=\frac{53.4}{22.6}=2.36\text{m}$$

谢才系数 $$C=\frac{1}{n}R^{\frac{1}{6}}=\frac{1}{0.025}\times2.36^{\frac{1}{6}}=46.15\text{m}^{0.5}/\text{s}$$

流量模数 $$K=\omega C\sqrt{R}=53.4\times46.15\times\sqrt{2.36}=3\,785.9\text{m}^3/\text{s}$$

故渠道的底坡为 $$i=\frac{Q^2}{K^2}=\frac{54.6^2}{3\,785.9^2}=0.000\,2$$

渠道中的流速 $$v=\frac{Q}{\omega}=\frac{54.6}{53.4}=1.02\text{m/s}$$

[例 4-3] 已知：$b=10\text{m}$，$m=1.5$，$i=0.000\,3$，$n=0.025$，$Q=40\text{m}^3/\text{s}$，求 h。

解： (1)由已知 Q、i 值，计算 K。

$$K=\frac{Q}{\sqrt{i}}=\frac{40}{\sqrt{0.000\,3}}=2\,309.4\text{m}^3/\text{s}$$

(2)假定不同的 h 值，按 $K=\frac{1}{n}\omega R^{\frac{2}{3}}$ 计算 K，而

$$\omega=(b+mh)h$$

$$\chi=b+2h\sqrt{1+m^2}$$

$$R=\frac{\omega}{\chi}$$

计算结果，列表如下：

h	ω	χ	R	$R^{\frac{2}{3}}$	K
3.00	43.5	20.8	2.09	1.63	2 836
2.70	37.94	19.7	1.93	1.55	2 352
2.66	37.2	19.6	1.90	1.53	2 277
2.50	34.4	19.0	1.81	1.49	2 050

作 $h\sim K$ 曲线，在横坐标轴上取 $K=2\ 309.4\text{m}^3/\text{s}$，引垂线和曲线相交，再从交点引水平线与 h 轴相交，得 $h=2.68\text{m}$，即为所求。

[例 4-4] 已知：一梯形断面渠道，通过设计流量为 $Q=4.0\text{m}^3/\text{s}$，边坡系数 $m=1.5$，壁面粗糙系数 $n=0.025$，底坡 $i=0.003$，按水力最优断面设计，试求：渠道的底宽 b 和水深 h。

解：根据水力最优断面的特点，有

$$\omega=(2\sqrt{1+m^2}-m)h^2,R=\frac{h}{2}$$

将上式代入式(4-9)中，并加以整理就可得出

$$h=\left[\frac{1.58nQ}{(2\sqrt{1+m^2}-m)i^{\frac{1}{2}}}\right]^{\frac{3}{8}}$$

代入已知值，求得：$h=1.127\text{m}$。

查表 4-3，当 $m=1.5$ 时，最优断面的宽深比 $\frac{b}{h}=0.61$，所以

$$b=0.61\times1.127=0.69\text{m}$$

[例 4-5] 已知：某石砌梯形断面渠道，设计流量 $Q=4.0\text{m}^3/\text{s}$，边坡系数 $m=1.5$，壁面粗糙系数 $n=0.025$，底坡 $i=0.003$，渠道的设计流速为 1.4m/s，求渠道的 b 和 h。

解：根据梯形断面的几何关系可知

$$\omega=(b+mh)h$$

$$\chi=\frac{\omega}{R}=b+2h\sqrt{1+m^2}$$

解这个方程组，消去 b 得

$$h=\frac{\frac{\omega}{R}-\sqrt{\frac{\omega^2}{R^2}-4\omega(2\sqrt{1+m^2}-m)}}{2(2\sqrt{1+m^2}-m)}$$

由连续性方程 $\omega=\frac{Q}{v}=\frac{4}{1.4}=2.86\text{m}^2$

水力半径为 $R=\left(\frac{nv}{i^{\frac{1}{2}}}\right)^{\frac{3}{2}}=\left(\frac{0.025\times1.4}{0.003^{\frac{1}{2}}}\right)^{\frac{3}{2}}=0.511\text{ m}$

将这些数值代入，得 $h=0.69\text{m}$，$b=3.11\text{m}$。

三、无压圆管均匀流

工程上常采用圆形管道输送液体，它既是水力最优断面，又具有受力性能良好、制作方便、节省材料的优点。

无压圆管均匀流是指管道中的水流具有自由表面时的均匀流，即不满流的长管道中的水流，它的性质与明渠水流相同。在公路工程中常采用的钢筋混凝土圆形涵洞(简称涵管)中，当水流为无压流动且洞身很长时，就存在这样的均匀流。下面介绍圆形管道中无压均匀流的水力计算问题，无压圆管均匀流仍采用谢才—曼宁公式进行计算。

1. 当水流恰好满管，但最高点的压强等于大气压时，仍可按无压均匀流计算。

对于钢筋混凝土圆管，粗糙系数 $n=0.013$，满管时的水力半径 $R=\frac{d}{4}$，因此满管时均匀流的流速和流量式根据谢才—曼宁公式写成

$$v_{\text{d}}=\frac{1}{n}R^{\frac{2}{3}}i^{\frac{1}{2}}=30.5d^{\frac{2}{3}}i^{\frac{1}{2}} \tag{4-17}$$

$$Q_{\text{d}}=\frac{\pi}{4}d^2v_{\text{d}}=24.0d^{\frac{8}{3}}i^{\frac{1}{2}} \tag{4-18}$$

2. 不满管时，无压圆管均匀流的各水力要素均为圆心角的函数(图 4-7)

$$\left.\begin{aligned}\omega&=\frac{d^2}{8}(\theta-\sin\theta)\\ \chi&=\frac{d}{2}\theta\\ R&=\frac{d}{4}\left(1-\frac{\sin\theta}{\theta}\right)\\ h&=\frac{d}{2}\left(1-\cos\frac{\theta}{2}\right)\end{aligned}\right\} \tag{4-19}$$

圆形管道水深 h 和管径 d 的比值，叫**充满度** a，即 $a=\frac{h}{d}$。以 Q_{d}、v_{d}、C_{d}、R_{d} 和 Q、v、C、R 分别代表满管和不满管时的流量、流速、谢才系数、水力半径；另外，再令 $A=\frac{Q}{Q_{\text{d}}}$，$B=\frac{v}{v_{\text{d}}}$，采用曼宁公式得

$$A=\frac{Q}{Q_{\text{d}}}=\frac{\omega C\sqrt{Ri}}{\omega_{\text{d}}C_{\text{d}}\sqrt{R_{\text{d}}i}}=\frac{\omega}{\omega_{\text{d}}}\left(\frac{R}{R_{\text{d}}}\right)^{\frac{2}{3}}=\frac{\theta}{2\pi}\left(1-\frac{\sin\theta}{\theta}\right)^{\frac{5}{3}} \tag{4-20}$$

$$B=\frac{v}{v_{\text{d}}}=\left(\frac{R}{R_{\text{d}}}\right)^{\frac{2}{3}}=\left(1-\frac{\sin\theta}{\theta}\right)^{\frac{2}{3}} \tag{4-21}$$

以上两个公式的计算比较困难，一般均制成图表，如图 4-8 所示，见表 4-7，以简化计算。

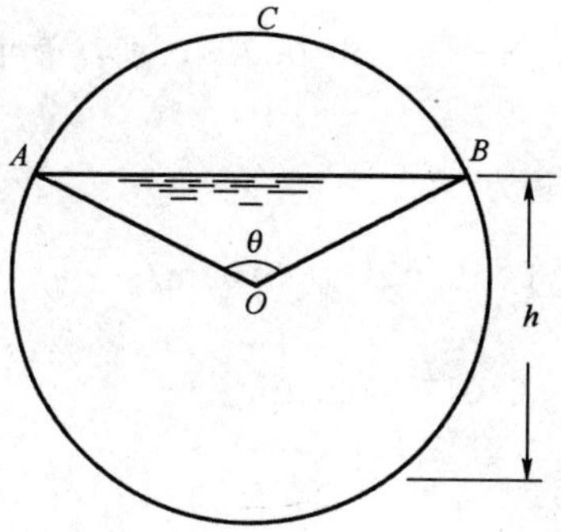

图 4-7　不满管

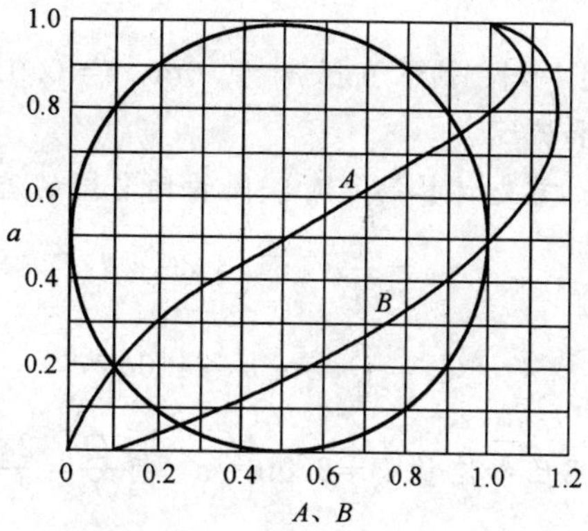

图 4-8　不满管水力计算表

不满流管道时的流量

表 4-7

$\frac{h}{d}$	$\frac{v}{v_d}=B$	$\frac{Q}{Q_d}=A$	$\frac{\omega^3}{Bd^5}=\frac{\alpha Q^2}{gd^5}$
0.05	0.184	0.004	0.000
0.10	0.333	0.017	0.000
0.15	0.457	0.043	0.000
0.20	0.565	0.080	0.001
0.25	0.661	0.129	0.005
0.30	0.748	0.188	0.009
0.35	0.821	0.250	0.016
0.40	0.889	0.332	0.025
0.45	0.948	0.414	0.040
0.50	1.000	0.500	0.060
0.55	1.045	0.589	0.088
0.60	1.083	0.678	0.121
0.65	1.113	0.766	0.166
0.70	1.137	0.850	0.220
0.75	1.151	0.927	0.294
0.80	1.159	0.994	0.382
0.85	1.157	1.048	0.500
0.90	1.142	1.082	0.685
0.95	1.108	1.087	1.035
1.00	1.000	1.000	∞

从图 4-8 中可见，满管时的流速和流量都不是最大，这是由于水力半径不是最大的缘故。最大流速发生在 $a=h/d=0.81$ 处，这时 $v_{max}/v_d=1.16$，因为这时的水力半径 R 最大。水深超过 $0.81d$，ω 虽有增加，但湿周增加更快，以致 R 反而降低。同样，最大流量发生在 $a=h/d=0.95$ 处，这时 $Q_{max}/Q_d=1.087$。

四、无压圆管均匀流计算算例

[例 4-6] 圆管直径 $d=1.0\text{m}$，$i=0.01$，$Q=2.0\text{m}^3/\text{s}$，$n=0.013$，求：管中均匀流的水深和流速。

解： 首先计算满管时，圆管均匀流的流速和流量为

$$v_d = \frac{1}{n}R^{\frac{2}{3}}i^{\frac{1}{2}} = 30.5d^{\frac{2}{3}}i^{\frac{1}{2}} = 30.5\times 1\times 0.01^{\frac{1}{2}} = 3.05\text{m/s}$$

$$Q_d = \frac{\pi}{4}d^2 v_d = 24.0d^{\frac{8}{3}}i^{\frac{1}{2}} = 24\times 1\times 0.01^{\frac{1}{2}} = 2.4\text{m}^3/\text{s}$$

根据已知流量 $Q=2.0\text{m}^3/\text{s}$，得 $\frac{Q}{Q_d}=\frac{2.0}{2.4}=0.833$

查表 4-7 得，充满度 $a=\frac{h}{d}=0.69$，$\frac{v}{v_d}=1.13$

所以 $h=0.69d=0.69\text{m}$

$$v = 1.13v_d = 1.13\times 3.05 = 3.45\text{m/s}$$

[例 4-7] 圆形管道的直径 $d=1.0\text{m}$，$i=0.0036$，$n=0.013$，求：$h=0.7\text{m}$ 时的流量和流速。

解： 满管时，

$$R_d = \frac{d}{4} = 0.25\text{m}, C_d = \frac{1}{n}R_d^{\frac{1}{6}} = \frac{1}{0.013}\times 0.25^{\frac{1}{6}} = 61.1\text{m}^{0.5}/\text{s}$$

$$v_d = C_d\sqrt{R_d i} = 61.1\times\sqrt{0.25\times 0.0036} = 1.84\text{m/s}$$

$$Q_d = \omega v_d = \frac{\pi}{4}\times 1^2\times 1.84 = 1.44\text{m}^3/\text{s}$$

充满度 $a=\frac{h}{d}=0.7$，查图 4-8，得 $A=0.86$，$B=1.12$

$$Q = AQ_d = 0.86\times 1.44 = 1.24\text{m}^3/\text{s}$$

$$v = Bv_d = 1.12\times 1.84 = 2.06\text{m/s}$$

五、复式断面明渠均匀流水力计算

前面讨论的梯形及矩形断面，又称为单式断面。

明渠复式断面(图 4-9)是由两个以上单式断面组合而成的多边形断面。

对于天然河流，只有河槽而没有河滩的河流断面，称为单式河流断面；既有河槽，又有河滩的河流断面，称为**复式河流断面**(图 4-10)；复式河流断面通常是由一个河槽和一个河滩组成(单侧复式河流断面)或一个河槽和两个河滩组成(双侧复式河流断面)。河槽是在洪水期，河底有泥沙运动的部分，壁面较光滑，糙率小；河滩的底面上一般没有泥沙运动，只有洪水期、高水位时，才有水流通过，因而河滩上往往长有杂草灌木和农作物，壁面糙率大。

由于过水断面上不同位置的粗糙系数(糙率)及断面形状不同，所以，进行复式断面明渠水力计算时，一般须对河槽和河滩分别计算其流速和流量，计算公式与明渠均匀流中所用公式相同。但必须注意，在槽、滩分开计算时，划分槽滩水流的竖直分界线不能计入湿周。

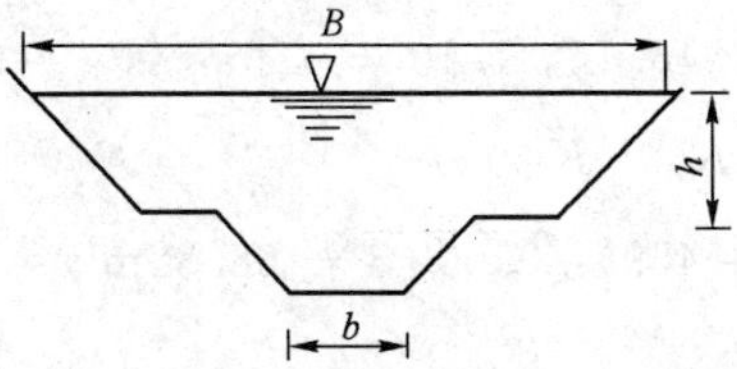

图 4-9　明渠复式断面

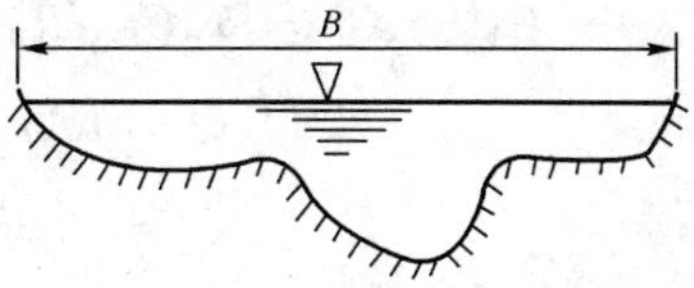

图 4-10　复式天然河流断面

六、复式断面明渠均匀流水力计算算例

[例 4-8]　如图 4-11 所示复式断面渠道，已知：下部渠道的底及边坡用砌块石护面，$m_1=1.0$，$n_1=0.03$，$b_1=10\text{m}$，$h_1=2\text{m}$；上部渠道的底及边坡为黏性土，$m_2=1.5$，$n_2=0.022\,5$，$b_2=5\text{m}$，$h_2=1.5\text{m}$；底坡 $i=0.000\,3$，试求渠中流量和断面平均流速。

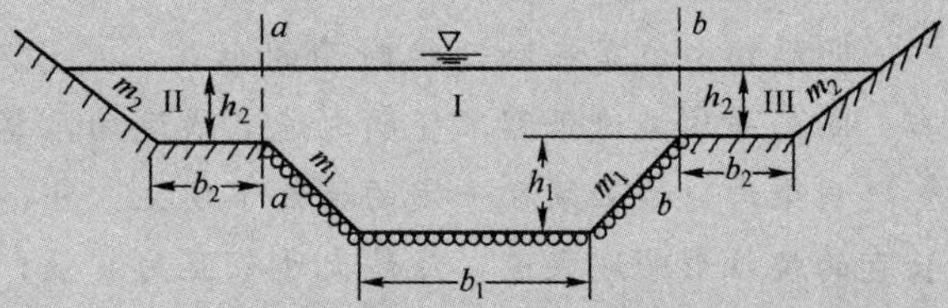

图 4-11　复式断面渠道

解：(1)流量计算

用铅垂线 $a—a$ 及 $b—b$ 将复式断面分成 I、II、III 三部分，各部分的过水断面面积分别为

$$\omega_{\text{I}}=(b_1+m_1h_1)h_1+(b_1+2m_1h_1)h_2=(10+1\times2)\times2+(10+2\times1\times2)\times1.5=45\text{m}^2$$

$$\omega_{\text{II}}=\omega_{\text{III}}=b_2h_2+\frac{m_2}{2}h_2^2=5\times1.5+\frac{1.5}{2}\times1.5^2=9.19\text{m}^2$$

$$\omega=\omega_{\text{I}}+2\omega_{\text{II}}=45+2\times9.19=63.38\text{m}^2$$

各部分的湿周分别为

$$\chi_{\text{I}}=b_1+2h_1\sqrt{1+m_1^2}=10+2\times2\sqrt{1+1^2}=15.66\text{m}$$

$$\chi_{\text{II}}=\chi_{\text{III}}=b_2+h_2\sqrt{1+m_2^2}=5+1.5\sqrt{1+1.5^2}=7.70\text{m}$$

各部分的水力半径分别为

$$R_{\text{I}}=\frac{\omega_{\text{I}}}{\chi_{\text{I}}}=\frac{45}{15.66}=2.87\text{m}$$

$$R_{\text{II}}=R_{\text{III}}=\frac{\omega_{\text{II}}}{\chi_{\text{II}}}=\frac{9.19}{7.70}=1.19\text{m}$$

各部分的谢才系数分别为

$$C_{\text{I}}=\frac{1}{n_1}R_{\text{I}}^{\frac{1}{6}}=\frac{1}{0.03}\times2.87^{\frac{1}{6}}=39.74\text{m}^{\frac{1}{2}}/\text{s}$$

$$C_{\text{II}}=C_{\text{III}}=\frac{1}{n_2}R_{\text{II}}^{\frac{1}{6}}=\frac{1}{0.022\,5}\times1.19^{\frac{1}{6}}=45.75\text{m}^{\frac{1}{2}}/\text{s}$$

各部分的流量模数分别为

$$K_{\text{I}}=\omega_{\text{I}}C_{\text{I}}\sqrt{R_{\text{I}}}=45\times39.74\sqrt{2.87}=3\,030\text{m}^3/\text{s}$$

$$K_{\mathrm{I}} = K_{\mathrm{III}} = \omega_{\mathrm{II}} C_{\mathrm{II}} \sqrt{R_{\mathrm{II}}} = 9.19 \times 45.75\sqrt{1.19} = 459\mathrm{m^3/s}$$

所以
$$Q = K\sqrt{i} = (K_{\mathrm{I}} + K_{\mathrm{II}} + K_{\mathrm{III}})\sqrt{i}$$
$$= (3\,030 + 459 + 459)\sqrt{0.000\,3} = 68.38\mathrm{m^3/s}$$

(2)断面平均流速

$$v = \frac{Q}{\omega} = \frac{68.38}{63.38} = 1.08\mathrm{m/s}$$

本章小结

明渠均匀流是一种过水断面的形状、尺寸及水深沿程不变，过水断面上的流速分布、断面平均流速沿程不变的匀速直线运动，总水头线、水面线及渠底线三者平行。

明渠均匀流必须在一定的条件下发生，即：(1)水流为恒定流，流量沿程不变；(2)长直的棱柱形顺坡渠道，底坡大于零且为常数；(3)粗糙系数沿程不变。

在明渠均匀流计算中，主要应用谢才公式，并用曼宁公式确定谢才系数 C。

对于明渠，因大多数渠道都是土质渠道，所以常采用梯形断面。边坡系数按地基土壤情况选定，粗糙系数决定于渠道壁面所采用的材料，因此水力最优断面形状的条件就是确定湿周最小时所得最佳宽深比的关系。应该指出，水力最佳断面只是从水力学角度看是最佳的，对于中小型渠道可以采用。对于大型渠道，一般不经济也不适用，通常做成宽而浅的断面形状。

在渠道的设计中，除了要考虑水力最优断面这一因素外，还须对渠道的最大和最小流速进行限制。流速过大，将使渠道受冲刷或塌方，流速过小，将使渠道发生淤积。因此，渠道中的流速应是不冲不淤流速。

梯形断面的水力计算问题可以分为三类：验算渠道输水能力、确定渠道底坡和渠道断面设计。

无压圆管均匀流是指管道中的水流具有自由表面时的均匀流，它的性质与明渠水流相同。无压圆管均匀流仍采用谢才—曼宁公式进行计算。

复式断面是由两个以上单式断面组合而成的多边形断面，如洪水期的河道断面就是复式断面，由河槽和河滩组成。其特点是：河槽的水力半径大，粗糙系数小，而河滩水力半径小，粗糙系数大，故一般须分别计算流速和流量，计算公式与渠道中所用的相同。只是要注意，槽滩分别计算时，划分槽滩水流的竖向分界线不计入湿周内。

思考题与习题

4-1　明渠均匀流有哪些特点？产生均匀流的条件是什么？

4-2　有两条梯形断面的长渠道，已知流量 $Q_1 = Q_2$，边坡系数 $m_1 = m_2$，但是下列参数不同，

(1)粗糙系数 $n_1 > n_2$，其他条件均相同；

(2)底宽 $b_1 > b_2$，其他条件均相同；

(3)底坡 $i_1 > i_2$，其他条件均相同；

试问：这两条渠道中的均匀流水深哪个大？哪个小？为什么？

4-3 (1)何谓水力最优断面？工程中是否一定按水力最优条件设计沟渠？

(2)对于矩形和梯形断面渠道，水力最优断面的条件是什么？

4-4 已知：梯形断面，$m=1.5$，$\frac{1}{n}=50$，$i=0.004$，$b=3\text{m}$，$h=1.5\text{m}$。求 Q 和 v。

4-5 已知：矩形断面，$b=2\text{m}$，$h=1.4\text{m}$，$i=0.003$，$Q=2.0\text{m}^3/\text{s}$。求 n。

4-6 已知：梯形断面，$m=2.0$，$b=3\text{m}$，$i=0.001$，$\frac{1}{n}=30$，$Q=4.0\text{m}^3/\text{s}$。求 h。

4-7 已知：梯形断面渠道，按水力最优断面设计，$n=0.02$，$i=0.002$，$m=1.5$，$Q=3.0\text{m}^3/\text{s}$。求 b 和 h。

4-8 已知：梯形断面，$m=1.5$，$i=0.0025$，$\frac{1}{n}=90$，$Q=2.45\text{m}^3/\text{s}$，$v_{\max}=2.2\text{m}^3/\text{s}$。求 b 和 h。

4-9 已知：钢筋混凝土圆管，$d=1.5\text{m}$，$n=0.013$，$i=0.003$，$h=1.25\text{m}$。求 Q 和 v。

4-10 某梯形断面渠道，已知：$h=1.3\text{m}$，$m=1.5$，$n=0.025$，$i=0.001$，$Q=15\text{m}^3/\text{s}$，试求 v。

4-11 某梯形断面渠道，$b=6.0\text{m}$，$m=1.0$，$h=0.9\text{m}$，$n=0.015$，$Q=10\text{m}^3/\text{s}$，试求水力坡度 i。

4-12 矩形断面渠道，$b=6.0\text{m}$，$Q=6.7\text{m}^3/\text{s}$，$n=0.025$，水力坡度 $i=0.0001$，求水深 h。

4-13 已知：$Q=10\text{m}^3/\text{s}$，$n=0.020$，$m=3.0$，$i=0.0004$，求水力最优断面的梯形断面尺寸。

4-14 钢筋混凝土圆管直径 $d=2.0\text{m}$，$h=1.75\text{m}$，$i=0.011$，$n=0.013$，求流量及流速。

4-15 一天然河流，河槽与河滩的断面都接近矩形，可按矩形计算。河滩底宽 50m，河槽底宽 30m，河滩底比河槽底高 2m，粗糙系数：河滩 $n_1=0.04$，河槽 $n_2=0.02$，水力坡度 $i=0.002$,水面比河槽底高 4.0m，求流量。

第五章　明渠非均匀流

本章学习目标

1. 了解明渠非均匀流的基本概念和明渠急变流和渐变流中的一些水流现象；
2. 掌握明渠非均匀流的水力特性和产生条件；
3. 掌握明渠中的三种水流状态的判别方法；
4. 了解断面比能的概念及其应用；
5. 掌握水跃和跌水的概念，了解水跃的水力计算；
6. 掌握水面曲线定性分析，了解定量计算的方法；
7. 了解堰的类型，掌握宽顶堰的水力计算；
8. 了解常见泄水建筑物下游消能的方式。

本章学习重点

明渠非均匀流的水力特性和产生条件；明渠中的三种水流状态判别指标；断面比能的概念及其应用；水跃和跌水的概念和水跃的水力计算；水面曲线定性分析。

本章学习难点

三种流态的判别；明渠渐变流水面线定性分析。

渠道中的恒定流不满足均匀流条件的称为明渠非均匀流。对非均匀流，渠道的底坡、过水断面的形状或尺寸、壁面粗糙系数等都可能沿程发生变化。另外，筑坝挡水、桥孔束狭、出口水面突降等也会使流动变为非均匀流动。

第一节　明渠非均匀流水力现象的类型

明渠非均匀流与均匀流不同，液体质点作变速运动(包括大小和方向)，各过水断面面积不相等，各过水断面上流速大小、方向及速度分布均可能不同。

均匀流的底坡必须是单一的顺坡 $i>0$。非均匀流的底坡则可以是顺坡 $i>0$、平坡 $i=0$、逆坡 $i<0$ 或由几段不同的底坡组成。

渠道的横断面形状、大小和方向沿程不变者称为棱柱形渠道，沿程变化者称为非棱柱形渠道。均匀流只能在棱柱形渠道内形成，非均匀流则可在任何形状的渠道中形成。

明渠均匀流的水深和流速是沿程不变的，水面线是直线，三个坡度相等，即 $J=J_P=i$。明渠非均匀流的水深和流速均沿程变化，水面线一般是曲线，三个坡度互不相等，即 $J\neq J_P\neq i$，水流所受重力沿水流方向的分力与流动阻力不平衡。

可见，明渠非均匀流的规律及其水力计算，要比明渠均匀流复杂得多。

根据流线弯曲程度的不同，明渠非均匀流可分为渐变流和急变流两种。过水断面和流速沿流程变化缓慢的为渐变流，变化急剧的为急变流。在渐变流中，沿程阻力占主要地位；在急变流中，局部阻力的作用影响很突出。

水深的变化，对渐变流和急变流是不同的。渐变流的水深可能沿流程增大而形成壅水，其水面线称为**壅水曲线**；水深也可能沿流程逐渐减小而形成降水，其水面线称为**降水曲线**。急变流的水深可能沿流程急剧增大而形成**水跃**，也可能沿流程急剧减小而形成**水跌**，如图 5-1 所示。

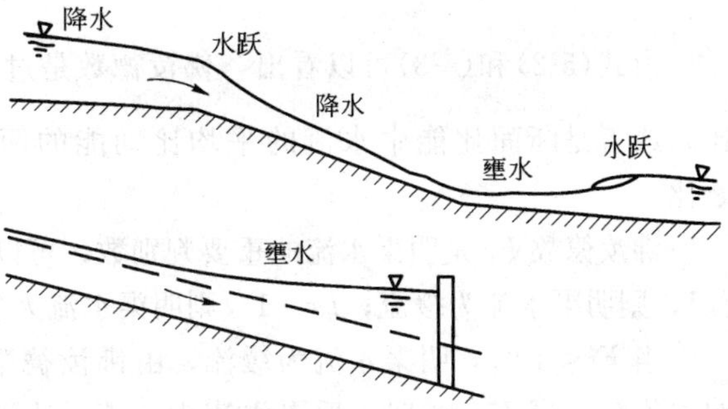

图 5-1　明渠非均匀流的水力现象

工程上的明渠水流以非均匀流最为常见，所以研究明渠非均匀的流动规律具有更普遍的意义。本章主要介绍**棱柱形渠道**中的**恒定非均匀流**。

第二节　明渠的两种流态与佛汝德数

一、缓流、急流和临界流

观察河流、渠道中障碍物对水流的影响，可以看到明渠水流有两种截然不同的流动形态。在山区底坡较陡、水流湍急的河道和溪涧中或底坡陡峻的渠道中，水流速度较大，若有大块孤石或桥墩阻水，则水面只在石上隆高，激起浪花，而孤石或桥墩对上游水流并不发生任何影响，这种水流状态称为**急流**。如果在底坡平坦、水流缓慢的平原河道中，水流遇到桥墩等障碍物，则桥墩上游水面的壅高可以延伸到上游较远的地方，这种水流状态称为**缓流**。如局部干扰只引起下游水面曲线变化，对上游水面曲线无影响，为临界流动状况，称为临界流。

这说明明渠水流有两种截然不同的流态，一种流态能把障碍物的干扰向上游传播；而另一种流态则是水流遇到障碍物，不能将障碍物对水流的干扰向上游传播。由于障碍物对水流的局部干扰，对这两种流态的影响不同，故当渠道边界条件发生改变时，在两种流态中会出现明显不同的水面变化。

由上述可知，在分析明渠水流问题或进行水工建筑物设计时，应科学地区分这两种不同的流态。

二、佛汝德数

为了判别明渠水流的流态，引入了佛汝德数。佛汝德数是为纪念英国学者佛汝德(Froude)而命名的无量纲量。**佛汝德数**反映了作用于水流上的惯性力与重力的对比关系。它由渠中流量、过水面积及水面宽度求得，是一个确定数值，也是渠中三种流态的数值标准，通过分析可知

$$Fr = \frac{v^2}{gL} \tag{5-1}$$

式中：L——水流的特征长度，对于明渠水流，可以用平均水深 $\overline{h}$ 来表示。

则式(5-1)可以改写为

$$Fr = \frac{v^2}{g\overline{h}} \tag{5-2}$$

即

$$Fr = \frac{Q^2 B}{g\omega^3} \tag{5-3}$$

由式(5-2)和(5-3)可以看出，佛汝德数是过水断面中流速水头$\frac{v^2}{2g}$的两倍与平均水深$\bar{h}$之比，或者是断面比能中水流的平均比动能的两倍与水面每单位宽度所对应的平均比势能之比。

佛汝德数 Fr 是明渠水流的重要判别数，可以作为判别缓流、急流和临界流的标准。即 $Fr<1$，则明渠水流为缓流；$Fr>1$，则明渠水流为急流；$Fr=1$，则明渠水流为临界流。

当 $Fr<1$ 时，明渠水流为缓流，由佛汝德数的意义可知，在缓流中，重力对水流的影响占优势；当 $Fr>1$ 时，明渠水流为急流，表明水流的惯性力占优势；当 $Fr=1$ 时，这是一种临界状态，惯性力与重力的作用相当。

临界流是判别缓流和急流的标准，为了区别方便，将临界流所对应的水力要素都用下标 K 表示，如 h_K、i_K、ω_K、χ_K、v_K 等。对均匀流的水力要素用下标 0 表示，如 h_0、i_0、ω_0、χ_0、v_0 等，将均匀流的水深称为正常水深。

第三节　断 面 比 能

在明渠渐变流(图 5-2)的过水断面 A—A 中，水流所具有的平均比能为

$$E = z + h + \frac{\alpha v^2}{2g} \tag{5-4}$$

其中，z 为渠底最低点的高度，它由渠底坡度决定，只有沿流程的变化，通常呈线性变化规律，比较简单。而水深 h 和流速高度$\frac{\alpha v^2}{2g}$的变化，取决于渠道断面和底坡的沿流程变化以及渠道内构造物设置情况，变化规律比较复杂。它们不仅沿流程有变化，而且在一个固定断面中可能也有变化。为了研究方便，将 h 和$\frac{\alpha v^2}{2g}$合并，专门研究它的变化规律，并以 E_s 表示，取 $\alpha=1$，则

$$E_s = h + \frac{\alpha v^2}{2g} \tag{5-5}$$

由上式可见，**断面比能** E_s 是指某一过水断面以最低点为基准起算的液流所具有的平均比能。

在非均匀流中，由于条件的改变，一定流量 Q 有可能以不同的水深 h 通过某一断面，因而有不同的过水断面面积和相应的断面平均流速，可得出不同的断面比能 E_s。

对于棱柱形渠道，流量一定时，式(5-5)为

$$E_s = h + \frac{v^2}{2g} = h + \frac{Q^2}{2g\omega^2} = f(h) \tag{5-6}$$

可见，当明渠断面形状、尺寸和流量一定时，断面比能 E_s 只是水深 h 的函数。若以水深为纵坐标，断面比能为横坐标，则可以做出一定流量下，断面比能随水深的变化规律曲线，即 $E_s \sim h$ 曲线，如图 5-3 所示。

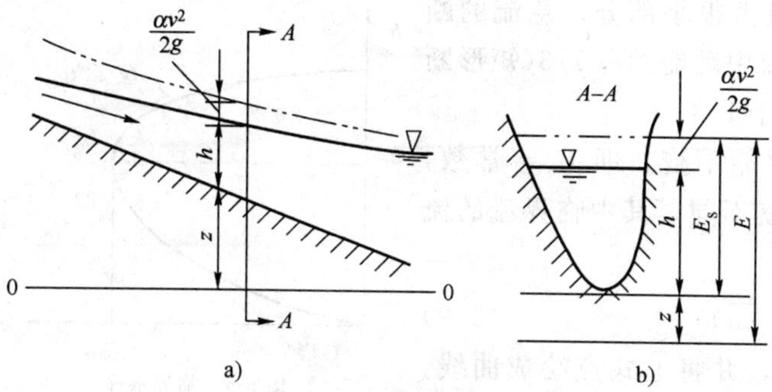

图 5-2 断面比能

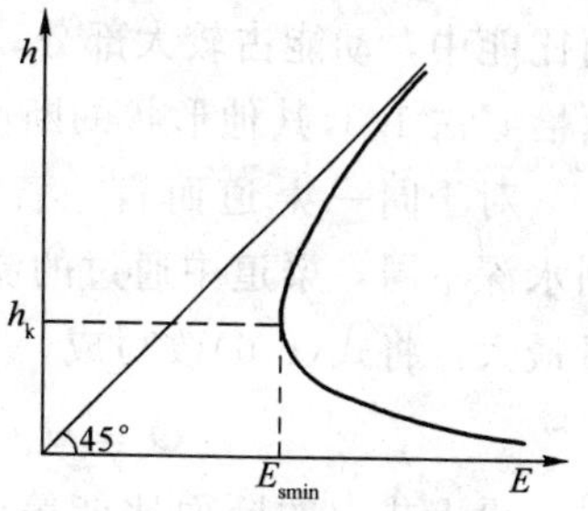

图 5-3 断面比能曲线

从式(5-6)可以看出：在明渠断面形状、尺寸和通过的流量一定时，当 $h\to 0$ 时，$\omega\to 0$，则 $\frac{Q^2}{2g\omega^2}\to\infty$，此时 $E_s\to\infty$，则曲线 $E_s=f(h)$ 以横坐标为渐近线；当 $h\to\infty$ 时，$\omega\to\infty$，则 $\frac{Q^2}{2g\omega^2}\to 0$，此时 $E_s\approx h\to\infty$，则曲线 $E_s=f(h)$ 必以通过坐标原点与横坐标成 45°夹角的直线为渐近线。函数 $E_s=f(h)$ 一般是连续的，当 h 以 $0\to\infty$ 时，断面比能 E_s 值从 ∞ 减小再增至 ∞，则必有一个极小值 E_{smin}。

函数 $E_s=f(h)$ 的曲线图形，如图 5-3 所示。断面比能 E_s 的极小值 E_{smin} 可令 $\frac{dE_s}{dh}=0$ 求出，即令

$$\frac{dE_s}{dh}=\frac{d\left(h+\frac{Q^2}{2g\omega^2}\right)}{dh}=1-\frac{Q^2}{g\omega^3}\frac{d\omega}{dh}=0 \tag{5-7}$$

式中：$\frac{d\omega}{dh}$——表示过水断面面积 ω 随水深 h 的变化率，它恰等于水面宽度 B(图 5-4)，则 $\frac{d\omega}{dh}=B$。

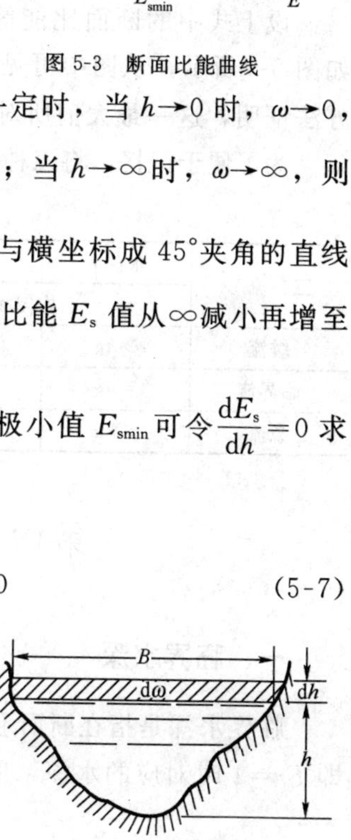

图 5-4 河床横断面

将式(5-3)代入上式，得

$$\frac{d\left(h+\frac{Q^2}{2g\omega^2}\right)}{dh}=1-\frac{Q^2B}{g\omega^3}=1-Fr=0 \tag{5-8}$$

也就是当 $Fr=1$，断面比能 E_s 为最小，由图中可见，它所对应的水深就是临界水深，这是经过实践证明的。所以断面比能最小的那一点代表的是**临界流**，这一点将曲线分为上、下两支。在上支，断面比能 E_s 随水深 h 的增加而增加，则 $\frac{dE_s}{dh}>0$，$Fr<1$ 为**缓流**；在下支，断面比能 E_s 随水深 h 的增加而减少，则 $\frac{dE_s}{dh}<0$，$Fr>1$ 为**急流**。

由图 5-4 可知，断面比能随流态变化的几个重要特点是：

(1)临界流的断面比能最小，缓流和急流的断面比能都比较大，并且同一个断面比能可能是缓流，也可能是急流；

(2)缓流的水深愈大，则断面比能愈大；急流的水深愈小，断面比能愈大；临界流则水深稍有变动，断面比能不变；

(3)缓流的断面比能中，动能只占很小部分；急流的断面比能中，动能占较大部分；临界流中动能约占1/3(矩形断面恰好占1/3,其他形状的断面接近于1/3)。

对于同一渠道而言，若断面比能不变，即 $E_s=$ 常数，则水深不同，渠道中通过的流量也就不同，其中临界流的流量最大。将式(5-6)改写成

$$Q=\omega\sqrt{2g(E_s-h)} \tag{5-9}$$

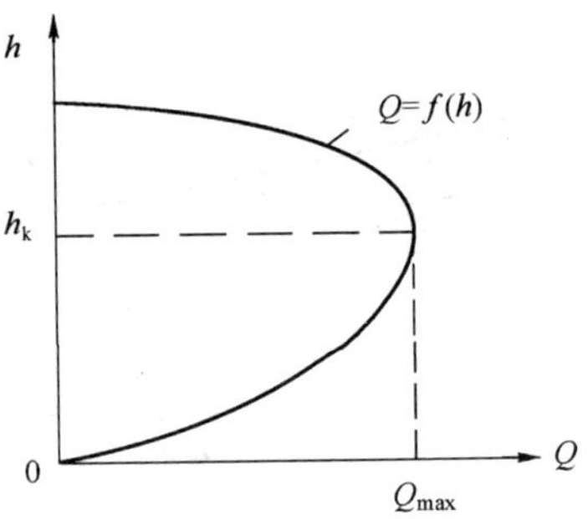

图 5-5 临界水深

设上式中的断面比能等于常数，并将上式点绘成曲线，如图 5-5 所示，从图中可见，流量有一最大值，可以用数学方法证明，这一最大值所对应的水深恰好等于**临界水深** h_K。

为了便于记忆，将三种流态的主要特性归纳于表 5-1 中。

明渠水流状态的判别

表 5-1

三种流态	水深 h	流速 v	佛汝德数 Fr	渠道底坡 i		水深增大时断面比能变化	
	均匀流或非均匀流			均匀流	非均匀流	均匀流	非均匀流
缓流	$>h_K$	$<v_K$	<1	$<i_K$	与底坡无关	水深不变	增大
临界流	$=h_K$	$=v_K$	$=1$	$=i_K$			不变
急流	$<h_K$	$>v_K$	>1	$>i_K$			减小

第四节　临界水深和临界坡度的计算

一、临界水深

临界水深是指在断面形状、尺寸和流量一定的条件下，相应于断面比能最小的水深，亦即 $Fr=1$ 时对应的水深，用 h_K 表示。临界水深 h_K，可根据 $Fr=1$ 进行计算，由式(5-3)得

$$\frac{Q^2B_K}{g\omega^3}=1 \text{ 或 } \frac{\omega_K^3}{B_K}=\frac{Q^2}{g} \tag{5-10}$$

这一方程称为**临界水深方程**，它对任何形状的断面都适用。显然，临界水深与渠道底坡及壁面粗糙系数无关，仅与流量和渠道断面形状、尺寸有关。对于一个固定的断面来说，式(5-8)的左端仅随水深而变化，所以只要该式右端的流量是已知的，则临界水深就可算出。对于棱柱形渠道，在不同底坡的各个渠段中，临界水深相等。

工程上，渠道的断面形状以梯形、矩形和圆形断面居多。对矩形断面，临界水深可直接用公式(5-10)计算，比较简单；对于其他断面，一般均要借助于专门的图表进行计算。

对于**矩形断面**，若渠道宽度为 B，则有 $\omega_K=Bh_K$，代入式(5-10)得 $\frac{B^3h_K^3}{B}=\frac{Q^2}{g}$，化简后

$$h_K=\sqrt[3]{\frac{Q^2}{gB^2}} \tag{5-11}$$

又因

$$v_K=\frac{Q}{Bh_K}\text{，所以 } h_K=\frac{v_K^2}{g} \tag{5-12}$$

上式表明：矩形断面的临界水深等于临界流速水头的两倍，则在临界流的断面比能中，临界水深占2/3，临界流速水头占1/3，这是矩形断面中的一个重要特性。

对于**梯形断面**，将 $\omega_K=(b+mh_K)h_K$，$B_K=b+2mh_K$ 代入式(5-10)得

$$\frac{g\left(1+\frac{mh_K}{b}\right)^3\left(\frac{mh_K}{b}\right)^3}{1+\frac{2mh_K}{b}}=\left(\frac{Q}{b}\right)^2\left(\frac{m}{b}\right)^3 \tag{5-13}$$

根据上式，已知渠道的 b、m 和通过的流量 Q，可利用试算的方法进行计算，也可编成表格进行计算，见表 5-2，该表中的 $A=\left(\frac{Q}{b}\right)^2\left(\frac{m}{b}\right)^3$，$B=\frac{mh_K}{b}$。先根据已知条件，计算出 A，由表 5-2 中查出相应的 B，再由 B 计算得到 h_K。

梯形断面临界水深计算表　　表 5-2

A	B	A	B	A	B	A	B	A	B
450	1.97	45	1.150	4.5	0.622	0.55	0.340	0.070	0.181
350	1.90	40	1.120	4.0	0.601	0.50	0.330	0.060	0.174
300	1.83	30	1.040	3.5	0.580	0.45	0.319	0.055	0.168
250	1.76	25	0.985	3.0	0.556	0.40	0.308	0.050	0.163
225	1.71	22.5	0.955	2.6	0.535	0.35	0.296	0.045	0.157
200	1.66	20	0.930	2.3	0.516	0.30	0.283	0.040	0.151
175	1.61	17.5	0.902	2.0	0.494	0.275	0.276	0.035	0.145
150	1.55	15	0.864	1.8	0.481	0.250	0.268	0.030	0.138
125	1.49	13	0.830	1.6	0.464	0.225	0.259	0.028	0.135
110	1.44	11	0.795	1.4	0.447	0.200	0.249	0.026	0.132
100	1.41	10	0.774	1.2	0.428	0.175	0.239	0.024	0.129
90	1.37	9	0.752	1.0	0.407	0.150	0.229	0.022	0.126
80	1.33	8	0.728	0.9	0.392	0.125	0.215	0.020	0.122
70	1.29	7	0.702	0.8	0.379	0.100	0.202	0.018	0.117
60	1.24	6	0.674	0.7	0.364	0.090	0.194	0.016	0.113
50	1.18	5	0.642	0.6	0.348	0.080	0.188		

对于圆形断面，可采用表 4-7 进行计算。表中右端 $\frac{\alpha v^2}{gd^5}$ 为已知，则查表左端对应的充满度 $\frac{h}{d}$，其中 h 就是临界水深。

二、临界水深计算算例

[例 5-1] 梯形断面渠道，底宽 $b=1.0$m，$m=1.5$，流量 $Q=4\text{m}^3/\text{s}$，试按表 5-2 求 h_K。

解： 按表 5-2，先计算 A 值

$$A=\left(\frac{Q}{b}\right)^2\left(\frac{m}{b}\right)^3=\left(\frac{4}{1}\right)^2\left(\frac{1.5}{1}\right)^3=54$$

查表得
$$B=\frac{mh_K}{b}=1.20$$

所以
$$h_K=1.20\,\frac{b}{m}=1.20\times\frac{1.0}{1.5}=0.8\text{m}$$

三、临界坡度

对于明渠均匀流，若流量和渠道的断面形状、尺寸相同，只是渠道底坡不同，则底坡较缓的水流，水深较大，流速较小，为缓流均匀流；底坡较陡的水流，水深较小，流速较大，为急流均匀流。缓流均匀流和急流均匀流之间有一分界，它的水深为临界水深，它所对应的水流称为**临界流均匀流**。缓流均匀流、急流均匀流、临界流均匀流所对应的渠道底坡分别称为缓坡、陡坡和临界坡。

在棱柱形渠道中，当断面形状、尺寸和流量一定时，渠道中均匀流水深(正常水深)h_0与渠道底坡i的大小有关，i越大，h_0越小。根据明渠均匀流的基本计算式$Q=\omega C\sqrt{Ri}$，可按上述条件对不同的底坡i计算出相应的正常水深h_0，并绘制$h_0=f(h)$曲线，如图5-6所示。当正常水深h_0恰等于临界水深h_K时，其相应的渠道底坡称为**临界坡度**i_K。

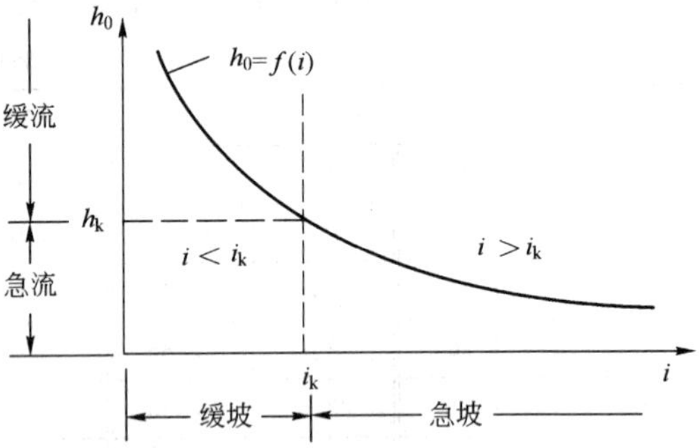

图5-6 临界坡度

根据上述定义，临界坡度i_K可从均匀流基本公式$Q=\omega_K C_K\sqrt{R_K i_K}$及临界水深方程$\frac{\omega_K^3}{B_K}=\frac{Q^2}{g}$联立求解中得到

$$i_K=\frac{Q^2}{\omega_K^2 C_K^2 R_K}=\frac{g}{C_K^2}\frac{\chi_K}{B_K} \tag{5-14}$$

对于宽浅型渠道，$\chi_K\approx B_K$，有

$$i_K=\frac{g}{C_K^2} \tag{5-15}$$

由此可见，临界坡度i_K是对应某一流量和某一给定渠道的特定渠底坡度值，它只是为了便于分析明渠流动而引入的一个假想坡度。如果实际的明渠底坡小于某一给定流量下的临界坡度，即$i<i_K$，则$h_0>h_K$，此时渠底坡度称为**缓坡**；如果$i>i_K$，则$h_0<h_K$，此时渠道底坡称为**陡坡**；如果$i=i_K$，则$h_0=h_K$，此时渠道底坡称为**临界坡**。

临界流动通常是不稳定的，在一般渠道设计时应尽量避免，设计底坡通常不能接近临界坡度。为保证渠道中形成的水流是设计流态，一般常使渠道设计底坡i_s与设计流量相应的临界底坡i_K相差两倍以上。

四、临界坡度计算算例

[例5-2] 有一条长直的棱柱形矩形断面渠道，$n=0.02$，渠宽$B=5\text{m}$，正常水深$h_0=2\text{m}$时的通过流量$Q=40\text{m}^3/\text{s}$。试求h_K、i_K、Fr，并判断明渠水流的流态。

解：(1)临界水深h_K

按式(5-11)得 $h_K=\sqrt[3]{\frac{Q^2}{gB^2}}=\sqrt[3]{\frac{40^2}{9.8\times5^2}}=1.87\text{m}$

可见$h_0>h_K$，此明渠均匀流水流为缓流。

(2)临界坡度i_K

按式(5-14)得 $$i_K=\frac{g\chi_K}{C_K^2B_K}$$

其中

$$\chi_K=B_K+2h_K=5+2\times1.87=8.74\text{m}$$

$$\omega_K=B_Kh_K=5\times1.87=9.35\text{m}$$

$$R_K=\frac{\omega_K}{\chi_K}=\frac{9.35}{8.74}=1.07\text{m},C_K=\frac{1}{n}R_K^{\frac{1}{6}}=\frac{1}{0.02}\times1.07^{\frac{1}{6}}=50.57\text{m}^{\frac{1}{2}}/\text{s}$$

所以 $$i_K=\frac{g\chi_K}{C_K^2B_K}=\frac{9.8\times8.74}{50.57^2\times5}=0.0067$$

另外，正常水深 $h_0=2\text{m}$ 的渠道底坡 $i=\frac{Q^2}{K^2}$，而 $K=\omega C\sqrt{R}$

其中

$$\omega=Bh_0=5\times2=10\text{m}$$

$$\chi=B+2h_0=5+2\times2=9\text{m}$$

$$R=\frac{\omega}{\chi}=\frac{10}{9}=1.11\text{m}$$

$$C=\frac{1}{n}R^{\frac{1}{6}}=\frac{1}{0.02}\times1.11^{\frac{1}{6}}=50.88\text{m}^{\frac{1}{2}}/\text{s}$$

$$K=\omega C\sqrt{R}=10\times50.88\times\sqrt{1.11}=536.05\text{m}^3/\text{s}$$

$$i=\frac{Q^2}{K^2}=\frac{40^2}{536.05^2}=0.0056$$

可见 $i<i_K$，此明渠均匀流水流为缓流。

(3)佛汝德数 Fr

按式(5-3)得 $Fr=\frac{Q^2B}{g\omega^3}=\frac{Q^2B}{g(Bh_0)^3}=\frac{40^2\times5}{9.8\times(5\times2)^3}=0.816$

可见 $Fr<1$，此明渠均匀流水流为缓流均匀流。

第五节　明渠急变流

明渠非均匀流中既有渐变流，也有急变流。水跌与水跃是明渠中常见的急变流形式。

一、水跌现象

明渠缓流向急流过渡时水面急剧下降的局部水力现象，称为**水跌**，如图 5-7 所示。渠底突降处易造成水跌，它相当于 $i=\infty$。在跌坎处，水流因失去渠底依托、阻力突降，因而出现水深急剧下降的加速急变流动。跌坎或渠底折变处都相当于破坏渠中原有均匀流动的干扰源。但是，当上游渠段长度足够时，局部干扰微波对上游的影响将逐渐减弱，除跌坎或底坡转折附近外，全渠仍可呈渐变流动，水流在上段渠道的末端(即跌坎处)将进入急变流动状态。

理论上，在跌坎处或底坡折变处的水深应为临界水深，但实际上，由于跌坎处呈急变流动，流线急剧弯曲，因此临界水深断面不在跌坎处。试验得出，这一断面距跌坎约(3～4)h_K。在水面曲线的分析与计算中，这一断面水深常作为已知条件运用。

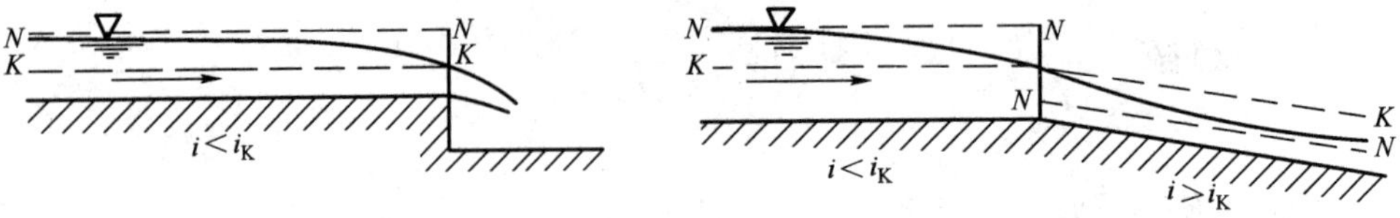

图 5-7 水跃现象

二、水跃现象

水跃是明渠水流从急流转变到缓流时，水面突然升高的一种局部水力现象，如图 5-8 所示。水跃中的水流是急变流，在水跃内部，水流紊动剧烈，并夹有大量气泡，水面附近形成封闭的旋涡，使水跃中水头损失很大。当水跃发生前，急流的 $Fr=9$ 或更高时，发生水跃后，水流损失的能量可达急流中能量的 85%。所以，工程上常将水跃作为一种有效的消能方式。

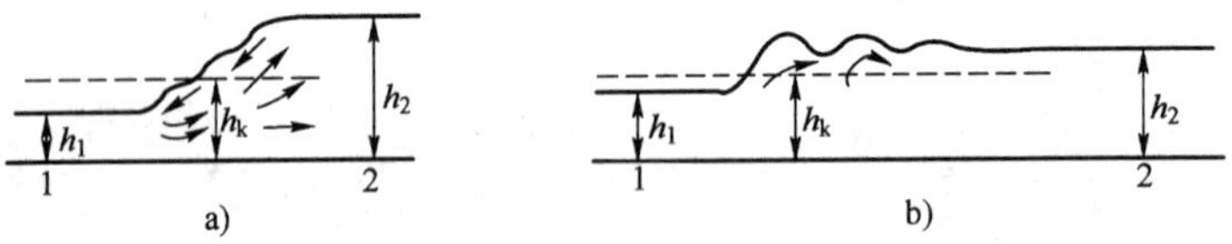

图 5-8 水跃现象

水跃前端的过水断面称为**跃首**或跃前断面，其水深 h_1 称为**跃前水深**，$h_1<h_K$；水跃末端称为**跃尾**或跃后断面，其水深 h_2 称为**跃后水深**，$h_2>h_K$。这两个水深，由于相互存在着函数关系，称为**共轭水深**。跃前水深、跃后水深只有满足这个共轭水深的条件，才能发生水跃，这是急流过渡到缓流时必须具备的条件。两个水深的差 $a=h_2-h_1$ 称为**水跃高度**。跃前断面与跃后断面之间的距离称为**水跃长度**。

水跃可以有两种形式：当 $\frac{h_2}{h_1}>2$ 时，水跃表面产生旋滚，空气大量掺入称为**完整水跃**，如图 5-8a)所示，是典型的水跃形式；当 $\frac{h_2}{h_1}\leqslant 2$ 时，跃前水深接近于临界水深，水跃高度不大，水跃成为一系列起伏的波浪，称为**波状水跃**，如图 5-8b)所示。

1. 水跃的基本方程

棱柱形渠道中，完整水跃共轭水深之间的关系，可由动量定律求得。在推导水跃基本方程时，为简便起见，假定：

(1)渠道底坡很小，水跃长度不大，重力和渠道壁面的摩阻力影响可略去不计；

(2)水跃前、后两过水断面位于渐变流上，则过水断面的压强分布满足静水压强分布规律；

(3)设水跃前、后两过水断面上的动量修正系数相等，即 $\beta_1=\beta_2=\beta$。

在上述假定下，取断面 1—1(跃前断面)、断面 2—2(跃后断面)之间的水体作为隔离体，列出沿水流方向上的动量方程为

$$\sum F=\gamma h_{c1}\omega_1-\gamma h_{c2}\omega_2=\frac{\beta\gamma}{g}Q(v_2-v_1) \tag{5-16}$$

又因为 $v_1=\frac{Q}{\omega_1}$，$v_2=\frac{Q}{\omega_2}$代入上式，得

$$\frac{\beta Q^2}{g\omega_1}+h_{c1}\omega_1=\frac{\beta Q^2}{g\omega_2}+h_{c2}\omega_2 \tag{5-17}$$

上式称为**棱柱形平坡**渠道中**完整水跃**的基本方程。这说明：在水跃区内，单位时间流入1—1 断面的动量与该断面上动水总压力之和等于 2—2 断面的流出动量与该断面上动水总压力之和。

令
$$\theta(h)=\frac{\beta Q^2}{g\omega}+h_c\omega \tag{5-18}$$

式中，h_c 为断面形心的水深，$\theta(h)$称为水跃函数。当流量和断面形状、尺寸一定时，水跃函数只是水深 h 的函数。

若水跃的共轭水深分别为 h_1 和 h_2，则完整水跃的基本方程可写为

$$\theta(h_1)=\theta(h_2) \tag{5-19}$$

上式说明：棱柱形平底渠道中，在某一流量 Q 下，存在着具有相同的水跃函数 $\theta(h)$值的两个水深，这一对水深就是共轭水深。对于任意断面形状的棱柱形渠道和已给定的流量，可绘出 $\theta(h)\sim h$ 关系曲线，如图 5-9 所示。

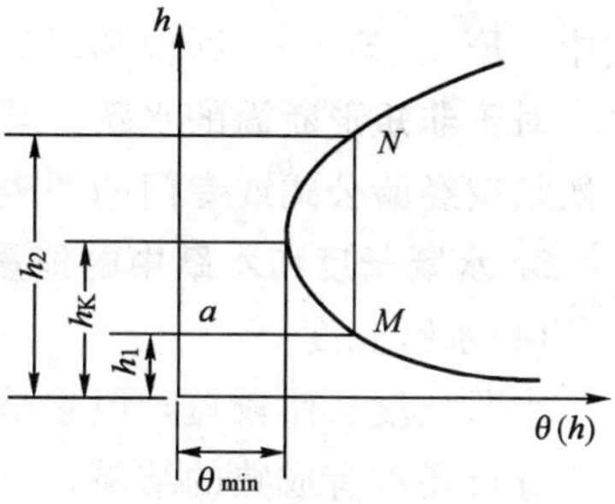

图 5-9　水跃函数曲线

当 $h\to 0$ 时，$\omega\to 0$，则水跃函数 $\theta(h)\to\infty$；

当 $h\to\infty$时，$\omega\to\infty$，则水跃函数 $\theta(h)\to\infty$；

当 $0<h<\infty$时，水跃函数 $\theta(h)$为有限值。

显然，在水深变化过程中，水跃函数 $\theta(h)$存在一个极小值。从图上可见，对应于某一水深，$\theta(h)=\theta(h)_{\min}$。由$\frac{d\theta(h)}{dh}=0$，可证明对应于 $\theta(h)_{\min}$的水深恰好就是临界水深 h_K，即当 $h=h_K$ 时，则 $\theta(h_K)=\theta(h)_{\min}$。另外，由图可见，水跃函数 $\theta(h)$曲线被 h_K 分为上、下两支，若已知共轭水深之一 h_1 或 h_2，则做 h 的平行线交于 M、N 两点，则 N 点(或 M 点)对应的水深 h_2 或(h_1)为所求的另一共轭水深。

2. 水跃共轭水深的计算

对于**矩形断面**的棱柱形渠道，因为 $\omega=Bh$，$h_c=\frac{h}{2}$，根据测定，$\beta=1.0\sim1.05$，视流速分布均匀程度而定，一般采用 $\beta=1.0$，式(5-17)写成 $\frac{Q^2}{gB^2h_1}+\frac{h_1^2}{2}=\frac{Q^2}{gB^2h_2}+\frac{h_2^2}{2}$，化简得

$$h_1h_2(h_1+h_2)=\frac{2Q^2}{gB^2} \tag{5-20}$$

上式称为**矩形断面渠道的水跃方程**。方程是对称的，则解也对称，求解后可得矩形断面的水跃前、后水深为

$$h_1=\frac{h_2}{2}\left(\sqrt{1+\frac{8Q^2}{gh_2^3B^2}}-1\right) \tag{5-21}$$

或

$$h_2=\frac{h_1}{2}\left(\sqrt{1+\frac{8Q^2}{gh_1^3B^2}}-1\right) \tag{5-22}$$

若代入：$h_K=\sqrt[3]{\frac{Q^2}{gB^2}}, Fr=\frac{v^2}{gh}=\frac{Q^2}{gh^2B^2}=\frac{h_K^3}{h^3}$

则上式也可写成

$$h_1=\frac{h_2}{2}\left[\sqrt{1+8\left(\frac{h_K}{h_2}\right)^3}-1\right] \tag{5-23}$$

$$h_2=\frac{h_1}{2}\left[\sqrt{1+8\left(\frac{h_K}{h_1}\right)^3}-1\right] \tag{5-24}$$

或

$$h_1=\frac{h_2}{2}(\sqrt{1+8Fr_2}-1) \tag{5-25}$$

$$h_2=\frac{h_1}{2}(\sqrt{1+8Fr_1}-1) \tag{5-26}$$

式中：Fr_1、Fr_2——跃前和跃后断面的佛汝德数。

对于**非矩形断面**的水跃，其共轭水深的计算可按类似方法求得计算公式，但公式复杂，一般须按经验公式或专门的图表进行计算。

3. 水跃长度和水跃中的能量损失

(1)水跃长度

水跃长度虽然较短，但它是泄水建筑物消能设计的主要参数之一。水跃运动现象复杂，理论分析还没有成熟的结果，目前仍只是根据经验公式计算。但由于水跃的跃尾位置的选定有不同的标准，因此各种经验公式的计算值相互之间出入较大，下面列出几种不同类型的常见公式

$$l=6.9(h_2-h_1) \tag{5-27}$$

$$l=9.4(\sqrt{Fr_1}-1)h_1 \tag{5-28}$$

上述的水跃长度公式经过试验资料证实，适用于完整水跃，即 $2<\frac{h_2}{h_1}<12$。但当$\frac{h_2}{h_1}>12$时，由于水跃长度很大，渠道摩阻力已不能忽略，计算的 h_2 值偏大；当$\frac{h_2}{h_1}<2$ 时，水跃呈无旋滚的波状水跃，水跃后水面波动很大，不属于渐变流，计算的 h_2 值偏小。

(2)水跃中的能量损失

水跃中的能量损失主要是由于水跃区域的上部旋滚区和水跃区域的下部主流区的交界处流速梯度很大，脉动混掺强烈造成的，损失最大可达跃前能量的 85%，因此工程上常利用水跃形式，削减水流的多余能量，减小对下游的冲刷破坏。对于平坡矩形渠道的水跃能量损失，可由下式求得

$$\Delta h_w=\frac{(h_2-h_1)^3}{4h_1h_2} \tag{5-29}$$

可见，在给定流量下，水跃愈高，则水跃中的能量损失 Δh_w 愈大。

三、水跃与下游的衔接方式

由建筑物泄出的急流沿渠底冲出时，若未经特殊措施控制，则水跃形成的位置随下游水流状态不同，可能出现不同的衔接形式。

一般河流中，下游河渠水流多是缓流，由于收缩断面为急流，因此在过渡处必发生水跃。设收缩断面处水深为 h_c，对应的共轭水深为 h''_c，则由于下游水深 h_t 与 h''_c 的差异不同，会有下列三种可能的衔接形式。

(1)临界水跃

当 $h_t=h''_c$，即下游水深 h_t 恰好等于 h_c 的共轭水深 h''_c 时，则水跃就在收缩断面处开始形成，这种水跃称为**临界水跃**，如图 5-10b)所示。

(2)远驱式水跃

当 $h_t<h''_c$ 时，水流在收缩断面后，形成一段 c 型壅水曲线，水深沿程逐渐增大直至与下游水深 h_t 成为共轭水深后发生水跃，这种水跃称为**远驱式水跃**，如图 5-10a)所示。如果下游水深 h_t 仅略大于临界水深 h_K，则水跃是**波状水跃**。

(3)淹没式水跃

当 $h_t>h''_c$ 时，尾水淹没了收缩断面，下游渠道的水面将水跃覆盖，这种水跃称为**淹没式水跃**，如图 5-10c)所示。

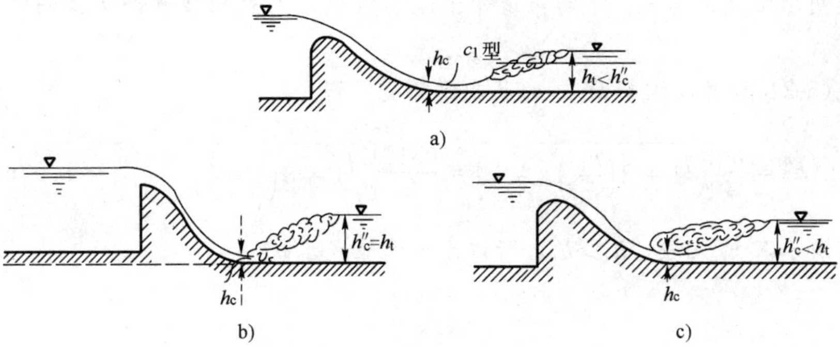

图 5-10　水跃与下游的衔接方式

临界水跃和远驱式水跃的位置是不稳定的，流量稍有变化，水跃位置也就变化。另外，远驱式水跃有很长一段急流，易引起渠道冲刷。所以工程上为了节省渠道加固数量，总是采取一些措施保证在下游渠道内能形成淹没式水跃。但当淹没度较大，它的消能效率比较低，水跃长度也增大。

四、水跃计算算例

［例 5-3］　已知矩形断面渠道，流量 $Q=40\text{m}^3/\text{s}$，底宽 $B=5\text{m}$，跃前水深 $h_1=1.17\text{m}$，试求：(1)跃后共轭水深 h_2；(2)水跃长度 l；(3)水跃中能量损失 Δh_w。

解：(1)跃后共轭水深 h_2

$$Fr_1=\frac{v^2}{gh_1}=\frac{Q^2}{gh_1^3B^2}=\frac{40^2}{9.8\times1.17^3\times5^2}=4.0775$$

$$h_2=\frac{h_1}{2}(\sqrt{1+8Fr_1}-1)=\frac{1.17}{2}(\sqrt{1+8\times4.0775}-1)=2.81\text{m}$$

(2)水跃长度 l

按式(5-27)、式(5-28)计算水跃长度，有

$$l=6.9(h_2-h_1)=6.9(2.81-1.17)=11.32\text{m}$$

$$l=9.4(\sqrt{Fr_1}-1)h_1=9.4(\sqrt{4.0775}-1)\times1.17=11.21\text{m}$$

为安全设计，取 $l=12\text{m}$。

(3)水跃中能量损失 Δh_w

按式(5-29)，有 $\Delta h_w=\dfrac{(h_2-h_1)^3}{4h_1h_2}=\dfrac{(2.81-1.17)^3}{4\times1.17\times2.81}=0.335\text{m}$

[例 5-4] 有一长而直的棱柱形矩形断面渠道，底宽 $B=12\text{m}$，底坡 $i=0$，$Q=14.4\text{m}^3/\text{s}$，已知下游水深 $h_t=1.0\text{m}$。现在渠中修一溢流坝下泄水流，收缩断面的水深 $h_c=0.12\text{m}$，试判别下游水流的衔接方式。

解： 按式(5-9)求 h_K

$$h_K=\sqrt[3]{\frac{Q^2}{gB^2}}=\sqrt[3]{\frac{14.4^2}{9.8\times12^2}}=0.53\text{m}$$

因为

$$h_c<h_K<h_t$$

这表明坝趾处为急流，下游渠道中水流为缓流，必然出现水跃方式与下游水面线相衔接。

按式(5-24)计算收缩断面 h_c 的共轭水深 h_c''，得

$$h_c''=\frac{h_c}{2}\left[\sqrt{1+8\left(\frac{h_K}{h_c}\right)^3}-1\right]=\frac{0.12}{2}\left[\sqrt{1+8\left(\frac{0.53}{0.12}\right)^3}-1\right]=1.52\text{m}$$

与下游水深 h_t 比较，$h_c''>h_t$，所以发生远驱式水跃。

第六节　明渠渐变流水面曲线形状的定性分析

渐变流的水深是沿程变化的，为了确定不同断面的水深及流速，必须先确定水面曲线的形状及其具体位置，本节只分析水面曲线的形状。

一、明渠渐变流的基本方程

前面已提到，明渠渐变流有减速流动和加速流动，其相应的水面曲线也分两类：减速流动水深沿流程增加，即 $\dfrac{\text{d}h}{\text{d}L}>0$，称为**壅水曲线**；加速流动水深沿流程减小，即 $\dfrac{\text{d}h}{\text{d}L}<0$，称为**降水曲线**。

由于明渠的底坡不同，流量的变化，渠首、渠尾进出流边界条件或渠内建筑物所形成的控制水深的不同，可以形成各式各样的水面线，其中棱柱形渠道的恒定渐变流的水面线分析最为简单，共有 12 种水面线，现分析如下：

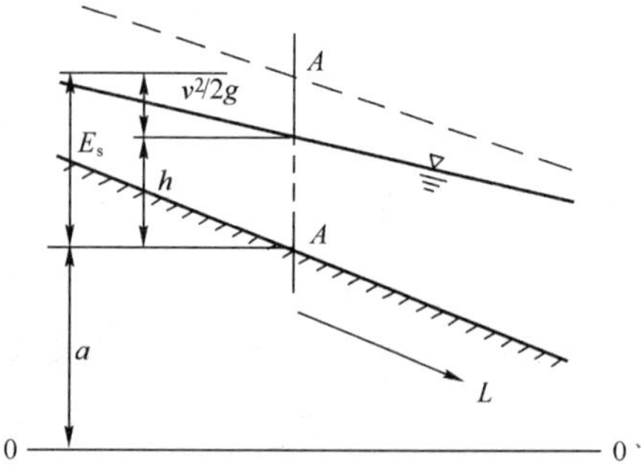

图 5-11　渐变流

在棱柱形渠道的恒定渐变流中，如图 5-11 所示，任取一过水断面 A—A，并以 0—0 为基准面，则这一断面的总比能 E 为

$$E = a + h + \frac{v^2}{2g} = a + E_s$$

式中：a、h、v 都是沿流程距离 L 的连续函数，取上式各项对 L 的一次导数，可得

$$\frac{\mathrm{d}E}{\mathrm{d}L} = \frac{\mathrm{d}a}{\mathrm{d}L} + \frac{\mathrm{d}E_s}{\mathrm{d}L} = \frac{\mathrm{d}a}{\mathrm{d}L} + \frac{\mathrm{d}E_s}{\mathrm{d}h} \cdot \frac{\mathrm{d}h}{\mathrm{d}L}$$

其中：$\frac{\mathrm{d}E}{\mathrm{d}L} = -J$，$\frac{\mathrm{d}a}{\mathrm{d}L} = -i$，$\frac{\mathrm{d}E_s}{\mathrm{d}h} = 1 - Fr$，代入上式可得

$$\frac{\mathrm{d}h}{\mathrm{d}L} = \frac{i - J}{1 - Fr} \tag{5-30}$$

这就是**明渠渐变流的基本方程**。它表明：渐变流水深的沿程变化率 $\frac{\mathrm{d}h}{\mathrm{d}L}$ 与底坡 i、水力坡度 J 和水流的佛汝德数 Fr 有关。

二、水面曲线分析简介

1. 明渠渐变流水面曲线的性质

根据明渠渐变流基本方程可分析确定渐变流水面曲线的形状，但还须对水面曲线的性质做以下说明。

(1)水面曲线形状根据 $\frac{\mathrm{d}h}{\mathrm{d}L}$ 的性质而定。当 $\frac{\mathrm{d}h}{\mathrm{d}L} > 0$ 时，水深沿流程增加，成为壅水曲线；当 $\frac{\mathrm{d}h}{\mathrm{d}L} < 0$ 时，水深沿流程减小，成为降水曲线；当 $\frac{\mathrm{d}h}{\mathrm{d}L} = i$ 时，水面线是一水平线；当 $\frac{\mathrm{d}h}{\mathrm{d}L} = 0$ 时，水深沿流程不变，是均匀流；当 $\frac{\mathrm{d}h}{\mathrm{d}L} \to \pm\infty$ 时，水面与渠底垂直，是急变流，已不属于渐变流的范围，实际上，在这一范围内，降水曲线与水跌相接，壅水曲线与水跃相接。

(2)水力坡度 J。对于均匀流，$J = i$；对于渐变流，当非均匀流水深 $h > h_0$ 时，$v < v_0$，则 $J < i$；当 $h < h_0$ 时，$v > v_0$，则 $J > i$。

(3)渠道的底坡 i。明渠渐变流对应的渠道底坡可以分为：顺坡 $i > 0$，平坡 $i = 0$ 及逆坡 $i < 0$。

(4)流态的区分。缓流时，$Fr < 1$，$h > h_K$；急流时，$Fr > 1$，$h > h_K$；临界流时，$Fr = 1$，$h = h_K$。

2. 明渠渐变流水面曲线的形状

根据上述特性，利用渐变流基本方程就可以很容易地确定水面曲线形状。

由前述可知，当渠道断面形状、尺寸和流量一定时，渠道中的临界水深 h_K 就可确定；同时，可以按明渠均匀流计算公式，求出相应的均匀流水深 h_0。为了便于区分水面曲线沿流程变化的情况，一般在水面曲线的分析图上画出两条平行于渠底的直线，其中一条是距渠底为 h_0 的正常水深线 N—N，另一条是距渠底为 h_K 的临界水深线 K—K。这样，根据渠道底坡线、N—N 线及 K—K 线，把渠道水深变化范围划分成三个不同的区域，这三个区分别称为 a 区、b 区和 c 区。其中，a 区指 N—N 线和 K—K 线以上的区域，其水深 h 大于 h_0 和 h_K；b 区指 N—N 线和 K—K 线之间的区域，其水深 h 介于 h_0 和 h_K 之间；c 区指 N—N 线和 K—K 线以下的区域，其水深 h 小于 h_0 和 h_K。

现分别对顺坡 $i > 0$，平坡 $i = 0$ 及逆坡 $i < 0$ 三种棱柱形渠道中水面曲线变化的情况进行讨论。

(1)顺坡渠道($i>0$)

根据渠道底坡 i 的大小，可将顺坡渠道分为缓坡($i<i_K$)、陡坡($i>i_K$)及临界坡($i=i_K$)三种情况。

①缓坡($i<i_K$)

这种情况下，正常水深 h_0 大于临界水深 h_K，均匀流属于缓流，$N—N$ 线在 $K—K$ 线之上；对于非均匀流，根据水面线位于不同的区域，可分为三种不同的水面线，如图 5-12 所示。

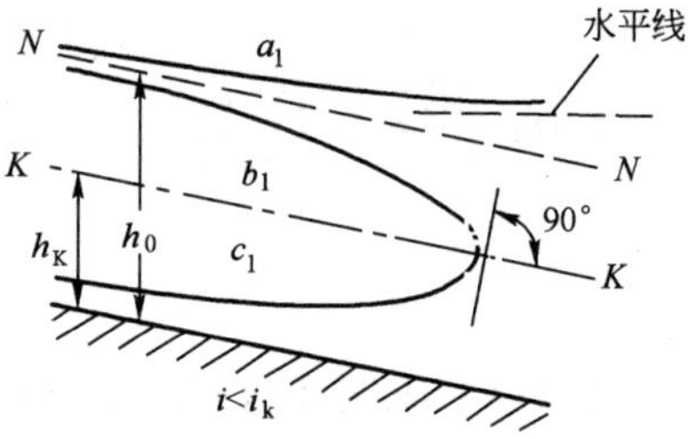

图 5-12 缓坡

a 区：位于 a 区的水面线，其水深大于正常水深和临界水深，即 $h>h_0>h_K$。因 $h>h_0$，故 $J<i$，即 $i-J>0$；又因 $h>h_K$，非均匀流为缓流，故 $Fr<1$，即 $1-Fr>0$，所以$\dfrac{dh}{dL}>0$，水深沿流程增加，水面线是壅水曲线，称为 a_1 型壅水曲线。

从式(5-30)还可以分析 a_1 型壅水曲线的两端特征：该水面线的上游水深逐渐减小，当上游水深 $h\to h_0$ 时，则 $J\to i$，$i-J\to 0$；$Fr<1$，$1-Fr>0$，因此$\dfrac{dh}{dL}\to 0$，这说明 a_1 型壅水曲线上游端以 $N—N$ 线为渐近线；该水面线的下游水深逐渐增加，若渠道有足够的深度，当下游水深 $h\to\infty$，则 $v\to 0$，$J\to 0$，$i-J\to i$，$Fr\to 0$，$1-Fr\to 1$，因此$\dfrac{dh}{dL}\to i$，说明 a_1 型壅水曲线下游端以水平线为渐近线。

在缓坡渠道上修建闸、坝、桥梁墩台及其他束狭水流的建筑物时，都可能在其上游出现 a_1 型壅水曲线，如图 5-13 所示。

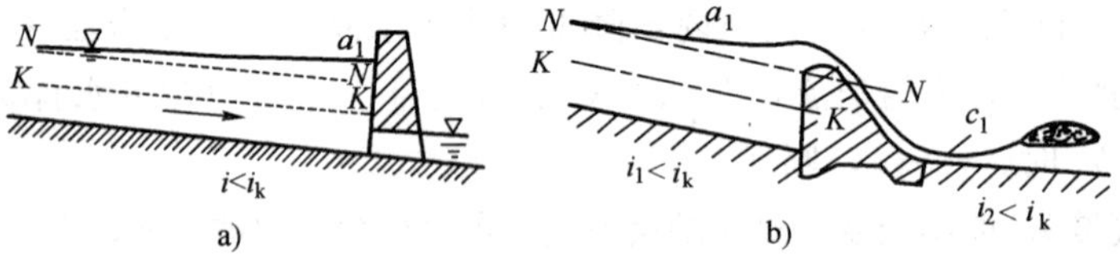

图 5-13 缓坡渠道 a_1 型壅水曲线

b 区：如图 5-14 所示，位于 b 区的水面线，其水深小于正常水深，但大于临界水深，即 $h_K<h<h_0$。因 $h<h_0$，故 $J>i$，即 $i-J<0$；又因 $h_K<h$，非均匀流为缓流，故 $Fr<1$，即 $1-Fr>0$，所以$\dfrac{dh}{dL}<0$，水深沿流程减小，水面线是降水曲线，称为 b_1 型降水曲线。

b_1 型降水曲线的两端特征为：该水面线的上游水深逐渐增加，当 $h\to h_0$ 时，$J\to i$，b_1 型降水曲线上游端以 $N—N$ 线为渐近线；该水面线的下游水深逐渐减小，当 $h\to h_K$ 时，$Fr\to 1$，流态接近临界状态，$\dfrac{dh}{dL}\to\infty$，水面线与 $K—K$ 正交。但此处水深急剧减小已不是渐变流，将发生从缓流到急流过渡的水跌现象，水面迅速下降，形成光滑曲线，故用虚线标出。

在缓坡渠道末端出现跌坎，就可能出现 b_1 型降水曲线，如图 5-14 所示。

c 区：位于 c 区的水面线，其水深小于正常水深和临界水深，即 $h<h_K<h_0$。因 $h<h_0$，故 $J>i$；又因 $h<h_K$，非均匀流为急流，故 $Fr>1$，因此$\dfrac{dh}{dL}=\dfrac{-}{-}>0$，水深沿流程增加，水

面线是壅水曲线，称为 c_1 型壅水曲线。其上游端 h 的最小值随具体条件而定(例如收缩断面的水深 h_c)，下游端 $h\to h_K$，$Fr\to 1$，$\frac{dh}{dL}\to\infty$，此处也属于急变流，c_1 型壅水曲线下游端与 $K—K$ 线垂直，将发生水跃现象。

在缓坡渠道中的闸孔出流或溢流坝泄流时，闸坝下游出现的常是 c_1 型壅水曲线，如图5-13b)所示。

综上所述，水面曲线的凹凸，可根据其两端特性决定。

当 $h\to h_0$ 时，$J\to i$，$\frac{dh}{dL}\to 0$，即 a_1、b_1 曲线上游端水面以正常水深线为渐近线。

当 $h\to\infty$时，$J\to 0$，$Fr\to 0$，$\frac{dh}{dL}\to i$，即 a_1 曲线的下游端水面趋于水平线。

当 $h\to h_K$ 时，$Fr\to 1$，$\frac{dh}{dL}\to\infty$，即 b_1、c_1 曲线的下游端水面与临界水深线 $K—K$ 垂直。

由此可见，a_1 是下凹的壅水曲线，b_1 是下凸的降水曲线，c_1 是下凹的壅水曲线。

②陡坡($i>i_K$)

在这种情况下，正常水深 h_0 小于临界水深 h_K，$N—N$ 线在 $K—K$ 线之下，均匀流属于急流，非均匀流的水深可以在三个区域内变化，分析方法与缓坡时相同，如图 5-15 所示。

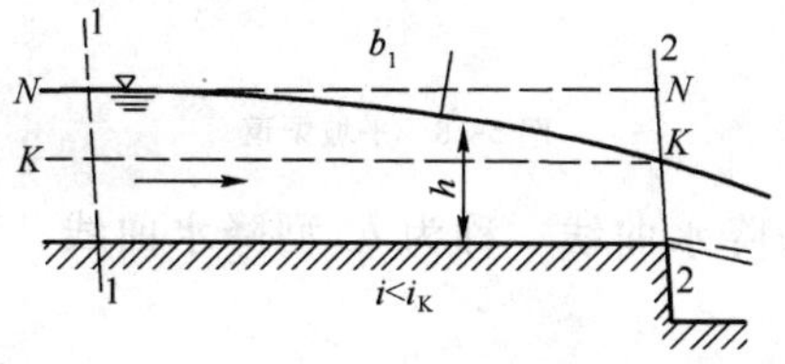

图 5-14　缓坡的降水曲线

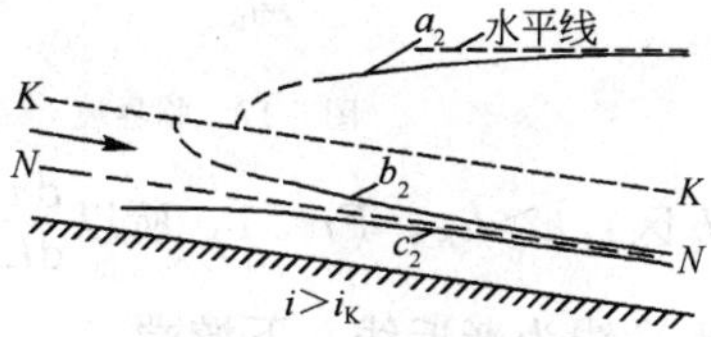

图 5-15　陡坡的水面曲线

a 区：水深大于临界水深和正常水深，即 $h>h_K>h_0$，$J<i$，$Fr<1$，所以$\frac{dh}{dL}>0$，水面线是壅水曲线，称为 a_2 型壅水曲线。其上游端与 $K—K$ 线垂直，下游端以水平线为渐近线。

b 区：水深小于临界水深，但大于正常水深，即 $h_0<h<h_K$。由于 $J<i$，$Fr>1$，所以$\frac{dh}{dL}<0$，水面线是降水曲线，称为 b_2 型降水曲线。其上游端与 $K—K$ 线垂直，下游端以 $N—N$ 线为渐近线。

c 区：水深小于临界水深和正常水深，即 $h<h_0<h_K$。因 $J>i$，$Fr>1$，所以$\frac{dh}{dL}>0$，水面线是壅水曲线，称为 c_2 型壅水曲线。其上游端由具体条件决定，下游端以 $N—N$ 线为渐近线。

在陡坡渠道中筑坝，当坝前水深大于临界水深，则在坝的上游形成 a_2 型壅水曲线，而在坝的下游形成 c_2 型壅水曲线［图 5-16a)］。在陡坡渠道上挡水建筑物的下游形成 b_2 型降水曲线［图 5-16b)］。

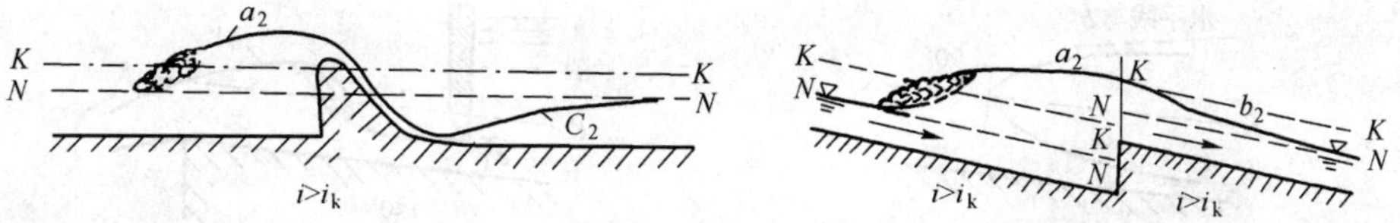

a)　　b)

图 5-16　陡坡渠道

③临界坡($i=i_K$)

在这种情况下，正常水深 h_0 等于临界水深 h_K，均匀流属于临界流均匀流。$N—N$ 线与 $K—K$ 线重合，非均匀流的水深只可以在 a 区($h>h_0=h_K$)和 c 区($h<h_0=h_K$)内变化，只有两条水面曲线，即 a_3、c_3 型壅水曲线，并且这两区的水面曲线近似水平线，如图 5-17 所示。

a_3 型壅水曲线和 c_3 型壅水曲线，在实际工程中很少出现。

(2)平坡渠道 $i=0$

平坡渠道中不能形成均匀流，正常水深 $h_0\to\infty$，所以正常水深线（$N—N$ 线）不存在，只有临界水深线（$K—K$ 线）；$K—K$ 线将流动空间分为 b 区和 c 区，非均匀流的水深只能在 b 区和 c 区内变动，它们的水面线如图 5-18 所示。明渠渐变流基本方程变为

$$\frac{dh}{dl}=\frac{-J}{1-Fr}$$

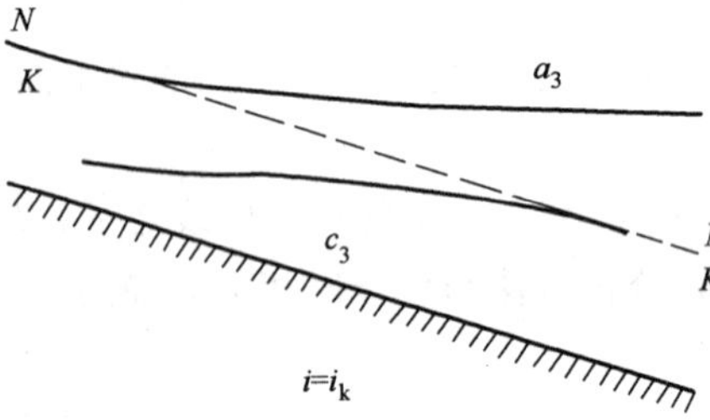

图 5-17 临界坡

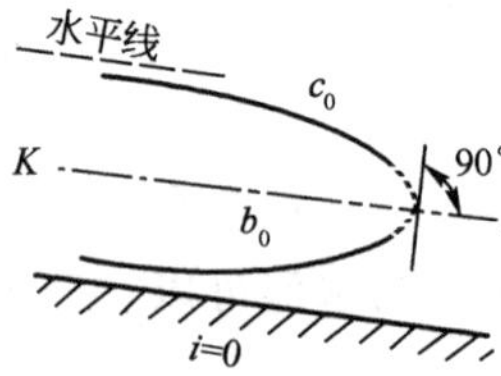

图 5-18 平坡渠道

对 b 区：$h>h_K$，$Fr<1$，所以$\frac{dh}{dL}<0$，水面线为降水曲线，称为 b_0 型降水曲线。其上游端以水平线为渐近线，下游端与 $K—K$ 线垂直。

对 c 区：$h<h_K$，$Fr>1$，所以$\frac{dh}{dL}>0$，水面线为壅水曲线，称为 c_0 型降水曲线。其上游端由具体条件决定，下游端与 $K—K$ 线垂直。

在平坡渠道中的闸孔出流，其水面曲线即为 c_0 型降水曲线。若渠道末端为跌坎，在跌坎前的水深 $h>h_K$ 时的水面线即为 b_0 型降水曲线，如图 5-19 所示。

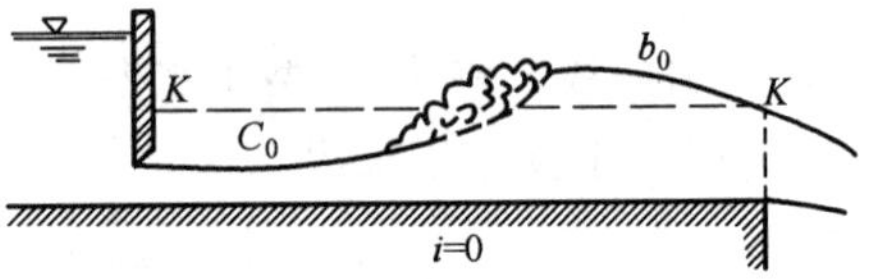

图 5-19 平坡

(3)逆坡渠道($i<0$)

与平坡情况一样，逆坡渠道中不可能形成均匀流，故不存在正常水深。临界水深线($K—K$ 线)将流动空间分为 b 区和 c 区，非均匀流的水深只能在 b 区($h>h_K$)和 c 区($h<h_K$)内变动。与平坡水面线变化规律相似，仿照上述分析方法，在 b 区形成 b' 型降水曲线，在 c 区形成 c' 型壅水曲线，它们的水面线如图 5-20 所示。

在逆坡渠道中的闸孔出流，当闸门开启度 e 小于临界水深 h_K 时，闸下形成 c' 型壅水曲线。若明渠末端为跌坎时，在跌坎前($h>h_K$)的水面线为 b' 型降水曲线(图 5-21)。

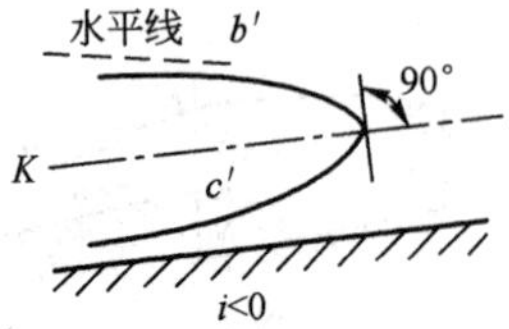

图5-20 逆坡渠道 c' 型壅水曲线

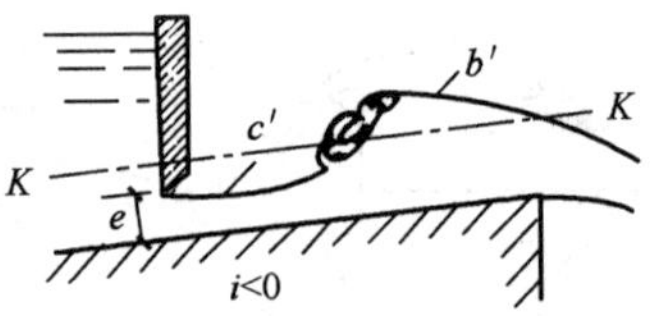

图 5-21 逆坡渠道 b' 型降水曲线

综上所述，棱柱形渠道中渐变流的水面曲线共有 12 条，这 12 条水面曲线在不同条件下出现。从以上图中可见，在闸坝、桥墩以及缩窄水流断面的各种水工建筑物的上游，一般会形成 a 型壅水曲线；在跌水处及缓坡渠道与陡坡渠道衔接时常发生 b 型降水曲线；而在堰、闸、坝下游则常有 c 型壅水曲线或发生水跃现象。

另外，在进行水面曲线分析和计算时，必须从已知水深的断面，即所谓的控制断面出发，确定水面曲线的类型。控制断面由明渠水流的具体条件来决定。例如桥(或堰闸)前断面的水深、临界水深断面的水深 h_K 或堰下、闸门下出流的收缩断面的水深 h_c，均可根据已知条件，事先求得，作为控制断面处的控制水深。

三、水面曲线分析算例

[例 5-5] 如图 5-22 所示，试定性分析，在由四段底坡不同的渠道所组成的长棱柱形中，恒定流时水面曲线的类型及变化，设每一段渠道的长度足够长，其中间流段不受进、出口影响。

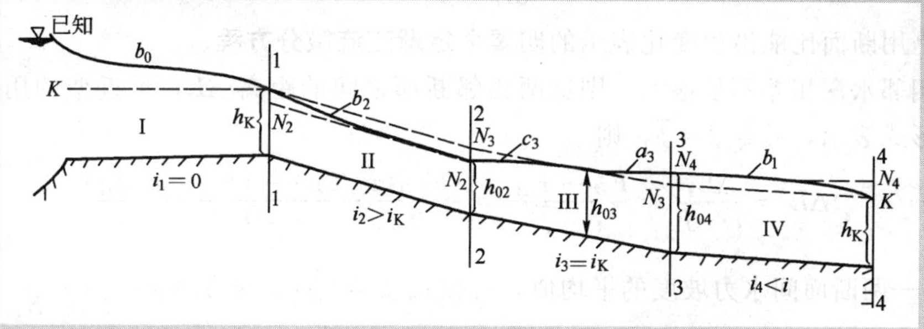

图 5-22 四段底坡不同的渠道水面曲线的连接

解： 按前面所介绍的方法进行分析：

(1)画各段渠道的 $N—N$ 线和 $K—K$ 线分区

由于各段渠道均为相同的棱柱形且流量相同，因此临界水深均相同。虽然各段渠道的流量相同，但由于底坡 i 不同，因此正常水深 h_0 不同。在 I 段中 $i_1=0$，故无正常水深，即无 a 区；在 II 段中 $i_2>i_K$(陡坡)，故 $h_{02}<h_K$；在 III 段中 $i_3=i_K$(临界坡)，故 $h_{03}=h_K$；在 IV 段中 $i_4<i_K$(缓坡)，故 $h_{04}>h_K$。

(2)找出各段渠道的控制水深

I 段到 II 段是由缓坡($i=0$ 作为缓坡特例)向陡坡($i_2>i_K$)过渡，所以 1—1 断面处的水深为 h_K。由于是长渠道，所以 2—2 断面处的水深为 h_{02}，同理，3—3 断面处的水深为 h_{04}。

(3)确定各段水面曲线的类型

I 段渠道的两个端点的水深均在 b 区，又发生在 $i_1=0$ 的渠中，因此产生 b_0 型降水曲线。在 II 段渠道中上游断面水深为 h_K，下游断面水深为 h_{02}，又在陡坡的 b 区，因此产生 b_2 型降水曲线。同理可得，在 IV 段渠道中产生 b_1 型降水曲线。III 段渠道上游断面水深为 h_{02}，当它向正常水深 h_{03} 过渡时在 c 区，因此产生 c_3 型壅水曲线。III 段渠道下游断面水深为 h_{04}，当它向正常水深 h_{03} 过渡时在 a 区，因此产生 a_3 型壅水曲线。

第七节　明渠渐变流水面曲线的计算

渐变流水面曲线的绘制方法很多，这里只介绍两种最简单的方法。

一、分段求和法

分段求和法是计算明渠恒定流水面线的基本方法，适用于各种流动情况。

由前可知，对渐变流任一断面所具有的总比能为 $E=a+E_s$，将上式改写为

$$\frac{\mathrm{d}E}{\mathrm{d}L}=\frac{\mathrm{d}a}{\mathrm{d}L}+\frac{\mathrm{d}E_s}{\mathrm{d}L}$$

其中

$$\frac{\mathrm{d}E}{\mathrm{d}L}=-J,\frac{\mathrm{d}a}{\mathrm{d}L}=-i$$

故

$$\frac{\mathrm{d}E_s}{\mathrm{d}L}=i-J \tag{5-31}$$

上式是用断面比能沿程变化表示的**明渠恒定渐变流微分方程**。

若两相邻水深相差不是很大，则这两相邻断面之间的距离 ΔL，可近似的用式(5-31)的差分方程形式表示，并令 $J=\overline{J}$，则

$$\Delta L=\frac{\Delta E_s}{i-\overline{J}}=\frac{E_{s2}-E_{s1}}{i-\overline{J}}=\frac{(h_2+v_2^2/2g)-(h_1+v_1^2/2g)}{i-\overline{J}} \tag{5-32}$$

式中：$\overline{J}$——两断面间水力坡度的平均值，可按式 $\overline{J}=\frac{1}{2}(J_1+J_2)=\frac{1}{2}\left(\frac{v_1^2}{C_1^2R_1}+\frac{v_2^2}{C_2^2R_2}\right)$ 计算，流程的总长 $L=\sum\Delta L$。

上述各式中，h_1、h_2 分别为两相邻断面的水深，v_1、v_2 分别为两相邻断面的流速；J_1、J_2 分别为两相邻断面处的水力坡度。

式(5-32)即为**水面曲线分段求和法的基本公式**。它表明，在相邻两断面间，若已知其中一个断面水深和水面曲线的变化趋势，就可以假定另一个断面的水深并求得两断面间的距离 ΔL。具体步骤是：把水面曲线全长按不同水深分成若干段，将相邻水深之间的曲线长度求出，然后逐段连接，就得到整个水面曲线。两相邻断面水深取值越接近，ΔL 越小，水面曲线的计算精度越高。

水面曲线分段求和法的基本公式很简单，但要计算每个断面的水力要素，计算工作量比较大，采用计算机完成将是十分方便的。按这一方法绘制水面曲线时，应注意：

(1)这一方法只适用于棱柱形渠道。对于断面沿程变化不大的非棱柱形渠道，也可近似使用。

(2)这一方法的精确程度，视两相邻断面水深取值的差值大小而定。

(3)绘制水面曲线时，首先需要选择控制断面，正确求得该处水深，作为分段求和法的起始断面。如果起始断面选择不当或断面上的水深不够准确，势必影响整个水面线的计算。对于急流，应在上游寻找控制断面；对缓流一般在下游寻找控制断面。另外，从缓流过渡到急流处(如坡度转折处、渠末端跌落处)，水深为临界水深，也常用来作为起始断面水深。

进行分段时，一般来说，降水曲线水面变化较大，分段宜短；壅水曲线水面变化较小，分段可长一些。每段的断面形状、糙率和底坡等应尽可能一致。在断面、糙率和底坡等突变处，应作为分段位置。

二、分段求和法计算算例

[例 5-6] 某一梯形断面的渠道，$m=2.0$，$b=45\text{m}$，$n=0.025$，$i=\frac{1}{3\,000}$，$Q=500\text{m}^3/\text{s}$，水面曲线为壅水曲线，末端水深 $h=8.95\text{m}$，试绘制 $h=8.95\sim8.0\text{m}$ 之间的水面曲线。

解：(1)判别水面曲线的形式

经计算，正常水深 $h_0=4.93\text{m}$，临界水深 $h_K=2.25\text{m}$。

因 $h_0>h_K$，所以渠道为缓坡($i<i_K$)，均匀流为缓流；又因为 $h>h_0>h_K$，所以水面曲线为 a_1 型壅水曲线。

(2)计算水面曲线

计算列表进行，见表 5-3。

分段求和法计算水面曲线表 表 5-3

断面	h (m)	ω (m²)	v (m/s)	$\frac{v^2}{2g}$ (m)	E_s (m)	χ (m)	R (m)	$J\times10^5$	ΔE_s (m)	$(i-J)\times10^5$	ΔL (m)	$\Sigma\Delta L$ (m)
1	8.95	563	0.89	0.040	8.99	85.0	6.62					0
								4.08	0.156	29.3	513	
2	8.80	551	0.91	0.042	8.84	84.3	6.54					513
								4.39	0.196	29.0	677	
3	8.60	535	0.94	0.044	8.64	83.5	6.40					1 190
								4.80	0.197	28.5	690	
4	8.40	519	0.96	0.047	8.45	82.6	6.28					1 880
								5.24	0.197	28.1	700	
5	8.20	503	0.99	0.050	8.25	81.7	6.16					2 580
								5.70	0.196	27.9	710	
6	8.00	488	1.03	0.054	8.05	80.8	6.04					3 290

根据表中的计算值绘制的水面曲线如图 5-23 所示。

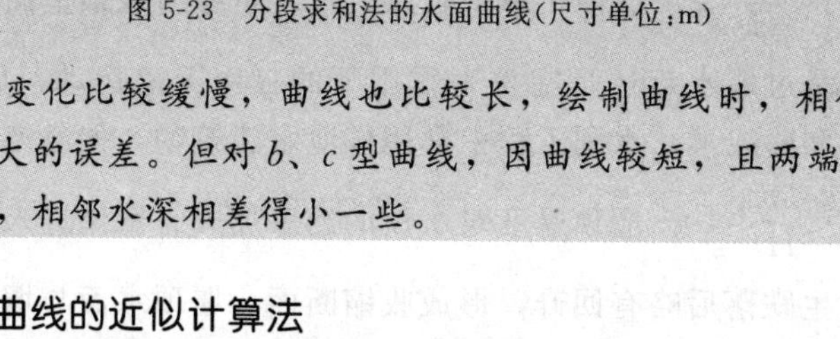

图 5-23 分段求和法的水面曲线(尺寸单位：m)

a_1 型水面曲线变化比较缓慢，曲线也比较长，绘制曲线时，相邻水深相差稍大一些，尚不致引起很大的误差。但对 b、c 型曲线，因曲线较短，且两端水深相差不大，因此计算曲线长度时，相邻水深相差得小一些。

三、a_1 型壅水曲线的近似计算法

桥梁上游经常形成 a_1 型壅水曲线，只须用**近似**计算法，即确定水面曲线的位置和数值时，可用简单的几何曲线，如圆弧线或抛物线来代替。

最常用的是假定水面曲线为二次抛物线，曲线下端与水平线相切，上端与正常水深线相切，并且假定两切线的交点与曲线中心在同一个铅直线上，如图 5-24 所示。根据这些假定，

不难得出壅水曲线沿水平方向的长度为

$$L=\frac{2\Delta H}{i} \tag{5-33}$$

曲线上任意点 A，距曲线下游端的距离为 L_A，则 A 点的壅水高度 ΔH_A 为

$$\Delta H_{A}=\left(1-\frac{L_{A}}{L}\right)^{2}\cdot\Delta H \tag{5-34}$$

而 A 点水深：$h_A=h_0+\Delta H_A$。

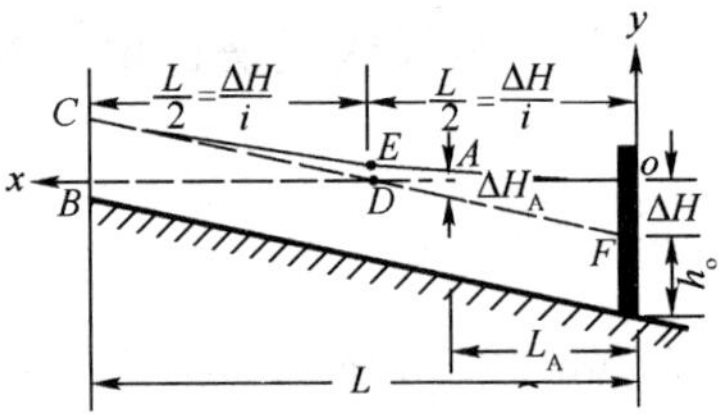

图 5-24　近似计算法的水面曲线

第八节　宽顶堰溢流

水流从构造物顶上溢流的水力现象称为**堰流**，这种构造物称为**堰**。这种构造物对水流的作用通常是从底部约束水流，如闸坝等水工建筑物，但也有从侧面约束水流，如桥涵，或者从底部、侧面两方面同时约束水流。堰流在工程上应用十分广泛，在水利工程中，可作为引水灌溉、宣泄洪水、排除内涝的水工建筑物；在给排水工程中，堰流是常用的溢流设备和量水设备；宽顶堰理论也是小桥和涵洞的孔径水力计算的基础。

一、堰的类型

在工程上，按使用要求，堰的类型有多种。如图 5-25 所示，水流接近堰顶时，由于流线收缩，流速加大，自由表面也将逐渐下降。习惯上把堰前水面无明显下降的断面叫做堰前断面；该断面堰顶以上的水深叫做堰前水头，以 H 表示；堰前断面的流速称为行近流速 v_0，实测表明，堰前断面距堰进口断面的距离约为 $l=(3\sim5)H$。根据试验资料，流过堰顶的水流形态随堰壁厚度与堰顶水头之比 δ/H 而变。

按**堰壁厚度与堰前水头** H **的比值**的大小，可将堰分为三类：

(1)**薄壁堰**：$\frac{\delta}{H}<0.67$。水流越过堰顶时，底部水流向上收缩，水面逐渐下降，使过堰水流形如舌状，称为水舌。水舌的下缘与堰顶只沿周线接触，堰壁厚度不影响水舌的流动特性，水流过堰呈自由下落运动，水流阻力主要受堰口形状影响，如图 5-25a)所示。它常被用作量水设备。

(2)**实用堰**：$0.67<\frac{\delta}{H}<2.5$。由于堰壁较厚，水舌下缘与堰顶呈面的接触，堰壁厚度影响堰顶水流特性，但是过堰水流还是在重力作用下的自由下落运动，如图 5-25b)所示。常用的实用堰有折线形和曲线形。水利工程中常用作泄水建筑物，如溢流坝等。

(3)**宽顶堰**：$2.5<\frac{\delta}{H}<10$。堰顶厚度对水流的约束加大。水流进入堰顶，在堰壁厚度的顶托作用下，水面发生跌落后略有回升，形成收缩断面。堰顶水面与堰顶近似平行且呈急流状态，堰顶水深接近临界水深，如图 5-25c)所示。

而当$\frac{\delta}{H}>10$ 时，堰顶水流的沿程水头损失已不能忽略，水流特性不再属于堰流，堰顶水流为明渠水流。对于堰流，主要是局部阻力作用，只考虑局部水头损失。上述三种堰流，在实际工程中都是常见的。在水力特征上，它们还有一个共同点，即由于堰坎存在，产生水

流垂直方向的收缩，而引起水面跌落。

按堰下游水位对堰的过流能力的影响程度，将堰的出流分为自由出流和淹没出流两类：

(1)**自由堰**：下游水位较低，对堰的过流能力没有影响。

(2)**淹没堰**：下游水位较高，对堰的过流能力有影响。如图 5-25d)所示。

按堰前渠道宽度和堰口宽度的变化，可将堰分为无侧收缩堰和有侧收缩堰，如图 5-25e)、f)所示：

(1)**无侧收缩堰**：堰前渠道宽度与堰顶宽度相等。

(2)**有侧收缩堰**：堰前渠道宽度大于堰顶泄水宽度时，堰顶水流将出现侧向收缩，并使水头损失增大，堰的过水能力有所下降。当只有侧向收缩而无坎时，水面也会发生跌落，与有坎堰流相似，称为无坎堰。

按堰的平面布置可将堰分为正堰［堰顶前缘与水流方向垂直，如图 5-25e)、f)所示］和斜堰［堰顶前缘与水流方向斜交，如图 5-25g)所示］。

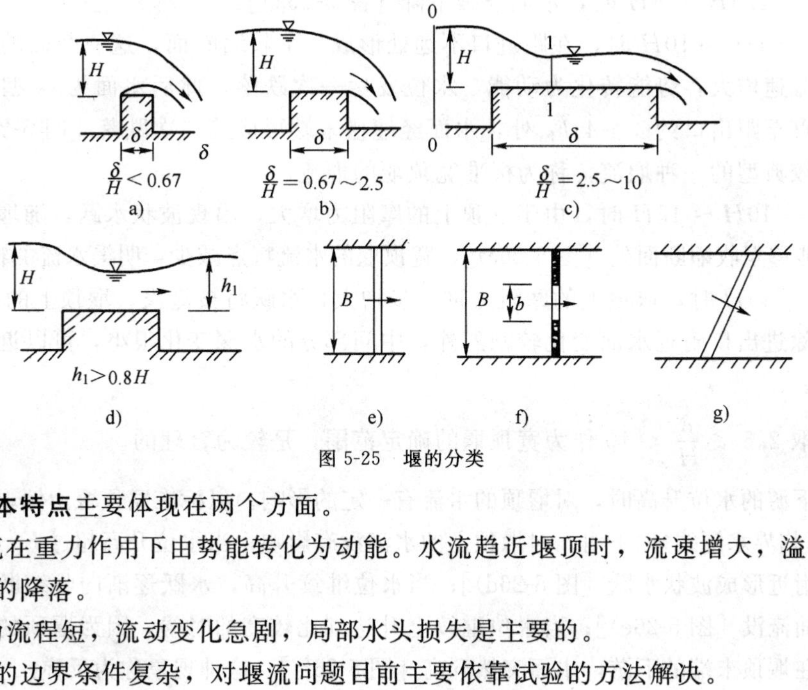

图 5-25　堰的分类

堰的**基本特点**主要体现在两个方面。

(1)水流在重力作用下由势能转化为动能。水流趋近堰顶时，流速增大，溢流的自由水面均有明显的降落。

(2)因为流程短，流动变化急剧，局部水头损失是主要的。

由于堰的边界条件复杂，对堰流问题目前主要依靠试验的方法解决。

二、宽顶堰的水力计算

当 $2.5<\frac{\delta}{H}<10$ 时，堰顶水流呈渐变流状态，沿程阻力处于次要地位，这种堰称为宽顶堰。

公路上的小桥和无压力涵洞与无槛宽顶堰的作用相类似。无槛宽顶堰是宽顶堰的堰高 $P=0$的特殊情况，它的水面变化是由于渠道宽度突然缩小而引起的。水利工程中的分洪闸、泄水闸，灌溉工程中的进水闸、排水闸等，当闸门全开时都具有宽顶堰的水力性质。

1. 水流形态

宽顶堰上的水面形状与堰顶宽度(沿水流方向计量)和下游的水深等有关，如图 5-26 所示，对于自由出流：

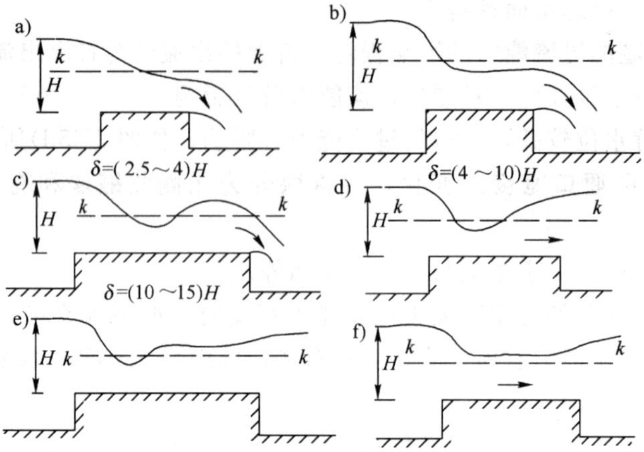

图 5-26　宽顶堰水流形态

(1)当 $\delta = 2.5H \sim 4H$ 时，水面连续下降［图 5-26a)］。

(2)当 $\delta = 4H \sim 10H$ 时，在距进口不远处形成一个收缩断面，这一断面的水深略小于临界水深，流速增大，势能转化为动能，水位发生一次跌落，此后水面为 c_0 型曲线，水深逐渐增大，直至距出口约$(3\sim4)h_K$ 处，水面经堰槛末端形成第二次跌落［图 5-26b)］。这是宽顶堰中比较典型的一种堰流，称为标准宽顶堰的堰流。

(3)当 $\delta = 10H \sim 15H$ 时，由于堰顶上的摩阻力增大，出现波状水跃，随堰顶的宽度不同，水跃可能移至收缩断面处［图 5-26c)］，宽顶堰的水流特点减少，明渠水流的特点增加。

(4)当 $\delta > 15H$ 时，堰顶上的摩阻力进一步增大，水跃将被淹没，堰顶上的水面为 b_0 型曲线，这时除进出口附近水面变化较剧烈外，中间部分的水深变化很小，可以近似地按明渠渐变流计算。

可见，取 $2.5 < \dfrac{\delta}{H} < 10$ 作为宽顶堰的确定范围，是较为合理的。

宽顶堰下游的水位升高时，对堰顶的水流有一定的影响。以标准宽顶堰为例，当下游水位在 K—K 线(临界水深线)以下时，对堰顶上的水流没有影响；当水位升高超过 K—K 线时，则在堰的出口附近形成波状水跃［图 5-26d)］；当水位继续升高，水跃逐渐向收缩断面移动，直至将收缩断面淹没［图 5-26e)］；当水位继续上升达到比较高的时候，因为堰顶的流速比下游大一些，则在堰顶末端的下游，水面突然升高［图 5-26f)］，这种现象称为反弹。

对于宽顶堰，其收缩断面不被淹没的称为**自由堰**，淹没的则称为**淹没堰**。

2. 自由式无侧收缩宽顶堰

宽顶堰的理论尚处于发展阶段，各种理论和试验数据也不完全统一，下面以标准宽顶堰为例介绍宽顶堰的流量基本公式，如图 5-27 所示。

以水平堰顶为基准面，列出 1—1(堰前断面)及 C—C（收缩断面）的能量方程

$$H + 0 + \frac{\alpha v_1^2}{2g} = h_c + 0 + \frac{\alpha v_c^2}{2g} + \sum \xi \frac{v_c^2}{2g} + h_f$$

如果略去两断面间的沿程阻力，并令 $H_0 = H + \dfrac{\alpha v_1^2}{2g}$ 和 $\varphi = \dfrac{1}{\sqrt{\alpha + \sum \xi}}$ 及假定过水断面为矩形，宽为 b，则

$$v_c = \varphi\sqrt{2g(H_0 - h_c)}$$

$$Q = \omega_c v_c = bh_c\varphi\sqrt{2g(H_0 - h_c)} \tag{5-35}$$

如果令 $h_c = kH_0$，则

$$Q = \varphi bk\sqrt{1-k}\sqrt{2g}H_0^{\frac{3}{2}} \tag{5-36}$$

或

$$Q = mb\sqrt{2g}H_0^{\frac{3}{2}} \tag{5-37}$$

式中 $m=\varphi k\sqrt{1-k}$称为**宽顶堰的流量系数**。显然流量系数 m 与堰进口的局部阻力(进口形状)、堰前水头、堰顶高等有关，根据别列金斯基的研究，系数 m 可按下列公式计算

当 $0 \leqslant \frac{P}{H} < 3$ 时，对直角边缘进口

$$m = 0.32 + 0.01\frac{3 - \frac{P}{H}}{0.46 + 0.75\frac{P}{H}} \tag{5-38}$$

对堰顶进口为圆角(当$\frac{r}{H} \geqslant 0.2$,$r$ 为圆进口圆弧半径)

$$m = 0.36 + 0.01\frac{3 - \frac{P}{H}}{1.2 + 1.5\frac{P}{H}} \tag{5-39}$$

当$\frac{P}{H} \geqslant 3$ 时，采用$\frac{P}{H}=3$，直角边缘进口 $m=0.32$；圆进口 $m=0.36$。

3. 淹没式宽顶堰

(1)淹没条件和无侧收缩淹没式宽顶堰

自由式宽顶堰的堰顶上水深稍小于临界水深，堰上水流属于急流，而堰下游一般属于缓流。由急流过渡到缓流将产生水跃(反弹)，将下游水流推开。从直观上看，下游水位升高，迫使堰上水位壅高，堰的过流能力减小，如图 5-28 所示。目前由理论分析来确定淹没条件还有困难。试验研究指出：当下游水深 $H_2 \approx 1.3h_K$ 或 $H_2 \approx 0.8H_0$ 时，才开始发生淹没影响。所以宽顶堰的淹没条件为$\frac{H_2}{H_0} \geqslant 0.8$ 或$\frac{H_2}{h_k} \geqslant 1.3$。

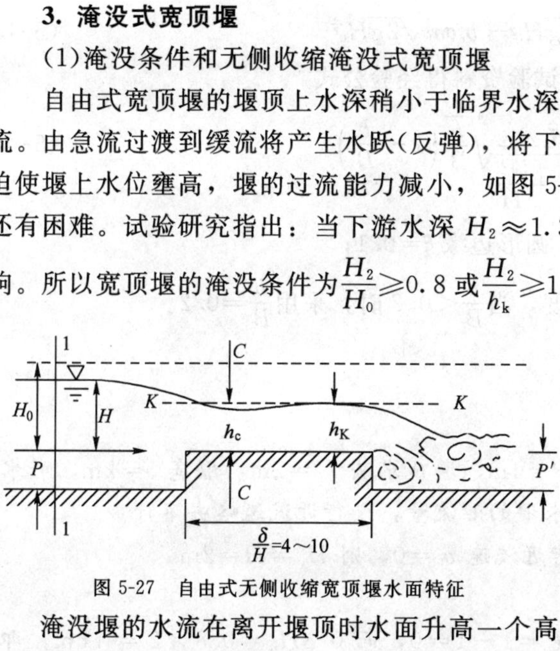

图 5-27　自由式无侧收缩宽顶堰水面特征

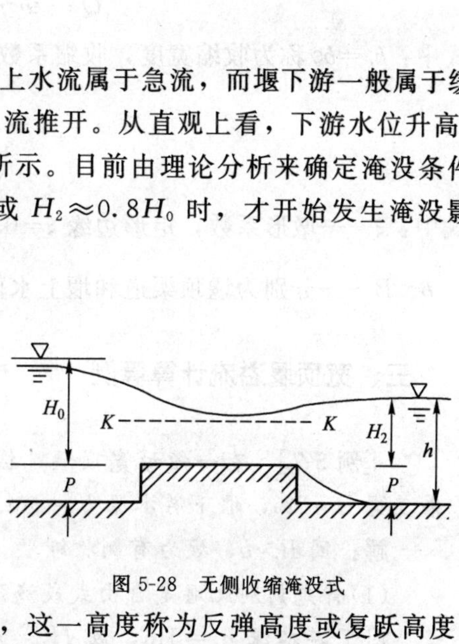

图 5-28　无侧收缩淹没式

淹没堰的水流在离开堰顶时水面升高一个高度 Z，这一高度称为反弹高度或复跃高度，这是由于堰顶上的流速大于下游渠道中的流速的缘故。根据别列金斯基的研究

$$Z = \left(0.30 - \frac{K' - 1.30}{3.22K' - 3.65}\right)h_k \tag{5-40}$$

式中：$K'=\frac{H_2}{h_k}$。

淹没式出流的流量可按下式计算

$$Q=bH_2\varphi\sqrt{2g(H_0-H_2)} \tag{5-41}$$

堰前水头 H_0 由于受到下游水流的顶托而抬高，即比自由式出流时要大一些。φ 为考虑阻力(主要决定于进口形状)，进口为圆时，$\varphi=0.92$；进口为直角时，$\varphi=0.85$。

淹没式出流的流量也可按下式计算

$$Q=\sigma mb\sqrt{2g}H_0^{\frac{3}{2}} \tag{5-42}$$

式中：σ——淹没系数，可按表 5-4 确定；

m——流量系数，可按式(5-38)和(5-39)确定。

无侧收缩淹没式宽顶堰的淹没系数 表 5-4

$\frac{H_2}{H_0}$	0.80	0.82	0.84	0.86	0.88	0.90	0.92	0.94	0.96	0.98
σ	1.00	0.99	0.97	0.95	0.90	0.84	0.78	0.70	0.59	0.40

(2)有侧收缩淹没式宽顶堰

如果堰前渠道宽度 B 大于堰顶宽度 b，则水流流进堰后，在侧壁发生分离，即进口发生收缩，使堰流的过水断面有效宽度 b_c 小于 b，如图 5-29 所示，同时也增加了局部水头损失，使流速减少，堰的过水能力也降低。用侧收缩系数 ε 反映上述影响，则淹没式宽顶堰流量公式为

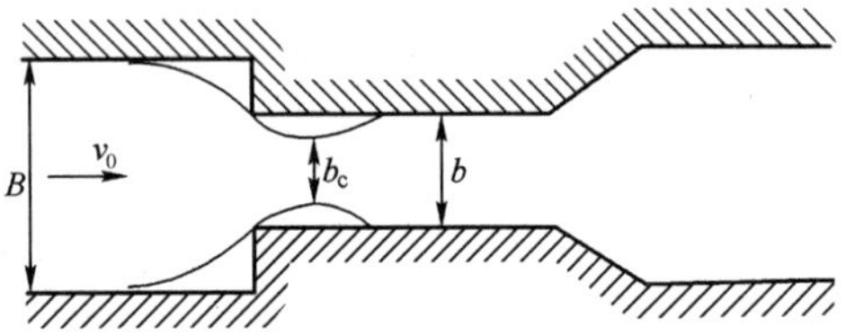

图 5-29 有侧收缩堰

$$Q=\varepsilon b\sigma m\sqrt{2g}H_0^{\frac{3}{2}}=b_c\sigma m\sqrt{2g}H_0^{\frac{3}{2}} \tag{5-43}$$

式中：$b_c=b\varepsilon$ 称为收缩宽度，收缩系数 ε 由试验资料得经验公式

$$\varepsilon=1-\frac{\xi}{\sqrt[3]{0.2+\frac{P}{H}}}\sqrt[4]{\frac{b}{B}}\left(1-\frac{b}{B}\right) \tag{5-44}$$

式中：ξ——墩形系数，矩形边缘 $\xi=0.19$，圆形边缘 $\xi=0.1$；

b、B——分别为堰顶渠道和堰上水面宽度，当 $\frac{b}{B}<0.2$ 时，采用 $\frac{b}{B}=0.2$。

三、宽顶堰溢流计算算例

[例 5-7] 有一矩形宽顶堰，槛高 $P=1\text{m}$，堰顶水头 $H=2\text{m}$，堰宽 $b=2\text{m}$，引水渠道宽 $B=8\text{m}$，堰下游水深 $h_t=1\text{m}$。试求堰的泄流量，设行近流速略去不计。

解： 因 $B>b$，故为有侧收缩堰。设行近流速 $v_0=0$，则 $H_0=H=2\text{m}$

(1)首先判别此堰是自由式或淹没式

因下游水深 $h_t=1\text{m}$，故 $H_2=h_t-P=1-1=0$，而 $0.8H_0=0.8\times2=1.6\text{m}$，即 $h_t<0.8H_0$，则为自由式出流宽顶堰。

(2)计算流量系数 m

因$\dfrac{P}{H}=\dfrac{1}{2}=0.5<3$，则

$$m=0.32+0.01+\frac{3-\dfrac{P}{H}}{0.46+0.75\dfrac{P}{H}}=0.32+0.01\times\frac{3-\dfrac{1}{2}}{0.46+0.75\times\dfrac{1}{2}}=0.3499$$

(3)计算侧收缩系数 ε

因边墩为矩形边缘，$\xi=0.19$，则

$$\varepsilon=1-\frac{\xi}{\sqrt[3]{0.2+\dfrac{P}{H}}}\sqrt[4]{\frac{b}{B}}\left(1-\frac{b}{B}\right)=1-\frac{0.19}{\sqrt[3]{0.2+\dfrac{1}{2}}}\sqrt[4]{\frac{2}{8}}\left(1-\frac{2}{8}\right)=0.8865$$

(4)计算堰的泄流量

因为是自由式宽顶堰，故 $\sigma=1.0$，

$$Q=\varepsilon mb\sqrt{2g}H^{\frac{3}{2}}=0.8865\times0.3499\times2\sqrt{19.6}\times2^{\frac{3}{2}}=7.768\mathrm{m}^3/\mathrm{s}$$

第九节　泄水建筑物下游的消能

从溢流坝、闸孔、桥涵和急流槽等泄水建筑物下泄的水流，一般水流湍急，流速大，必然要冲刷下游河渠，甚至危及泄水建筑物自身的安全，因此要采取相应的消能措施，减小水流冲刷作用。通常是在控制渠段内，利用水跃特性或设法缩短急流段等工程措施，消除水流多余的动能，以减小下泄水流的能量。这种消除或缩短泄水建筑物下游急流段的工程措施，称为**消能**。常见的消能方式有以下几种：

一、底流式消能

1. 底流式消能措施

这类消能措施的功能是使泄水建筑物下游产生水跃消能。这种消能方式，由于下泄水流的主流在渠底，故称为**底流式消能**。其具体措施是修建**消力池**，如图 5-30a)所示，在局部渠段内挖深渠道形成池塘，并加大池深构成淹没水跃条件的一种工程措施，适用于地下水位较低的较易开挖的非岩石基础上，其消能效率高；也可在渠道底部修建垂直于水流方向的矮墙，称为**消力槛**，适用于开挖较困难的石基或地下水位较高的情况，如图 5-30b)所示。

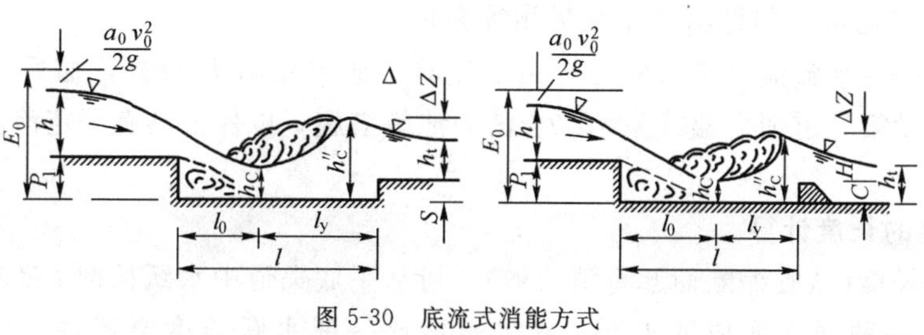

图 5-30　底流式消能方式

a)消力池；b)消力槛

2. 消力池的深度或消力槛的高度计算

这类消能的水力计算问题是设计消力池的深度或消力槛的高度以及池长，主要是从使远

驱式水跃变成淹没式水跃出发。如果以收缩断面水深 h_c 作为跃前水深，从而算出的跃后水深 h''_c 大于泄水建筑物下游渠道中的水深 h_t，就会产生远驱式水跃，这时应该修建消力池或消力槛。消力池的池深 S 可按经验公式估算

$$S = 1.25(h''_c - h_t) \tag{5-45}$$

消力槛一般作成折线形或曲线形实用堰，按池内淹没水跃条件，可得槛高计算公式为

$$C = \sigma h''_c - \left(\frac{q}{\sigma_s M}\right)^{\frac{2}{3}} + \frac{q^2}{2g(\sigma h''_c)^2} \tag{5-46}$$

式中：σ_s——实用堰淹没系数，可查表 5-5。该表是由试验得到的，当 $\frac{h_s}{H_{01}} \leqslant 0.45$ 时，$\sigma_s = 1$，为自由出流；$\frac{h_s}{H_{01}} > 0.45$，$\sigma_s < 1$，为淹没出流。其中 h_s 为槛顶淹没水深，即 $h_s = h_t - P$，H_{01} 包括行近流速水头在内的槛顶水头，即 $H_{01} = \left(\frac{q}{\sigma_s M}\right)^{\frac{2}{3}} = \sigma h''_c - P + \frac{q^2}{2g(\sigma h''_c)^2}$；

σ——安全系数，一般 $\sigma = 1.05 \sim 1.10$；

M——消力槛的流量系数，一般取 $M = 1.86$；

q——单宽流量，$q = \sigma_s M H_{01}^{\frac{3}{2}}$。

实用堰淹没系数表　　　　表 5-5

$\frac{h_s}{H_{01}}$	≤0.45	0.50	0.55	0.60	0.65	0.70	0.72	0.74	0.76	0.78
σ_s	1.00	0.990	0.985	0.975	0.960	0.940	0.930	0.916	0.900	0.885
$\frac{h_s}{H_{01}}$	0.80	0.82	0.84	0.86	0.88	0.90	0.92	0.95	1.00	—
σ_s	0.865	0.845	0.815	0.785	0.750	0.710	0.651	0.535	0.00	—

式(5-46)中只有 P 与 σ_s 是未知数。σ_s 的数值取决于 P，给定 P，σ_s 就可由表 5-5 求出，因此 P 值可借助于表 5-5，试算求得。在试算中，首先假定 $\sigma_s = 1$，按式(5-46)计算出 P，然后求出 h_s 和 h_{01}。其次，验算出槛水流的淹没情况。如果出槛水流为自由出流，则 P 值即为所求的值；如果出槛水流为淹没出流，则按 $\sigma_s = 1$ 计算的 P 值偏大，为此要假定较小的 P 值，求出 h_s 和 h_{01}；验算淹没情况，求出 σ_s 值。再以堰流公式 $q = \sigma_s M H_{01}^{\frac{3}{2}}$ 计算出单宽流量，并与题中给定单宽流量进行比较，若相等，则所设的 P 值即为所求；若不相等，再继续假设 P 值，直至算出的 q 与题给单宽流量相等为止。

应当指出，当水流流过消力槛为自由出流时，如果槛高 P 过高，槛后仍可出现远驱式水跃，必须加设第二道消力槛或采用综合消力池等措施，以保证具有一定淹没程度的淹没水跃衔接。

3. 消力池的长度计算

消力池的长度(从收缩断面起至消力槛)，可从平底渠道中水跃长度 l 来考虑。但是消力池内的水跃是一种强迫形成的水跃，它的长度比一般水跃长度要短些，根据试验，约小 20%～30%，因而消力池的水跃长度可按下式估算

$$l_s = (0.7 \sim 0.8) l$$

式中：l——平底渠道中水跃长度，可由式(5-27)和式(5-28)计算。

二、面流式消能

当下游水深较大且较稳定时，可利用泄水建筑物末端的挑坎，将急流导向下游水面，使主流与河床之间由巨大的底部旋涡隔开，以避免主流对河床的冲刷，称为面流式消能，如图5-31所示。

三、挑流式消能

在泄水建筑物末端造一挑流鼻坎，如图5-32所示，将下泄水流挑入空中，使水流强烈扩散，最后在远离建筑物下游落入河床中以保证建筑物的安全。这类消能方式常用于地质条件良好的岩石河床。其水力计算问题是确定挑流射程及下游河床冲刷深度、位置、范围、坎顶高速水流对建筑物的作用等。

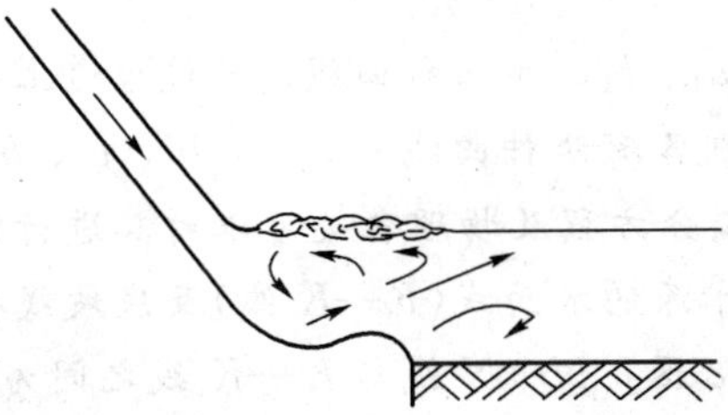

图 5-31　面流式消能

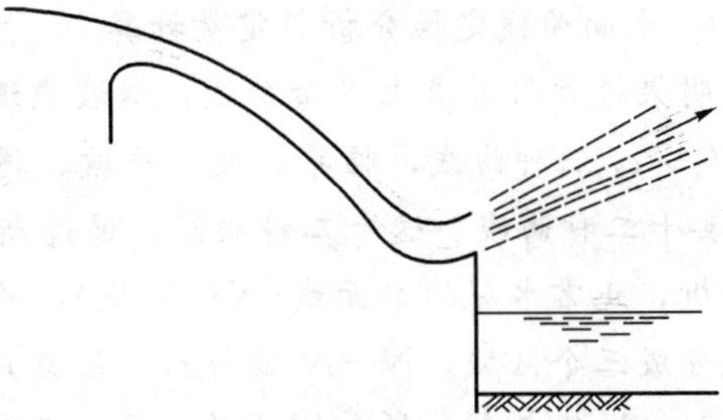

图 5-32　挑流式消能

本章小结

1. 当渠道的断面形状、尺寸、粗糙系数、底坡沿程变化时，或者渠道中有人工建筑物(如桥梁、涵洞、闸等)，或者渠道较短，在这些情况下均会产生非均匀流。

2. 明渠非均匀流的水深、断面平均流速均沿程变化，底坡线、水面线、总水头线相互不平行。

3. 一般情况下，明渠水流有三种流态，即缓流、急流和临界流。佛汝德数是明渠三种流态的重要判别数. 它是一个无量纲数。表示水流的惯性力与重力作用的对比关系；当 $Fr<1$ 时，为缓流；当 $Fr>1$ 时，为急流；当 $Fr=1$ 时，为临界流。同时，它也是水面曲线计算的重要参数。同时还有临界水深、临界底坡等其他判别指标。

4. 断面单位能量及其应用。断面单位能量(断面比能)$E_s=h+\dfrac{v^2}{2g}$，是指所讨论的过水断面以渠底为基准面，单位质量液体所具有的能量。它与某过水断面总的机械能 E 不同，E 是相对一个固定的基准面计算的。断面单位能量函数曲线表明，断面单位能量有极小值，它对应的是临界流(临界水深 h_k)，K 点把曲线分为二支，上支为缓流($h>h_k$)，下支为急流($h<h_k$)。引入断面单位能量的概念，目的是分析水面曲线的变化规律。因为总机械能沿程有能量损失，所以$\dfrac{dE}{dS}$恒小于0，而断面单位能量沿程可大可小。

5. 水跃与跌水。缓流与急流两种流态的衔接出现急变流，从缓流过渡到急流形成跌水。从急流过渡到缓流出现水跃，这是一种特殊的水力现象，水跃方程式(5-17)、式(5-18)，表达了跃前水深 h' 和跃后水深 h'' 的关系及动量的变化。因为水跃出现时，$\theta(h_1)=\theta(h_2)$，所以 h_1 与 h_2 被称为是共轭水深，二者是相互依存的。图5-9为水跃函数与比能函数的图示，通过对跃前水深 h_1 具有的断面单位能量与跃后水深 h_2 所具有的断面单位能量比较，可知，水跃有明显的消能效果。按水跃发生的位置，分为临界式水跃、远驱式水跃和淹没式水跃。若 h_1 与 h_2 是共轭关系，称为临界式水跃，若 h_2 大于下游水深，则跃后断面单位能量大于下游断面单位能量，水跃下驱，形成远驱式水跃。反之，形成淹没式水跃，水跃上移淹没坝下(闸孔出流)的收缩断面或两渠道的交接面。

6. 水面曲线定性分析与定量计算

明渠棱柱形渠道上水面曲线：缓坡渠道上有 a_1、b_1、c_1 三种曲线；陡坡渠道上有 a_2、b_2、c_2 三种曲线，临界底坡、平坡、逆坡分别各有两种曲线 a_3、c_3，b_0、c_0、b'、c' 总共十二种曲线。这十二种曲线，通过渐变流微分方程及物理含义可以对其进行定性分析，正常水深的水面线(N—N 线)，临界流水深的水面线(K—K 线)及底坡线把水域分成三个区域，N—N 线与 K—K 线以上为 c 区；N—N 线与 K—K 线之间为 b 区；N—N 线与 K—K 线以下为 c 区。其变化规律归纳如下：

(1)所有 a 型 c 型水面曲线均为壅水曲线。所有 b 型曲线都为降水曲线。

(2)若水深与均匀流水深 h_0 接近，水面线与 N—N 线相切。

(3)若水深趋近临界水探 h_k，水面曲线与 K—K 线正交(发生跌水、水跃)。

(4)若水深趋于无限大时，壅水曲线趋于水平(闸、坝、桥、涵前水深)。

(5)从急流到缓流出现水跃，从缓流到急流出现跌水。

水面曲线的定量计算，用分段求和法，通过公式 $\Delta L=\dfrac{\Delta E_s}{i-J}$ 进行计算，ΔE_s 永远是 $E_{s下游}-E_{s上游}$，不可颠倒。

7. 水面曲线变化是明渠非均匀流水力计算的基本问题。对于棱柱形渠道中的渐变流有 12 条不同的水面曲线，可用棱柱形渠道渐变流水面曲线的基本微分方程进行定性分析，基本步骤为：(1)求正常水深 h_0、临界水深 h_k，然后将渠道纵断面分区；(2)确定控制水深，如临界水深、正常水深、桥前水深以及衔接水深等；(3)由控制水深所处的区确定水面曲线形状，再由水面曲线变化的规律确定水面曲线变化的趋势。

8. 堰流是明渠水流中的缓流流经障壁(闸、坝、涵、桥等水工建筑物)时，上游水位壅高而后产生跌落的局部水流现象。按堰顶宽度与堰上水头的比值，分为薄壁堰、实用断面堰、宽顶堰三种类型。堰流依据下游水深对堰流性质的影响，分为自由式出流与淹没出流。堰流虽类型不同，其水流特征均是上游水位壅高，而后水面降落，故流量计算公式可统一为一个公式：$Q=mb\sqrt{2g}H_0^{\frac{3}{2}}$。如果有侧向收缩($B>b$)加侧收缩系数 ε，若为淹没出流加淹没系数 σ，可写表示为 $Q=\varepsilon b\sigma m\sqrt{2g}H_0^{\frac{3}{2}}$。

9. 宽顶堰流是实际工程中一种极为常见的水流现象，公路工程的涵洞、小桥过流都会用到宽顶堰的理论，宽顶堰分为自由式出流与淹没出流，形成淹没出流的充要条件是：①下游水位要超过堰顶，即 $H_2>0$；②只有当下游水位达到一定高度，即 $H_2>0.8H_0$ 时才会变为淹没出流。宽顶堰流量公式 $Q=\varepsilon b\sigma m\sqrt{2g}H_0^{\frac{3}{2}}$ 中，m、ε、σ 可以查表确定，但式中的 H_0 含有 $\frac{\alpha v_0^2}{2g}$，而堰上水头 H 又往往是待定的量，故在计算时用迭代法。

10. 泄水建筑物下游的消能形式有底流消能、挑流消能和面流消能。通过采取消能措施以保证下游河床不被冲刷和泄水建筑物自身的安全。

思考题与习题

8-1 明渠非均匀流有哪些特点？产生非均匀流的原因是什么？

8-2 缓流和急流各有什么特点？有哪些判别方法？

8-3 什么是断面比能？它与单位质量液体的总能量 E 有何区别？断面比能和水深有何重要关系？

8-4 佛汝德数 Fr 有什么物理意义？怎样应用它判别水流的形态？

8-5 什么是临界水深？当两条渠道的断面形状、尺寸、粗糙系数、底坡都一样，流量不一样时，它们的临界水深一样吗？若两条渠道的流量相同，断面形状、尺寸、粗糙系数、底坡不一样，这两条渠道的临界水深是否相等？

8-6 (1)试说明：棱柱形渠道中，恒定非均匀渐变流的基本微分方程式 $\frac{\mathrm{d}h}{\mathrm{d}L}=\frac{i-j}{1-Fr}$ 中分子分母的物理意义；

(2)从分析 $\frac{\mathrm{d}h}{\mathrm{d}L}$ 的极限值说明：当 h 趋于 h_0 及 h 趋于 h_k 时，水面曲线的变化趋势。

8-7 (1)在分析非均匀流水面曲线时，怎样分区？怎样确定控制水深？怎样判别变化趋势？

(2)a 区、b 区、c 区的水面曲线各有什么特点？

8-8 什么是水跃？水跃的形成条件是什么？水跃与下游水流的衔接方式有哪几种？

8-9 梯形断面渠道，$b=10\text{m}$，$m=1.5$，$h=5\text{m}$，$Q=30\text{m}^3/\text{s}$，试求水流的 Fr，并判别水流的缓、急状态。

8-10 矩形断面渠道，$B=5\text{m}$，$Q=40\text{m}^3/\text{s}$，$n=0.025$，试求临界水深及临界坡度。

8-11 梯形断面渠道，$b=3\text{m}$，$m=2.0$，$n=0.02$，$Q=5\text{m}^3/\text{s}$，求临界水深和临界坡度。

8-12 圆形断面渠道，$d=2.0\text{m}$，$Q=2\text{m}^3/\text{s}$，$n=0.017$ 试求临界水深和临界坡度。

8-13 试确定图 5-33 中桥前壅水曲线的类型：

(1)$H>h_k>h_0$；

(2)$H=1.8\text{m}$，$h_0=0.80\text{m}$，$h_k=0.40\text{m}$；

(3)$H=1.6\text{m}$，$h_0=0.80\text{m}$，$h_k=0.80\text{m}$。

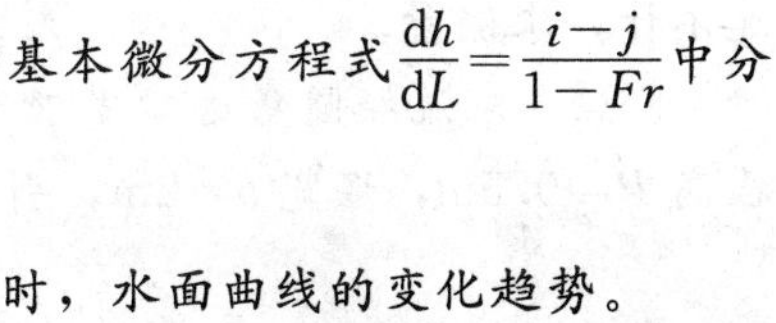

图 5-33

8-14 确定图 5-34 中跌水上游的水面曲线类型：

(1)$h_0<h<h_k$；

(2)$h=h_0=0.40\text{m}$，$h_k=0.30\text{m}$；

(3)$i=0$，$h>h_k$；

8-15　试确定图 5-35 中跌水下游水面曲线：

(1)$h_c<h_k<h_0$；

(2)$h_c=0.40$m，$h_0=0.20$m，$h_k=0.60$m；

(3)$h_c=0.20$m，$h_0=0.30$m，$h_k=0.50$m。

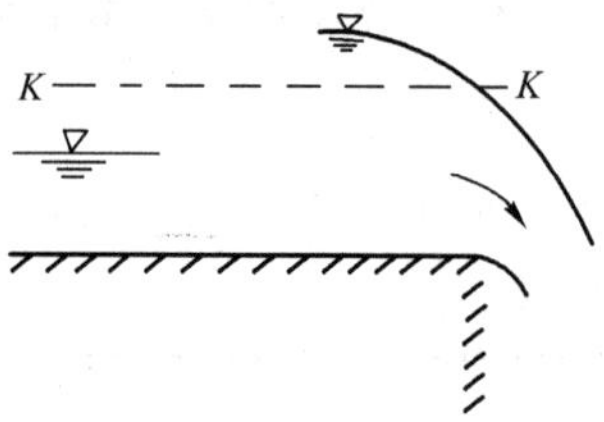

图　5-34

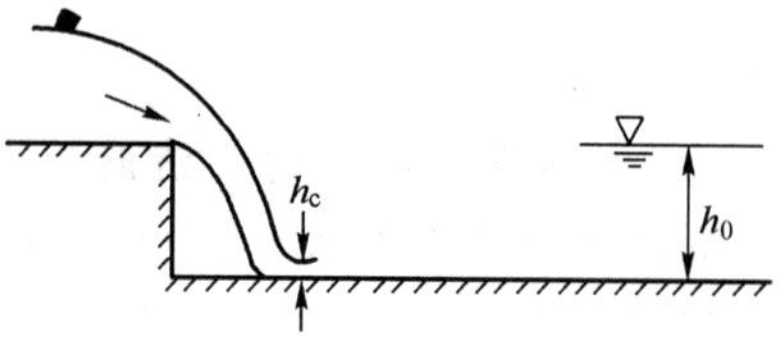

图　5-35

8-16　试仿照第七节的［例 5-5］，绘制水深 8.0～7.60m 的水面曲线，相邻断面的水深差按 0.2m 计算。

8-17　矩形断面渠道内单宽流量 $q=2\text{m}^2/\text{s}$，跃前水深 $h_1=0.3$m，求跃后水深和水跃长度。

8-18　断面形状、尺寸均相等的长棱柱形渠道，流量和粗糙系数也相等，试分析下列不同坡度相连接时，其中可能产生的水面曲线形状：

(1)$i_1>i_k$，$i_2<i_k$；(2)$i_1<i_k$，$i_1<i_k$，$i_1>i_2$；(3)$i_1>i_k$，$i_2>i_k$，$i_1>i_2$；

(4)$i_1<i_k$，$i_2>i_k$；(5)$i_1>i_k$，$i_2>i_k$，$i_1<i_2$；(6)$i_1=i_k$，$i_2<i_k$。

8-19　不淹没、无侧收缩的标准宽顶堰，$P=H=1$m，$b=2$m。矩形棱角进口，行近流速不计，求流量。

8-20　求流经圆角进口宽顶堰的流量 Q(不计行近流速)。已知：堰前水头 $H=1.5$m，槛高 $P=0.5$m，堰宽 $b=2$m，引水渠宽 $B=8$，堰下游水深 $h_t=1.2$m。

第六章　河川水文基础知识

本章学习目标

1. 掌握河流的形成和基本特征；
2. 掌握桥位设计中河段的分类；
3. 掌握流域的概念及流域面积的确定方法；
4. 掌握河川径流形成过程及影响因素，了解我国径流的补给类型；
5. 掌握泥沙运动和河床演变的机理；
6. 了解河川水文资料的观测方法；
7. 掌握水文资料的搜集、整理以及资料的审查与分析方法；
8. 了解水位与流量关系曲线的作用及绘制方法。

本章学习重点

河流的基本特征；河段的分类特征；流域；河川径流形成过程及影响因素；泥沙运动和河床演变的机理；水文资料的搜集、整理以及资料的审查与分析方法。

本章学习难点

水文资料的搜集、整理以及资料的审查与分析方法。

第一节　河　流

地球上无数条河流日夜不停地奔流，河水涨落、河床冲淤，这些变化与人类社会和生产建设都有密切关系。修建公路和铁路，要跨越河流和沟渠，需要架设桥梁和涵洞，以便通过车辆和宣泄洪水。桥梁和涵洞是跨河的泄水建筑物时，应根据河流的洪水情况及河床的冲淤变形等进行设计。

川流不息的大小河流把地面上的水注入海洋；海洋和地面的水在太阳辐射的作用下，蒸发进入大气，水汽再上升和随气流运动中遇冷凝结，并以降水（雨、雪、霜、露等）形式降落到海洋或地面上，地面上的水又通过河流汇入海洋；如此周而复始，形成自然界的水分循环。研究自然界中水的运行变化规律，称为水文学。河川径流是水文学中一个重要内容，与道路、桥梁等工程建设有直接关系。

一、河流的形成

降落到地面上的水，除掉损失的一部分以外，在重力作用下沿着一定的方向和路径流动，这种水流称为地面径流。地面径流长期侵蚀地面，冲成沟壑，形成溪流，最后汇集而成河流。将汇集的水流注入海洋或内陆湖泊河流叫做干流。流入干流的河流叫做支流，如甲河注入乙河，则甲河是乙河的支流。支流可分成许多级：直接汇入干流的河流叫干流的一级支流，如汉江是长江的一级支流，渭河是黄河的一级支流；直接汇入一级支流的河流叫干流的二级支流，如丹江和唐白河流入汉江，它们就是长江的二级支流；直接汇入二级支流的叫干流的三级支流，其余的可依次类推。河流的干流及其全部支流，构成脉络相通的河流系统，称为河系或**水系**。水系通常用干流的名称称呼，如长江水系、黄河水系等（图 6-1）但在研究某一支流或某一地区的问题时，也可用该地区水系的名称称呼，如湘江水系、洞庭湖水系等。

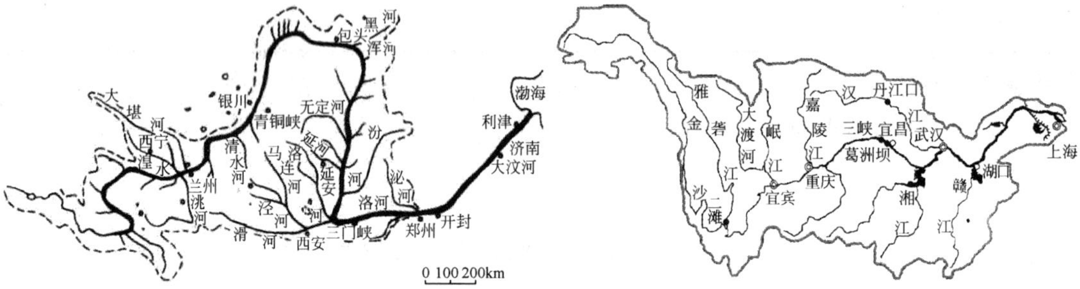

图 6-1　黄河水系和长江水系略图

二、河流的基本特征

河流的基本特征，一般用**河流断面、河流长度**及**河流比降**来表示。

1. 河流断面

河流断面有横断面和纵断面。垂直于水流方向的断面称为河流**横断面**，其一般形状如图 6-2 所示。横断面内，自由水面高出某水准基面的高程（m)，称为水位。高水位以下的河床，由河槽与河滩两部分组成。**河槽**是河流宣泄洪水和输送泥沙的主要通道，往往是常年流水，底沙处于运动状态，植物不易生长；河槽中沿两岸较高的、可移动的泥沙堆，称为边滩，其余的部分称为主槽。**河滩**则只在汛期才有水流，无明显的底沙运动，通常生有草、树木等植物，有的还种植农作物。只有河槽而无河滩的横断面称为单式断面，有河槽又有河滩的横断面称为复式断面。河流横断面能表明河床的横向变化。横断面内通过水流的部分称为过水断面，过水断面面积的大小随断面形状和水位而变化。

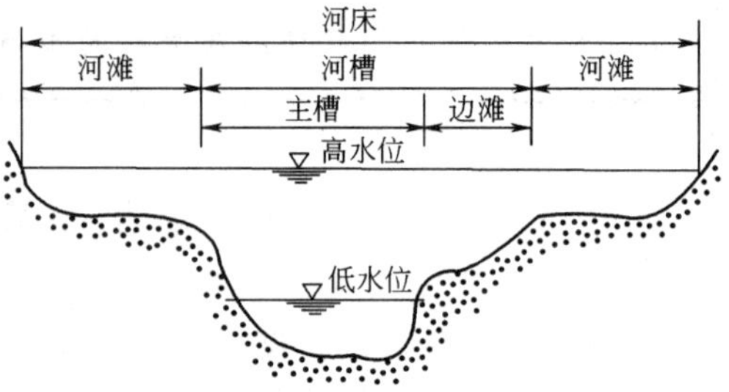

图 6-2　河流横断面的一般形状

河流中沿水流方向各横断面最大水深点的连线，称为深泓线，沿河流深泓线的断面称为**河流纵断面**。河流纵断面能表明河床的沿程变化。

河流断面（横断面和纵断面）可以用来表示河床的形态特征。由于水流与河床的相互作用，断面形状将时刻不停地发展变化着。

2. 河流长度

一般天然河流，从河源到河口的距离，称为**河流长度**。近似的河流长度，可用曲线计、两脚规或其他方法直接在地形图上沿河流的深泓线量得，但往往相对实际长度偏小，需要进行修正。

3. 河流比降

任意河段两端（水面或河底）的高差称为落差，深泓线上单位长度内的平均落差称为**比**

降。河流比降有水面比降及河底比降。某一河段的比降，可按下式计算

$$i=\frac{H_1-H_2}{L}=\frac{\Delta H}{L} \tag{6-1}$$

式中：i——河底或水面纵比降，常用百分率（%）千分率（‰）表示；

H_1、H_2——分别为河段首端和终端的高程（m）。用河底高程计算时为河底纵比降；用水面高程计算时为水面纵比降；

L——河段长度（km）。在计算比降时应换算为 m。

河流比降受很多因素的影响，变化很大。河口附近的比降受泥沙淤积、潮汐倒灌或大河顶托的影响，变化更大。河底比降相对水面比降来说比较稳定，水面比降还将随不同的水位而变化。河流比降一般自河源向河口逐渐减小，沿程各河段的比降都不相同。河底比降的沿程变化，为了说明整个河流纵比降情况，可以从河口作一与河床相交的斜面直线 AB，使该直线与河床所包围的面积，直线以上的部分与以下的部分相等（图 6-3），该直线的坡度为河床的平均比降，其值可按下式计算

$$\bar{i}=\frac{1}{L^2}[(H_n+H_{n-1})l_n+(H_{n-1}+H_{n-2})l_{n-1}\cdots+(H_2+H_1)l_2+H_1l_1] \tag{6-2}$$

式中：$\bar{i}$——平均比度（‰）；

H_1，H_2，…，H_n——自河口起沿程各特征点的河底高程（m）；

l_1，l_2，…，l_n——各特征点之间沿深泓线的距离（km）；

L——河流长度（km），$L=l_1+l_2+\cdots l_n$。

一般河流的横断面上还存在有水面横比降。产生的原因有二：一为地球自转所产生的偏转力；二为河流弯道离心力。

河流横比降的存在，使水流在向下游运动的过程中，在水体内产生一种横向水流，它与河轴垂直，表层横向水流与底层横向水流的方向恰恰相反，在过水断面上它们的投影将构成一个封闭的环流（图 6-4）。实际上，横向环流与纵向水流结合起来，成为江河中常见的螺旋流。这种螺旋流使平原河道凹岸受到冲刷，形成深槽，使凸岸受到淤积，形成浅滩。直接影响着桥孔位置的选择。

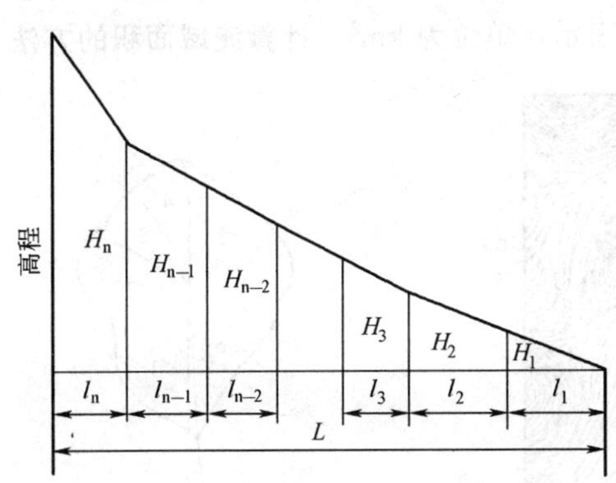

图 6-3　河流纵断面图

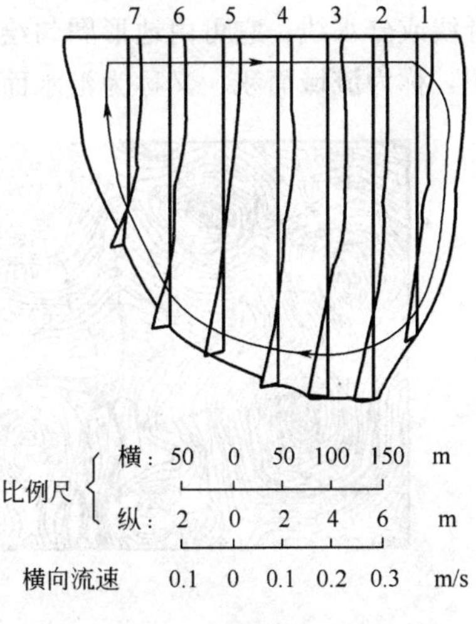

图 6-4　河流横断面内的环流及横向流速

三、河段分类

河段的分类方法很多。根据河段流域的地形特点，一般可分为**山区河段**和**平原区河段**两大类。一条较长的河流的干流上，开始具有表面水流的地方称为河源，它可能是溪涧、泉水、冰川、湖泊或沼泽。河流流入海洋、湖泊或干流的地方称为河口。一般的天然河流，从河源到河口可以按河段的不同特性，划分为**上游、中游和下游**三个部分。

上游是河流的最上段，紧接河源，多处于山区河段中，坡陡流急，河谷下切强烈，流量小而水位变化大，常有急滩或瀑布，河底纵断面多呈阶梯形。中游是河流的过渡性的河段，两岸多为丘陵，河床坡度较平缓，两岸常有滩地，冲淤变化不明显，河床较稳定，一般多称为山前区、半山区河段。下游是河流的最下段，一般处于平原区，河槽宽阔，流量较大，流速和底坡都较小，淤积作用明显，浅滩和河湾较多。

1967 年，我国公路系统召开“大中桥孔设计研究汇总工作会议”，汇总各省已建桥梁水文资料，按河段特征把河段分为 7 类，即峡谷型河段、稳定性河段、次稳定性河段、变迁性河段、游荡型河段、宽滩性河段和冲击漫流河段。1992 年 6 月施行的《公路桥位勘测设计规范》中，根据上列桥位河段分类的使用经验，增加了三角港河口和三角洲河口两类河段，从而更好地反映了河段所在地区、河段类型及河床稳定程度之间的相互联系，被公路和铁路部门广泛采用。2005 年 5 月新施行的《公路工程水文勘测设计规范》沿用了 1992 年版《公路桥位勘测设计规范》中的规定，具体规定见附录Ⅰ河段分类表。

判断河段类型，一般河段范围可取桥位上游不小于 3～4 倍河床宽度，下游不小于 2 倍河床宽度。对于弯曲河段还应至少包括一个河湾。判断河段稳定性及变形大小，通常以 50 年左右的河床演变作为衡量标准。

第二节　河流的流域

一、流域及流域面积的确定

某一河流的**流域**是河口断面以上汇集水流的区域。由定义可知，流域的边界线就是四周的山脊线或分水线，它可由地形图勾绘得出，如图 6-5a) 所示。该断面以上流域边界线所包围的面积，称为**流域面积**，又称为汇水面积，常用 F 表示，单位为 km^2。**计算流域面积的方法**是：

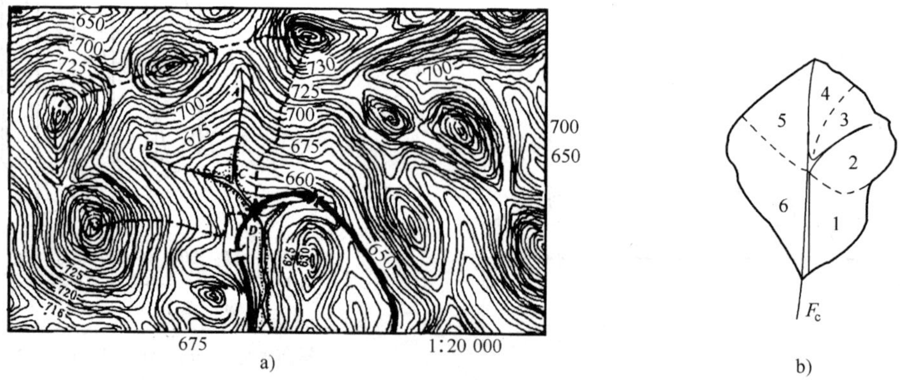

图 6-5　流域面积

a)图中虚线为流域分水线；b)流域面积增长图

(1)在大比例尺地形图上按桥位横断面勾绘出流域边线；

(2)用求积仪或数格的方法计算流域面积。图 6-5b) 中 1、2、3、4、5、6 分别代表河流地形图中 1～6 的相应部分的流域面积。

分水线有地面分水线与地下分水线之分。

有些流域因水文地质条件的关系，地面分水线与地下分水线并不完全重合，因此地面和地下集水区也不相重合，此时会发生两个相邻流域的水量交换。对一般大、中流域，因地面和地下集水区不一致而产生的两相邻流域的水量交换量比流域总水量小得多，常可忽略不计。因此，可用地面集水区代表流域。但是对于小流域或者流域内有岩溶的石灰岩地区，有时交换水量占流域总水量的比重相当大，把地面集水区看作流域，会造成很大的误差。这就必须通过地质和水文地质调查及枯水调查、泉水调查等来确定地面及地下集水区的范围，估算相邻流域水量交换的大小。

二、河川径流形成过程及影响径流的主要因素

流域内的降水，一部分形成地面径流，一部分渗入地下形成地下径流，两种径流汇集到河槽中形成**河川径流**，暴雨洪水主要来源于地面径流，而大河枯水期的水量补给，地下径流有一定意义。

1. 河川径流形成过程

地面径流的形成过程，以降雨补给的河流为例，可分为四个阶段（图 6-6）：

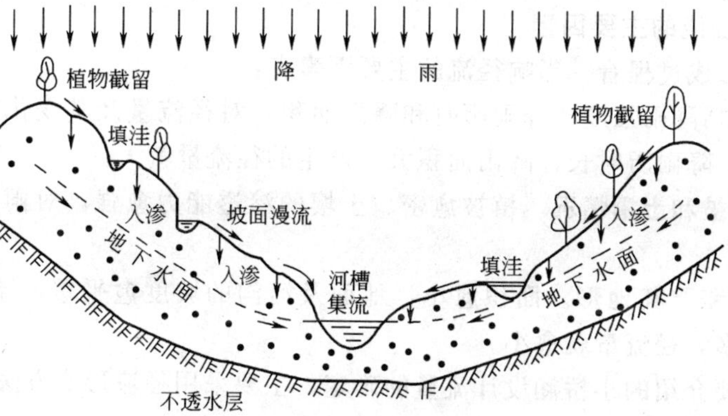

图 6-6　径流形成过程示意图

第一阶段是**降水过程**。流域内的径流由降雨产生，所以降雨就成为径流形成的首要环节，降雨的大小和它在时间上、空间上的分布，决定着径流的大小和变化过程。第二阶段是**蓄渗过程**。这阶段降雨全部消耗于植物截留、土壤下渗、地面填洼以及流域蒸发。当降雨强度逐渐加大而超过下渗强度时，开始形成坡面上的细小水流。第三阶段的**坡地漫流**。坡地漫流的开始时间各处并不一致，它首先在流域内透水性差的地方和坡面陡峻处开始，然后扩大范围以至遍及全流域。坡面水流逐渐填满大小坑洼，注入小沟、溪涧而进入河槽，形成第四个阶段的**河槽集流过程**。进入河槽的水流沿河槽纵向流动，在流动过程中沿途汇集了各干、支流的来水，最后流经出口断面，这是径流的最终环节。

由于流域内各点降雨和损失强度不同，其形成径流的过程互相交错，在汇流过程中沿途不断补充降雨，不断消耗损失，所以上述四个阶段，不能简单地割裂开来。

2. 我国河流水量的补给类型及特征时期

我国河流主要靠**降雨**补给。在华北、西北及东北的河流虽也受**融雪**补给，但仍以降雨补给为主，可称为混合补给。只有新疆、青海等地的部分河流是靠冰川或融雪补给，该地区的其他河流仍然是冰川、融雪与降雨的**混合**补给类型。

随着河流补给情况的变化，径流情况也相应变化，这种变化具有明显的以年为循环的周期性。一般可分为这样几个特征时期（图 6-7）：夏、秋季洪水期（伏汛或秋汛），冬、春季枯水期或冰冻期（包括北方河流春季的桃汛或凌汛）。

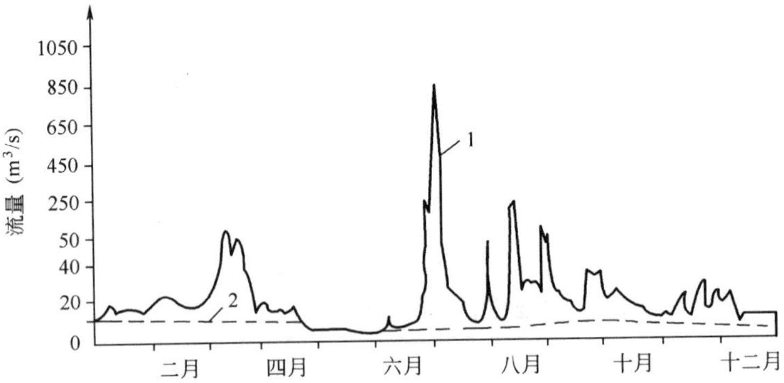

图 6-7　永定河三家店站 1931 年流量过程线

1-流量过程（实线）；2-地下水流量过程线（虚线）

3. 影响河川径流的主要因素

从河川径流形成过程看，影响径流的主要因素有：

(1)**降雨**。包括降雨强度、降雨历时和降雨面积，对径流量及其变化过程都有很大的影响。降雨强度大、降雨历时长、降雨面积大，产生的径流量就大。

(2)**流域的植被和土壤情况**。植被愈密、土壤的渗透能力愈强，对雨水的蓄渗能力就愈强，径流量就小。

(3)**流域的面积及其地形**。面积愈小，地面及河沟的坡度愈平缓，流域的形状愈狭长，流域内的湖泊愈多，径流量就愈小。

后面第十章要介绍的小桥涵设计流量的确定，主要采用径流形成方法，就是考虑上述原理与有关影响因素得出来的。

第三节　泥沙运动和河床演变

一、泥沙运动

天然河床由泥、土、沙、石等组成，统称为泥沙。河流中的水流泥沙在不停地运动着，河床上的泥沙被水流冲起带走，使之形成冲刷；水流夹带的泥沙会沉积下来，使河床形成淤积。在水流和泥沙之间的相互作用下，不停地冲淤变化，构成了河床的自然演变。

根据泥沙在河槽内运动的状况，可把它分为悬移质、推移质和床沙三类。颗粒较细的泥沙，悬浮于水中向下游运动者，称为**悬移质**；颗粒较大的泥沙，在河床表面上滚动、滑动或跳跃着向下游移动者，称为**推移质**；比推移质颗粒更大的泥沙，下沉到河床上静止不动，称为**床沙**。悬移质、推移质和床沙之间颗粒大小的分界是相对的，随水流的流速大小而变化。

对于桥梁上下游，因水流急剧变化，引起河床变形和墩台附近的冲刷，起主要作用的是推移质和床沙；颗粒很细的悬移质泥沙，对长河段的河床演变才起主要作用，例如黄河中游黄土高原很细的黄土颗粒，对黄河下游河南、山东河段的河床淤积，起着决定性的作用。

1. 泥沙的几何特性

(1)粒径级配曲线（粒配曲线）

河流泥沙各种颗粒的组成情况，用**粒径级配曲线**来表示。粒径级配曲线一般画在半对数坐标纸上，如图 6-8 所示。图中横坐标表示粒径大小，纵坐标表示小于某粒径的泥沙在整个泥沙中所占的质量百分比。

粒径级配曲线能表明泥沙的粒径大小和均匀程度，例如图 6-8 中，泥沙 a 的粒径较粗而且较均匀；泥沙 b 的粒径较细，粒径差别较大。

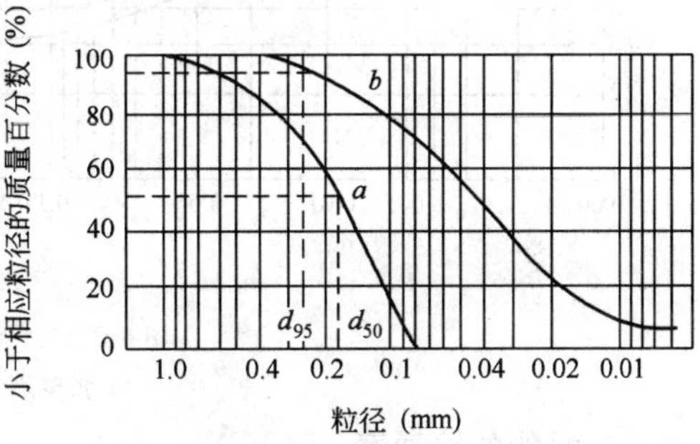

图 6-8　粒径级配曲线

(2)平均粒径（$\bar{d}$）和中值粒径 d_{50}

泥沙的代表粒径，常用平均粒径和中值粒径来表示。平均粒径是泥沙中各级粒径（按质量百分比）的加权平均值，可按下式计算

$$\bar{d}=\frac{\sum d_i P_i}{\sum P_i} \qquad (6\text{-}3)$$

式中：$\bar{d}$——泥沙的平均粒径（mm）；

d_i——各级粒径（mm）；

P_i——各级粒径泥沙的质量占泥沙试样总质量的百分比（$\sum P_i=100\%$）。

中值粒径表示大于和小于这种粒径的泥沙各占泥沙试样总质量的一半，粒径级配曲线上纵坐标 50%所对应的横坐标，就是中值粒径，以 d_{50} 表示。

2. 泥沙的起动与输沙率

(1)泥沙的起动

河床上的泥沙在水流推动下，由静止开始运动，这种现象称为**泥沙的起动**，这时的垂线平均流速或断面平均流速称为**起动流速**。

我国桥梁冲刷计算中，采用下述公式来计算泥沙的起动流速

$$v_0=\left(\frac{h}{d}\right)^{0.14}\left(29d+0.000\,000\,605\,\frac{10+h}{d^{0.72}}\right)^{0.5} \qquad (6\text{-}4)$$

式中：h——水深（m）；

d——粒径（m）。

此公式由张瑞瑾导出。这公式不仅用于黏性细颗粒的散粒体泥沙，也适用于粗、细颗粒的散粒体泥沙。公式中括号内的第一项反映重力对抗起动的作用，第二项反映分子黏结力的作用：对于大颗粒的泥沙以第一项的数值为主，对于细颗粒的泥沙则以第二项为主。令水深为 1m，以公式（6-4）绘制起动流速与粒径的关系曲线（图 6-9 中的曲线 1）。相类似的还有沙玉清提出的起动流速公式。当水深为 1m 时，绘制起动流速 v_0 与粒径 d 的关系曲线（图 6-9，其中曲线 1 为张瑞瑾公式，曲线 2 为沙玉清公式），两条曲线形状基本相同。从图可知，$d=0.17$mm 处起动流速最小。这个最小值的右侧，粒径增大时起动流速也随之增大，而最小值的左侧，粒径减小时起动流速反而增大。这是因为大颗粒泥沙的起动流

速，主要由克服重力来决定，而细颗粒泥沙的起动流速，主要由克服分子黏结力来决定，估算泥沙起动流速时，若 $d \geqslant 2$mm，括号中的第二项可略去，若 $d \leqslant 0.02$mm，括弧中的第一项可略去。

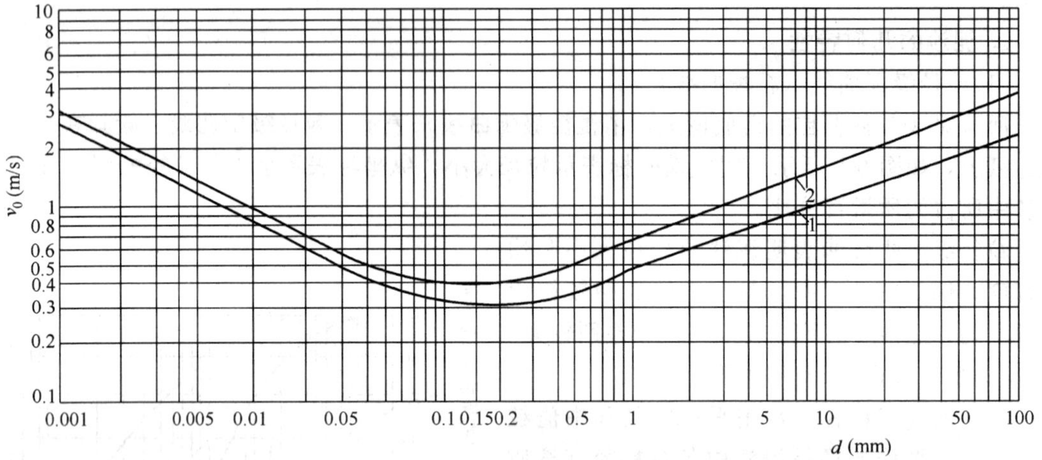

图 6-9　起动流速与粒径的关系曲线

1-张瑞瑾公式；2-沙玉清公式

(2)泥沙的输沙率

起动流速是推移质运动产生的条件，而推移质运动的强烈程度，则用推移质输沙率的大小来表示。

推移质输沙率是单位时间内在过水断面单位河槽宽度上通过的推移质的质量，单位是 kg/（s·m）。我国桥下河槽一般冲刷计算中，采用了以流速为主要参数的推移质输沙率公式。

窦国仁根据推动推移质的水流能量与泥沙运动动能相平衡的条件，导出的输沙率公式（1977 年）为

$$g_b = \frac{k_0}{C_0^2} \cdot \frac{\gamma_s \gamma}{\gamma_s - \gamma}(v - v_k)\frac{v^3}{g\omega} \tag{6-5}$$

式中：g_b——推移质输沙率［kg/（s·m）］；

k_0——系数，$k_0 = 0.01$；

C_0——无量纲（无因次）谢才系数 $C_0 = \frac{C}{\sqrt{g}}$；

v_k——起动流速（m/s），按窦国仁起动流速计算见《公路桥涵设计手册——桥位设计》(2000 年版)；

ω——泥沙沉速（m/s）；

γ、γ_s——分别为水和泥沙的重度。

式（6-5）表明，推移质输沙率 g_b 与流速 4 次方成正比，表明推移质输沙率对流速十分敏感。因此，大多数推移质集中在流速最大的主流区内，而且一年中推移质的很大部分是在几次大洪水过程中通过的。

桥梁墩台和丁坝等建筑物附近的冲刷，主要与推移质运动有关。

3. 水流挟沙能力

在一定条件下，单位体积的水流能够挟带泥沙的最大数量，称**水流的挟沙能力**，单位为 kg/m^3。在平原河流中，水流所挟带的泥沙，往往是悬移质占绝大部分，推移质一般可忽略不计。单位体积的水流所含悬移质的数量，称为**含沙量**（ρ），单位为 kg/m^3。

对于某一河段，若上游的来沙量大于本河段的水流挟沙能力，多余泥沙就会沉积下来使河床发生淤积；若来沙量小于本河段的水流挟沙能力，则将会由本河段的泥沙加以补充而造成河床冲刷。

二、河床演变

1. 河床演变的基本知识

水流促使泥沙运动，使河床的形态不断发生变化，称为**河床演变**。河床演变可分为纵向变形和横向变形两种。河床的纵向变形是指沿水流方向河床高程的变化，亦即河床纵断面的变化。它是河流纵向输沙不平衡引起的。随着河流上、中、下游的发育，河源与上游河床逐渐下切，下游河床逐渐淤高，就属于河床纵向变形。洪水期和枯水期或丰水年和枯水年冲淤不同，也会引起局部河床的纵向变形，在细沙河床中这个变形幅度可能很大，但多年平均高程变化不大，其变化幅度随河床土质而异。河床的横向变形是指河湾发展、河槽扩宽、塌岸、分汊、改道、裁湾等河床平面形状的变化。

图 6-10 表示河湾的水流，由于离心力的作用，使凹岸的水面高程比凸岸的高出 Δh [图 6-10b)]，从而引起静水压力差，水沿河底从凹岸流向凸岸，离心力又把水沿水面从凸岸驱向凹岸，形成横向回旋流。这个横向流会导致凹岸冲刷，凸岸淤积。它与河流的主流相结合，就形成螺旋流 [图 6-10a)]。

上述的河湾螺旋流使凹岸逐年冲蚀，凸岸沙滩逐年向河中心延伸，使河湾逐年发展，曲率不断增大，河床发生横向变形。

2. 河床演变的影响因素

影响河床演变的因素很多，主要有下列三个方面：

(1)流域的产沙数量及其组成，对河流演变有很大影响。例如黄河及华北地区的一些河流，河水的含沙量很大，河道下游淤积十分严重。

(2)流量的大小和变化。流量越大，水流能挟沙的量就多；流量变化越大，泥沙运动和河床变形就越剧烈。

(3)河床的土质和比降。土质坚实的河床，变形缓慢，而土质松软的河床容易冲刷，变形急剧。河床比降大，水流急，易冲刷；反之，易淤积。

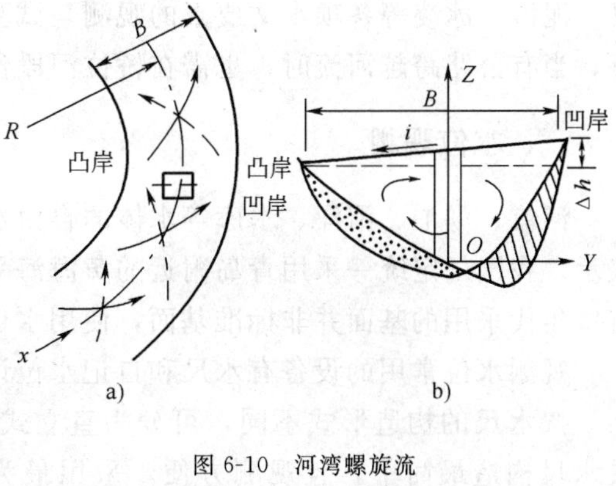

图 6-10 河湾螺旋流

a)平面图；b)横断面图

3. 造床流量和河相关系

河床的形态是在水力和泥沙因素不断变化的条件下，长期连续作用而形成的。为了便于对河床演变进行研究，用一个与多年流量过程的综合造床作用相当的流量作为代表流量，称为**造床流量**。实际工作中，常采用平滩水位相应的流量作为造床流量。一般是选取一个较长的河段作为依据，在某一流量下，若各断面的水位基本上与该河段的河滩齐平时，此流量即作为造床流量。此时的水流恰好充满河槽，对河槽形态的塑造作用最大，水位再升高，水流漫过河滩，造床作用反而会削弱。在水流和泥沙长期的相互作用下，冲积河流的河床，将形成与水力条件和泥沙条件相适应的一定几何形态，如形态、河床比降等。这种河床的几何形态与水力、泥沙条件之间的关系，称为**河相关系**。

目前我国公路桥孔长度的确定和桥墩冲刷计算桥位设计中应用河相关系的有下列两个。

(1)基本河槽公式

根据我国西北、内蒙、东北、华北等地，滩槽难分的变迁性河段和游荡型河段的现场资料分析得到基本河槽宽度 B_0 和年最大流量平均值 $\overline{Q}$、河床泥沙平均粒径 $\overline{d}$ 之间的关系［《公路工程水文勘测设计规范》(JTG C30—2002)］

$$B_0 = 16.07\left(\frac{\overline{Q}^{0.24}}{\overline{d}^{0.3}}\right) \tag{6-6}$$

上式是拟定滩、槽难分的变迁性河段、游荡性河段桥孔长度的主要依据。

(2)河槽宽度和水深的关系

$$\frac{\sqrt{B}}{H} = \eta \tag{6-7}$$

式中：B——平滩水位（造床流量）时的河槽宽度（m）；

H——平滩水位（造床流量）时的河槽平均水深（m）；

η——断面河相系数。

η 值愈大，河槽愈宽浅，河槽稳定性愈差，水流的摆动愈大，股流集中产生的冲刷也愈严重。在桥下河槽一般冲刷深度计算中，引入单宽流量集中系数 A_d，令

$$A_d = \eta^{0.15} = \left(\frac{\sqrt{B_Z}}{H_Z}\right)^{0.15} \tag{6-8}$$

第四节　河川水文资料的观测方法

为了及时掌握河流的水情，在若干固定的测流断面上，定时进行水位、流速、流向、流量、泥沙、冰凌等各项水文要素的观测与试验工作称为**水文测验**。水文测验一般由水文站实行，当有公路跨越河流时，也需在桥位河段作一些水文测验。

一、水位观测

河流、湖泊、沼泽、水库等水体的自由水面离开固定基面的高程称为水位，其单位以 m 表示。我国规定统一采用青岛附近的黄海海平面作为标准基面，但由于各种原因，有些地方有些年代采用的基面并非标准基面，使用水位资料时应予以注意。

观测水位常用的设备有水尺和自记水位计两大类。

按**水尺**的构造形式不同，可分为直立式、倾斜式、矮桩式和悬锤式四种。其中以直立式水尺构造最简单，且观测方便，采用最为普遍。观测时，水面在水尺上的读数加上水尺零点的高程，即为当时水面的水位值。水尺的设立如图 6-11 所示。水位观测次数，视

水位变化情况，以能测得完整的水位变化过程、满足日平均水位计算及发布水情预报的要求为原则加以确定。当水位变化平缓时，每日 8 时和 20 时各观测 1 次；枯水期每日 8 时观测 1 次；汛期一般每日观测 4 次，洪水过程中还应根据需要加密测次，便能得出完整的洪水过程。

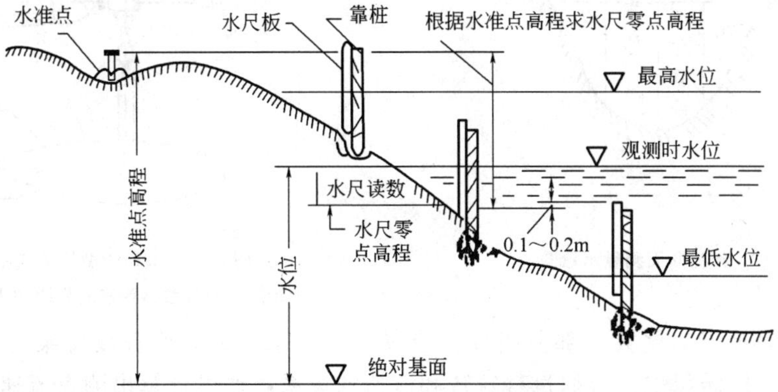

图 6-11　直立式水尺分段设立示意图

自记水位计能将水位变化的连续过程自动记录下来，具有连续、完善、节省人力的优点。有的还能将观测的水位以数字或图像的形式远传至室内，即水位遥测。自记水位计种类很多，主要形式有横式自记水位计、电传自记水位计、超声波自记水位计和水位遥测计等。

根据水位记录，可计算出日平均水位、月平均水位和年平均水位，连同年、月最高、最低水位及洪水水位要素摘录，一起刊于水文年鉴或存入水文数据库，供有关部门查用。

二、流量测算

单位时间通过河流某一断面的水量，**即该断面的流量**，其单位常以 m^3/s 计。

流量是水文测验中最重要的一项内容，在水文预报预测中广泛应用。

1. 流速仪观测流量

通过河流某一断面的流量 Q 可表示为断面平均流速 v 和过水断面积 ω 的乘积，即

$$Q = v\omega \tag{6-9}$$

可见，流量测验应包括断面测量和流速测验两部分工作，其测算的**基本程序**是：将过水断面分为若干部分，测算出各部分断面的面积 ω_i，用流速仪测算出各部分面积上的平均流速 v_i，二者相乘得部分流量 $Q_i =(\omega_i v_i)$，其总和即为断面的流量 $Q\ (=\sum Q_i)$。

(1)断面测量

河道断面测量，是根据断面沿宽度方向的变化情况布置适量的测深垂线，如图 6-12 所示，测得每条测深垂线的起点距 D_i 和水深 H_i，从施测时的水位减去水深，即得各测深垂线的河底高程，从而绘出测流断面的断面图。测深可采用测深杆、测深锤（或铅鱼）、回声测深仪等施测；起点距可应用断面索、经纬仪等测定。

(2)流速测验与流量计算

流速仪是用来测定水流中任意指定点沿流向的水平流速的仪器。我国采用的主要是旋杯式和旋桨式（图 6-13）两类。它们由感应水流的旋转器（旋杯或旋桨），记录信号的计数器

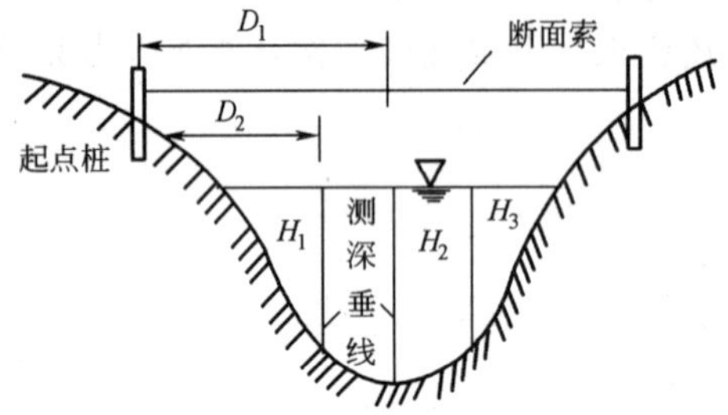

图 6-12 河流断面测量示意图

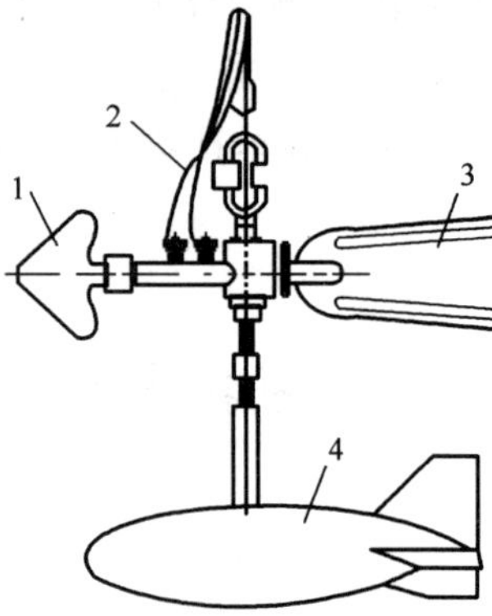

图 6-13 Ls25-1 型旋桨式流速仪

1-旋桨；2-与计数器相连的导线；3-尾翼；4-铅鱼

和保持仪器正对水流的尾翼 3 部分组成。当仪器放入水中时，旋杯或旋桨受水流冲动而旋转，流速越大，旋转越快。根据每秒转数和流速的关系，便可计算出测点流速。流速仪转子的转速 n 与流速 v 的关系，在流速仪器检定槽中通过试验确定，其关系式一般为

$$V = KN + C \tag{6-10}$$

式中：K、C——分别为仪器检定常数与摩阻系数。

测流时，将流速仪悬于施测点位置，记下仪器的总转数 N 和测速历时 T，求出转速 $n=N/T$，由式（6-10）即可求出该测点的流速 v。为消除流速脉动的影响，要求 $T \geqslant 100$s。

根据水文测验规范确定测流断面上沿宽度方向的测速垂线数和每条线上的测速点数及位置。例如：河面宽小于 100m 时，常规情况下应取 5 条测速垂线，其中若某测速垂线的深度 H 为 14.0m（大于 10m，值由悬索吊铅鱼测得），则应取 5 点测算测速垂线上的平均流速。这 5 点的位置分别在水面、水面下 $0.2H$、$0.6H$、$0.8H$ 和河底。按规范要求，该垂线的平均流速按下式计算

$$v_m = \frac{1}{10}(v_{0.0} + 3v_{0.2} + 3v_{0.6} + 2v_{0.8} + v_{1.0}) \tag{6-11}$$

式中：v_m——测速垂线平均流速；

$v_{0.0}$、$v_{0.2}$、…、$v_{1.0}$——分别为水面、水面下 $0.2H$、…、河底处的测点流速。

部分断面的平均流速，由测速垂线平均流速推求。视情况不同，分别按下式计算

对于中间部分

$$v_i = \frac{1}{2}(v_{m(i-1)} + v_{mi}) \tag{6-12}$$

对于岸边部分，左、右分别为

$$v_1 = \alpha v_{m1} \qquad v_n = \alpha v_{mn} \tag{6-13}$$

式中：v_1、v_i、v_n——分别为左岸、中间、右岸部分面积的平均流速；

v_{m1}、v_{mi}、v_{mn}——分别为第 1 条、第 i 条、第 n 条测速垂线的平均流速；

α——岸边系数，斜岸边 $\alpha=0.67 \sim 0.75$，陡岸边 $\alpha=0.8 \sim 0.9$，死水 $\alpha=0.5 \sim 0.67$。

最后由下式求得断面总的流量 Q

$$Q=\sum_{i}^{n}\omega_i v_i \tag{6-14}$$

2. 浮标法观测流量

凡能漂浮之物，都能做成**浮标**。浮标可分为水面浮标、浮杆和深水浮标等，其中以水面浮标应用最广。用水面浮标测流时，首先在上游沿河宽均匀投放浮标，测定各浮标流经上、下游断面的运行历时 T，用经纬仪测定各个浮标流经中断面的位置（起点距）。同时还应观测水位、风向、风力等，供检查和分析成果时参考，然后按下式计算各浮标的虚流速 v_i（m/s）

$$v_i=\frac{L}{T} \tag{6-15}$$

式中：L——上、下游浮标断面的间距（m）；

T——浮标流经上、下游浮标断面的历时（s）。

绘制虚流速横向分布曲线，在曲线上查得各条测深垂线的流速，计算两条测深垂线间的部分面积 ω_i 和部分面积的平均流速 v_{fi}，则部分虚流量为 $Q_{fi}=\omega_i v_{fi}$。

全断面的虚流量 $Q_f=\sum\omega_i v_{fi}$，则断面流量 Q 为断面虚流量乘以浮标系数 K_f，即

$$Q=K_f Q_f \tag{6-16}$$

浮标系数与浮标类型、风力、风向等因素有关，应通过与流速仪法比测确定。一般水深较大的大河约为 0.85～0.90，而小河约为 0.75～0.85。

三、泥沙测算

为了探求泥沙运行的现象和数量，必须进行泥沙测验，为计算墩台基础的冲刷提供基本资料。

泥沙测验分悬移质输沙率和推移质输沙率测验两种。

1. 悬移质泥沙又称悬沙，颗粒小而轻，由于水流的紊动而悬浮在水中，并随水流向下游运动。在单位时间内通过测流断面的悬移质泥沙的质量称为**悬移质输沙率** Q_s，以 kg/s 计。所谓河流**含沙量** S，是指单位体积浑水中所含泥沙的质量，以 kg/m^3 计。并有

$$Q_s=Q\overline{S} \tag{6-17}$$

式中：Q——断面流量（m^3/s）；

$\overline{S}$——断面平均含沙量（kg/m^3）。

含沙量的测验方法是：先用采样器从河中一定测点采取含有泥沙的水样（采样工作一般都和流量测验同时进行），经过量积、沉淀、过滤、烘干、称重等手续，求出一定体积浑水中的干沙质量，从而计算出该测点的含沙量。

由于天然河流过水断面上各点的含沙量并不一致，要测得断面输沙率，也需要采用与测算流量相似的方法。即先测得测点的含沙量，再求出垂线平均含沙量及部分断面平均含沙量，并利用测速时所算得的部分流量，按下式求断面输沙率 Q_s（kg/s）。

$$Q_s=S_1q_1+S_2q_2+\cdots+S_nq_n \tag{6-18}$$

式中：S——部分断面平均含沙量（kg/m^3）；

q——部分流量，由 $\omega\cdot v$ 求得（m^3/s）；

n——部分断面的个数。

2. 推移质泥沙又称为底沙，颗粒大而重，被水流推着沿河底移动。推移质泥沙测验，是利用推移质采样器，沿河宽不同地点，取得测沙垂线底部的推移质泥沙，以求得各测沙垂线处单位宽度内的输沙率，从而计算出整个断面的**推移质输沙率**。其测验工作应尽可能和悬移质输沙率、流量的测验同时进行，以便于资料的整理与分析。

四、冰凌观测

我国秦岭—淮河以北的河流，多有长短不一的结冰期。冰凌观测是为了掌握河流结冰情况，了解冰凌变化规律，为公路工程提供冰情资料。

冰凌观测内容为冰厚、冰温、冰块尺寸，流动速度和方向、冰层面积、沿水流方向的长度，冰层下的水流流速、水面比降、风速风向、气温变化率以及冰压力计算所需的其他内容。

五、水文资料的搜集和整理

水文资料是河流水情变化的记录，是进行水文分析和计算的基础，必须认真细致地进行搜集和整理，并应按我国交通部颁发的《公路工程水文勘测设计规范》的要求，提出必需的图表。

水文资料的来源主要有三方面，即水文站观测资料、洪水调查和文献考证资料。**水文站观测资料**是在一定时期内连续实测的资料，能较为真实地反映客观实际，是水文分析计算的主要依据。但是，水文站的数量和观测年限总是有限的，不能满足实际工作的需要，因而不能单纯依靠水文站观测资料。对于缺乏水文站观测资料的河流，**洪水调查**是搜集水文资料的基本方法，即使对于有长期观测资料的河流，洪水调查资料也是重要的补充。所以，不论有无水文站观测资料，都应该进行洪水调查。我国的某些历史文献中，多有洪水灾害的记载，为分析历史洪水的情况提供了宝贵资料，因此，**文献考证**也是搜集水文资料的重要途径。上述三个方面的资料，可以相互补充，相互核对，使水文资料更加完整可靠。

1. 水文站观测资料

桥梁水文计算所需的水文资料，大部分可通过查阅《水文年鉴》及到水文站详细调查得到。一般应搜集桥位附近水文站历年实测最大流量及其相应的水位、流速、糙率、水面比降、测流断面、含沙量和水位流量、水位面积、水位流速关系曲线等资料。并应了解水文站的设站历史、测流方法和设备、测流断面和河段情况以及水文站所掌握的水文调查资料。例如，流域水系图、桥位所在地区流域面积、河床及河岸变迁资料等。应特别注意水文站的水准基面和基本水尺历年有无变动，在水位或流速观测过程中有无发生水毁、中断与漏测等情况。若有这些情况，要了解整编水文资料时有无经过改正。

2. 洪水调查资料

水文站的数量和观测年限总是有限的，不能满足实际工作的需要，因而不能单纯依靠水文站观测资料。对于缺乏水文站观测资料的河流，洪水调查是搜集水文资料的基本方法，对于有长期观测资料的河流，洪水调查资料也是重要的补充，以提高水文分析和计算的精度。洪水调查是桥位勘测不能缺少的工作。

洪水调查工作主要是在桥位上下游调查历史上各次较大洪水的水位，确定洪水比降和河床糙率，推算相应的历史洪水流量，作为水文分析和计算的依据；同时，调查桥位附近河道的冲淤变形及河床演变，作为确定历史洪水计算断面和桥墩台天然冲刷深度的依据。

调查历史洪水情况时，应细心访问沿岸居民，查明历史洪水痕迹以及发生的时间（包括年、月、日）、大小和稀遇程度。**洪水痕迹**是历史洪水位的标志。同一次洪水至少在两岸上下游调查3、5个可靠的、有代表性的洪痕点，并应考虑壅水及波浪的影响，以作必要的修正，对于每个洪水位，均应在现场标记编号，测定其位置和高程，并根据调查情况详细描述，作出**可靠性评价**。洪痕的可靠程度可按表6-1进行评定。

洪痕可靠程度评定标准 表6-1

评定因数	等级		
	可靠	较可靠	供参考
指认的印象和旁证情况	亲身所见，印象深刻，情况逼真，旁证确凿	亲身所见，印象深刻，所述情况比较逼真，旁证材料较少	听传说或印象不深刻，所述情况不够清楚具体，缺乏旁证
标志物和洪痕情况	标志物固定，洪痕位置具体或有明显的洪痕	标志物变化不大，洪痕位置较具体	标志物有较大变化，洪痕位置不具体
估计可靠误差范围	0.2m以下	0.2～0.5m	0.5～1.0m

历史洪水位相应的洪水流量，可按明渠均匀流的方法进行计算。

(1)水文计算断面的选择

计算流量所依据的河流横断面，称为**水文计算断面**。水文计算断面位置的选定，应根据河段特征、水文特性和洪水位痕迹的多少来确定。水文计算断面应尽量垂直于洪水流向，宜选取在河段顺直、河床稳定、冲淤变化小、岸坡稳定，并且无河湾、河汊、沙洲的河段上。

水文计算断面一般应在桥位上下游各选一个，以便核对计算结果。选定水文计算断面以后，应进行断面测量，绘制河流横断面图。水文计算断面的形态应尽量符合历史洪水发生时的实际情况，一般可根据调查资料对河道变迁及河床冲淤作出定量估计，在断面图上适当修正。

(2)水文计算断面的流速和流量计算

水文计算断面的断面平均流速可用式（6-19）或式（6-20）谢才—满宁公式计算

$$v=\frac{1}{n}R^{\frac{2}{3}}i^{\frac{1}{2}} \tag{6-19}$$

$$\text{或}\ v=mR^{\frac{2}{3}}i^{\frac{1}{2}} \tag{6-20}$$

式中：v——断面平均流速（m/s），对于复式断面，河槽与河滩的断面平均流速应分别计算；

n——粗糙系数（糙率）；

m——n的倒数，$m=\frac{1}{n}$；

R——水力半径（m）；

i——洪水比降，以小数计。

对于宽浅河流，当水面宽度大于断面平均水深的10倍时，湿周（断面与水流接触的周界长度）可近似地用水面宽度代替，则水力半径近似等于断面平均水深。若以$\bar{h}$表示断面平均水深（m），则式（6-20）为

$$v=m\bar{h}^{\frac{2}{3}}i^{\frac{1}{2}} \tag{6-21}$$

则水文计算断面的流量为

单式断面时 $$Q=\omega v$$

复式断面时 $$Q=\omega_c v_c+\sum\omega_t v_t=Q_c+Q_t$$

式中：Q——全断面总流量（m^3/s）；

ω——过水断面面积（m^2）；

ω_c、ω_t——分别为河槽与河滩的过水断面面积（m^2）；

v_c、v_t——分别为河槽与河滩的断面平均流速（m/s）；

Q_c、Q_t——分别为河槽与河滩的流量（m^3/s）。

计算历史洪水流量时，如果调查的历史洪水位不在水文计算断面上，应按洪水比降把历史洪水位的高程换算到水文计算断面上，再进行流量计算。

(3)洪水比降的确定与各历史洪水位的确定

河流中出现洪峰时的水面比降，称为**洪水比降**。由于天然河流的水流并不完全符合均匀流的条件，其水面比降随水位而变化，每次洪水的洪水比降各不相同。水文计算断面的流速计算，应采用断面所在河段的洪水比降；根据历史洪水位计算历史洪水的流速，应尽量采用与历史洪水相对应的洪水比降。

调查到的历史洪水位点一般不会就在桥位或正好就在水文断面上，应该对各个洪水位进行平面测量与水准测量，并将各洪水位点绘在形态勘测平面关系图上，如图 6-14 所示。再根据该平面关系图上所绘的洪泛线与等高线，将洪水河床的深泓线勾出，从洪水位点对深泓线作垂线，设该垂直的水位与洪水位点相同，于是就可以用展直洪水主流的深泓线作为横坐标，以水位为纵坐标，将各洪水位一一点在图上，将同一年月的洪水位用同一符号标出，并将它们连接起来，即得该历史洪水位时的水面纵坡图（即水面比降），在该图上水面纵坡所通过的水文断面的交点，即为其相应的某年洪水水位高程。

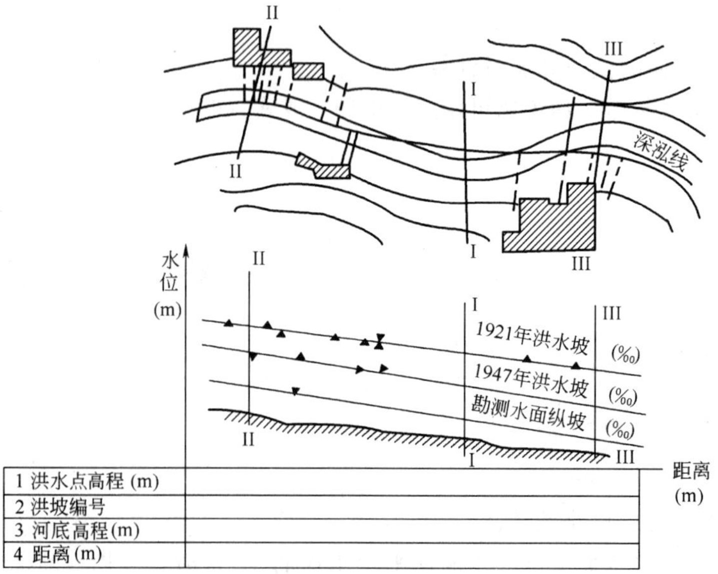

图 6-14 桥位总平面图和河段洪水比降

(4)河床粗糙系数的选择

河床的粗糙系数反映水流所受河床阻力的大小，直接影响流速和流量，应根据河流类型及河床特征综合考虑，慎重选定。

河床的粗糙系数最好采用水文计算断面所在河段的实测值，即选用当地水文或水利部门实测的 n 值。如无实测资料，可参照有关规范中的粗糙系数（糙率）表或手册中推荐的粗糙系数（糙率）表结合实际情况选定，现摘录其中一部分作为示例，见表 6-2。

天然河道洪水粗糙系数（糙率） 表 6-2

河 槽 部 分

河段平面及水流状态	河床组成及床面情况	岸壁及植被情况	$\frac{1}{n}$
河段顺直或下游略有扩散，断面宽阔、规则、水流通畅	沙质或土质河床，河底平顺	平顺的土岸或人工堤防	55 (45～65)
		略有坍塌的土岸或杂草稀疏的平顺土岸	50 (40～60)
	卵石、圆砾河床，河底较平顺	沙、圆砾河岸或平整的岩岸	45 (36～54)
		不够平整的岩岸或灌丛中密的河岸	40 (32～48)
	卵石、块石河床，河床上有水生植物	不平顺的沙砾河岸，风化剥蚀的河岸	35 (28～42)
		不平顺的岩岸或灌丛中密的河岸	30 (24～36)
河段上下游接弯道或下游有卡口、支流汇入等束水影响，复式断面，水流不够通畅	沙、圆砾河床，边滩交错	有坍塌的土岸或沙砾河岸，风化岩岸	45 (36～54)
		不平顺的岩岸或灌丛中密的河岸	40 (32～48)
	卵石、圆砾河床，河底不够平顺，长中密水生植物	岩岸或不平整的卵石、圆砾河岸	35 (28～42)
		不平顺的岩岸或灌丛中密的河岸	30 (24～36)
	卵石、块石、圆漂石河床间有深坑、石梁或水生植物	参差不齐的卵石、圆砾河岸或土岸、略有凹凸的岩岸	25 (20～30)
		参差不齐的岩岸或灌木丛生的河岸	20 (16～24)
山区峡谷河段，急弯间的河段或弯曲河段，阻塞的复式断面，水流曲折不畅，流向紊乱	沙、圆砾河床，边滩、沙洲犬牙交错	人工堤防强制弯曲者	35 (28～42)
		有矶石或丁坝挑流者	30 (24～36)
	卵石、圆砾河床，起伏不平或有水生植物	参差不齐的卵石、圆砾河岸或灌丛中密的河岸	25 (20～30)
		参差不齐的岩岸或灌丛中密的河岸	20 (16～24)
	卵石、块石、大漂石河床，石梁、跌水、孤石交错，或水生植物稠密，阻水严重	参差不齐的岩岸或灌丛中密的河岸	15 (12～18)
		两岸有岸嘴突出，很不平顺，形成强烈斜流、回水、死水的河岸	12 (10～14)

河 滩 部 分

滩地植被情况	平面及水流状态	$\frac{1}{n}$
基本植物或仅有稀疏草丛	平面顺直，纵面平坦，水流通畅，没有串流且滩宽不大者	25 (20～30)
	下游有束水影响，水流不够通畅；水流虽通畅，但河滩甚宽者（滩宽在槽宽的 3 倍以上）	20 (15～25)
长有中等密度植物或已垦为耕地	下游无束水影响，河滩甚宽，或有束水影响，滩宽较窄	15 (12～18)
	平面不够平顺，下游有束水影响，河滩甚宽	10～13
长有稠密灌木丛或杂草林木丛生，阻水严重		7～10

3. 文献考证资料

我国很多历史文献，如地方志（省志、府志、县志）、河志及其他历史档案等，都有洪水和干旱的灾情记载。通过对历史文献的考证，一般可查明近百年或更长时期内，洪水发生的年代、次数和灾害情况，为洪水调查提供线索；还可以获知丰水年和枯水年的分布概况，了解历年来河流和村镇的变迁。但这些历史文献都不是专门记载洪水资料的，又由于历史条件和人为的影响。可能有夸大、缩小和漏记的现象。所以，必须结合洪水调查，从多方面对照比较，认真分析，提高资料的可靠性。

历史文献记载多为灾情的一般描述，缺少洪水数量方面的资料。但是，可以利用文献记载的灾情严重程度、灾区范围和洪水深度等，与调查或实测的洪水泛滥情况对比分析、估计历史洪水流量的数值范围或大小顺序，为水文分析和计算提供一定的依据。

六、利用洪水调查资料进行历史洪水流量计算算例

[例 6-1] 某桥位处据水文资料推算出设计水位 $H_p=135.00$m，设计流量 $Q_P=3\,500\text{m}^3/\text{s}$，据形态调查得：洪水比降之 $I=0.000\,5$；河滩部分表土为粗沙，$n_t=0.025$；河槽部分表上为砾石，$n_c=0.032$，沿桥轴线断面资料见表 6-3，试计算其设计流量和流速。

桥轴线断面资料表　　表 6-3

桩　号	K5+500	+520	+560	+600	+620	+640	+680	+710	+760	+790
地面高程（m）	140.00	133.00	131.50	131.00	125.00	124.00	129.50	129.00	132.00	136.00

解： 天然河流的形状本不规则，过水断面沿流程变化，实属非均匀流。但是按水文断面要求而选择的断面，则近似均匀流，故按曼宁公式计算。

(1)点绘水文断面（图 6-15）

(2)列表计算水力三要素（表 6-4）

过水断面计算表　　表 6-4

桩号	河床高程（m）	水深（m）	平均水深（m）	间距（m）	湿周 $\varphi=\sqrt{L^2+\Delta h^2}$	过水面积（m^2）	累计面积（m^2）	合计
+514.29	135.00	0					5.7	$\omega_{tz}=265.7\text{m}^2$ $\chi_{tz}=86.08$m
			1.00	5.7	6.05	5.7		
+520.00	133.00	2.00					115.7	
			2.75	40.00	40.03	110.0		
+560.00	131.50	3.50					265.7	
			3.75	40.00	40.00	150.0		
+600.00	131.00	4.00					405.7	$\omega_c=680\text{m}^2$ $\chi_c=81.28$m
			7.00	20.00	20.88	140.0		
+620.00	125.00	10.00					615.7	
			10.50	20.00	20.02	210.0		
+640.00	124.00	11.00					945.7	
			8.25	40.00	40.38	330.0		
+680.00	129.50	5.50					1 118.2	$\omega_{ty}=431.3\text{m}^2$ $B_{ty}=102.79$m
			5.75	30.00	30.00	172.5		
+710.00	129.00	6.00					1 343.2	
			4.50	50.00	50.09	225.0		
+760.00	132.00	3.00					1 377.0	
			1.50	22.50	22.70	33.8		
+782.50	135.00	0						

(3)流速、流量计算（符号的下脚 c 和 t 分别表示河槽和河滩）

河槽部分：$R_c = \dfrac{\omega_c}{\chi_c} = \dfrac{680}{81.28} = 8.366\text{m}$

$$v_c = \frac{1}{n_c} R^{\frac{2}{3}} \cdot i^{\frac{1}{2}} = \frac{1}{0.032} \times 8.366^{\frac{2}{3}} \times 0.005^{\frac{1}{2}} = 2.88\text{m/s}$$

$$Q_c = v_c \omega_c = 2.88 \times 680 = 1\,958\text{m}^3/\text{s}$$

左滩部分：$R_{tz} = \dfrac{\omega_{tz}}{\chi_{tz}} = \dfrac{265.7}{86.08} = 3.087\text{m}$

$$v_{tz} = \frac{1}{n_t} R_{tz}^{\frac{2}{3}} \cdot i^{\frac{1}{2}} = \frac{1}{0.025} \times 3.087^{\frac{2}{3}} \times 0.005^{\frac{1}{2}} = 1.90\text{m/s}$$

$$Q_{tz} = v_{tz} \omega_{tz} = 1.9 \times 265.7 = 505\text{m}^3/\text{s}$$

右滩部分：$R_{ty} = \dfrac{\omega_{ty}}{\chi_{ty}} = \dfrac{431.3}{102.79} = 4.195\text{m}$

$$v_{ty} = \frac{1}{n_t} R_{ty}^{\frac{2}{3}} \cdot i^{\frac{1}{2}} = \frac{1}{0.025} \times 4.195^{\frac{2}{3}} \times 0.005^{\frac{1}{2}} = 2.33\text{m/s}$$

$$Q_{ty} = v_{ty} \omega_{ty} = 2.33 \times 431.3 = 1\,005\text{m}^3/\text{s}$$

全断面设计流量与流速：$Q_p = 1\,958 + 505 + 1\,005 = 3\,468\text{m}^3/\text{s}$

与水文计算值比较：$\dfrac{3\,500 - 3\,468}{3\,468} \times 100\% = 0.9\%$

可见两值非常接近。

全断面流速为：$\bar{v}_0 = \dfrac{Q_p}{\omega} = \dfrac{3\,468}{1\,377} = 2.52\text{m/s}$

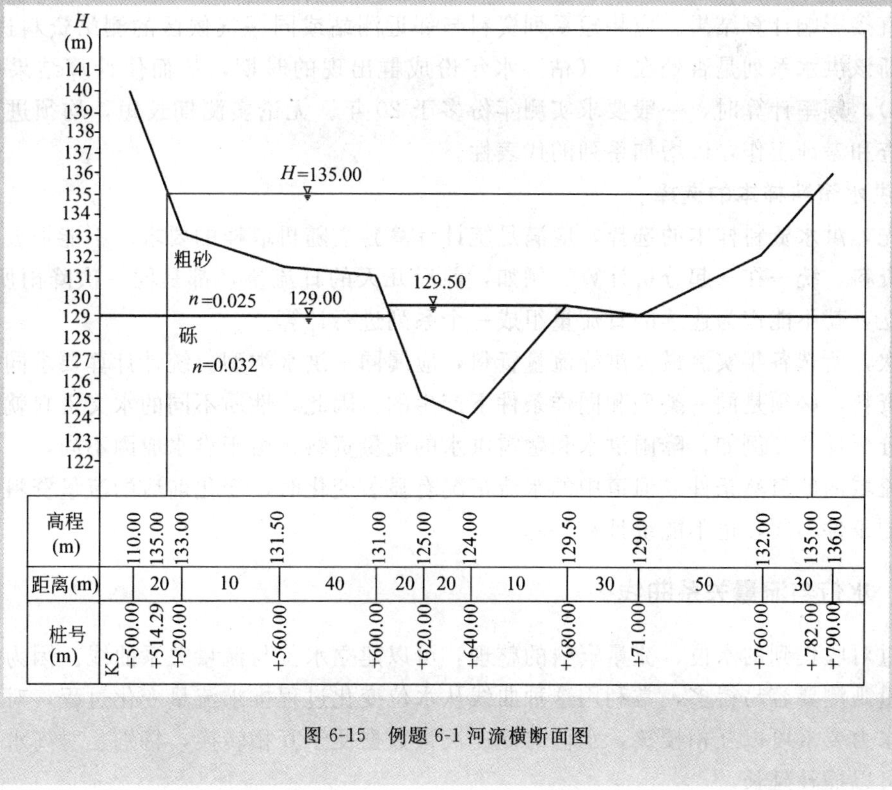

图 6-15　例题 6-1 河流横断面图

根据洪水调查资料计算流量的方法，习惯称为形态法。对于河流的某一特定横断面（如水文计算断面或桥位断面），可以根据已知洪水位计算相应的洪水流量（如例 6-1）。若已知某一断面的洪水流量，也可以按上述方法推算相应的洪水位。可预先估计几个水位，分别计算它们相应的流量，计算流量逼近已知洪水流量者，其相应的水位即可作为所求洪水位。计算流量与已知洪水流量的相对误差一般不宜超过±5%。

七、资料的审查与分析

水文资料是水文计算的基本数据，必须满足统计计算对资料的要求，才能获得正确合理的计算结果。因此，应该从下列几个方面，对水文资料进行审查与分析。

1. 资料的可靠性审查

对于水文站观测资料、洪水调查资料、文献考证资料，都应该逐一检查，相互核对，保证每一个数据的可靠性。对于不同时期的水文观测资料，须仔细分析其可靠性，必要时应实地调查和考证。对情况复杂的观测资料应写出分析考证报告。必须注意个别水文站因水尺位置、零点高程、水准基面的变动以及浮标系数的选用不当等原因而引起的系统误差。对于这些系统误差，必要时通过上下游水文站、干支流水文站的水量平衡分析进行审查；当发现问题时，应与有关单位研究改正。

对于历史洪水调查资料，应该主要采用表 6-1 中可靠或较可靠的数据；洪水标志物已有较大的变化，洪痕位置不具体，精度不高的资料，仅供参考。资料可靠性审查的重点，应放在对设计洪水影响较大的、系列的为首几项洪水的分析论证上。

2. 洪水系列的代表性分析

水文统计计算只能用一定统计年份的洪水系列作为样本，来推算总体的参数值，样本的代表性直接影响计算结果。应将短系列资料与邻近测站或同一气候区的测站资料进行比较，借以判断该洪水系列是否处在丰（枯）水年份成群出现的时期，从而使计算结果显著偏大（或偏小）。频率计算时，一般要求实测年份多于 20 年。无论实测期长短，均须进行历史洪水的调查和考证工作，以增加系列的代表性。

3. 洪水资料样本的选择

首先，洪水资料样本的选择，应满足统计计算独立随机取样的要求。不能把彼此有关联的水文资料，统一在一起分析计算。例如，前后几天的日流量，都是同一次降雨所形成的。互不独立，就不能作为连续的日流量组成一个系列进行计算。

其次，所选各年实测最大洪峰流量资料，应属同一洪水类型。统计计算要求同一系列中的所有资料，必须是同一类型和同样条件下产生的。因此，性质不同的水文资料就不能统计在一起分析计算。例如，降雨洪水和融雪洪水的流量资料，由于洪水成因不同，不能统计在一起；流域内的自然条件或河道中的水流情况有显著变化时，变化前后的流量资料，由于形成洪水的条件不同，也不能统计在一起。

八、水位与流量关系曲线

通过对收集到的水位、流量资料的整理，可以建立水位与流量关系曲线。因为水位观测远比流量观测要容易得多，常利用这种曲线从水位变化过程推求流量变化过程，对桥涵同一断面各水力要素可以互相校核，水位与流速流量数据便于互相转换，特别是对高水位时的流速流量可以插补延长。

1. 水位与流量关系曲线的绘制

河流中的流量随水位而变化，表明水位和流量有密切的关系。在断面形状、河床粗糙度和水面比降不变的条件下，过水面积 ω 和平均流速 v 都是水位 H 的函数，即 $\omega=f_1$（H），$v=f_2$（H）；而流量 $Q=\omega v$，所以流量也是水位的函数即 $Q=f$（H）。以水位为纵坐标，流量为横坐标，将相应的水位和流量点绘在坐标纸上，通过点群中心的曲线即为水位流量关系曲线。为了相互校核，可将 $Q=f$（H）、$\omega=f_1$（H）、$v=f_2$（H）三条曲线绘在同一张坐标纸上，如图 6-16 所示；同一水位时，图中流量应等于过水面积和流速的乘积。

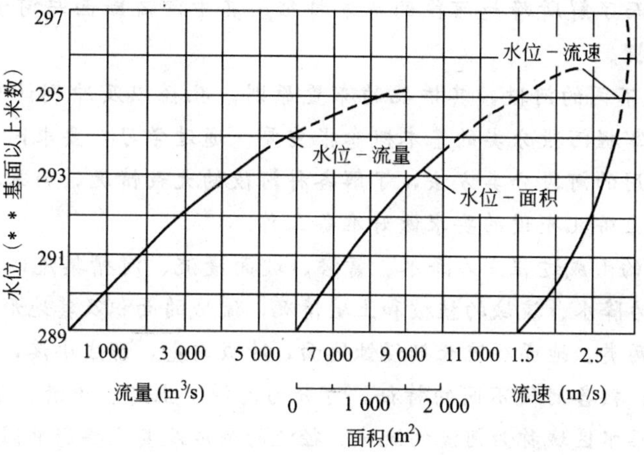

图 6-16　水位与流量、过水面积流速关系曲线

—实测部分；---延长部分

水文站测流断面的这些曲线，一般都根据流速仪测流资料点绘，以浮标测流资料作为参考。对于水文计算断面或桥位断面，一般没有实测资料，可利用形态法计算的资料绘制。

天然河流中水位与流量的关系受很多因素影响，并非稳定的单一曲线关系，因而水位和流量的实测点距一般比较散乱，必须对各种影响因素进行分析，对水位加以修正，才能建立稳定良好的水位流量关系曲线。

2. 水位流量关系曲线的延长

特高水位持续时间短，施测条件往往受到限制而缺测。这时，必须将水位流量曲线向高或低水部分外延，方能推得全年完整的流量过程。高水部分的延长幅度一般不超过当年实测水位变幅的 30%，低水部分不超过 10%。

低水外延的方法一般是找出断流水位，并以断流水位为控制点，坐标为（H_0、Q_0），将实测部分的水位流量关系按趋势延长至当年的最低水位处。

高水外延，一种方法是用水位面积关系 H—ω 和水位流速关系 H—v 延长，如图 6-16 所示。对于河床稳定的断面，H—ω 可由实测断面资料计算，H—v 高水位时常趋于一条与纵坐标平行的直线，故可顺势延长，于是由 $Q=\omega v$ 即可延长高水位的 H—Q 线（图中的虚线）。另一类方法是采用水力学公式，如曼宁公式延长。计算断面流量的曼宁公式为 $Q=\frac{\omega}{n}R^{\frac{2}{3}}J^{\frac{1}{2}}$，不同水位的过水断面积 ω、水力半径 R 可根据实测的断面资料求得，糙率 n 值和水面比降 J 可通过绘制 H—n、H—J 关系曲线求得，因上部渐趋稳定，可顺势外延，以确定高水位时的 n、J，与 ω、R 一起代入式 $Q=w\cdot v=\frac{1}{n}\cdot wR^{\frac{2}{3}}\cdot J^{\frac{1}{2}}$ 即可求得高水位时的 H—Q 线。

近十几年，公路及桥梁勘测设计广泛地应用了电子计算机技术，现已开发完成和测试成功了一些桥位设计计算通用软件，使复杂的水力水文计算和桥梁、涵洞勘测设计全面系统地由计算机完成。对桥位勘测设计阶段收集到的水位、流量等基本信息数据经整理审查后只需在通用软件中保存待计算机完成后续处理，既减少了大量工作，同时也提高了技术精度。

本章小结

1. 桥涵要跨越河流，首先要了解所跨越河流的形成过程，是处于什么水系，是干流还是支流，进而了解所跨越河段的基本特征。其中河流断面与河流比降的特征是重点，应很好地掌握。

2. 桥梁跨过不同的河段，其桥孔的布置原则，孔径以及冲刷计算所用的计算公式都不相同，因此掌握河段分类的基本概念很重要。通过学习，要求同学们重点掌握最新桥位设计中要应用的河段分类方法，了解各种河段的大致情况，为掌握第八章大中桥桥孔设计各类河段上桥孔布设的要求做好准备工作。

3. 河川径流的形成过程分为降水、蓄渗、坡面漫流、河槽集流四个阶段。影响河川径流的主要因素为降水、流域的植被和土壤情况，流域的面积及其地形等。径流分为地面径流和地下径流两类。地面径流长期侵蚀地面，冲成沟壑，形成小溪，汇集成河流。一条发育完整的河流，按各河段不同的特征，可分为河源、上游、中游、下游、河口五部分。河口断面以上的集水区域称为河流的流域。径流的形成及其主要影响因素的概念，将在第十一章讲述小流域设计流量的计算方法中用到，在此作一般性的了解。同时径流的流域及流域面积的确定方法学习第十一章时再结合设计流量的计算算例加深理解。

4. 泥沙运动与河床演变的基本知识，是今后学习桥梁墩台冲刷计算的基础，应认真掌握所介绍的基本概念。

5. 水文测验中水位观测、流速观测、流量测算、泥沙测算及冰凌观测是水文站的基本测验项目。水位观测方法有水尺法和自记水位计法；流速测定方法有浮标法和流速仪法；可用公式 $Q_i=\omega_i v_i$、$Q=\sum Q_i$、$v=\dfrac{Q}{\omega}$ 求断面平均流速和断面流量。通过这一节学习，要求达到对上述几个项目的测验方法有一清楚的了解，以便今后能正确地搜集水文资料。

6. 水文站观测资料、洪水调查资料、文献考证资料都是搜集水文资料的重要途径，上述三个方面的资料，可以相互补充，相互核对，使水文资料更加完整可靠。其中洪水调查是搜集水文资料的一种重要方法，洪水调查时，根据水位和水文计算断面的特征值（糙率、水面纵坡、断面面积等），利用水力学公式计算历史洪水流量的方法，称为形态法。计算公式可按均匀流公式。在本章中，通过计算算例要牢固掌握这种方法。

7. 水文资料整理工作其一是根据收集到的水位、流量资料建立水位与流量关系曲线。水位与流量关系曲线能反映天然河流中水位与流量的变化规律，可作为水文分析的依据。对于一个特定的河流横断面，可以利用水位流量关系曲线推求某一水位相应的流量或某一流量相应的水位。但考虑现今的电子计算机技术在公路及桥梁勘测设计广泛应用的现状，这种方法的精度就不够了，但在桥涵水文计算中和水文站的测流工作中，可作为参考方法。

思考题与习题

6-1　简述河川径流的形成过程？影响径流的因素？

6-2　河槽、河滩、主槽与边滩怎样划分？

6-3　流域的特征与流域的出口断面的流量有什么关系？

6-4　河段是怎样划分的？桥位设计中不同河段设计时重点是什么？

6-5　水位与流量的关系曲线应怎样绘制和使用？

6-6　何谓推移质和悬移质，他们的运动在河床演变中起何作用？

第二篇　大中桥桥位设计

第七章　大中桥设计流量的推算

本章学习目标

1. 了解河川水文现象的特性与分析方法；
2. 熟悉样本、总体、频率、概率的概念，掌握累积频率、重现期、设计洪水频率的概念，了解选样的方法，了解频率的分布及特征；
3. 掌握经验频率曲线的概念及绘制方法；
4. 掌握理论频率曲线的概念及绘制方法，与统计参数的关系；
5. 掌握用观测资料推求设计流量的方法以及用观测资料推求设计流量时抽样误差问题、相关分析问题、特大洪水的问题的处理方法；
6. 掌握用形态调查资料推求设计流量的方法；
7. 掌握桥位断面设计流量、设计水位的推算方法。

本章学习重点

累积频率、重现期、设计洪水频率的概念；理论频率曲线的概念及绘制方法以及与统计参数的关系；用观测资料推求设计流量的方法以及用观测资料推求设计流量时抽样误差、相关分析问题和特大洪水的问题和处理方法；桥位断面设计流量、设计水位推算的方法。

本章学习难点

掌握理论频率曲线的概念及绘制方法与统计参数的关系；用观测资料推求设计流量时抽样误差问题、相关分析问题和特大洪水问题的处理方法。

跨越河流、沟渠的桥梁和涵洞，必须能够安全顺畅地通过设计洪水，这是选定桥位、确定桥孔长度、桥面高程和墩台冲刷深度的基本要求。水文统计法就是对河流长期观测的原始水文资料，进行分析和处理的重要数学工具。确定设计洪水流量、设计通航水位和设计最高（最低）潮水位及设计波浪高度等都是应用水文统计来完成的。

第一节　河川水文现象的特性与分析方法

一、河川水文现象的特征

河川水文现象受到各种因素（气候、地理条件、流域特征、人类活动等）的综合影响，情况极为复杂，归纳起来有以下三个特征。

1. 周期性

水文现象具有周期变化的性质。一年四季的气候变化导致水文现象也以年为周期而循环变化。河流每年都存在着洪水期、平水期和枯水期的周期性变化规律。另外，河流的长期观测资料表明，河流还存在着丰水年、平水年和枯水年的年际周期性变化规律。例如淮河蚌埠水文站观测 47 年的资料表明，1954 年至 1956 年连续 3 年出现了丰水年，径流量比正常年份多 97%，1957 年至 1962 年连续 6 年出现了枯水年，径流量比正常年份少 29%，丰水年与枯水年的交替现象比较明显，但周期的延续年数没有一定规律。

2. 地区性

气候、地理和流域特征都因地区不同而各异，河川水文现象在这些因素的综合影响下，也具有随地区不同而变化的性质，这就是水文现象的地区性。例如我国南方河流比北方河流汛期早、水量大；山区河流的洪水暴涨暴落而平原河流涨落平缓等。但从另一方面看，相互邻近的流域，气候及地形、土壤、地质、植被、湖泊等自然地理因素相似，由此产生的水文现象在一定程度上就具有相似性。例如湿润地区河流的径流量年内分布较为均匀，而干旱地区的分布则很不均匀。

3. 随机性

影响河川水文现象的因素众多，各因素本身又随时间不断发生变化，并在变化过程中相互影响，而且各种因素相互之间的关系错综复杂。虽然水文现象在总体上存在着周期性的变化规律，但具体出现的时间和数量大小都存在着不重复的特点，任一河流的流量（或水位）过程线都不会完全一致，表现为水文现象的随机性。

二、河川水文现象的分析研究方法

根据河川水文现象的基本特征，按不同的目的和要求，可将分析研究方法归纳为以下三类。

1. 成因分析法

研究河川水文现象的物理成因以及同其他自然现象（如气候因素、自然地理因素等）之间的相互关系，通过成因分析寻求水文现象的客观规律，建立水文现象各要素之间的定性、定量关系。具体方法有的侧重于实测资料，有的侧重于理论计算。这种方法分析推理清楚，物理概念明确，但由于影响因素错综复杂，使定性和定量分析都存在很多困难，目前公路和铁路工程多应用一些半理论半经验公式。复杂洪水形成的数学模型，路桥工程中尚未应用。

2. 地区归纳法

根据河川水文现象的地区性特点，利用实测水文资料进行综合归纳，寻求水文现象区域性的分布规律。这种方法以实际资料为依据，虽然缺乏物理成因的分析，但应用较为简易，对于缺乏实测资料的地区有一定的实用意义，应用较多。

3. 水文统计法

利用河川水文现象的随机性特点，对实测水文资料进行统计分析，寻求水文现象的统计规律，预估其今后的变化。水文统计法这种方法是一种数学方法，是水文分析计算的一种工具，只能推求具体的水文资料的统计规律，不能揭示水文现象的本质，仅在正确应用时才能反映出水文现象的一般规律性。水文统计法是目前大、中桥水文分析计算的基本方法。由于水文现象十分复杂，现有的实测资料不够多，在实际工作中，常常将成因分析法与水文统计法结合起来，尽可能通过各种途径，采用多种方法分析计算，力求得到合理可靠的计算结果。

采用水文统计法推算桥梁的设计流量时，应满足这样一个基本前提：建桥前后河流的自然条件（流域的气候、植被、地形、地貌、地质等）必须基本相同，以保证桥梁使用期限内，河流的流量变化与建桥前具有相同的规律性。另外，还应注意人类活动等因素，如兴修大型水利设施，流域内的植被破坏等，都会对河流的流量变化产生巨大影响。分析计算时，应根据实际情况深入研究，并进行适当的修正。

三、水文统计法对水文资料的要求

1. 检查资料的可靠性

实测资料是水文分析的基础，应用错误的资料就不可能获得正确的结果。水文分析一般使用经有关部门整编后正式刊布的资料，从总体上看可以直接使用。但由于社会、特殊水情变化时观测条件的限制等，也会影响成果的可靠性。收集资料时，应对原始资料进行复核，对测验精度、整编成果作出评价，并对资料中精度不高、写错、伪造等部分进行修正，以保证分析成果的准确性。

2. 检查资料的一致性

即要求同一计算系列的水文资料是属于同一类型、在同一条件下产生的。例如：不同基准面、不同水尺处的水位不能收入同一系列；暴雨洪水和融雪洪水的成因不同，也不能收在同一系列中。瞬时水位和日平均水位也不能收在同一系列中，因为它们取得的条件不同，性质也不一样。

3. 检查资料的代表性

统计分析的目的是利用已观测到资料的变化规律来推断今后可能发生的情况，一般要有20～30年以上资料才比较有代表性。实测系列愈长，代表性愈好。

第二节　用水文统计法求设计流量的基本原理

一、水文统计的基本概念

1. 随机事件、随机变量

用概率论原理对水文资料进行分析，是因为水文现象和其他自然现象一样，既有必然性的一面又有偶然性的一面，前者起主要决定性的作用，后者起从属作用，二者同时存在于整个演变过程中。河流的洪水流量，每年汛期都会有一个是最大值，年年如此，循环不已，这就是一种必然性的现象，而每年最大洪峰流量出现的数值年年各不相同，这又是一种偶然现象。它们的出现都称之为**随机事件**，其具体值便称之为**随机变量**，水文统计法就是研究水文现象最大洪峰流量等作为随机变量出现规律的一种方法。

2. 机率、频率

为了便于分析，先从简单的概念谈起。例如在掷钱币的试验中，出现正面和反面的机会也称之为随机事件。若掷了十次，共出现正面值三次，我们把随机事件 A 在（n）次试验中所发生的（m）次，其比值 3/10（m/n）称为随机事件 A 的**频率**，用公式表达为

$$P(A)=\frac{m}{n}(\%) \tag{7-1}$$

上述试验的频率便为 30%，从这里可以看出：任何随机事件的频率总是介于零和 1 之间的一个数。实践说明：对于次数不多的试验，事件的频率有着明显的偶然性。以扔钱币为例，当试验重复多次（例如上千次）则事件的频率便呈现一定的稳定性，也就是说在某一数值上摆动，如试验数万次，这个确定的数就是 50%。因此，随机事件 A 在试验中发生可能性程度的常数就称为随机事件 A 的**机率**，也写成 $P=m/n$ 的形式。这就告诉我们：频率是实测值（例如 30%），机率是理论值（例如 50%），当实测次数达到无限多时，频率将等于机率，水文统计学中将机率称为概率或或然率。再如有红白两球放在口袋内，抓出红的机率显然是 1/2。又如投掷骰子，出现 6 点的机率就是 1/6。水文现象中的降雨与洪峰流量是极为复杂的随机事件，无法知道它的机率，只能凭借过去已经观察到的实测资料计算频率，作为机率的近似估算值。所以本书对频率与机率这两个名词不严格区分，为了统一起见，在水文计算中统用**频率的概念**来说明降雨、流量这些随机变量。

3. 累积频率及周期

工程实践中常把某河在无限多年中，平均出现大于和等于该级流量的机会称为某级洪水流量的**累积频率**，它实际上是频率的累积值，仍用 $P=m/n$ 来表示，只是式中的 m 系指某河大于和等于该级流量出现的次数。例如有千年的流量资料，若每隔 $100\text{m}^3/\text{s}$ 为一级，并按大小顺序排列，分别按 $P=m/n$ 算出其频率与累积频率，列入表 7-1 中，从中可以看出频率与累积频率的关系。《公路工程水文勘测设计规范》中所规定的频率即为累积频率，为简便把累积频率也称频率。累积频率的倒数即**重现期**，亦称周期，用 T 表示，单位为年，即

$$T=\frac{1}{p} \tag{7-2}$$

频率与累积频率 表 7-1

流量 (m^3/s)	出现次数	频率 $P=m/n$ (%)	累积出现次数	累积频率 $P=m/n$ (%)	重现期 (年)
2 000～1 900	1	0.1	1	0.1	1 000
1 900～1 800	1	0.1	2	0.2	500
1 800～1 700	1	0.1	3	0.3	333
1 700～1 600	1	0.1	4	0.4	250
1 600～1 500	1	0.1	5	0.5	200
1 500～1 400	10	1	15	1.5	67
1 400～1 300	5	0.5	20	2.0	50
1 300～1 200	30	3	50	5	20
1 200～1 100	50	5	100	10	10
1 100～1 000	100	10	200	20	5
1 000～900	200	20	400	40	2.5
900～800	300	30	700	70	1.4
800～700	200	20	900	90	1.11
700～600	50	5	950	95	1.05
600～500	45	4.5	995	99.5	1.005
500～400	5	0.5	1 000	100	1

重现期就是多少年出现一次或每隔多少年一遇，表 7-2 所指频率为 1%的洪水即百年一遇的洪水。由于自然气候的周期是以年为单位，故洪水重现期也可以以年为单位，必须指出：百年一遇的洪水绝不是说每百年必定出现一次或只出现一次，而是说在无限多的年代中，平均每百年发生一次。实际情况是，可能在某一百年中出现多次，而在另一历史过程中，几百年不出现一次，这就是平均情况的含义。

从上例可以看见，洪水频率 P 越小（或 T 越大），表示出现的洪水流量就越大，反之亦然。

4. 设计标准

为保证公路的桥梁宣泄洪水时能够正常安全运营，故桥梁的孔径、桥面最低高程、基础埋深、调治建筑物等的尺寸就应该根据可能发生的某一洪水流量来进行计算，在设计桥梁各主要尺寸时所采用的洪水流量称为**设计流量**，其相应的水位称为**设计水位**。

究竟用多大的洪水流量作为设计流量才合适，这是一个设计标准问题，一般说来，采用的设计流量大，相应的水位也高，桥的孔径、高度、基础埋深等都较大，其所需要的工料、投资也较多，但它能经受较大洪水的考验，安全度大。相反，采用较小的设计流量，就不会安全，较易遭受水害，从而影响运输，耗费修复和改建的费用，但它的桥孔可以缩小，节省基建投资。过去曾用最大历史洪水流量作为设计的依据，由于调查的历史洪水资料有机遇性，有的地区可能是常遇的较小洪水（例如相当于 20 年一遇），有的地区则可能是历史罕见的特大洪水（例如相当于 100 年一遇），这就会使同一等级的桥梁不能按同一标准进行设计，因而会出现对某些桥的设计流量偏小，而对另一些桥偏大，前者在通过洪水时将不够安全，而后者则在经济方面又浪费。为了克服这种缺点，则引用水文统计法推算具有一定频率的洪水流量作为设计的依据，它是利用概率论的原理，对实测水文资料进行统计分析，推求水文资料的变化规律，从而预测今后可能出现的具有一定频率的洪水。

在各种工程设计规范中规定各种水文特征值的设计频率（或重现期）作为工程设计的标准，称为**设计洪水频率**。对于公路桥涵工程，采用交通部 2002 年发布的《公路工程水文勘测设计规范》（JTG C30—2002）中规定的设计洪水频率，见表 7-2。相应于设计洪水频率的洪峰流量就是桥涵工程的设计流量。水文统计法就是根据频率曲线推算对应于设计洪水频率的流量，作为桥涵的设计流量。

桥涵设计洪水频率 表 7-2

构造物名称	公路等级				
	高速公路	一	二	三	四
特大桥	1/300	1/300	1/100	1/100	1/100
大、中桥	1/100	1/100	1/100	1/50	1/50
小桥	1/100	1/100	1/50	1/25	1/25
涵洞及小型排水构造物	1/100	1/100	1/50	1/25	按具体情况确定

注：①二级公路的特大桥及三级、四级公路的大桥，在水势猛急、河床易于冲刷的情况下，必要时可提高一级洪水频率验算基础冲刷深度；

②三级、四级公路在交通容许有限度的中断时，可修建漫水桥和过水路面。漫水桥和过水路面的设计洪水频率，应根据容许阻断交通的时间长短和对上下游农田、城镇、村庄的影响以及泥沙淤塞桥孔、上游河床的淤高等因素确定。

5. 总体与样本

在水文统计中，把包括整个资料的系列称之为**“总体”**。水文现象的总体是无限系列，而人们所掌握的则是较少年份的实测资料，所以水文计算中所依据的资料仅仅是总体的一部分，称为总体的**“样本”**。样本是在总体中抽取的，这种情况称为**抽样**，利用样本推测总体的规律性，自然存在着**抽样误差**，此误差的大小与频率、系列长度、总体分布及其统计参数、频率计算方法等因素有关。根据单站短期资料推求稀遇的设计洪水，抽样误差比较大，这是频率分析法存在的主要问题。为此要求样本系列具有一定的长度，才能使抽样误差限制在一定的范围内，从我国当前资料条件出发，采用频率计算时，要求实测洪水年数不少于20年。即使如此，频率计算的成果仍然可能有相当的误差，因此应进行历史洪水的调查和考证工作，使外延的设计洪水受到一定的控制，达到提高精度的效果。总之，在水文分析计算中，考虑抽样误差，把样本作为总体来研究，仍可以解决实际问题。

二、经验频率曲线与机率格纸

1. 经验频率公式

引用水文统计法的目的，就是按《公路工程水文勘测设计规范》的要求，推求具有一定频率的设计洪水流量。若用式（7-1）求所需要流量的频率，必须具有相当长期的水文观测资料（即 n 值很大时）才是正确的。实际上人们掌握的观测资料很少，这就给求例如1%的小频率洪水流量带来困难。例如取10年的观测资料来分析式（7-1）的实用性，当 $m=1$ 时，频率为10%（1/10），当 $m=10$ 时，频率100%（10/10），频率为100%的洪水，意味着这条河流在今后100年中像此次观测第10位大小的洪水，每年都会出现。也就是说，这条河流今后的历年最大洪水只会大于此次观测第10位大小的洪水，而不会小于此次观测第10位大小的洪水。显然，这个推论是不对的。因为10年中的最小洪水，不一定就是这条河流今后可能出现的最小洪水。因此为了弥补式（7-1）的不足，就必须寻求更为合适的**经验频率公式**，现介绍如下

数学期望公式（均值公式）
$$P=\frac{m}{n+1} \tag{7-3}$$

戚氏公式（中值公式）
$$P=\frac{m-0.3}{n+0.4} \tag{7-4}$$

海森公式
$$P=\frac{m-0.5}{n} \tag{7-5}$$

上述经验公式是根据有限的实测资料估算出来的，其可靠性取决于样本是否能代替总体的情况，并且计算的频率愈靠近头尾几项误差越大，使用时应予以充分注意，其中数学期望公式计算结果偏于安全，而且形式简单，意义明显，又有一定的理论根据，是我国最常用的经验频率计算公式。

2. 经验频率曲线绘制

1950年以来我国各大河流都设置了水文观测站，可从水文站的历年流量观测资料中，每年选取一个洪水成因相同的最大洪水流量，n 年的观测资料中，可以选出 n 个年最大流量值，组成一个 n 项容量的随机样本，这种抽样方法称为“年最大流量法”。现以某水文站35年的年最大流量实测资料为例进行分析。若每隔 $100m^3/s$ 为一级，按大小顺序排列，列入表7-3中。如果按 $P=m/n+1$ 算出累积频率也一并列入表内。由实测资料绘出流量与频率的关系曲线，称为**经验频率曲线**（$Q \sim P$ 曲线），如图7-1a）所示。为了求得规定的2%、

1%、0.33%等比较小的设计频率的流量，就必须外延这一经验频率曲线（如图中的虚线），然后从外延的曲线上求得所需频率的流量值。

流量分级统计　　表 7-3

流　量 (m^3/s)	出现次数	累积出现次数	累积频率 $P=m/n$ (%)	重现期 (年)
800～700	1	1	2.8	36
700～600	2	3	8.3	12
600～500	5	8	22	4.5
500～400	7	15	42	2.4
400～300	10	25	69	1.5
300～200	6	31	86	1.2
200～100	3	34	94	1.1
100～1	1	35	97	1.03

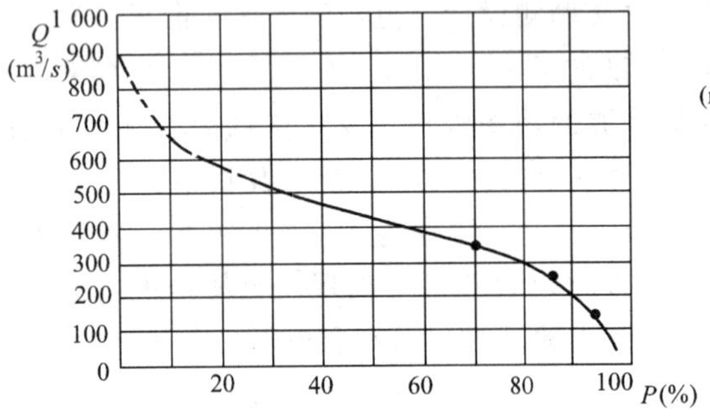

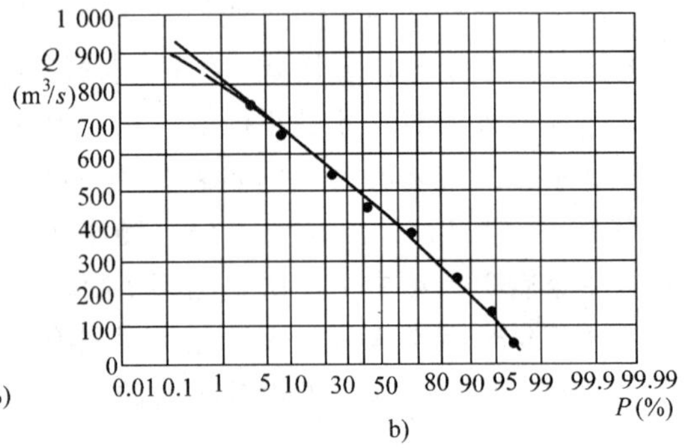

图 7-1　流量与频率关系曲线

a)普通格纸；b)海森机率格纸

3. 经验频率曲线外延时的不足与解决办法

经验频率曲线的外延是以目估的方法描绘的，往往因人而异，任意性较大，这就会使推求的设计流量产生很大误差。海森于 1913 年提出了一种横坐标为特殊分格的坐标纸，称为海森机率格纸（除此还有皮尔逊 III 型机率格纸等），如图 7-1b）所示。用这种机率格纸绘制的经验频率曲线接近于直线，其曲线两头则平顺的多，这就能减少曲线外延的困难，在一定程度上提高了计算精度。由于水文资料多为短系列观测数据，往往需将频率曲线的头部外延很远，即使用机率格纸曲线外延，仍有任意性并产生较大误差，如图 7-1b）的虚线部分。因此人们便设想能否找到与频率曲线相适应的数学方程式，利用**数学方程式**去推求所需各种频率的流量。

三、理论频率曲线与统计参数

1. 频率曲线的基本特征

用数学方程式表示设计流量与频率关系的线形称之为**理论频率曲线**。因为它是根据实测资料建立的理论方程式，这就避免了单凭经验频率曲线主观外延的毛病，目前我国多用皮尔逊 III 型曲线的理论方程式作为推求设计流量的依据。下面通过一个实例来说明其意义和应用。

某水文站有 75 年最大洪水流量的实测资料，若每隔 $100m^3/s$ 为一级，按大小顺序排列，列入表 7-4 中。按流量级别的出现次数，用经验频率公式 $P=m/(n+1)$ 分别算出其频率与累积频率，也一并列入表中。这样便可以分别得出流量与频率、流量与累积频率的关系曲线，如图 7-2a)、b) 所示。图 a) 是一端有限一端无限的偏态铃形曲线，称之为**频率曲线**；图 b) 是一个 S 形曲线，称之为**累积频率曲线**。图 7-1a) 所表示的即为这一累积频率曲线。从这些曲线上可以看出，特大和特小的流量出现的次数都很少，接近于平均值的流量出现次数多。实践证明，绝大多数的水文资料都具有这样的规律性。

流量分级统计表

表 7-4

流　量 (m^3/s)	出现次数	频率 $m/n+1$ (%)	累积出现次数	累积频率 $m/n+1$ (%)
1 400～1 300	1	1.3	1	1.3
1 300～1 200	1	1.3	2	2.6
1 200～1 100	2	2.6	4	5.3
1 100～1 000	3	3.9	7	9.2
1 000～900	5	6.6	12	15.8
900～800	8	10.5	20	26.3
800～700	14	18.4	34	44.7
700～600	20	26.3	54	71.0
600～500	11	14.5	65	85.5
500～400	6	7.9	71	93.4
400～300	3	3.9	74	97.4
300～200	1	1.3	75	98.7
总计	75	100.0		

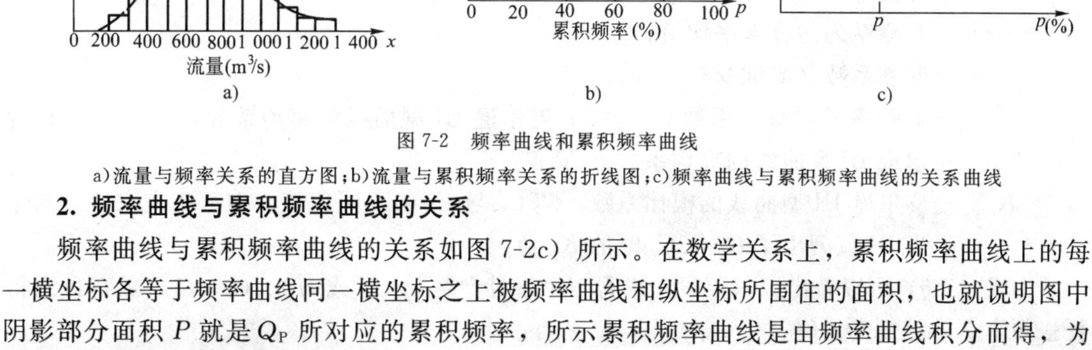

图 7-2　频率曲线和累积频率曲线

a)流量与频率关系的直方图；b)流量与累积频率关系的折线图；c)频率曲线与累积频率曲线的关系曲线

2. 频率曲线与累积频率曲线的关系

频率曲线与累积频率曲线的关系如图 7-2c) 所示。在数学关系上，累积频率曲线上的每一横坐标各等于频率曲线同一横坐标之上被频率曲线和纵坐标所围住的面积，也就说明图中阴影部分面积 P 就是 Q_P 所对应的累积频率，所示累积频率曲线是由频率曲线积分而得，为此需先了解频率曲线的一些基本特征。

频率曲线的横坐标，以 Q 表示，也可以表示水位和雨量值，故统一用 χ 表示，频率曲线中有三个特征值决定着该曲线的位置，它们是**均值、中值和众值**，如图 7-3 所示。

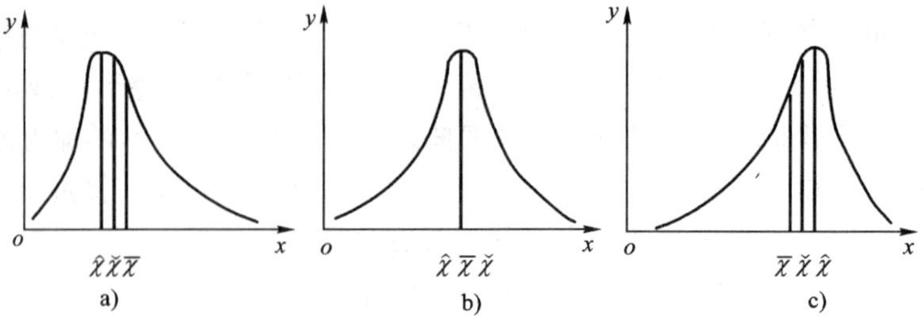

图 7-3　频率曲线图基本特征

a)正偏态；b)正态；c)负偏态

（1）均值 $\bar{\chi}$——是指系列内所有随机变量（即指流量 Q、水位 H 等）的算术平均值；

（2）中值 $\check{\chi}$——把系列中各个数值按**大小次序**排列，位置居中的随机变量值，也即累积频率为 50%的随机变量值；

（3）众值 $\hat{\chi}$——是系列中出现次数最多的随机变量值，亦即频率为最大值时的随机变量值。

三个特征值与频率曲线的位置关系是：当系列的分布对称于均值（峰居中），称为正态分布，三者的位置重合，即 $\bar{\chi}=\hat{\chi}=\check{\chi}$ 图 b)；若曲线为不对称时（峰偏离中心），表示其频率分布偏离均值，称为偏态分布。峰偏左时称为正偏态图 a)；峰偏右时称为负偏态图 c)。

3. 皮尔逊 III 型曲线方程

1895 年英国生物学家皮尔逊根据某些实际资料建立了一种概括性的曲线族，该曲线按参数的不同分成十三种线形，其中 III 型曲线即为一端有限，一端无限的正偏态曲线，这一曲线基本上符合我国水文现象的变化规律。

在水文计算中，目的是求得累积频率的随机变量值，为此可将**皮尔逊 III 型频率曲线**（亦称机率分布曲线）的一般微分方程式经过积分演算适当换算，并用三个统计参数来表达，它们是 $\bar{\chi}$（即 $\bar{Q}$ 或 $\bar{H}$）、C_v、C_s，经过数学处理（推导过程从略）可转变为如下形式

$$\chi_p = \bar{\chi}(1 + C_v \cdot \phi_p) = K_p\bar{\chi} \tag{7-6}$$

式中：χ_p——累积频率（以后统称为频率）为 P 的随机变量，它可以是流量（Q_p）或水位、降雨量（H_p）等；

$\bar{\chi}$——观测系列的算术平均值；

C_v——变差系数（或称变异系数）；

ϕ_p——随频率 P 与偏差系数 C_s 而定的皮尔逊 III 型曲线的离均系数，见附录表 II 皮尔逊 III 型曲线的离均系数 ϕ_p 值表；

K_p——皮尔逊 III 型曲线的模比系数，随 C_s 与 C_v 的不同比值，亦可查表求得。附录表 III 仅列出了 $C_s=3C_v$ 时的 K_p 值。

由式（7-6）可以看出，只要设法求得三个统计参数 $\bar{\chi}$（$\bar{Q}$ 或 $\bar{H}$）、C_v、C_s，就可以求得任一频率下的随机变量值。

4. 统计参数

式（7-6）就是用三个统计参数值所描述的理论频率曲线的数学方程式，由于该式推导

甚为麻烦，故只对三个统计参数的数学和物理意义说明如下：

(1)均值 $\bar{\chi}$ ($\bar{Q}$ 或 $\bar{H}$)

均值即算术平均值，如有一系列实测资料 χ_1、$\chi_2 \cdots \chi_n$，把它们的总和除以总项数 n，就得均值 $\bar{\chi}$，即

$$\bar{\chi}=\frac{\chi_1+\chi_2+\cdots+\chi_n}{n}=\frac{\sum_{i}^{n}\chi_i}{n} \tag{7-7}$$

若 χ 以 Q 表示，则上式可写成

$$\bar{Q}=\frac{Q_1+Q_2+\cdots+Q_n}{n}=\frac{\sum_{i}^{n}Q_i}{n} \tag{7-7'}$$

均值是全部系列中各个变数的共同代表，它反映了系列的水平。例如我们用常年平均降雨量、24h 的降雨量来代替某地某年的降雨情况，用多年的平均流量与平均水位代替该河洪水的大小，所有这些都是指均值。就流量而言，大河的 $\bar{Q}$ 比小河的 $\bar{Q}$ 大。同一条河流，下游的 $\bar{Q}$ 比上游的 $\bar{Q}$ 大。$\bar{Q}$ 较大的河流 Q_p 也可能较大。

(2)变差（异）系数 C_v

C_v 值是表征系列各分量 χ_i 相对于 $\bar{\chi}$ 的变化差异程度的一个统计特征值，其值为均方差（又叫标准差）σ 与均值 $\bar{\chi}$ 之比，如 χ 以 Q 表示，则标准差

$$\sigma=\sqrt{\frac{\sum_{i=1}^{n}(Q_i-\bar{Q})}{n-1}}$$

$$C_v=\frac{\sigma}{\bar{Q}}$$

若引用**模比系数** $K=\frac{Q_i}{\bar{Q}}$，则上式可写成

$$C_v=\sqrt{\frac{\sum_{i=1}^{n}(K_i-1)^2}{n-1}}=\sqrt{\frac{\sum_{i=1}^{n}K_i^2-n}{n-1}} \tag{7-8}$$

变差系数 C_v 在统计学上的意义是表示 Q_i 与 $\bar{Q}$ 差额的相对大小，(K_i-1) 所表示的就是这一相对差额，因 (K_i-1) 有正、有负，其代数和为零，因此不能用 (K_i-1) 的代数和，而改用 $(K_i-1)^2$ 的代数和。采用它的平方根，是为了将因次恢复到 K 这样一比值。除以 $n-1$ 是为了得其平均样本的平均值。

C_v 值反映了一条河流洪水流量变化幅度的大小。为了说明 C_v 的物理意义，现取甲、乙两组流量系列分析，见表 7-5。

流量系列的 C_v、C_s 值比较 表 7-5

组系列	甲系列					乙系列				
Q_i (m^3/s)	120	110	100	90	80	240	100	80	60	20
$\bar{Q}_i$ (m^3/s)	100					100				
$\Delta=Q_i-\bar{Q}$ (m^3/s)	20	10	0	−10	−20	140	0	−20	−40	−80
$K_i=Q_i/\bar{Q}$	1.2	1.1	1	0.9	0.8	2.4	1	0.8	0.60	0.20

续上表

组系列	甲系列					乙系列				
$\Delta/\overline{Q}=(K_i-1)$	0.2	0.1	0	−0.1	−0.2	1.4	0	−0.2	−0.4	−0.8
$(K_i-1)^2$	0.04	0.01	0	0.01	0.04	1.96	0	0.04	0.16	0.64
$\sum(k_i-1)^2$	0.1					2.8				
C_v	0.158					0.837				
$(k_i-1)^3$	0.008	0.001	0	−0.008	−0.001	2.744	0	−0.008	−0.064	−0.152
$\sum(k_i-1)^3$	0					2.16				
C_s	0					1.84				

通过以上两系列 C_v 值的对比，可以清楚地看出 C_v 值是表征资料系列对于其均值相对变化程度（即离散度）的一个统计特征值。C_v 值大表明各分量偏离均值的程度大，系列的流量数值比较散乱，所以 C_v 值大的河流，流量变化幅度大。一般地说，山区河流暴涨暴落，年洪峰流量变化大，平原河流年洪峰流量变化小，故山区河流的 C_v 值大于平原区河流；与此相仿，流域面积小的河流较流域面积大的河流 C_v 值为大，狭长流域比扇形流域 C_v 值大；同一条河流上游比下游的 C_v 值大；由于地区气候条件不同，我国北方的河流比南方河流的 C_v 值大。我国河流的 C_v 值的取值范围大多在 0.2～1.5 之间。

(3)偏差系数 C_s

偏差系数 C_s 表示系列偏斜程度的参数值，它反映系列中各均值呈对称和不对称的情况，根据统计学的研究，C_s 的计算公式为

$$C_s=\frac{\sum_{i=1}^{n}(K_i-1)^2}{(n-3)\ C_v^3} \tag{7-9}$$

今仍以甲、乙两系列为例计算 C_s 列入表 7-5，由表中计算得甲系列 $C_s=0$，乙系列 $C_s=1.84$。这说明：在甲系列中大于和小于 $\overline{Q}$ 的值各出现了 2 次，$C_s=0$，系列为对称分布；而乙系列大于 $\overline{Q}$ 的值只出现 1 次，小于 $\overline{Q}$ 的值出现了 3 次，且 $C_s<0$，系列为正偏态分布。由此可以看出，C_s 反映了洪峰流量偏离均值的不平衡程度。再从式（7-9）中所表示的还是 Q_i 与 $\overline{Q}$ 的相对差额，若短系列资料中离均差有误差，三次方后误差更大，所以 C_s 在 n 的数值不大时很不稳定，一般认为没有百年以上的资料 C_s 不易算得合理的结果。因此，解决 C_s 值，常采用后面讲叙的经验频率曲线与理论频率曲线（均系指累积频率曲线）相配合的**适线法**。

综上所述，统计参数 $\overline{Q}$、C_v、C_s 既反映了频率分布的不同特点，也决定着频率曲线（铃形曲线）的形状，如图 7-4 所示。

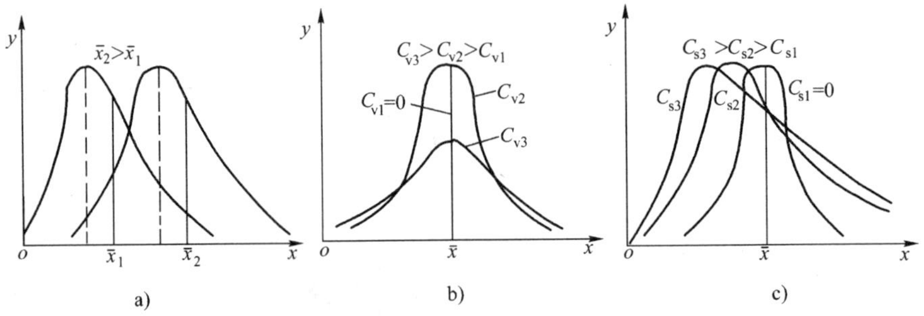

图 7-4 $\overline{Q}$、C_v、C_s 与频率曲线的关系

a)位置变化；b)曲线高低；c)曲线偏斜

前面已指出，水文统计常用到的是正偏态分布，如图 7-4a）所示，而且多用均值 $\bar{\chi}$ 反映系列的特征，这一特征反映出铃形曲线位置的变化，若 C_v 及 C_s 值不变，则曲线的形状基本不变，但曲线的位置将随 $\bar{\chi}$ 的变化而沿 χ 轴移动。C_v 值反映铃形曲线高矮的情况，如图 7-4b)所示，若 $\bar{\chi}$ 及 C_s 值不变，C_v 值愈大，表明系列中各变量间的变化幅度大，比较分散，曲线平坦显得矮而胖，C_v 值愈小，表示频率分布愈集中，曲线就愈显得高而瘦；$C_v=0$ 时，将成为一条垂直线（横坐标 $\chi=\bar{\chi}$），而且 C_v 无负值。C_s 反映铃形曲线的偏斜程度，如图 7-4c）所示，若 $\bar{\chi}$ 及 C_v 值不变，当 $C_s=0$ 时，表明各分量出现大于平均值与小于平均值的机会相等，曲线是对称的，即正态分布。若 $C_s>0$，曲线的峰偏左为正偏态分布，C_s 值愈大愈左偏。当 $C_s<0$ 时，曲线的峰偏右为负偏态分布，对于年最大流量系列，C_s 一般不出现负值，故频率曲线多为正偏态。图 7-4c）中也只给出了正偏态的情况。正偏态的分布说明，小于平均值的流量出现次数较多，而大于平均值的流量出现次数少。

5. 统计参数对累积频率曲线的影响

采用适线法确定桥涵的设计流量时，主要利用累积频率曲线的头部，推求累积频率较小的流量，故应着重使曲线的上段与经验频率点群配合的最好，这样就要对累积频率曲线的形状有进一步的了解。

累积频率曲线的形状与三个统计参数的大小有着密切的关系，统计参数的数值如有变动，累积频率曲线也会相应变动，其间存在着一定的规律，如图 7-5 所示。均值 $\bar{\chi}$（$\bar{Q}$、$\bar{H}$）反映累积频率曲线位置的高低［图 7-5a)］，若 C_v 与 C_s 值不变，则 $\bar{\chi}$ 值愈大，曲线愈高。变差系数 C_v 反映累积频率曲线的陡坦程度［图 7-5b)］，若 $\bar{\chi}$ 及 C_s 值不变，则 C_v 值愈大，曲线愈陡，$C_v=0$ 时，将成为一条水平线（纵坐标 $X=\bar{\chi}$），而且 C_v 无负值，曲线总是左高右低。偏差系数 C_s 反映累积频率曲线曲率的大小［图 7-5c)］，若 $\bar{\chi}$ 及 C_v 值不变，随 C_s 值的增大则曲线上端（指小频率一端）陡增，下端变缓而趋平，$C_s=0$ 时，其曲线在机率格纸上将成为一条直线。

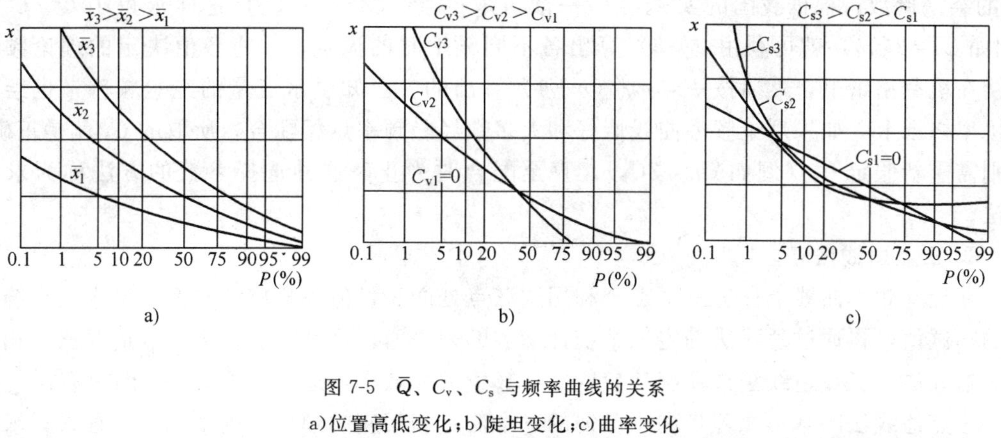

图 7-5　$\bar{Q}$、C_v、C_s 与频率曲线的关系

a)位置高低变化；b)陡坦变化；c)曲率变化

知道了统计参数对累积频率曲线有上述的影响，在适线过程中，如单纯调整 C_s 仍不能得到满意的结果，这时可对 $\bar{Q}$、C_v 作相应地修正。如当理论频率曲线整个偏高或偏低时，可适当减小或加大 $\bar{Q}$ 值。当理论频率曲线上端偏高下端偏低时，可适当减小 C_v，相反，当上端偏低下端偏高时，可适当加大 C_v，通常调整 C_v 的情况居多，这样便可在 C_v 的基础上 $\pm\sigma_{C_v}$（σ_{C_v} 为 C_v 的均方差），其近似公式为

$$\sigma_{C_v} = \frac{C_v}{\sqrt{2n}}\sqrt{1 + 2C_v^2 + \frac{3}{4}C_s^2 - 2C_vC_s} \tag{7-10}$$

于是调整后的 $C_v = C_v \pm \sigma_{C_v}$。若曲线上端偏左而下端偏低，可适当增大 C_s 值。调整时如果不能使整个曲线较好配合时，右半部可不过于严格要求，而左半部应较好地配合。适线法的详细步骤，将通过下节的实例来说明。

第三节　有观测资料时设计流量的推算

一、根据观测资料用适线法推求设计流量

倘已给有若干年水文站的流量观测资料时，便可用式（7-11）求规定频率的设计流量，即

$$Q_p = \overline{Q}(1 + C_v\phi_p) = \overline{Q}K_p \tag{7-11}$$

通常，如能有 30 年的观测资料，计算公式中的 $\overline{Q}$、C_v 都能得到较为满意的结果，唯有 C_s 还不够稳定，故一般不用式（7-9）求算，而是用适线法决定 C_s。

二、现行频率分析方法

所谓**适线法**就是通过试算，先求与经验频率点群吻合较好的合适的理论频率曲线的统计参数，再根据这一合适的理论频率曲线确定设计值 Q_p，目前这种方法用得最多。下面介绍两种常用的适线法：求矩适线法和三点适线法。

1. 求矩适线法

具体步骤：根据 C_v 和 C_s 在洪峰流量上所表现出的经验关系由 C_v 求 C_s。即假定 C_v 为 C_s 的某一倍数，根据我国的实践经验一般可取 $C_s=$（2～4）C_v，这样求得了 $\overline{Q}$、C_v、C_s（例如 $C_s=2C_v$），就可利用（7-6）算出各不同频率时的流量，并将各值决定的理论频率曲线绘在机率格纸上，然后按 $P=m/(n+1)$ 算出的各已知洪水流量的经验频率，也绘在同一机率格纸上，如果理论频率曲线恰好和大多数经验频率点相配合，所取的 C_s 就是正确的，否则需重新假定 C_s（例如 $C_s=3C_v$），直至配合时为止，这种选择参数的方法称为**求矩适线法**。

2. 三点适线法

在经验频率曲线上任选三个点，利用这三点处的流量值和相应的频率，推求三个统计参数的初试值，再通过适线法确定三个统计参数的采用值，这种方法称为三点适线法。相对于求矩适线法，三点适线法推算统计参数的计算量大大减小，适用于 C_v 值较小的情况。

三点适线法的基本原理是利用已知的三个流量和相应的频率，列出三个方程式，求解三个统计参数 $\overline{Q}$、C_v、C_s。设三个流量值 Q_1、Q_2、Q_3 相应的离均系数分别为 ϕ_1、ϕ_2、ϕ_3，则根据 $Q_p=\overline{Q}(1+C_v\phi_p)$ 可得

$$Q_1 = \overline{Q}(1 + C_v\phi_1)$$

$$Q_2 = \overline{Q}(1 + C_v\phi_2)$$

$$Q_3 = \overline{Q}(1 + C_v\phi_3)$$

联立求解可得

$$\bar{Q} = \frac{Q_3\phi_1 - Q_1\phi_3}{\phi_1 - \phi_3} \tag{7-12}$$

$$S = \frac{\phi_1 + \phi_3 - 2\phi_2}{\phi_1 - \phi_3} = \frac{Q_1 + Q_3 - 2Q_2}{Q_1 - Q_3} \tag{7-13}$$

$$C_v = \frac{Q_1 - Q_3}{Q_3\phi_1 - Q_1\phi_3} \tag{7-14}$$

式中：S——偏度系数。

由式（7-13）可知，偏度系数 S 是频率 P 与偏差系数 C_s 的函数，可由 Q_1、Q_2、Q_3 三个已知值求得。若已知 C_s 值，则可由附录表II皮尔逊III型曲线查得所取 p_1、p_2、p_3 对应的 ϕ_1、ϕ_2、ϕ_3 值，据此可算得 S 值。按此原理，可编制 S—C_s 关系供实际使用，见表7-6。

三点适线法 S—C_s 关系表

表7-6

S	0	1	2	3	4	5	6	7	8	9
$P_{1\text{-}2\text{-}3}$=1%—50%—99%时的 C_s 值										
0.0	0.00	0.03	0.05	0.07	0.10	0.12	0.15	0.17	0.20	0.23
0.1	0.26	0.28	0.31	0.34	0.36	0.39	0.41	0.44	0.47	0.49
0.2	0.52	0.54	0.57	0.59	0.62	0.65	0.67	0.70	0.73	0.76
0.3	0.78	0.81	0.84	0.86	0.89	0.92	0.94	0.97	1.00	1.02
0.4	1.05	1.08	1.10	1.13	1.16	1.18	1.21	1.24	1.27	1.30
0.5	1.32	1.36	1.39	1.42	1.45	1.48	1.51	1.55	1.58	1.61
0.6	1.64	1.68	1.71	1.74	1.78	1.81	1.84	1.88	1.92	1.95
0.7	1.99	2.03	2.07	2.11	2.16	2.20	2.25	2.30	2.34	2.39
0.8	2.44	2.50	2.55	2.61	2.67	2.74	2.81	2.89	2.97	3.05
0.9	3.14	3.22	3.33	3.46	3.59	3.73	3.92	4.14	4.44	4.90
$P_{1\text{-}2\text{-}3}$=3%—50%—97%时的 C_s 值										
0.0	0.00	0.04	0.08	0.11	0.14	0.17	0.20	0.23	0.26	0.29
0.1	0.32	0.35	0.38	0.42	0.45	0.48	0.51	0.54	0.57	0.60
0.2	0.63	0.66	0.70	0.73	0.76	0.79	0.82	0.86	0.89	0.92
0.3	0.95	0.98	1.01	1.04	1.08	1.11	1.14	1.17	1.20	1.24
0.4	1.27	1.30	1.33	1.36	1.40	1.43	1.46	1.49	1.52	1.56
0.5	1.59	1.63	1.66	1.70	1.73	1.76	1.80	1.83	1.87	1.90
0.6	1.94	1.97	2.00	2.04	2.08	2.12	2.16	2.20	2.23	2.27
0.7	2.31	2.36	2.40	2.44	2.49	2.54	2.58	2.63	2.68	2.74
0.8	2.79	2.85	2.90	2.96	3.02	3.09	3.15	3.22	3.29	3.37
0.9	3.46	3.55	3.67	3.79	3.92	4.08	4.26	4.50	4.75	5.21

续上表

S	0	1	2	3	4	5	6	7	8	9
$P_{1\text{-}2\text{-}3}=5\%—50\%—95\%$时的 C_s 值										
0.0	0.00	0.04	0.08	0.12	0.16	0.20	0.24	0.27	0.31	0.35
0.1	0.38	0.41	0.45	0.48	0.52	0.55	0.59	0.63	0.66	0.70
0.2	0.73	0.76	0.80	0.84	0.87	0.90	0.94	0.98	1.01	1.04
0.3	1.08	1.11	1.14	1.18	1.21	1.25	1.28	1.31	1.35	1.38
0.4	1.42	1.46	1.49	1.52	1.56	1.59	1.63	1.66	1.70	1.74
0.5	1.78	1.81	1.85	1.88	1.92	1.95	1.99	2.03	2.06	2.10
0.6	2.13	2.17	2.20	2.24	2.28	2.32	2.36	2.40	2.44	2.48
0.7	2.53	2.57	2.62	2.66	2.70	2.76	2.81	2.86	2.91	2.97
0.8	3.02	3.07	3.13	3.19	3.25	3.32	3.38	3.46	3.52	3.60
0.9	3.70	3.80	3.91	4.03	4.17	4.32	4.49	4.72	4.94	5.43
$P_{1\text{-}2\text{-}3}=10\%—50\%—90\%$时的 C_s 值										
0.0	0.00	0.05	0.10	0.15	0.20	0.24	0.29	0.34	0.38	0.43
0.1	0.47	0.52	0.56	0.60	0.65	0.69	0.74	0.78	0.83	0.87
0.2	0.92	0.96	1.00	1.04	1.08	1.13	1.17	1.22	1.26	1.30
0.3	1.34	1.38	1.43	1.47	1.51	1.55	1.59	1.63	1.67	1.71
0.4	1.75	1.79	1.83	1.87	1.91	1.95	1.99	2.02	2.06	2.10
0.5	2.14	2.18	2.22	2.26	2.30	2.34	2.38	2.42	2.46	2.50
0.6	2.54	2.58	2.62	2.66	2.70	2.74	2.78	2.82	2.86	2.90
0.7	2.95	3.00	3.04	3.08	3.13	3.18	3.24	3.28	3.33	3.38
0.8	3.44	3.50	3.55	3.61	3.67	3.74	3.80	3.87	3.94	4.02
0.9	4.11	4.20	4.32	4.45	4.59	4.75	4.96	5.20	5.56	—

三、适线法算例

$S—C_s$ 关系中的 p 的三点取法有四种：1%—50%—99%，3%—50%—97%，5%—50%—95%，10%—50%—90%。例如 $p_{1\text{-}2\text{-}3}$=1%—50%—99%时，如果 S=0.35，由表 7-6 可查得 C_s=0.92。选点时，应根据实测序列的长短适当离远些。

由此可见，三点适线法比求矩适线法要简单些。当 C_v<0.5 时，用三点适线法可使理论频率曲线与经验频率点群得到较好的符合；但当 C_v>0.5 时，往往难以得到理想的适线结果。

上述两种适线方法都受到一定主观因素的影响。此外，皮尔逊 III 型曲线难以概括各种水文现象频率分布特征。因此，在选定参数时，尤其是选定 $\overline{Q}$ 和 C_v 时，还应作认真的调整比较，分析地区特性和流域面积等对统计参数的影响，并检验计算值的合理性。

采用适线法，能够选配一条与经验频率点群配合得最好的理论频率曲线，提供了确定 C_s 值的一种方法，改善了累积频率曲线的绘制和外延。

[例 7-1] 某桥位附近有水文站，搜集到自 1966～2000 年的年最大流量观测资料，列入表 7-7 的 1、2 栏内，试用求矩适线法求 $Q_{1\%}$。

解：(1)将流量观测资料按递减次序排列，列入表 7-7 的 3～5 栏。

(2)计算平均流量 $\overline{Q}$

$$\overline{Q}=\frac{\sum Q_i}{n}=\frac{310\ 010}{35}=8\ 860\text{m}^3/\text{s}$$

统计特征值 $\bar{Q}$、C_v 及经验频率计算 表 7-7

年代	Q (m^3/s)	递减排列序号 m	年代	Q (m^3/s)	K_i	K_i-1	$(K_i-1)^2$	P (%) $=\frac{m}{n+1}\times 100\%$
1	2	3	4	5	6	7	8	9
1966	8 500	1	1984	18 500	2.09	1.09	1.188 1	2.8
1967	4 240	2	1992	17 700	2.00	1.00	1.0 000	5.6
1968	13 300	3	1994	13 900	1.57	0.57	0.324 9	8.3
1969	8 220	4	1968	13 300	1.50	0.50	0.250 0	11.1
1970	5 490	5	1976	12 800	1.44	0.44	0.193 6	13.9
1971	4 520	6	1962	12 100	1.37	0.37	0.136 9	16.7
1972	3 650	7	1973	12 000	1.35	0.35	0.122 5	19.4
1973	12 000	8	1998	11 500	1.30	0.30	0.0 900	22.2
1974	5 590	9	1988	11 200	1.26	0.26	0.067 6	25.0
1975	3 220	10	1980	10 800	1.22	0.22	0.048 4	27.8
1976	12 800	11	1996	10 800	1.22	0.22	0.048 4	30.6
1977	5 100	12	2 000	10 700	1.21	0.21	0.044 1	33.3
1978	10 600	13	1978	10 600	1.20	0.20	0.044 0	36.1
1979	5 950	14	1985	10 500	1.19	0.19	0.036 1	38.9
1980	10 800	15	1990	9 690	1.09	0.09	0.008 1	41.7
1981	8 150	16	1966	8 500	0.96	−0.04	0.001 6	44.4
1982	12 100	17	1969	8 220	0.93	−0.07	0.004 9	47.2
1983	5 340	18	1981	8 150	0.92	−0.08	0.006 4	50.0
1984	18 500	19	1991	8 020	0.91	−0.09	0.008 1	52.8
1985	10 500	20	1993	8 000	0.90	−0.10	0.010 0	55.6
1986	7 450	21	1997	7 850	0.89	−0.11	0.012 1	58.3
1987	7 290	22	1986	7 450	0.84	−0.16	0.025 6	61.1
1988	11 200	23	1987	7 290	0.82	−0.18	0.032 4	63.9
1989	5 220	24	1995	6 160	0.70	−0.30	0.090 0	66.7
1990	9 690	25	1999	5 960	0.67	−0.33	0.108 9	69.4
1991	8 020	26	1979	5 950	0.67	−0.33	0.108 9	72.2
1992	17 700	27	1974	5 590	0.63	−0.37	0.136 9	75.0
1993	8 000	28	1970	5 490	0.62	−0.38	0.144 4	77.8
1994	13 900	29	1983	5 340	0.60	−0.40	0.160 0	80.6
1995	6 160	30	1989	5 220	0.59	−0.41	0.168 1	83.3
1996	10 800	31	1977	5 100	0.58	−0.42	0.176 4	86.1
1997	7 850	32	1971	4 520	0.51	−0.49	0.240 1	88.9
1998	11 500	33	1967	4 240	0.48	−0.52	0.270 4	91.7
1999	5 960	34	1972	3 650	0.41	−0.59	0.348 1	94.4
2000	10 700	35	1975	3 220	0.36	−0.64	0.409 6	97.2
总计				308 210	34.99	0.00	6.061 6	

(3)计算变差系数 C_v

先计算模比系数 $K_i=\frac{Q_i}{\overline{Q}}$、$(K_i-1)$、$(K_i-1)^2$，分别列入表 7-7 中第 6～8 栏，于是得

$$C_v=\sqrt{\frac{\sum_1^n (K_i-1)^2}{n-1}}=\sqrt{\frac{6.0616}{35-1}}=0.42$$

(4)用求矩适线法决定 C_s

①先求出经验频率点群，按 $p=m/(n+1)$ 计算各年流量值的经验频率，列入表 7-7 中第 9 栏，将该栏算出的频率，在海森机率格纸上点出各经验频率点群，如图 7-6 所示。

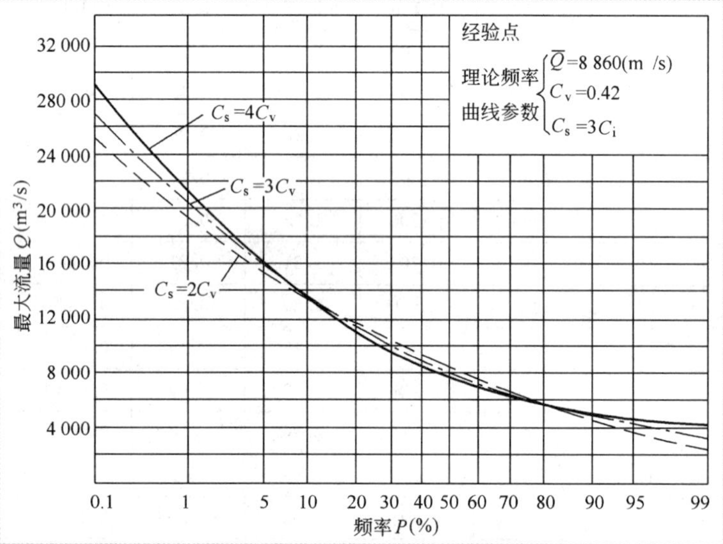

图 7-6　某站最大流量频率曲线

②再绘制理论频率曲线，分别假定 $C_s=2C_v$、$C_s=3C_v$，按式（7-11）算出各频率的流量列入表 7-8 中，并按表列的频率与流量绘出 $C_s=2C_v$ 和 $C_s=3C_v$ 的理论频率曲线，也绘在图 7-6 中的同一机率格纸上，从而可以检查理论频率曲线与经验频率曲线的配合情况，从图 7-6 可以看出，以 $C_s=3C_v=3\times0.42=1.26$ 时配合得较好，因而确定用 $C_s=1.26$。

(5)求设计流量

根据选定的三个参数 $\overline{Q}=8860\text{m}^3/\text{s}$、$C_v=0.42$、$C_s=1.26$ 和要求的 $p=1\%$，即可根据 C_s 和 p 从附录表 II 中查出 $\phi_{1\%}=3.19$，得

$$Q_{1\%}=\overline{Q}(1+C_v\phi_{1\%})=8\,860\times(1+0.42\times3.19)=20\,730\text{m}^3/\text{s}。$$

理论频率曲线选配计算　　表 7-8

P（%）	第一次适线 $C_v=0.42$，$C_s=2\times C_v=0.84$			第二次适线 $C_v=0.42$，$C_s=3\times C_v=1.26$		
	ϕ_p	K_p	Q_p	ϕ_p	K_p	Q_p
0.01	5.59	3.35	29 700	6.55	3.75	33 200
0.1	4.30	2.81	24 900	4.90	3.06	27 100
1	2.92	2.23	19 800	3.19	2.34	20 700
5	1.85	1.78	15 800	1.92	1.80	16 000
10	1.34	1.56	13 800	1.34	1.56	13 800

续上表

P（%）	第一次适线 $C_v=0.42$，$C_s=2\times C_v=0.84$			第二次适线 $C_v=0.42$，$C_s=3\times C_v=1.26$		
	ϕ_p	K_p	Q_p	ϕ_p	K_p	Q_p
20	0.78	1.33	11 800	0.72	1.31	11 700
50	−0.14	0.94	8 330	−0.20	0.92	8 150
75	−0.73	0.69	6 110	−0.74	0.69	6 110
90	−1.16	0.51	4 520	−1.07	0.55	4 870
95	−1.37	0.42	3 720	−1.22	0.49	4 340
99	−1.71	0.28	2 480	−1.41	0.41	3 630
99.9	−1.97	0.17	1 510	−1.53	0.36	3 190

[例 7-2] 利用例题 7-1 的年最大流量资料，用三点适线法确定其统计参数 $\bar{Q}$、C_v、C_s。

解：首先，把历年的年最大流量资料，按大小递减次序排列，用公式（7-3）计算各项流量的经验频率，并在海森机率格纸上，目估绘出经验频率曲线。具体步骤与方法与例题 7-1 相同，此处不再重复。

本例题以图 7-6 中的粗线作为经验频率曲线使用，不再另绘。在该曲线上，以频率组合 $p_{1\text{-}2\text{-}3}=5\%—50\%—95\%$，读取三个点的流量值：$Q_1=15\,200\text{m}^3/\text{s}$、$Q_2=8\,000\text{m}^3/\text{s}$、$Q_3=3\,500\text{m}^3/\text{s}$。

按公式（7-13）计算 S 值

$$S=\frac{Q_1+Q_3-2Q_2}{Q_1-Q_3}=\frac{15\,200+3\,500-2\times 8\,000}{15\,200-3\,500}=\frac{2\,700}{11\,700}=0.231$$

由表 7-6 查得，$S=0.231$ 时，$C_s=0.869$。

又由附录表 II 查得，$C_s=0.869$，$P_{1\text{-}2\text{-}3}=5\%—50\%—95\%$ 时，$\phi_1=1.854$、$\phi_2=-0.144$、$\phi_3=-1.360$。

按公式（7-12）和（7-14）计算 $\bar{Q}$ 和 C_v：

$$\bar{Q}=\frac{Q_3\phi_1-Q_1\phi_3}{\phi_1-\phi_3}=\frac{3\,500\times 1.854-15\,200\times(-1.360)}{1.854-(-1.360)}=\frac{27\,161.6}{3.214}=8\,450.8\text{m}^3/\text{s}$$

$$C_v=\frac{Q_1-Q_3}{Q_3\phi_1-Q_1\phi_3}=\frac{15\,200-3\,500}{3\,500\times 1.854-15\,200\times(-1.360)}=0.430$$

求出的三个统计参数，$\bar{Q}=8\,450.8\text{m}^3/\text{s}$、$C_v=0.430$、$C_s=0.869$，可作为初试值；同与例题 7-1 同样的方法，绘制理论频率曲线，并检查曲线与经验频率曲线点群的符合程度，反复调整参数值，直到符合得最好为止，即可确定统计参数的采用值，此处不再重复。

四、抽样误差

如上所述，我们根据有限年分（n 年）的水文资料来确定 $\bar{Q}$、C_v、C_s 以及 Q_p 的数值。相对于无限年份的水文资料总体来说，这 n 年的资料是一个抽样的样本。用样本来代替总体确定三个统计参数以及设计流量，必定存在一定误差，称为**抽样误差**。

根据误差理论分析，$\overline{Q}$、C_v、C_s 以及 Q_p 的抽样误差，可用相对均方误差来表示，其计算公式如下

$$\left.\begin{aligned}\sigma'_{\overline{Q}} &= \pm\frac{\sigma'_{\overline{Q}}}{\overline{Q}}\times 100\% = \pm\frac{C_v}{\sqrt{n}}\times 100\% \\ \sigma'_{C_V} &= \pm\frac{\sigma_{C_V}}{C_V}\times 100\% = \pm\frac{1}{\sqrt{2n}}\sqrt{1+2C_v^2+\frac{3}{4}C_s^2-2C_VC_S}\times 100\% \\ \sigma'_{C_S} &= \pm\frac{\sigma_{C_S}}{C_S}\times 100\% = \pm\frac{1}{C_S}\sqrt{\frac{6}{n}\left(1+\frac{3}{2}C_s^2+\frac{5}{16}C_s^4\right)}\times 100\% \\ \sigma'_{Q_P} &= \pm\frac{\sigma_{Q_P}}{Q_P}\times 100\% = \pm\frac{C_VB}{K_P\sqrt{n}}\times 100\%\end{aligned}\right\} \tag{7-15}$$

式中：$\sigma_{\overline{Q}}$、$\sigma'_{\overline{Q}}$——分别为平均流量 $\overline{Q}$ 的均方误差与相对均方误差；

σ_{C_v}、σ'_{C_v}——分别为 C_v 的均方误差与相对均方误差；

σ_{C_s}、σ'_{C_s}——分别为 C_s 的均方误差与相对均方误差；

σ_{Q_p}、σ'_{Q_p}——分别为 Q_p 的均方误差与相对均方误差；

B——系数，与频率 P 和偏差系数 C_s 有关，可由图 7-7 查得，其他符号，意义同前。

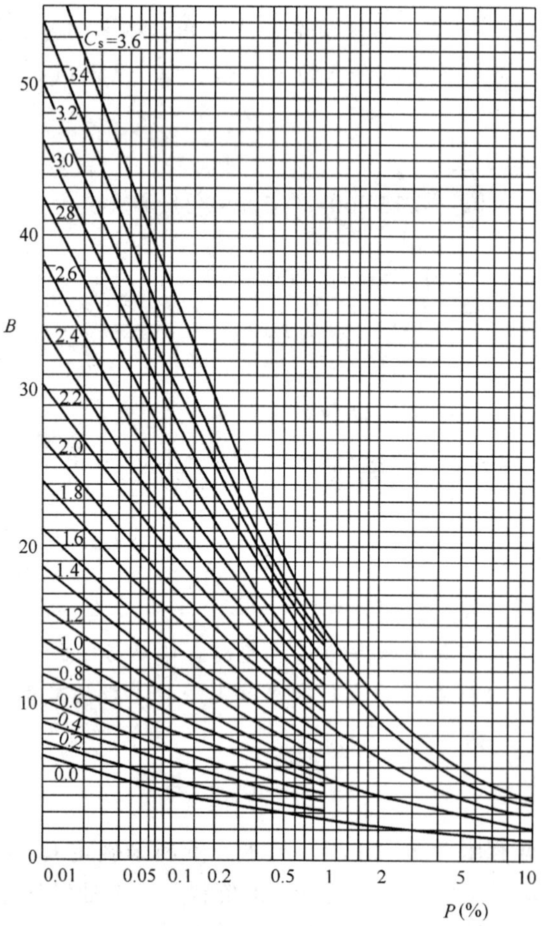

图 7-7　B 值诺谟图

按上述公式计算 $\overline{Q}$、C_v、C_s 三个统计参数的相对均方误差（$C_s=2C_v$），列于表 7-9。从表中可知，利用样本推算总体的统计参数，都存在一定的抽样误差，尤其 C_s 的误差特别大，而且项数 n 对误差的影响很大。当 $n=25$ 时，$\overline{Q}$ 与 C_v 的相对均方误差都在 20%以下，但是 C_s 的相对均方误差在 80%以上。因此，根据目前水文观测的实际情况，$\overline{Q}$ 和 C_v 尚可利用式（7-7′）、式（7-8）计算，C_s 则不宜直接利用式（7-9）计算，而通常采用适线法来选定。

统计参数的抽样误差（$C_s=2C_v$）　　表 7-9

统计参数 n / C_v	$\sigma'_{\overline{Q}}$ (%)				σ'_{C_v} (%)				σ'_{C_s} (%)			
	n											
	100	50	25	10	100	50	25	10	100	50	25	10
0.1	1	1	2	3	7	10	14	22	126	178	252	399
0.3	3	3	6	9	7	10	15	23	51	73	103	162
0.5	5	7	10	16	8	11	16	25	41	58	82	130
0.7	7	10	14	22	9	12	17	27	30	56	79	125
1.0	10	14	20	32	10	14	20	32	42	60	85	134

五、抽样误差算例

[例 7-3] 根据例题 7-1 的资料，计算 $\overline{Q}$、C_v、C_s 和 $Q_{1\%}$ 的抽样误差。

解：从例题 7-1 资料知，$n=35$，$C_v=0.42$，$C_s=1.26$，

$$K_{1\%}=\Phi C_v+1=3.186\times0.42+1=2.338$$

$$\sigma'_{\overline{Q}}=\pm\frac{C_v}{\sqrt{n}}\times100\%=\pm\frac{0.42}{\sqrt{35}}\times100\%=\pm7.1\%$$

$$\sigma'_{C_v}=\pm\frac{1}{\sqrt{2n}}\sqrt{1+2C_v^2+\frac{3}{4}C_s^2-2C_vC_s}\times100\%$$

$$=\pm\frac{1}{\sqrt{2\times35}}\sqrt{1+2\times0.42^2+\frac{3}{4}\times1.26^2-2\times0.42\times1.26\times100\%}$$

$$=\pm14.5\%$$

$$\sigma'_{C_s}=\pm\frac{1}{C_s}\sqrt{\frac{6}{n}\left(1+\frac{3}{2}C_s^2+\frac{5}{16}C_s^4\right)}\times100\%$$

$$=\pm\frac{1}{1.26}\sqrt{\frac{6}{35}\left(1+\frac{3}{2}\times1.26^2+\frac{5}{16}\times1.26\right)}\times100\%$$

$$=\pm67.1\%$$

（实际上未按公式计算 C_s，而用适线法，故实际 C_s 的均方误差比此小。）

由图 7-7 查得 $B=6.3$，已知 $K_{1\%}=2.338$

$$\sigma'_{Q1\%}=\pm\frac{C_v\cdot B}{K_{1\%}\sqrt{n}}\times100\%=\pm\frac{0.42\times6.3}{2.338\times\sqrt{35}}\times100\%=\pm19\%$$

六、相关分析

从式（7-12）可知，具有水文资料的年份愈长（即 n 愈大），则据以推算的设计流量的

相对均方误差就愈小。为了达到一定的精度，桥梁水文计算中希望至少有 20～30 年的观测资料。但实际工作中，能够搜集到的实测水文资料，往往年限短，有时还可能在观测期间有缺测年份。若能找到与它有客观联系具有较长期连续观测资料的水文站，就可以建立两个水文实测资料系列之间的相关关系，对短期观测资料系列进行插补和延长，从而提高水文计算的精度。这项工作称为**相关分析**。

两个变量之间的相关，称为简单相关。简单相关又分为直线相关与曲线相关（图 7-8）。水文统计中，最常用的是简单的直线相关。

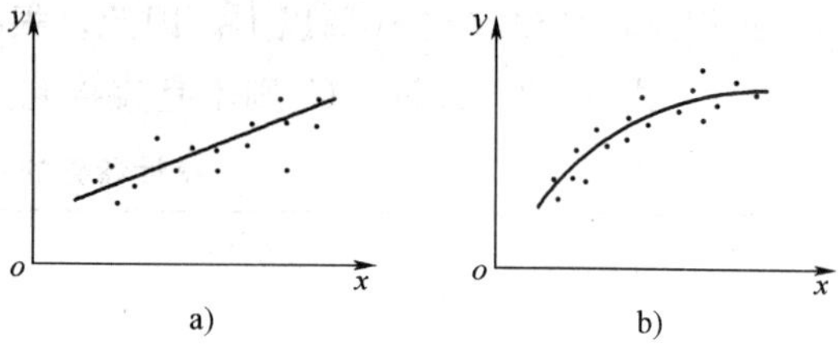

图 7-8 统计相关

a)直线相关；b)曲线相关

1. 直线相关的回归方程式

以 x_i、y_i 表示两个相关系列中随机变量的对应值［图 7-8a)］，n 表示其对应值的对数，因此就可在坐标纸上点绘出 n 个相关点群。通过这些点群，可以得到一条直线，这就是相关直线。根据最小二乘方的原理，可以得到点据配合最佳的直线方程式。

$$y-\bar{y}=r\frac{\sigma_y}{\sigma_x}(x-\bar{x}) \tag{7-16}$$

式中：$\bar{y}$、$\bar{x}$——分别为两系列随机变量对应值的平均值；

σ_y、σ_x——分别为两系列中随机变量对应值的均方差，可按下列公式计算

$$\left.\begin{aligned}\sigma_x=\bar{x}\sqrt{\frac{\sum_{i=1}^{n}K_{xi}^2-n}{n-1}}\\ \sigma_y=\bar{y}\sqrt{\frac{\sum_{i=1}^{n}K_{yi}^2-n}{n-1}}\end{aligned}\right\} \tag{7-17}$$

K_{yi}、K_{xi}——分别为两系列中随机变量对应值的模比系数，$K_{xi}=\frac{x_i}{x}$，$K_{yi}=\frac{y_i}{y}$

r——相关系数，可按下列公式计算

$$r=\frac{\sum_{i=1}^{n}K_{xi}K_{yi}-n}{\sqrt{(\sum_{i=1}^{n}K_{xi}^2-n)(\sum_{i=1}^{n}K_{yi}^2-n)}} \tag{7-18}$$

2. 相关系数的物理意义

按式（7-18）计算的**相关系数** r，可以用作两个相关系列变量之间相关程度的描述和判别。$r=\pm1$ 时为完全相关，两变量对应值绘出的相关点群，都落在相关直线上，表明两变量之间存在直线函数关系；$r=0$ 时为零相关，表明两主量之间不存在直线相关关系；r 介于 0 与 ±1 之间为统计相关，表明两变量之间存在直线相关关系，并且 r 的绝对值愈接近于 1，相关程度就愈密切。桥涵水文计算中，一般要求 $|r|>0.8$。此外，还要求相关系数 r 的绝对值大于其可能发生的最大抽样误差，以免出现零相关的情况。

相关系数的抽样误差，若以均方误差 σ_r 表示，可按下式估算

$$\sigma_r\approx\frac{1-r^2}{\sqrt{n}} \tag{7-19}$$

相关系数的抽样误差，若以机误 E_r 表示，则为

$$E_r = \pm 0.6745\sigma_r \approx \sigma_r \pm 0.6745 \frac{1-r^2}{\sqrt{n}} \tag{7-20}$$

根据误差理论，最大可能的误差为 $4E_r$，要求：相关系数满足下列条件

$$|r| > |4E_r| \text{ 即 } |r| > \left| 2.698 \frac{1-r^2}{\sqrt{n}} \right| \tag{7-21}$$

七、相关分析算例

［例 7-4］ 某公路桥桥位上游附近，有一个水文站（乙站，或称分析站），搜集到 1973 年至 2000 年的年最大流量资料，但其中 6 年，因故缺少资料，只有 22 年的实测流量资料。在邻近流域的河流上，也有一个水文站（甲站，或称参证站），可以搜集到 1969 年至 2000 年连续 32 年的年最大流量资料。两流域特征基本相似，拟利用甲站的流量资料对乙站的流量资料进行插补和延长，两站的流量资料列于表 7-9 第 3、4 栏。

解： 两水文站处于相邻流域，气候和自然地理条件基本相同，两流域的特征又基本相似，两河流上都没有水工建筑物；两站的实测流量之间确有客观联系，可以进行相关分析。

将两水文站相对应的 22 年实测流量资料，绘于坐标纸上，如图 7-9（散点图）所示。其点群的分布趋势明显呈带状，表明两系列的流量之间存在直线相关，并且相关程度也较密切。

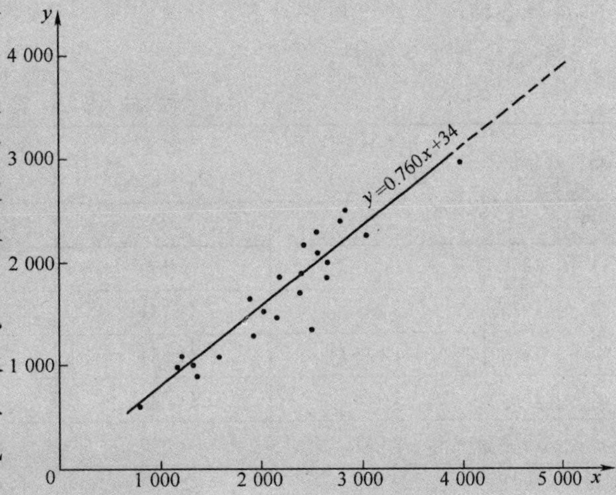

图 7-9　两水文站流量的散点图

计算两系列中对应流量的均值

$$\bar{Q}_x = \frac{1}{n}\sum_{i=1}^{n} Q_{xi} = \frac{1}{22} \times 48\,230 = 2\,192 \text{m}^3/\text{s}$$

$$\bar{Q}_y = \frac{1}{n}\sum_{i=1}^{n} Q_{yi} = \frac{1}{22} \times 37\,410 = 1\,700 \text{m}^3/\text{s}$$

计算 K_x、K_y、K_x^2、K_y^2、K_xK_y 等值，分别列入表 7-9 第 5、6、7、8、9 栏，并按公式 (7-18) 及 (7-21) 计算相关系数 r 及其机误 $4E_r$。

$$r = \frac{\sum_{i=1}^{n} K_{xi}K_{yi} - n}{\sqrt{(\sum_{i=1}^{n} K_{xi}^2 - n)(\sum_{i=1}^{n} K_{yi}^2 - n)}} = \frac{24.624 - 22}{\sqrt{(24.676 - 22) \times (24.858 - 22)}} = \frac{2.624}{2.766} = 0.949$$

$$4E_r \approx \pm 2.698 \frac{1-r^2}{\sqrt{n}} = \pm 2.698 \times \frac{1-0.949^2}{\sqrt{22}} = \pm 2.698 \times \frac{0.099}{4.690} = \pm 0.057$$

相关系数 r 较大，非常接近于 1（或 $r > 0.8$），而且 $|r| > |4E_r|$，表明两系列的流量之间存在直线相关，相关程度也较为密切。

因此，可用直线相关进行流量的插补和延长。按公式 (7-16) 计算 σ_x、σ_y

$$\sigma_x=\bar{x}\sqrt{\frac{\sum_{i=1}^{n}K_{xi}-n}{n-1}}=2\,192\times\sqrt{\frac{24.676-22}{22-1}}=2\,192\times0.357=783$$

$$\sigma_y=\bar{y}\sqrt{\frac{\sum_{i=1}^{n}K_{yi}-n}{n-1}}=1\,700\times\sqrt{\frac{24.858-22}{22-1}}=1\,700\times0.369=627$$

求得 y 倚 x 的回归方程式（直线方程式）

$$y-1\,700=0.949\times\frac{627}{783}\times(x-2\,192)$$

$$y=0.760x+34$$

根据上式即可插补和延长乙站的流量资料，计算结果见表 7-10 第 4 栏括弧内的数值。例如 1960 年甲站流量为 4 093m³/s，则缺测的乙站的流量应为 $y=0.760\times4\,093+34=3\,145$m³/s。

其他各流量值均可同样计算，计算结果，将乙站 22 年不连续的流量资料，插补和延长为 32 年连续的流量资料。

两站流量资料 表 7-10

顺序	年份	甲站流量 Q_x（m³/s）	乙站流量 Q_y（m³/s）	K_x	K_y	K_x^2	K_y^2	K_xK_y
(1)	(2)	(3)	(4)	(5)	(6)	(7)	(8)	(9)
1	1969	964	(767)					
2	1970	2 299	(1 781)					
3	1971	1 645	(1 284)					
4	1972	1 938	(1 507)					
5	1973	2 643	2 000	1.206	1.176	1.454	1.383	1.418
6	1974	2 757	2 380	1.258	1.400	1.583	1.960	1.761
7	1975	2 549	2 100	1.163	1.235	1.353	1.525	1.436
8	1976	3 359	2 600	1.532	1.529	2.347	2.338	2.342
9	1977	3 997	2 950	1.823	1.735	3.323	3.010	3.163
10	1978	4 093	(3 145)					
11	1979	2 840	2 500	1.296	1.471	1.680	2.164	1.906
12	1980	1 160	1 000	0.529	0.588	0.280	0.346	0.311
13	1981	1 560	1 100	0.712	0.647	0.507	0.419	0.461
14	1982	2 470	1 360	1.127	0.800	1.270	0.640	0.902
15	1983	2 150	1 480	0.981	0.871	0.962	0.759	0.854
16	1984	3 025	2 250	1.380	1.324	1.904	1.753	1.827
17	1985	4 440	(3 408)					
18	1986	2 702	(2 088)					
19	1987	755	600	0.344	0.353	0.118	0.125	0.121
20	1988	2 000	1 530	0.912	0.900	0.832	0.810	0.821
21	1989	2 420	2 170	1.104	1.276	1.219	1.628	1.409

续上表

顺序	年份	甲站流量 Q_X（m^3/s）	乙站流量 Q_Y（m^3/s）	K_x	K_y	K_x^2	K_y^2	K_xK_y
22	1990	1 870	1 650	0.853	0.971	0.728	0.943	0.828
23	1991	1 060	(840)					
24	1992	3 710	(2 854)					
25	1993	1 900	1 300	0.867	0.765	0.752	0.585	0.663
26	1994	2 180	1 850	0.995	1.088	0.990	1.184	1.083
27	1995	1 350	900	0.616	0.529	0.379	0.280	0.326
28	1996	4 920	(3 773)					
29	1997	2 385	1 900	1.088	1.118	1.184	1.250	1.216
30	1998	1 200	1 080	0.547	0.635	0.299	0.403	0.347
31	1999	1 300	1 010	0.593	0.594	0.352	0.353	0.352
32	2000	2 360	1 700	1.077	1.000	1.160	1.000	1.077
Σ		48 230	37 410	22.003	22.005	24.676	24.858	24.624

第四节　特大洪水的处理

一、问题的提出

频率计算中成果的合理性与计算资料的代表性有很大关系。在样本资料不很长时，一般的频率计算方法往往随观测年限的增加使成果变动很大。如果利用历史文献和调查的方法来确定出历史上很早以前发生过的特大洪水，即可把样本资料系列年数增加到调查期的长度，从而使资料的代表性大大提高。当然，调查期间每一年的洪水（主要是一般洪水）是不可能都得到的，这样就使系列资料不连续，也就不能用一般方法来计算洪水频率，因此就要研究有特大洪水时的频率计算方法，称为**特大洪水处理**。

一般把水文站的观测年限称为**实测期**，把洪水调查和文献考证的最远年份至实际调查时的年限，分别称为**调查期**和**考证期**。从系列的大小顺序来看，这些特大值（特大洪水流量）与其他数值（一般洪水流量）之间有显著的脱节现象，显然是不连续的。系列中特大值的出现，可能有三种情况：有的在实测系列以外［图 7-10a)］，有的在实测系列以内［图 7-10b)］，也有的几个在实测系列之内而另几个在实测系列之外［图 7-10c)］。

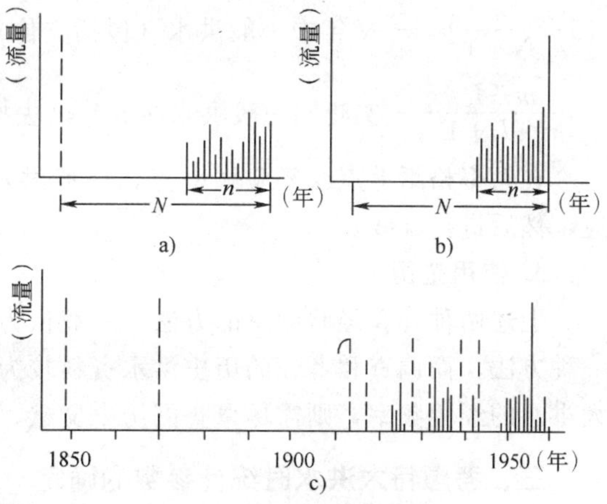

图 7-10　特大值出现情况示意

—实测资料；---调查资料

二、考虑特大洪水时经验频率的计算

考虑特大洪水时经验频率的计算基本上是采用将特大洪水的经验频率与一般洪水的经验频率分别计算的方法。设调查及实测（包括空位）的总年数为 N 年，连续实测期为 n 年，共有 a 次特大洪水，其中有 L 次发生在实测期，$a-L$ 次是历史特大洪水。目前国内有两种考虑特大洪水的经验频率计算方法。

1. 独立样本法

此法是把包括历史洪水的长系列（N 年）和实测的短系列（n 年）看作是从总体中随机抽取的两个独立样本，各项洪峰值可在各自所在系列中连续排位，则

特大洪水（包括系列内的特大值）的经验频率为 $P_M=\frac{M}{N+1}$，$M=1，2，\cdots，a$。 (7-22)

实测一般洪水（n 项中除去 L 项特大值）的经验频率为 $p_m=\frac{m}{n+1}$，$m=L+1，L+2，\cdots，n$。 (7-23)

式中：P_M——历史特大洪水流量或实测系列中特大洪水流量经验频率（%）；

P_m——实测一般洪水流量的经验频率（%）；

M——历史特大洪水流量或实测系列中的特大洪水在调查期内的序位；

N——调查期年数；

m——按实测一般洪水流量系列递减次序排列的序位；

n——实测一般洪水流量系列项数。

2. 统一样本法

将实测一般洪水系列与特大值系列共同组成一个不连续系列作为代表总体的一个统一的样本，其中空缺项为一般洪水，其分布情况假设与实测的一般洪水相似，依此将空缺的部分填补起来，从而形成一个 N 年的连续系列，即**特大洪水**用式（7-22）计算，实测系列$(n-L)$项实测**一般洪水**的经验频率计算式为

$$P_m=\left[\frac{a}{N+1}+\left(1-\frac{a}{N+1}\right)\frac{m-L}{n-L+1}\right]\times 100 \tag{7-24}$$

式中：$\frac{a}{N+1}$——N 年中末位特大洪水的经验频率；

$\left(1-\frac{a}{N+1}\right)$——$N$ 年中一般洪水（包括空位）的总频率；

$\frac{m-L}{n-L+1}$——实测期一般洪水在 n 年（去掉了 L 项）内排位的频率。

在频率格纸上点绘经验频率点，一般洪水的 Q_m 与 p_m 对应，特大洪水的 Q_M 与 p_M 对应，然后进行配线。

3. 使用范围

上述两种计算经验频率的方法，一般认为，水文站观测资料的代表性较好时，可采用第一种方法，而调查和考证的历史洪水资料较为可靠时，则可采用第二种方法。对于为首几项大洪水的经验频率，则需尽量查阅历史文献，经过考证分析后确定，以减少误差。

三、考虑特大洪水时统计参数的确定

考虑特大洪水时统计参数的确定采用适线法，参数值的初估可用矩法，考虑特大洪水和系列不连续影响，其计算公式为

$$\overline{Q}_m=\frac{1}{N}\left[\sum_{j=1}^{a}Q_j+\frac{N-a}{n-L}\sum_{i=L+1}^{n}Q_i\right] \tag{7-25}$$

$$C_v=\frac{1}{\overline{Q}_m}\sqrt{\frac{1}{N-1}\left[\sum_{j=1}^{a}(Q_j-\overline{Q}_m)^2+\frac{N-a}{n-L}\sum_{i=L+1}^{n}(Q_i-\overline{Q}_m)^2\right]}$$

$$=\sqrt{\frac{1}{N-1}\left[\sum_{j=1}^{a}(K_j-1)^2+\frac{N-a}{n-L}\sum_{i=L+1}^{n}(K_i-1)^2\right]} \tag{7-26}$$

式中：Q_i——一般洪水；

Q_j——特大洪水；

K_i——一般洪水模比系数；

K_j——特大洪水模比系数。

式（7-25）及式（7-26）可作如下说明：N 年内有 a 次特大洪水，$N-a$ 次一般洪水，实测期 n 年内有 L 次特大洪水，$n-L$ 次一般洪水。在式（7-25）中，$[\sum_{j=1}^{a}Q_j]$为特大洪水值的总和；$\left[\frac{1}{n-L}\sum_{i=L+1}^{n}Q_i\right]$为实测期一般洪水的平均值，而$\left[\frac{N-a}{n-L}\sum_{i=L+1}^{n}Q_i\right]$则表示 N 年内一般洪水值的总和，即假定 N 年中（包括空位）一般洪水的均值与实测期一般洪水的均值相等。

四、特大洪水的处理算例

［例 7-5］ 某水文站逢 1988 年至 2004 年，有 17 年的实测洪峰流量资料（按递减次序排列见表 7-10 中第 3 栏）。通过历史洪水调查与考证，在 200 年中历史洪水流量的第一位为 1934 年，第二位为 1951 年，此外还调查出 1986 年洪水流量为 50 年中的第一位，但在 200 年考证期中的序位未知（三个特大洪峰流量数值见计算表 7-10 中的 2 栏），试用适线法求 $Q_{0.33\%}$、$Q_{1\%}$、$Q_{2\%}$。

解：(1)求平均流量$\sum_{i=1}^{3}Q_j=34\,600m^3/s$，$\sum_{i=1}^{17}Q_i=91\,290m^3/s$ 则

$$\overline{Q}=\frac{1}{N}\left[\sum_{j=1}^{a}Q_j+\frac{N-a}{n-L}\sum_{i=L+1}^{n}Q_i\right]=\frac{1}{200}\left(34\,600+\frac{200-2-1}{17-0}\times 91\,290\right)=5\,463m^3/s$$

(2)求变差系数 C_v

将各流量与 $\overline{Q}$ 取比值，算出 K、$K-1$、$(K-1)^2$，列入表 7-10 中第 4～9 栏，于是得

$$C_v=\sqrt{\frac{1}{N-1}\left[\sum_{j=1}^{a}(K_j-1)^2+\frac{N-a}{n-L}\sum_{i=L+1}^{n}(K_i-1)^2\right]}$$

$$=\sqrt{\frac{1}{200-1}\left[2.948+0.846+\frac{200-2-1}{17-0}\times 1.039\right]}=0.28$$

(3)用适线法决定 C_s

①先计算经验频率点群。由于观测年限较短，故按前述第二法估算经验频率

$$P_{1934}=\frac{1}{N+1}=\frac{1}{200+1}=0.498\%$$

$$P_{1951}=\frac{2}{200+1}=0.995\%$$

$$P_{1981}=P_{1951}+(1-P_{1951})\left(\frac{1}{50+1}\right)=2.94\%$$

实测一般洪水的经验频率估算

$$P_m=P_{1986}+(1-P_{1986})\frac{m}{17+1}=0.029\,4+0.053\,9m$$

当$m=1$时，$P_{1992}=8.33\%$

$m=2$时，$P_{9.999}=13.7\%$，余类推。

各经验频率均写入表7-11内的10栏中，为简便计，将用该栏的经验频率与模比系数K来点绘经验频率曲线的点群（即$K_p \sim P$曲线点群），如图7-11所示。

考虑特大洪水时$\bar{Q}$、C_v及经验频率计算 表7-11

年份	洪峰流量（m^3/s）		K	$K-1$		$(K-1)^2$			经验频率 P（%）
	特大值	一般值		+	−	特大值	较大值	一般值	
(1)	(2)	(3)	(4)	(5)	(6)	(7)	(8)	(9)	(10)
1934	12 600		2.31			1.716			0.498
1951	11 500		2.11			1.232			0.995
1986	10 500		1.92				0.846		2.94
1992		8 670	1.59					0.348	8.34
1999		7 340	1.34					0.116	13.8
1993		6 830	1.25					0.062	19.2
2000		6 430	1.18					0.032	24.5
1988		6 120	1.12					0.014	29.9
2001		5 920	1.08					0.006	35.3
1989		5 610	1.03					0.001	40.7
1991		5 300	0.97		0.03			0.001	46.2
2002		5 100	0.93		0.07			0.005	51.5
1990		4 900	0.90		0.10			0.010	56.9
1994		4 690	0.86		0.14			0.020	62.3
1998		4 540	0.83		0.17			0.029	67.7
1995		4 390	0.80		0.20			0.040	73.1
1996		4 230	0.77		0.23			0.053	78.5
1997		3 930	0.72		0.28			0.078	83.9
2003		3 720	0.68		0.32			0.102	89.3
2004		3 570	0.65		0.35			0.122	94.7
	34 600	91 290				2.948	0.846	1.039	

②再绘制理论频率曲线。根据$C_v=0.28$，$C_s=3C_v$与$C_s=4C_v$，算出各理论频率的流量模数K_p列入表7-11中，一并绘出$K_p \sim P$的理论频率曲线，也绘在图7-11上。很显然，两条曲线的坡度很平缓，曲线上部均在经验频率点以下，说明上述C_v值偏小。需要调整C_v值。为使点群能配合得更好，现再令$C_s=3.5C_v$，由式（7-12）得

$$\sigma_{C_v}=\frac{C_v}{\sqrt{2n}}\sqrt{1+2C_v^2+\frac{3}{4}C_s^2-2C_vC_s}$$

$$=\frac{0.28}{\sqrt{2\times17}}\sqrt{1+2\times0.28^2+\frac{3}{4}(3.5\times0.28)^2-2\times0.28(3.5\times0.28)}=0.055$$

于是调整后的 $C_v=0.28+0.055=0.34$，再按 $C_s=3.5\times C_v=3.5\times 0.34=1.19$ 进行第三次适线，算出各理论频率的流量值列入表 7-12 中，并继续绘出理论频率曲线（$K_p\sim P$）于图 7-11 中。可以看出，这条理论频率曲线与经验频率点群配合的最好，于是可以确定 $\overline{Q}=5\,436m^3/s$，$C_v=0.34$，$C_s=3.5\times C_v=1.19$。

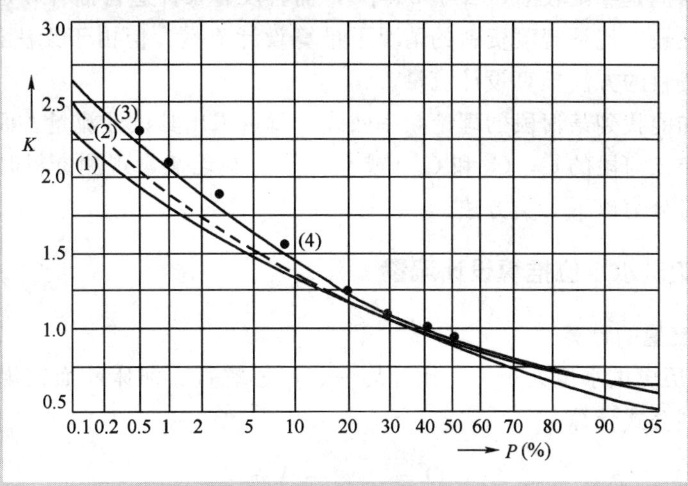

图 7-11 频率曲线图

注：(1)$C_v=0.28$，$C_s=3C_v$ 时的理论频率曲线；(2)$C_v=0.28$，$C_s=4C_v$ 时的理论频率曲线；(3)$C_v=0.28$，$C_s=3.5C_v$ 时的理论频率曲线；(4)…各经验频率点群

(4)求 $Q_{0.33\%}$、$Q_{1\%}$、$Q_{2\%}$

从表 7-12 或图 7-11 第三条 $K_p\sim P$ 曲线上得 $K_{0.33\%}=2.34$、$K_{1\%}=2.07$、$K_{2\%}=1.89$ 得

$$Q_{0.33\%}=K_{0.33\%}\overline{Q}=2.34\times 5\,463=12\,783m^3/s$$

$$Q_{1\%}=K_{1\%}\overline{Q}=2.07\times 5\,463=11\,308m^3/s$$

$$Q_{2\%}=K_{2\%}\overline{Q}=1.89\times 5\,463=10\,325m^3/s$$

理论频率曲线选配计算表　　表 7-12

频率 P（%）	第一次适线 $C_v=0.28C_s=3C_v=0.84$	第二次适线 $C_v=0.28C_s=4C_v=1.12$	第三次适线 $C_v=0.34C_s=3.5C_v=1.19$
	K_p	K_p	K_p
0.33	2.01	2.09	2.34
0.5	1.94	2.01	2.24
1	1.82	1.87	2.07
2	1.69	1.73	1.89
5	1.52	1.59	1.65
10	1.37	1.38	1.46
20	1.22	1.21	1.25
50	0.95	0.95	0.94
75	0.80	0.75	0.75
90	0.68	0.69	0.63
95	0.62	0.65	0.58
99	0.52	0.58	0.51

第五节　缺乏观测资料时设计流量的推算

公路沿线跨越的河流，一般以中小河流居多，这些河流上往往没有设立水文站，或者虽有水文站观测资料但是年限较短（少于 20 年），而且没有条件进行插补和延长，因而在实际工作中经常需要在缺乏流量观测资料的情况下推算设计流量，但由于无法得到足够的资料，故不能按有观测资料的方法推算设计流量。

如前所述，如能找到某河段的理论频率曲线，就可求出其设计流量。而确定理论频率曲线的关键在于确定该河段的 $\overline{Q}$、C_v 和 C_s（或 C_s/C_v）。缺乏流量观测资料时推算设计流量的方法很多，大致可分为以下三类方法。

一、根据历史洪水水位推算设计流量

1. 历史洪水流量的计算

(1)当调查的历史洪水位处于水面比降均一、河道顺直、河床断面较规整的稳定均匀流河段时，可按下列公式计算

$$Q = A_c v_c + A_t v_t \tag{7-27}$$

$$v_c = \frac{1}{n_c} R_c^{\frac{2}{3}} I^{\frac{1}{2}} \tag{7-28}$$

$$v_t = \frac{1}{n_t} R_t^{\frac{2}{3}} I^{\frac{1}{2}} \tag{7-29}$$

式中：Q——历史洪水流量 m^3/s；

A_c、A_t——河槽、河滩过水面积 m^2；

v_c、v_t——河槽、河滩平均流速 m/s；

n_c、n_t——河槽、河滩糙率；

R_c、R_t——河槽、河滩水力半径（m），当宽深比大于 10 时，可用平均水深代替；

I——水面比降。

(2)当调查的历史洪水位处于河床断面形状和面积相差较大的稳定非均匀流河段时，可按下列公式计算

$$Q = \overline{K}\sqrt{\frac{\Delta H}{L - \left(\frac{1-\xi}{2g}\right)\left(\frac{\overline{K}^2}{A_1^2} - \frac{\overline{K}^2}{A_2^2}\right)}} \tag{7-30}$$

$$\Delta H = H_1 - H_2 \tag{7-31}$$

$$\overline{K} = \frac{1}{2}(K_1 + K_2) \tag{7-32}$$

$$K_1 = \frac{1}{n_{c1}} A_{c1} R_{c1}^{\frac{2}{3}} + \frac{1}{n_{t1}} A_{t1} R_{t1}^{\frac{2}{3}} \tag{7-33}$$

$$K_2 = \frac{1}{n_{c2}} A_{c2} R_{c2}^{\frac{2}{3}} + \frac{1}{n_{t2}} A_{t2} R_{t2}^{\frac{2}{3}} \tag{7-34}$$

式中：H_1、H_2——上、下游断面的水位（m）；

ΔH——上、下游断面的水位差（m）；

L——上、下游两断面间距离（m）；

A_1、A_2——上、下游断面总过水面积（m^2）；

A_{c1}、A_{t1}——上游断面河槽、河滩过水面积（m^2）；

A_{c2}、A_{t2}——下游断面河槽、河滩过水面积（m^2）；

R_{c1}、R_{t1}——上游断面河槽、河滩水力半径（m）；

R_{c2}、R_{t2}——下游断面河槽、河滩水力半径（m）；

n_{c1}、n_{t1}——上游断面河槽、河滩糙率；

n_{c2}、n_{t2}——下游断面河槽、河滩糙率；

K_1、K_2——上、下游断面输水系数（m^3/s）；

$\overline{K}$——上、下游断面输水系数的平均值（m^3/s）；

g——取用 9.80（m/s^2）；

ξ——局部水头损失系数。向下游收缩时，取－0.1～0；向下游逐渐扩散时，取 0.3～0.5；向下游突然扩散时，取 0.5～1.0。

(3)当调查的历史洪水位于洪水水面线有明显曲折的稳定非均匀流河段时，可按下式算水面线，推求历史洪水流量。

$$H_1 = H_2 + \frac{Q^2}{2}\left[\left(\frac{1}{K_1^2}+\frac{1}{K_2^2}\right)L - \frac{(1-\xi)}{g}\left(\frac{1}{A_1^2}-\frac{1}{A_2^2}\right)\right] \tag{7-35}$$

$$A_1 = A_{c1} + A_{t1} \tag{7-36}$$

$$A_2 = A_{c2} + A_{t2} \tag{7-37}$$

(4)当调查的历史洪水位处于卡口，且河底无冲刷时，可按下式计算

$$Q = A_2\sqrt{\frac{2g(H_1 - H_2)}{\left(1-\frac{A_2^2}{A_1^2}\right)+\frac{2gLA_2^2}{K_1K_2}}} \tag{7-38}$$

式中：H_1、A_1——卡口上游断面的水位（m）、过水面积（m^2）；

H_2、A_2——卡口断面的水位（m）、过水面积（m^2）；

K_1、K_2——卡口上游断面、卡口断面的输水系数（m^3/s）。

2. 历史洪水流量的经验频率

历史洪水流量的经验频率可根据当地老居民的记述或历史文献考证确定历史洪水流量的序位，按式（7-22）计算。

3. 设计流量可按下列规定推算

(1)利用历史洪水流量推算设计流量，历史洪水流量不宜少于二次，C_v、C_s 值应符合地区分布规律，如出入较大，应分析原因，作适当调整。

(2)当有多个历史洪水流量能在海森机率格纸上点绘出经验频率曲线时，则可利用经验频率曲线上半部，适当外延读出设计流量值。

(3)当各次历史洪水流量不能在海森机率格纸上定出经验频率曲线时，可按以下方法推算设计流量。

①参照地区资料，选定 C_v、C_s 值。

②按以下公式计算平均流量

$$\bar{Q}_{Ti}=\frac{Q_{Ti}}{1+\phi_T C_v} \tag{7-39}$$

$$\bar{Q}=\frac{\sum_{i=1}\bar{Q}_{Ti}}{n} \tag{7-40}$$

式中：$\bar{Q}_{Ti}$——按第 i 次历史洪水流量计算的平均流量（m^3/s）；

Q_{Ti}——第 i 次重要现期为 T 年的历史洪水流量（m^3/s）；

ϕ_T——重现期为 T 年的离均系数；

n——历史洪水流量的年次数。

③按公式 $Q_P=\bar{Q}(1+\phi_P C_v)$ 推算设计流量。

二、根据地区经验公式推算设计流量

水文现象受气候和自然地理因素的影响，具有明显的地区性。跨越中小河流的桥梁，若缺少水文站观测资料，设计流量的推算可根据全国水文分区经验公式或根据各水利部门编写的地区性水文手册等文献来确定，但这些方法计算的结果较粗略。实际应用时，宜先采用多种方法计算，再与洪水调查资料相比较，最后选择一个比较合理的数值。本书不作详述，有能力的同学可查阅相关书籍。

三、利用暴雨资料推算设计流量

公路沿线跨越的小河、溪流、沟壑等都属于小流域。小流域洪水暴涨暴落，历时短，很少能留下明显的痕迹，往往不会引起人们的注意，故难以调查到较为可靠的历史洪水资料，且一般没有水文站的观测资料。实际工作中小流域河流上的桥梁和涵洞及路基排水系统的设计，一般由暴雨资料来推求，流量计算多采用推理公式或经验公式。此部分内容在第十一章小桥涵设计流量的推算中讲解。

第六节　桥位断面设计流量、设计水位的推算

设计流量往往是利用水文站观测资料或洪水调查资料推算，其流量是根据水文站的测流断面或桥位附近的形态断面计算而得，因而需要换算到桥位断面。

水文站测流断面或形态断面如果距离桥位断面较近，流域面积相差不超过5%时，推算的设计流量可以不必换算，而直接作为桥位断面的设计流量；如果距离桥位断面较远，则应进行换算。当流域面积相差不超过20%时，可以按下式换算

$$Q_1=\left(\frac{A_1}{A_2}\right)^n Q_2 \tag{7-41}$$

式中：Q_1、A_1——桥位断面的设计流量（m^3/s）和流域面积（km^2）；

Q_2、A_2——水文站测流断面或形态断面的设计流量（m^3/s）和流域面积（km^2）；

n——指数，可根据本河流或邻近类似河流的实测资料推求，一般可采用0.5～0.8。

当流域面积相差超过20%时，按上式计算的结果误差较大，应结合实际情况，从多方

面分析比较后确定。

桥位断面的设计流量确定后，还需要计算桥位断面的设计水位、流速和过水面积等水文要素。分两种情况处理：

(1)当桥位计算断面与水文断面间的河段顺直，断面规整，河底纵坡均一时，宜按式(7-27)，绘制水文断面的水文—流量关系曲线，按设计流量确定设计水位后，利用水面比降推算出桥位计算断面的设计水位。然后，根据桥位断面的设计流量和设计水位，用形态法推算相应的流速和过水面积。

(2)当桥位计算断面与水文断面上、下游有卡口、人工建筑物或断面形状和面积相差较大，河底纵坡有明显曲折时，宜按式（7-35）采用试算法求算设计流量时的水面线，推算设计水位。

只有确定了桥位断面的设计流量和设计水位等水文要素以后，即可进行桥涵的孔径计算。

本章小结

1. 学习本章首先要了解河川水文现象的特性与分析方法，特别是对河川水文现象的随机性特点要重点理解。水文统计法是对实测水文资料进行统计分析，寻求水文现象的统计规律，预估其今后变化的一种数学方法，是水文分析计算的一种工具。

2. 掌握洪水频率与设计流量的概念。这里讲的洪水频率（也称累积频率或超然或然率）是指出现等于或大于某一洪水流量的机会，它与概率论中任一偶然事件（即本课程的任一洪水流量）出现的频率概念有区别。究竟用多大的洪水流量作为保证公路的桥梁宣泄洪水时能够正常安全运营，这是一个设计标准问题，引用水文统计法推算出的具有一定频率的洪水流量即为设计流量，它是利用概率论的原理，对实测水文资料进行统计分析，推求水文资料的变化规律，从而预测今后可能出现的具有一定频率的洪水流量。

3. 用水文站观测资料推算设计流量的方法是本章重点。其中经验频率的计算公式，流量与经验频率曲线的绘制，机率格纸的绘制和应用等内容对理解水文统计法有重要作用，但是经验频率曲线外延时存在的不足，使实际生产上一般都无法用经验频率曲线求得小频率时的大流量。生产单位广泛采用的是绘制理论频率曲线的方法，我们应牢固掌握它。但对皮尔逊III型曲线方程的推导与来源只作一般性的了解。学习用绘制理论频率曲线的方法推算设计流量时，关键是掌握平均流量 $\overline{Q}$、变差系数 C_v 与偏差系数 C_s 三个统计参数的概念、计算方法及其对流量频率曲线的影响。特别是偏差系数 C_s 值，在目前我国具有水文资料的年份比较少的情况下误差太大，不能应用。C_s 值的确定常采用求矩适线法或三点适线法。我们必须掌握求矩适线法。

4. 对设计流量的推算结果的精度的估计是设计计算中需要解决的问题，书中给出用样本来代替总体确定三个统计参数以及设计流量必定存在的抽样误差公式。

5. 相关分析是插补和延长水文资料年份常用的方法。本章介绍了最常用的直线相关分析方法，包括回归方程式与相关系数的概念和计算方法。对此，学习时一定要很好掌握。

6. 特大洪水的处理问题是生产实践中经常要遇到的问题，是在连续系列设计流量方法的基础上的进一步延伸。同时因为频率计算中成果的合理性与计算资料的代表性有很大关系。在样本资料不很长时，一般的频率计算方法往往随观测年限的增加使成果变动很大。如果利用历史文献和调查的方法来确定出历史上很早以前发生过的特大洪水，即可把样本资料系列年数增加到调查期的长度，从而使资料的代表性大大提高。学习时关键是要掌握不连续系列经验频率 P_m、平均流量 $\overline{Q}$、变差系数 C_v 及偏差系数 C_s 的求法。

7. 无水文资料地区设计流量的推算方法和汇水面积小于 $100km^2$ 的河流设计流量推算方法也是经常要用的方法，具体应用时关键是要掌握在这种条件下如何来确定三个统计参数的途径与方法，同时注重采用多种方法进行计算核对，论证其合理性、可靠性。

8. 设计流量往往是利用水文站观测资料或洪水调查资料推算，其流量是根据水文站的测流断面或桥位附近的形态断面计算而得，因而需要换算到桥位断面，注意根据桥位计算断面与水文断面之间的关系分别处理。

思考题与习题

7-1　什么叫洪水频率、桥涵设计洪水频率与设计流量？

7-2　用经验频率法计算设计流量，有何缺陷？

7-3　用理论频率公式计算设计流量的基本步骤？有何好处？

7-4　在使用理论频率法时适线应注意什么？

7-5　相关分析有什么作用？怎样进行相关分析？

7-6　某一级公路拟建一座大桥。桥位上游附近的一个水文站，能搜集到 14 年断续的流量观测资料，经插补和延长，获得 1963 年至 1982 年连续 20 年的年最大流量资料；又通过洪水调查和文献考证，得到 1784 年、1880 年、1948 年和 1955 年连续系列前四次特大洪水；1975 年在实测期内也出现过一次特大洪水。以上洪水资料列于表 7-13 中。

习题 7-6 表　　表 7-13

序　号	洪水资料 按年份顺序排列 年份	流量 (m^3/s)	序　号	洪水资料 按年份顺序排列 年份	流量 (m^3/s)
1	1784	3 850	13	1971	1 680
2	1880	3 700	14	1972	1 710
3	1948	3 300	15	1973	1 580
4	1955	3 550	16	1974	1 960
5	1963	2 500	17	1975	3 470
6	1964	3 025	18	1976	1 100
7	1965	1 750	19	1977	1 310
8	1966	1 600	20	1978	1 550
9	1967	1 490	21	1979	1 840
10	1968	2 270	22	1980	840
11	1969	1 280	23	1981	1 510
12	1970	2 805	24	1982	1 460

第八章 大中桥孔径设计

本章学习目标

1. 了解桥位河段的水流图式和桥孔布置原则；
2. 掌握桥孔最小净长 L_j 的计算方法；
3. 掌握桥面中心最低高程的计算方法；
4. 熟悉桥前最大壅水高度和桥下壅水高度的计算方法；
5. 了解各种水面升高值（波浪高度、波浪侵袭高度、水拱、水流局部冲击高度、河湾凹岸水面超高、河床淤积等）的计算方法。

本章学习重点

桥孔最小净长 L_j 的计算；桥面中心最低高程的计算。

本章学习难点

桥面最低高程计算中各种水面升高值确定。

大中桥孔径计算，主要是根据设计流量推求设计水位下两个桥台之间的桥孔最小长度。与此同时，还要确定桥面中心最低高程，为确定桥孔设计方案，提供设计依据。

建桥以后，河流受到桥头引道的压缩和墩台阻水的影响，改变了水流和泥沙运动的天然状态，引起河床的冲淤变形，导致水流对桥梁墩台基础的冲刷，危及桥梁的安全。因此，孔径的计算和布置，应以建桥前后桥位河段内水流和泥沙运动的客观规律为依据。由于对这种客观规律的认识还很不够，目前所用的孔径计算方法，都是建立在某种假定和试验的基础之上，带有一定的经验性，尚待改进。但生产实践表明，这些方法目前仍有实用价值。

桥孔设计多数情况是由设计流量及设计水位控制，因而可以利用水力学公式分析计算。但还必须结合实际情况，全面考虑桥渡河段的各种影响因素，甚至辅以水力模型试验，参照过去的经验，探求合理的桥孔设计方案。另外有些桥梁跨越很深的河谷，流量不大，水位也不高，孔径大小不是由水流控制，而是由桥梁造价和路堤造价决定。

第一节 桥位河段的水流图式和桥孔布置原则

一、桥位河段的水流图式

桥位河段的水流和泥沙运动十分复杂，目前只能在某些假定和试验的基础上，对缓流河段提出简化的水流图式，如图 8-1 所示。桥位河段的平面，河流的天然水面宽度为 B，桥孔长度为 L，正常水深（均匀流水深）为 h_0。由于桥孔对水流的压缩，从桥位上游相当远处的断面①起，水面就开始壅高，并呈 a_1 型壅水曲线，无导流堤时直到桥位上游大约一个桥孔长度 L 处的断面②（有导流堤时则为上游坝端附近），达到最大壅水高度 ΔZ。水流接近桥孔时，在宽度和深度方向都急剧收缩而呈“漏斗”状，无导流堤时直到桥位下游附近的断面③′（有导流堤时则到桥位中线断面③），水面最窄，流速最大，桥下壅高为 $\Delta Z'$，形成桥位河段的“颈口”，称为收缩断面。收缩断面下游，水流又逐渐扩散，到断面④才恢复天然状态。并且在水流收缩段的主流与河岸之间，由于水流分离现象，桥台上下游两侧将形成回水区。

桥位河段的河槽纵断面，如图 8-1c）所示，在壅水范围内，水流流速减小，挟沙能力降低，泥沙沉积。最大壅水断面的下游，水流流速增大，挟沙能力加强，河床发生冲刷，而且收缩断面处的河床冲刷最大。对于急流河段图 8-1d），桥下水深和桥前水深均为正常水深 h_0，但在桥墩迎水面出现一定高度的冲击波。桥位河段的水流图式，反映了建桥后水流和泥沙运动的变化，并表现了**桥孔长度、桥前壅水和桥下冲刷**三者之间的关系，可作为桥孔计算分析的依据。

分析建桥后的水流图式，在工程上有以下三点意义：

(1)图 8-1 中最高壅水断面对于平原微丘地区，尤其是河道两侧为地面高程远低于设计水位高程的地区时，此断面 ΔZ 值往往需在建桥前与防汛、农田保护、城镇规划等部门妥善协商确定。ΔZ 的增大表明桥梁水流压缩程度增大，桥孔跨径、孔数则可相应减少，将会大大降低桥梁的工程造价；但是由于 a_1 型曲线的存在，将增高两岸堤坝的洪水位，从而增大溃坝威胁。

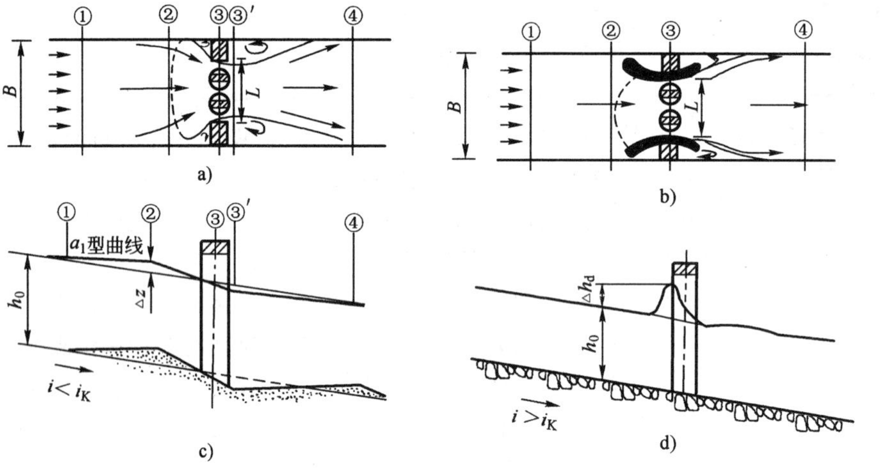

图 8-1　桥位河段的水流图式

a)平面(无导流堤)；b)平面(有导流堤)；c)河流中心纵断面($Fr<1.0$)；d)河流中心纵断面($Fr>1.0$)

(2)桥位断面仍具有桥下壅高 $\Delta Z'$，这是控制桥面中心最低高程计算的因素之一。

(3)桥后收缩断面，此时为桥位河段平均流速最大的断面。桥后收缩断面造成的最大冲刷可作为桥的一般冲刷计算，还可作为考虑墩台埋置深度的依据。

二、《公路工程水文勘测设计规范》(JTG C30—2002) 和《公路桥涵设计通用规范》(JTJ D60—2004) 中有关桥孔设计的一般规定

(1)桥孔设计必须保证设计洪水以内的各级洪水和泥沙安全通过，并满足通航、流冰、流木、泥石流及其他漂浮物通过的要求，并应考虑壅水、冲刷对上下游的影响，确保桥涵附近路堤的稳定。

(2)桥孔布设应适应各类河段的特性及演变特点，避免河床产生不利变形，并且做到经

济合理。各类河段的特性及河床特点见附录Ⅰ河段分类表。

(3)建桥后引起的桥前壅水高度、流势变化和河床变形，应在安全许可的范围之内。

(4)桥孔设计应考虑桥位上下游已建或拟建的水利工程、航道码头和管线等引起的河床演变对桥孔的影响。

(5)桥涵孔径设计尚应注意河床地形，不宜过分压缩河道、改变水流的天然状态。

(6)小桥、涵洞的孔径，应根据设计洪水流量、河床地质、河床和锥坡加固形式等条件确定。当小桥、涵洞的上游条件允许积水时，依暴雨径流计算的流量可考虑减少，但减少的流量不宜大于总流量的1/40。

(7)特大、大、中桥的孔径布置应按设计洪水流量和桥位河段的特性进行设计计算，并对孔径大小、结构形式、墩台基础埋置深度、桥头引道及调治构造物的布置等进行综合比较。

(8)计算桥下冲刷时，应考虑桥孔压缩后设计洪水过水断面所产生的桥下一般冲刷、墩台阻水引起的局部冲刷、河床自然演变冲刷以及调治构造物和桥位其他冲刷因素的影响。

(9)桥位河段的天然河道不宜开挖或改移。开挖、改移河道应具有可靠的技术经济论证。

(10)跨越河口、海湾及海岛之间的桥梁，必须保证在潮汐、海浪、风暴潮、海流及海堤泥沙运动等各种海洋水文条件影响下，正常使用和满足通航的要求。

(11)桥梁全长规定为：有桥台的桥梁为两岸桥台侧墙或八字墙尾端间的距离；无桥台的桥梁为桥面系长度。

(12)当标准设计或新建桥涵的跨径在50m及以下时，宜采用标准化跨径。

桥涵标准化跨径规定如下：

0.75m、1.0m、1.25m、1.5m、2.0m、2.5m、3.0m、4.0m、5.0m、6.0m、8.0m、10m、13m、16m、20m、25m、30m、35m、40m、45m、50m。

三、各类河段上桥孔布设的要求

1. 河段分类表

根据河段的稳定情况及河床的变形特征，对河段进行分类，见附录Ⅰ。

2.《公路桥涵设计通用规范》(JTJ D60—2004)和《公路工程水文勘测设计规范》(JTG C30—2002)中有关桥位布设的一般规定

(1)桥梁应根据公路功能、等级、通行能力及抗洪防灾要求，结合水文、地质、通航、环境等条件进行综合设计。

特大、大桥桥位应选择河道顺直稳定、河床地质良好、河槽能通过大部分设计流量的河段。桥位不宜选择在河汊、沙洲、古河道、急弯、汇合口、港口作业区及易形成流冰、流木阻塞的河段以及断层、岩溶、滑坡、泥石流等不良地质的河段。

(2)当桥址处有两个及两个以上的稳定河槽，或滩地流量占设计流量比例较大，且水流不易引入同一座桥时，可在各河槽、滩地、河汊上分别设桥，不宜用长大导流堤强行集中水流。

平坦、草原、漫流地区，可按分片泄洪布置桥涵。

天然河道不宜改移或裁弯取直。

(3)桥梁纵轴线宜与洪水主流流向正交。对通航河流上的桥梁，其墩台沿水流方向的轴线应与最高通航水位时的主流方向一致。当斜交不能避免时，交角不宜大于5°；当交角大于5°时，宜增加通航孔净宽。

(4)通航海轮桥梁的桥孔布置及净高应满足《通航海轮桥梁通航标准》(JTJ 311)的规

定。通航内河桥梁的桥孔布置及净高应满足《内河通航标准》（GB 50139—2004）的规定，并应充分考虑河床演变和不同通航水位航迹线的变化。

(5)为保证桥位附近水流顺畅，河槽、河岸不发生严重变形，必要时可在桥梁上、下游修建调治构造物。

(6)桥孔布设应与天然河流断面流量分配相适应。在稳定性河段上，左右河滩桥孔长度之比应近似与左右河滩流量之比相当；在次稳定河段和不稳定河段上，桥孔布设必须考虑河床变形和流量分布变化趋势的影响。桥孔不宜压缩河槽，可适当压缩河滩。

(7)主流深泓线上或主航道上不宜布设桥墩；在断层、陷穴、溶洞、滑坡等不良地质地段也不宜布设墩台。

(8)在有流冰、流木的河段上，桥孔应适当放大。

(9)山区河流的桥孔布设宜符合下列要求：

①峡谷河段宜单孔跨越。桥面高程应根据设计洪水位，并结合两岸地形和路线等条件确定。

②在开阔河段可适当压缩河滩。河滩路堤宜与洪水主流流向正交，否则应增设调治工程。

(10)平原河流的桥孔布设应符合下列要求：

①在顺直微弯河段，桥孔布设应考虑河槽内边滩下移、主槽在河槽内摆动的影响。

②在弯曲河段，应通过河床演变调查，预测河湾发展和深泓变化，考虑河槽凹岸水流集中冲刷和凸岸淤积等对桥孔及墩台的影响。

③在滩槽较稳定的分汊河段上，若多年流量分配基本稳定，可考虑布设一河多桥。桥孔布设应预计各汊流流量分配比例的变化，并应设置同流量分配相对应的导流构造物。

④在宽滩河段，可根据桥位上下游主流趋势及深泓线摆动范围布设桥孔，并可适当压缩河滩，但应考虑壅水对上游的影响。若河汊稳定又不宜导入桥孔时，可考虑修建一河多桥。

⑤在游荡河段，不宜过多压缩河床，应结合当地治理规划，辅以调治工程，在深泓线可能摆动的范围内，不宜设置桥墩。

(11)山前区河流桥孔布设应符合下列要求：

①在山前变迁河段，在辅以适当的调治构造物的基础上，可较大地压缩河段。桥轴线应与河岸线或洪水总趋势正交。河滩路堤不宜设置小桥和涵洞。当采用一河多桥时，应堵截临近主河槽的支汊。

②在冲积漫流河段，桥孔宜在上游狭窄或下游收缩河段跨越。若在河床宽阔、水流有明显分支处跨越，可采用一河多桥方案，并应在各桥间采用相应的分流和防护措施。桥下净空应考虑河床淤积影响。

第二节　桥 孔 长 度

设计水位上两桥台前缘之间（埋入式桥台则为两桥台护坡坡面之间）的水面宽度，习惯称为**桥孔长度** $\boldsymbol{L}$（图 8-2）；扣除全部桥墩宽度（顺桥方向）后，则称为**桥孔净长** $\boldsymbol{L_j}$。

桥孔长度的确定，首先应满足排洪和输沙的要求，保证设计洪水及其所挟带的泥沙从桥下顺利通过，并应综合考虑桥孔长度、桥前壅水和桥下冲刷的相互影响。目前，桥孔长度的计算方法有下列两种，均可参照使用。

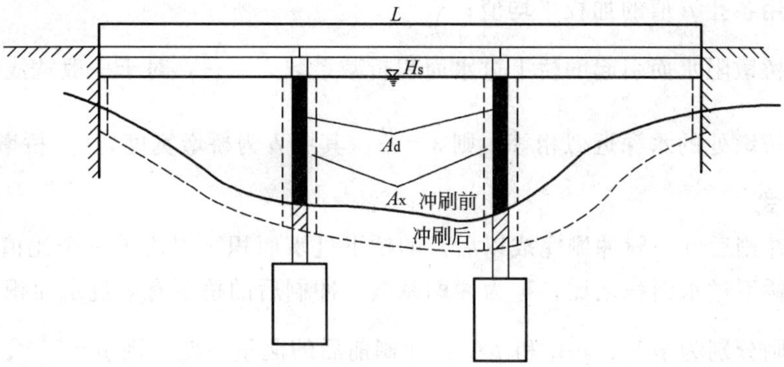

图 8-2　桥下的过水断面

一、用过水面积计算（冲刷系数法）

利用桥位断面的设计流量 Q_p 和设计水位 H_s，根据水力学的连续性原理求出桥下顺利宣泄设计洪水时所需要的最小过水面积，用以控制桥孔的最小长度。

1. 冲刷系数法原理

在长期生产实践中，人们认识到，建桥后桥孔压缩了水流，桥下流速增大到一定数值时，桥下河槽开始冲刷（称为一般冲刷），随着冲刷后水深的增加，桥下的过水面积逐渐扩大，而桥下流速逐渐降低，河槽的冲刷将相应减缓，最终趋于停止，也就是说，每条河流都有一个特定的流速，达到该流速时，河槽的冲刷即停止。别列柳伯斯基于 1875 年作出了下面的假定：桥下过水面积扩大到使桥下流速等于天然河槽流速时，桥下冲刷即停止。他建议用天然河槽平均流速作为河槽冲刷停止时的平均流速。因此，计算桥孔长度时，常采用**天然河槽平均流速作为设计流速** v_s（即一般冲刷完成后的桥下平均流速）。

2. 冲刷系数法物理量

建桥后，桥下河槽产生冲刷，桥下的过水面积将随冲刷而变化，设计水位（H_s）下过水面积的组成如图 8-2 所示。其中，桥墩所占的面积阻挡水流，墩台侧面产生涡流所占的面积，形成滞流区而阻断水流，只有剩余的部分，才是桥下实际泄流（排洪或输沙）的面积，称为有效过水面积。根据桥下过水面积的变化情况，采用下列符号，建立桥孔长度的计算公式。

Q_p——设计流量（m^3/s）；

v_s——设计流速（m/s），一般采用天然河槽平均流速 v_c；

A_d——冲刷前（一般冲刷以前）桥墩所占的桥下过水面积（m^2）；

A_x——冲刷前墩台侧面涡流所占的桥下过水面积（m^2）；

A_y——冲刷前桥下有效过水面积（m^2），其中不包括桥墩和涡流所占的过水面积；

A_j——冲刷前桥下净过水面积（m^2），其中不包括桥墩所占的过水面积，$A_j=A_y+A_x$；

A_q——冲刷前桥下毛过水面积（m^2），包括有效过水面积以及桥墩和涡流所占过水面积 $A_q=A_j+A_d$；

μ——因墩台侧面涡流阻水而引起的桥下过水面积折减系数，又称压缩系数，$\mu=\dfrac{A_y}{A_j}$，可用公式计算：$\mu=1-0.375\dfrac{v_s}{l_j}$（其中 l_j 为桥墩净间距）；对于不等跨的桥孔，

采用各孔 μ 值的加权平均值；

λ——因桥墩阻水而引起的桥下过水面积折减系数 $\lambda=\frac{A_d}{A_q}$，对于一般宽浅河流，可认为各桥墩处的水深近似相等，则 $\lambda=\frac{b}{l}$（其中 b 为桥墩宽度，l 为桥墩中心间距）。

3. 计算公式

为了推算冲刷后（一般冲刷完成以后）的桥下过水面积，引用了一个比值 p。p 是冲刷后与冲刷前的桥下过水面积之比，称为**冲刷系数**；冲刷后的桥下有效过水面积、净过水面积和毛过水面积则分别为 pA_y、pA_j 和 pA_q，冲刷前后的流量不变，则 $p=\frac{v_{冲前}}{v_{冲后}}$。

根据水力学连续性原理，可得

因为

$$Q_p=pA_y v_s$$

$$A_y=\mu A_j$$

所以

$$A_j=\frac{Q_p}{\mu P v_s} \tag{8-1}$$

又因为

$$A_d=\lambda A_q \text{ 则 } A_j=A_q-A_d=(1-\lambda)A_q$$

所以

$$A_q=\frac{Q_p}{\mu(1-\lambda)P v_s} \tag{8-2}$$

式中冲刷系数 P，表示桥下河槽的冲刷程度（对冲刷后的桥下断面而言），也表示桥孔对水流的压缩程度（对冲刷前的桥下断面而言），是桥孔长度计算的控制因素。选用冲刷系数应考虑河段类型和河床变形特点，例如，平原稳定性河段因水流和河床稳定，不宜压缩，P 取较小值；山前区变迁性河段因水流宽浅，多摆动，P 值可取稍大些。一般情况下，平原河段不应大于 1.20，山前区变迁性河段不应大于 1.40。

然后，在桥位断面上（河流横断面）上布设桥孔方案，计算实际具有的桥下净过水面积（或毛过水面积），若等于或稍大于上述公式计算的 A_j（或 A_q）。则表明布设方案符合所需要的桥下最小过水面积，桥孔净长 L_j（或桥孔长度 L）即为所求。

这种确定桥孔长度的方法，我国铁路系统使用至今；1976 年我国公路系统根据我国实桥调查资料，制定了估定桥孔长度的公式，自 1982 年起不再推荐使用，但仍是一种合理的参考办法。

二、桥孔净长经验公式计算

桥孔最小净长度 L_j 是指在给定的水文和河床条件下，安全通过设计洪水流量所必需的最小桥孔净长度。

《公路工程水文勘测设计规范》(JTG C30—2002) 桥孔净长度 L_j 公式的制定，是以 1974～1976 年全国公路大中桥孔设计调查资料（取样 124 座桥）为基础，并补充了 1998 年交通部公路司发出的“关于进行全国大中桥孔径设计资料调查”文件以来，各省呈报 1970 年后建成的、经洪水考验评定为桥长合适的桥孔设计资料（取样 62 座桥），共得到 186 座各类河段上的桥梁样本（包括 1950～1995 年建成的桥梁）。根据水力学理论分析和量纲分析表明，决定桥孔净长度的主要因素是河槽宽度 B_c 或基本河槽宽度 B_0、设计流量与河槽流量比 Q_p/Q_c，其次为河槽宽深比 B_c/h_c、比降 I 和无量纲谢才系数 C。然后，应用逐步回归分析和误差分析建立桥孔净长度的公式。

1. 峡谷河段，可按河床地形布孔，不易压缩河槽，可不作桥孔最小净长度计算

2. 开阔、顺直微弯、分汊、弯曲河段及滩、槽可分的不稳定河段的最小净长度

$$L_j = K_q \cdot \left(\frac{Q_p}{Q_c}\right)^{n_3} \cdot B_c \tag{8-3}$$

式中：L_j——桥孔最小净长度（m）；

Q_p——设计流量（m^3/s）；

Q_c——设计水位下，天然河槽流量（m^3/s）；

B_c——天然河槽宽度（m）；

K_q、n_3——系数和指数，见表 8-1。

K_q、n_3 值表 表 8-1

河段类型	K_q	n_3	河段类型	K_q	n_3
开阔、顺直微弯河段	0.84	0.90	滩、槽可分的不稳定河段	0.69	1.59
分汊、弯曲河段	0.95	0.87			

3. 宽滩河段

$$L_j = \frac{Q_p}{\beta \bar{q}_c} \tag{8-4}$$

式中：β——水流压缩系数，$\beta=1.19\left(\frac{Q_c}{Q_t}\right)^{0.10}$；

$\bar{q}_c$——河槽平均单宽流量（$m^3/s \cdot m$）；

Q_t——河滩流量（m^3/s）。

4. 滩、槽难分的不稳定河段

$$L_j = C_P \cdot B_0 \tag{8-5}$$

式中： B_0——基本河槽宽度（m），$B_0=16.07\frac{\bar{Q}^{0.24}}{\bar{d}^{0.3}}$；

$\bar{Q}$——年最大流量平均值（m^3/s）；

$\bar{d}$——河床泥沙平均粒径（m）；

C_P——设计洪水频率桥长换算系数，$C_P=\left(\frac{Q_{p\%}}{Q_{2\%}}\right)^{\frac{1}{3}}=\left(\frac{1+C_v\phi_{p\%}}{1+C_v\phi_{2\%}}\right)^{\frac{1}{3}}$；

C_v——变差系数；

$\phi_{p\%}$、$\phi_{2\%}$——洪水频率分别为 $p\%$和 2%的离均系数；

$Q_{p\%}$、$Q_{2\%}$——洪水频率分别为 $p\%$和 2%的洪峰流量（m^3/s）。

桥孔设计长度除满足上述要求外，还应结合桥位地形、桥前壅水、冲刷深度、河床地质等情况，作出不同桥长的技术经济比较，综合论证后确定。

三、桥孔净长计算示例

[例 8-1] 已知某桥址断面及地质资料如图 8-3 所示。桥位河段属平原次稳定河段，设计流量 $Q_p=6\,150m^3/s$，设计水位 $H_p=107.00m$，河槽天然流速 $v_c=2.0m/s$，河滩天然平均流速 $v_t=0.95\ m/s$，水流与桥位正交，通航等级为 V—（2）级，通航水位 105.00m。试计算桥孔长度。

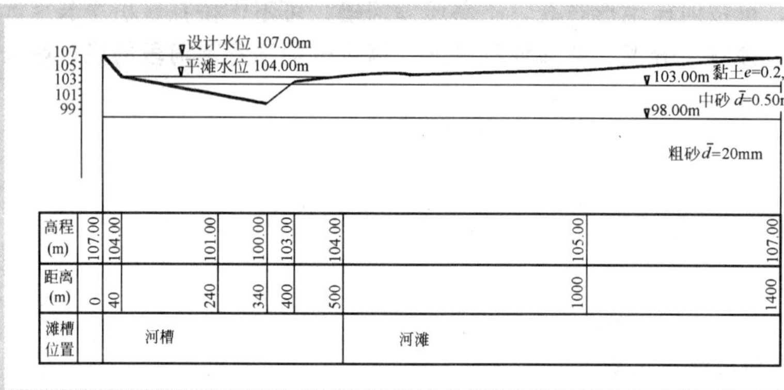

图 8-3 某桥址断面情况

解：(1)根据河流横断面列表计算，见表 8-2。

河流横断面计算表 表 8-2

桩号	河床高程（m）	水深（m）	水面宽度（m）	过水面积（m^2）	累计面积（m^2）	合计
K0+000.0	107.00	0.00			0.00	河槽 A_c=2 290.00m^2 B_c=500−0 =500m
+40.0	104.00	3.00	40.00	60.00	60.00	
+240.0	101.00	6.00	200.00	900.00	960.00	
+340.0	100.00	7.00	100.00	650.00	1 610.00	
+400.0	103.00	4.00	60.00	330.00	1 940.00	
+500.0	104.00	3.00	100.00	350.00	2 290.00	
K1+000.0	105.00	2.00	500.00	1 250.00	3 540.00	河滩 A_t=3 940−2 290 =1 650m^2 B_t=1 400−500 =900m
+400.0	107.00	0.00	400.00	400.00	3 940.00	
		合计	1 400.00	3 940.00		

河滩部分设计流量 $Q_t=A_t\times v_t=1\,650\times0.95=1\,567.5\approx1\,570\text{m}^3/\text{s}$

河槽部分设计流量 $Q_c=A_c\times v_c=2\,290\times2.0=4\,580\text{m}^3/\text{s}$

水面宽度 $B=1\,400\text{m}$

河床断面平均水深 $\bar{h}=\dfrac{A_c+A_t}{B}=\dfrac{3\,940}{1\,400}=2.81\text{m}$

总设计流量 $Q=Q_c+Q_t=1\,570+4\,580=6\,150\text{m}^3/\text{s}$

(2)桥孔长度

根据我国公路桥梁最小桥孔净长度 L_j 公式计算。该桥位在平原次稳定性河段，有明显的河槽宽度 B_c，可根据式 8-3 计算。查表 8-1 有 $K_p=0.84$，$n_3=0.90$，代入公式有

$$L_j=K_p\cdot\left(\frac{Q_p}{Q_C}\right)^{n_3}\cdot B_C$$

$$=0.84\left(\frac{6\,150}{4\,580}\right)^{0.90}\times500=547.59\text{m}$$

(3)桥孔布置

通航等级为 V—（2）级，查水上过河建筑物通航净空尺寸表，知最小净跨 38m，取标准跨径为 40m；根据桥位河床横断面图形态，将左岸桥台桩号布置在 K000＋000.00；取 15 孔 40m 预应力混凝土简支 T 梁；双柱式桥墩，墩径 1.60m；各墩位置和桩号如图 8-4 所示；右桥台桩号为 K000＋600.00。该桥孔布设方案的桥孔净长度为 577.6m（577.6＝600－14×1.6），大于最小桥孔净长度 547.59m，是合理的。

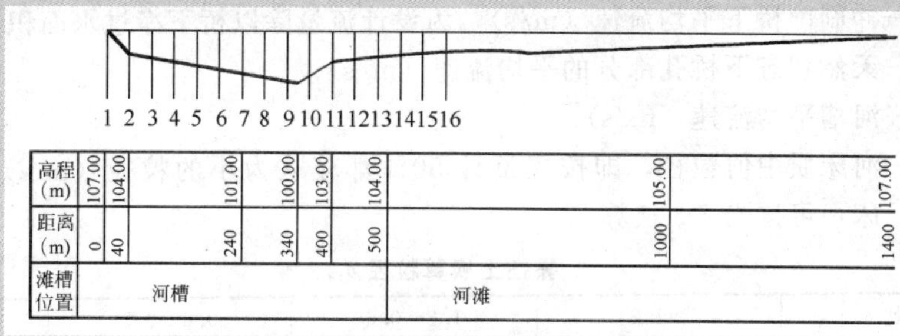

图 8-4　桥孔布置图

第三节　桥面中心最低设计（水文）高程

桥面中心最低设计（水文）**高程**是指桥面中心线上最低点的设计高程，必须满足桥下通过设计洪水、流冰、流木和通航的要求，并且应该考虑壅水、波浪、水拱、河湾凹岸水面超高以及河床淤积等各种因素引起的桥下水位升高。桥面中心最低设计高程，是从水力水文角度提出的最低建筑高程界限。至于桥面设计高程，则应综合考虑桥面纵向坡度、排水和两岸路线接线高程等因素后分别确定，但都必须高于或等于本节确立的桥面中心最低设计（水文）高程。

一、引起桥下水位升高的因素

1. 壅水

建桥后，天然水流受到桥孔压缩，桥前形成壅水，天然水面（正常水深）以上壅起的高度，称为壅水高度。

(1)桥前最大壅水高度 ΔZ

根据水力学原理，D'Aubuiosion（法国），1840 年根据能量方程首先导出 ΔZ 计算式。但是，由于桥位附近的水流及河床变形非常复杂，能量损失等很多因素难以准确地求得，至今仍是有待研究的课题（图 8-1）。我国在 1980 年开始进行桥梁壅水研究，经过不断的研究发展，最新《公路工程水文勘测设计指南》推荐使用下式计算桥前最大壅水高度

$$\Delta Z=\frac{K_N K_y}{2g}(v_M^2-v_{0M}^2) \tag{8-6}$$

式中：ΔZ——桥前最大壅水高度（m）；

K_y——修正系数，$K_y=\dfrac{0.5}{\dfrac{v_M}{\sqrt{g}}-0.1}$当桥下河床为岩石或有铺砌时，取 1.0；

K_N——定床壅水系数，$K_N=\dfrac{2}{\sqrt{\dfrac{v_M}{v_{OM}}-1}}$；

v_M——冲刷后桥下平均流速（m/s），$v_M=\dfrac{v'_M}{1+0.5d_{50}^{-0.25}\left(\dfrac{v'_M}{v_c}-1\right)}$，当桥下河床为岩石或有铺砌时，即为 v'_M；

v'_M——冲刷前桥下平均流速（m/s），为设计流量除以桥下净过水面积；

v_{OM}——天然状态下桥孔部分的平均流速（m/s）；

v_c——河槽平均流速（m/s）；

d_{50}——河床质中值粒径，即按质量计 50%都较它为小的粒径（mm），对黏性土河床，可按表 8-3 换算。

黏性土换算粒径 d_{50}　　　　表 8-3

天然空隙比 e	>1.2	1.2～0.6	0.6～0.3	0.3～0.2
换算粒径 d_{50}	0.15	3	10	50

(2)桥下壅水高度 $\Delta Z'$

桥下壅水高度是指桥下断面处的壅水高度，可根据洪水情势和土质易冲程度参照取值

一般取　　　　$\Delta Z'=0.5\Delta Z$

山区和半山区河流不易冲刷时　　$\Delta Z'=\Delta Z$

平原河流易冲刷时　　$\Delta Z'=0$

(3)壅水曲线全长

最大壅水断面以上的壅水曲线对于缓坡（$i<i_k$）河段，是 a_1 型壅水曲线，曲线的精确绘制可按水力学中“水面曲线绘制方法”进行。但在桥梁设计工作中，一般可近似地看作二次抛物线进行计算，如图 8-5 所示。

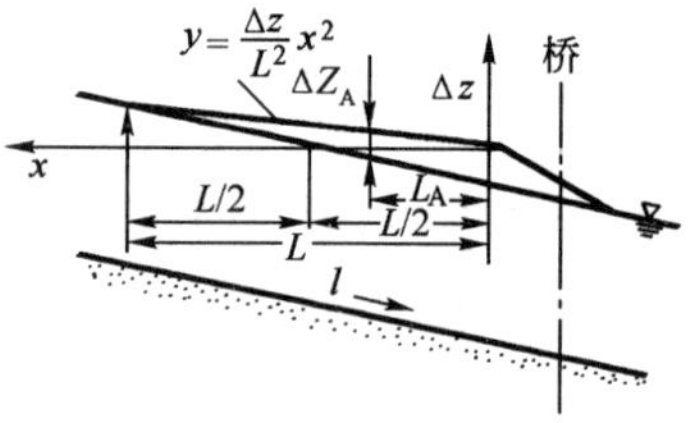

图 8-5　壅水曲线示意图

壅水曲线的全长和任意断面值处的壅水高度，计算公式如下

$$L=\frac{2\Delta Z}{i} \tag{8-7}$$

$$\Delta Z_A=\left(1-\frac{iL_A}{2\Delta Z}\right)^2\Delta Z \tag{8-8}$$

式中：L——壅水曲线的全长（m）；

ΔZ——桥前最大壅水高度（m）；

i——河床比降（以小数计）；

ΔZ_A——任意断面 A 处的壅水高度（m）；

L_A——任意断面直至最大壅水断面的距离（m）。

2. 波浪高度和波浪侵袭高度

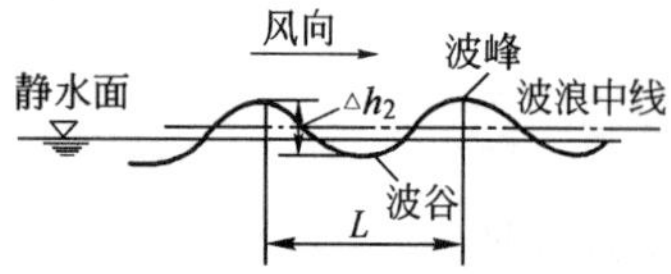

图 8-6　波浪（风浪）示意图

水面受风的作用而呈现起伏波动，并沿风向传播，形成波浪，如图 8-6 所示（波浪的实际表面形状非常复杂，并不是整齐对称的）。波面凸起的最高点称为波峰，波面凹下的最低点称为波谷，相邻的波峰与波谷之间的垂直距离称为**波浪高度**，相邻两个波峰（或两个波谷）之间的水平距离称为**波**

浪长度。波浪传播的距离称为**浪程**。桥位处波浪的大小与风速、风向、浪程及自然环境等，都有直接关系。

(1)波浪高度 h_b

①桥位处河流洪水的波浪高度一般通过调查确定。计算桥面高程时，以桥位、静水面以上、波浪高度的三分之二计入。

②调查有困难时，可按有关规范或设计手册推荐的方法确定，用公式计算。计算公式如下

$$h_b = \Delta h_2 = K_F \Delta \bar{h}_2$$

$$\Delta \bar{h}_2 = \frac{0.13\text{th}\left[0.7 \times \left(\frac{g\bar{h}}{v_W^2}\right)^{0.7}\right] \cdot \text{th}\left\{\frac{0.0018 \times \left(\frac{g \cdot D}{v_W^2}\right)^{0.45}}{0.13 \times \text{th}\left[0.7 \times \left(\frac{g\bar{h}}{v_W^2}\right)^{0.7}\right]}\right\}}{\frac{g}{v_W^2}} \tag{8-9}$$

式中：Δh_2——波浪高度（m），从波谷至波峰的高度；

$\Delta \bar{h}_2$——波浪平均高度（m）；

K_F——系数，当 $\Delta \bar{h}_2/\bar{h} < 0.1$ 时，取 2.42；当 $\Delta \bar{h}_2/\bar{h} \geqslant 0.1$ 时，取 2.30；

$\bar{h}$——沿浪程方向的平均水深（m）；

th——双曲正切函数，$\text{th} = \frac{e^x - e^{-x}}{e^x + e^{-x}}$；

D——计算浪程（m）；

v_W——风速（m/s），水面以上 10m 高度处多年所测洪水期间自记 2min 平均最大风速的平均值。

③各种物理量求法

风速资料可由气象站搜集，但须按《公路工程水文勘测设计规范》的要求进行审查和换算。缺少实测风速资料时，可根据调查按风力等级查表 8-4 参考确定。

风力等级 表 8-4

风力等级	陆地地面物的特征	相当风速 v_W (m/s)	
		范围	中数
0	静，烟直上	0～0.2	0.1
1	烟能表示风向	0.3～1.5	0.9
2	人面感觉有风，树枝有微响	1.6～3.3	2.5
3	树枝及微枝动摇不息，旌旗展开	3.4～5.4	4.4
4	能吹起地面灰尘和纸张，树的小枝动摇	5.5～7.9	6.7
5	有叶的小树摇动，内陆的水面有小波	8.0～10.7	9.4
6	大树枝摇动，电线呼呼有声，举伞困难	10.8～13.8	12.4
7	全树摇动，大树枝弯下来，迎风步行感觉不便	13.9～17.1	15.5
8	可折毁树枝，人向前行感觉阻力甚大	17.2～20.7	19.0
9	烟囱及平房顶受到损伤、小屋受到破坏	20.8～24.4	22.6
10	陆上少有，有则可使树木拔起或建筑物摧毁	24.5～28.4	26.5
11	陆上少有，有则必造成重大损毁	28.5～32.6	30.6
12	陆上极少，其摧毁力极大	>32.6	>30.6

沿计算浪程方向的**平均水深**可通过作沿最大浪程方向的断面，计算出设计水位下的河床底面下游从桥位中心到上游泛滥线之间的水体的面积 A，即可按式 $\bar{h}=\frac{A}{D}$计算。

计算浪程是波浪沿一定风向可能传播的距离，应根据汛期风玫瑰图和桥位地形图确定。沿波浪传播方向（或风向），从泛滥边界至桥位计算波浪处的距离为最大浪程，如图 8-7a)（最大浪程的方向与风向之间的夹角不超过 22.5°时，即可认为方向一致）所示，一般可作为计算浪程，对于水面狭窄和形态复杂的河流则需要修正。

风速、平均水深和计算浪程相互关联，通常是利用气象站的实测风速和风向资料绘制风玫瑰图，如图 8-7b）所示，求出相应的风速、平均水深和计算浪程，选定最不利的组合来计算最大的波浪高度。

(2)波浪侵袭高度 h_e

波浪冲向路堤（或导流堤等）边坡而爬升的高度，称为**波浪爬高或波浪侵袭高度**（图 8-8）。确定河滩路堤和导流堤等顶面高程时，应计入这一高度。可按《公路工程水文勘测设计规范》推荐的公式计算。

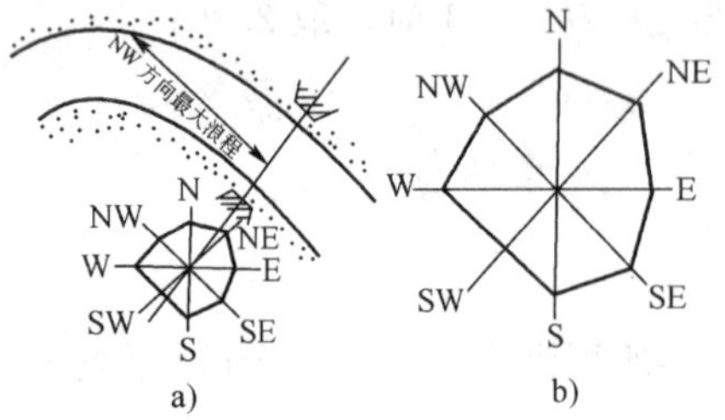

图 8-7　浪程示意图

a)最大浪程；b)风玫瑰图

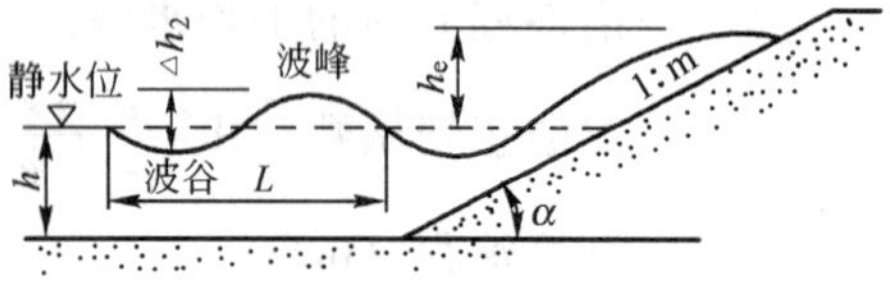

图 8-8　波浪侵袭高度

$$h_e = K_\Delta K_V R_0 \Delta h_2 \tag{8-10}$$

式中：h_e——波浪爬高（m），其高度自静水位算起；

K_Δ——边坡糙渗系数，查表 8-5；

K_V——与风速有关的参数，查表 8-6；

R_0——相对波浪侵袭高度，即当 $K_\Delta=1.0$，$K_V=1.0$，$\Delta h_2=1.0$m 时的波浪侵袭高度，查表 8-7。

边坡糙渗系数 K_Δ　　表 8-5

边坡护面类型	整片光滑不透水护面（沥青混凝土）	混凝土及浆砌片石护面与光滑土质边坡	干砌片石及植草皮	一两层抛石加固	抛石组成的建筑物
K_Δ	1.0	0.90	0.75～0.80	0.60	0.50～0.55

与风速有关的参数 K_V　　表 8-6

风速（m·s）	5～10	10～20	20～30	>30
K_V	1.0	1.2	1.4	1.6

相对波浪侵袭高度 R_0　　表 8-7

边坡系数	1.00	1.25	1.50	1.75	2.00	2.50	3.00
R_0	2.16	2.45	2.52	2.40	2.22	1.82	1.50

当有下列情况之一时，可不考虑波浪侵袭高度的影响。

①洪峰历时短促的河流。

②浪程短于 200m 的河流。

③水深小于 1m 的河流。

④靠近路堤的河滩上，长有高于水深加半个波浪高度的成片灌木丛的河流。

(3)斜向的波浪爬高

当桥台和引道路堤受到波浪斜向侵袭时，侵袭高度有所减弱，当边坡系数 $m>1$（或 $\alpha<45°$）、斜向角度 $\beta\geqslant 30°$时，可按下列有关规范推荐的公式计算

$$h'_e=\frac{1+2\sin\beta}{3}h_e \tag{8-11}$$

式中：h'_e——修正后的波浪侵袭高度（m）；

β——构造物边坡上水边线与浪射线的夹角；

h_e——波浪侵袭高度（m），按式（8-10）计算。

3. 其他

确定桥面高程时，应计入各种原因引起的水位升高：河流涨水时同一断面的主槽流速比两侧河滩的流速大，主槽水位比河滩水位上涨快，形成河心水位高，两边河滩水位低的**水拱现象**；在洪水由峡谷山口流出时，也会出现水拱现象；河湾处形成水面横比降，引起凹岸**水位超高**；还有**局部股流壅高**（与水拱比较，只取其中较大者）及**河床淤积**等。这些因素，一般以调查和实测确定。

(1)弯曲河段的水位超高

①河湾处的水位超高值可按下式计算

$$\Delta h=\frac{v^2B}{gR} \tag{8-12}$$

式中：Δh——河湾水位超高值（m）；

v——断面平均流速（m/s）；

B——水面宽度（m），如滩地有密草、丛林或死水时，该部分水面宽应予扣除；

g——重力加速度；

R——河湾凸凹岸曲率半径的平均值（m）。

②计算桥面高程时，可计入河湾水位超高值的二分之一。

(2)水流局部冲击高度

急流河槽中桥墩的水流冲击高度 Δh_d 为

$$\Delta h_d=\frac{1}{2}\sqrt{h_0^2+16\times h_0\cdot\frac{v_0^2}{2g}}-\frac{3}{2}h_0 \tag{8-13}$$

式中：Δh_d——急流河槽桥墩水流冲击高度（m）；

h_0、v_0——上游河槽天然水深（m）、流速（m/s）。

二、不通航河段桥下净空安全值

桥下净空应根据设计水位（包括壅水、浪高等）或最高流冰水位加安全高度确定。当河流有形成流冰阻塞的危险或有漂浮物通过时，应按实际调查的数据，在设计水位的基础上，结合当地具体情况酌情留一定富余量，作为确定桥下净空的依据。对于有淤积的河流，桥下

净空应适当增加。在不通航或无流放木筏河流上及通航河流的不通航桥孔内，桥下净空不应小于表 8-8 中的规定。

不通航河流桥下净空安全值 Δh_j 表 8-8

桥梁部位	按设计水位计算的桥下净空安全值（m）	按最高流冰水位计算的桥下净空安全值（m）
梁底	0.50	0.75
支承垫石顶面	0.25	0.50
拱脚	按注①要求办理	0.25

注：①无铰拱的拱脚可被洪水淹没，淹没高度不宜超过拱圈矢高的 2/3；拱顶底面至设计水位的净高不得小于 1.0m；
②山区河流水位变化大，桥下净空安全值可适当加大。

三、通航河段的桥下净空

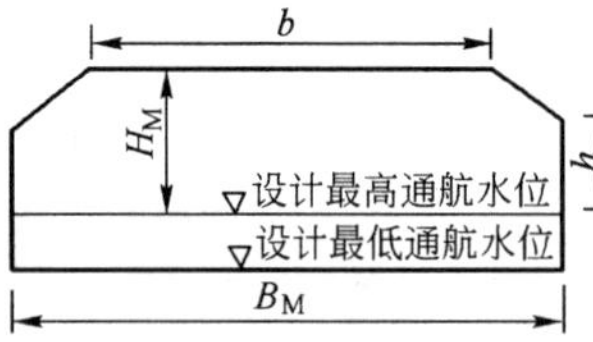

图 8-9 水上过河建筑物通航净空

设计通航水位根据各种河流具体情况确定，通航河段桥下净空尺度的规定见图 8-9 和表 8-10。一般天然的设计最高通航水位可采用表 8-9 中规定的各级洪水重现期水位。

天然河流设计最高通航水位标准 表 8-9

航道等级	I～III	IV、V	VI、VII
洪水重现期（年）	20	10	5

注：①山区河流如经多年水文资料查证，出现高于设计最高通航水位历时很短，则根据具体情况，三级航道的设计最高通航水位标准可降为 10 年一遇，IV、V 级航道的设计最高通航水位可降为 5 年一遇，VI、VII 级航道可按 2～3 年一遇标准执行；
②设计最低通航水位参见《内河通航标准》（GB 50139—2004）确定。

水上过河建筑物通航净空尺度 表 8-10

航道等级		天然及渠化河流（m）				限制性航道（m）			
		净高 H_M	净宽 B_M	上底宽 b	侧高 h	净高 H_M	净宽 B_M	上底宽 b	侧高 h
I	(1)	24	160	120	7.0				
	(2)		125	95	7.0				
	(3)	18	95	70	7.0				
	(4)		85	65	8.0				
II	(1)	18	105	80	6.0				
	(2)		90	70	8.0				
	(3)	10	50	40	6.0	10	65	50	6.0
III	(1)	18	100	75	6.0				
	(2)		70	55	6.0				
	(3)	10	60	45	6.0	10	85	65	6.0
	(4)		40	30	6.0		55	40	6.0
IV	(1)		60	50	4.0				
	(2)	8	50	41	4.0	8	80	60	3.5
	(3)		35	29	5.0		45	37	4.0

续上表

航道等级		天然及渠化河流（m）				限制性航道（m）			
		净高 H_M	净宽 B_M	上底宽 b	侧高 h	净高 H_M	净宽 B_M	上底宽 b	侧高 h
V	（1）	8	46	38	4.0				
	（2）		38	31	4.5	8	75～77	62	3.5
	（3）	8.5	28～30	25	5.5、3.5	8.5	38	31	4.5、3.5
VI	（1）					4	22	18	3.4
	（2）	4.5	22	17	3.4				
	（3）	6	18	14	4.0	6	28～30	22	3.6
	（4）								
VII	（1）					3.5	18	14	2.8
	（2）	3.5	14	11	2.8		18	14	2.8
	（3）	3.5	18	14	2.8	4.5	26～30	21	2.8

注：①本表航道等级栏括号（ ）内数字代表船队尺度的编号，可参见《全国内河航道分级与船队尺度》的内容；

②在平原河网地区建桥遇特殊困难时可按具体条件研究确定；

③桥墩（柱）侧如有显著的紊流，则通航孔桥墩（柱）间的净宽值应为本表的通航净宽加两侧紊流区的宽度；

④在航行条件较差或弯曲河段上的桥梁，其通航净宽应在表列数值基础上，根据船舶航行安全的需要适当放宽。

第四节　桥面中心最低设计（水文）高程计算

桥面中心线上最低点的设计高程，是按河流不通航和通航两类的不同分别确定的。

一、不通航河段

1. 按设计水位计算桥面高程

$$H_{min}=H_p+\sum\Delta h+\Delta h_j+\Delta h_D \tag{8-14}$$

式中：H_{min}——桥面最低高程（m）；

H_p——设计水位（m）；

$\sum\Delta h$——各种水面升高值总和（m）；

Δh_j——桥下净空安全值（m），见表 8-8；

Δh_D——桥梁上部构造建筑高度（m），包括桥面铺装。

2. 按流冰水位计算桥面高程

$$H_{min}=H_{SB}+\Delta h_j+\Delta h_D \tag{8-15}$$

式中：H_{SB}——设计最高流冰水位（m），通过冰凌调查获得。

二、通航河段

通航河流的桥面高程除应满足不通航河流的要求外，同时还应满足下式的要求

$$H_{min}=H_{tn}+H_M+\Delta h_D \tag{8-16}$$

式中：H_{tn}——设计最高通航水位，一般天然的设计最高通航水位可采用表 8-9 中规定的各

级洪水重现期水位；

H_M——通航净空高度，见表 8-10。

三、设计值

采用式（8-15）和式（8-16）计算结果中的最大值作为桥面最低高程设计值。

四、桥面中心最低设计高程计算示例

［例 8-2］ 承接例题 8-1，收集到气象资料，通过对风向、风速观测资料分析整理，并结合河段水域地形，得到计算浪程 $D=1\,000$m，由实测风速换算得到的计算风速 $v_W=17$m/s，浪程内平均水深为 $\bar{h}=6$m。试计算桥面中心最低高程（该桥位河段无凌汛、流冰）。

解：(1)壅水高度

按公式 8-6 计算。其中河滩路堤阻断的过水面积为

$$A_{td}=\frac{1}{2}\ (2.8+2)\ \times 400+\frac{1}{2}\times 2\times 400=1\,360\text{m}^2$$

则河滩路堤阻断流量 $Q_{td}=A_{td}\cdot v_t=1\,360\times 0.95=1\,292\text{m}^3/\text{s}$

冲刷前桥下平均流速 v'_M：$v'_M=\dfrac{6\,150}{3\,940-1\,360-2.81\times 1.6\times 14}=\dfrac{6\,150}{2\,517}=2.443\text{m/s}$

冲刷后桥下平均流速 v_M，由桥位断面图可知，河槽底部为中沙，其 $d_{50}=0.50$mm：

$$v_M=\frac{v'_M}{1+0.5d_{50}^{-0.25}\left(\dfrac{v'_M}{v_c}-1\right)}=\frac{2.443}{1+0.5\times 0.50^{-0.25}\left(\dfrac{2.443}{2.0}-1\right)}=2.16\text{m/s}$$

天然状态下桥孔部分的平均流速 v_{OM}：$v_{OM}=\dfrac{6\,150-1\,292}{3\,940-1\,360}=1.88\text{m/s}$

修正系数 K_y：$K_y=\dfrac{0.5}{\dfrac{v_M}{\sqrt{g}}-0.1}=\dfrac{0.5}{\dfrac{2.16}{\sqrt{9.8}}-0.1}=0.85$

定床壅水系数 K_N：$K_N=\dfrac{2}{\sqrt{\dfrac{v_M}{v_{OM}}-1}}=\dfrac{2}{\sqrt{\dfrac{2.16}{1.88}-1}}=5.18$

$$\begin{aligned}\Delta Z&=K_N\cdot K_y\frac{v_M^2-v_{OM}^2}{2g}\\&=5.18\times 0.85\frac{2.16^2-1.88^2}{2\times 9.8}\\&=0.25\text{m}\end{aligned}$$

桥下壅水高度取：$\Delta Z'=0.5\Delta Z=0.5\times 0.25=0.125$m

(2)波浪高度

桥位附近无波浪资料，采用式（8-9）计算。由题知计算浪程 $D=1\,000$m，计算风速 $v_W=17$m/s，平均水深 $\bar{h}=6$m，可得

$$\Delta\bar{h}_2=\frac{0.13\text{th}\left[0.7\times\left(\frac{g\bar{h}}{v_W^2}\right)^{0.7}\right]\cdot\text{th}\left\{\frac{0.0018\times\left(\frac{g\cdot D}{v_W^2}\right)^{0.45}}{0.13\times\text{th}\left[0.7\times\left(\frac{g\bar{h}}{v_W^2}\right)^{0.7}\right]}\right\}}{\frac{g}{v_W^2}}$$

$$=\frac{0.13\text{th}\left[0.7\times\left(\frac{9.8\times6}{17^2}\right)^{0.7}\right]\cdot\text{th}\left\{\frac{0.0018\times\left(\frac{9.8\times1000}{17^2}\right)^{0.45}}{0.13\times\text{th}\left[0.7\times\left(\frac{9.8\times6}{17^2}\right)^{0.7}\right]}\right\}}{\frac{9.8}{17^2}}$$

$$=\frac{0.13\times0.23\times0.29}{0.0339}=0.26\text{m}$$

$\Delta\bar{h}_2/\bar{h}=0.26/6=0.043<0.1$，所以 $K_F=2.42$，则波浪高度 $h_b=\Delta h_2=K_F\Delta\bar{h}_2=2.42\times0.26=0.63\text{m}$，根据规范，取以桥位静水面以上，波浪的 $2/3\Delta\bar{h}_2$，即 $0.66\ \Delta h_2=0.42\text{m}$。

(3)根据调查，本河段其他引起水位升高的因素可忽略，即 $\sum\Delta h=0.125+0.42=0.545\text{m}$

(4)桥面最低高程计算

①按设计洪水通过要求的桥面最低高程

采用桥下净空 0.50m，桥梁上部结构高度 1.8m，

$$\begin{aligned}H_{\min}&=H_p+\sum\Delta h+\Delta h_j+\Delta h_D\\&=107.00+0.545+0.50+1.8\\&=109.845\text{m}\end{aligned}$$

②按通航等级为 V—（2）级标准要求的桥面最低高程

通航水位在题中给出为 105m［如未给出必须根据通航等级，查表 8-9 知其对应的通航流量频率（又称洪水重现期），求出通航流量，根据流量推出通航水位］。

通航水位为：$H_{10\%}=105.00\text{m}$；通航净空高度为：$H_M=8\text{m}$

$$\begin{aligned}H_{\min}&=H_{tn}+H_M+\Delta h_D\\&=105.00+8+1.80\\&=114.80\text{m}\end{aligned}$$

计算结果表明，该河段桥面最低高程以通航要求来控制，桥面最低高程应采用 $H_{\min}=114.80\text{m}$。

本章小结

本章讲述大中桥桥孔长度与桥面最低高程的计算方法。

1. 建桥前后桥位河段水流图式的变化，是桥孔布置与桥孔长度计算的基本出发点，所以一定要把图 8-1 所表达的含义很好领会。

2. 桥孔布置的规定与各类河段上桥孔布设的要求，是我国桥位设计实践中多年经验的总结，应认真领会，并在今后实践中加以贯彻。

3. 桥孔长度的计算，课文中介绍的冲刷系数法虽然在我国现行的《公路工程水文勘测设计规范》中不再采用，但仍是学习桥长计算的基本原理。

4. 桥孔最小净长按照不同的河段，有三种计算公式。

(1)开阔、顺直微弯、分汊、弯曲河段及滩、槽可分的不稳定河段：$L_j=K_q\cdot\left(\frac{Q_p}{Q_c}\right)^{n_3}\cdot B_c$；

(2)宽滩河段：$L_j=\frac{Q_p}{\beta q_c}$，其中$\beta$为水流压缩系数，$\beta=1.19\left(\frac{Q_C}{Q_t}\right)^{0.10}$；

(3)滩、槽难分的不稳定河段：$L_j=C_P\cdot B_0$，其式B_0为基本河槽宽度$B_0=16.07\frac{\overline{Q}^{0.24}}{\overline{d}^{0.3}}$，$C_P$为设计洪水频率桥长换算系数，$C_P=\left(\frac{Q_{P\%}}{Q_{2\%}}\right)^{\frac{1}{3}}=\left(\frac{1+C_v\phi_p}{1+C_v\phi_{2\%}}\right)^{\frac{1}{3}}$。

5. 桥面最低高程

桥面中心线上最低点的设计高程是按河流不通航和通航两类的不同分别确定的。

6. 各种水面高程值

各种水面升高值的计算，暂无特别成熟的公式，应通过现场调查及实测资料推算，本节给了一些经验公式。

思考题与习题

8-1 桥位布设应考虑哪些因素？

8-2 桥梁设计中的桥长是如何确定的？在分孔上又是如何考虑的？

8-3 设计水位的概念及如何计算？

8-4 壅水高度及其他因素引起的桥下水位升高值如何计算？

8-5 桥面高程是如何确定的？在水文上计算的桥面中心最低高程对桥面高程有何限制？

8-6 某桥跨越次稳定性河段，设计流量$Q_p=8\,470m^3/s$，河槽流量$Q_c=5\,320m^3/s$，河床全宽$B=370m$，河槽宽度$B_c=300m$。设计水位下河槽的平均水深$\overline{h}_c=6.4m$，河滩平均水深$\overline{h}_t=3.5m$，试计算桥孔净长，如果采用30m标准跨径的简支梁，则需几跨，试说明理由。

8-7 已知水文资料：设计流量$Q_p=3\,500m^3/s$，相应设计水位时河槽通过的设计流量$Q_{CP}=3\,200m^3/s$；河槽平均流速$v_c=3.1m/s$，桥位全断面的平均流速$v_0=2.60m/s$，设计水位时的总过水面积$A=1\,340m^2$，桥墩的墩中间距35m，桥墩宽1.4m（简支梁桥），跨越河道为平原区稳定河段。求桥下最大壅水高度。

8-8 某山前区河流上拟建一座中桥，不通航。已知设计水位63.5m，波浪高度0.3m，桥前最大壅水高度0.2m，上部结构高度1.1m，为简支梁桥，不计水拱及河床泥沙淤积影响，无流冰、流木现象。求桥面最低高程。

第九章　桥梁墩台冲刷计算

本章学习目标

1. 了解墩台冲刷类型；
2. 掌握桥下一般冲刷计算方法；
3. 掌握桥墩局部冲刷计算方法；
4. 了解桥台冲刷计算；
5. 掌握桥下河槽最低冲刷线确定方法。

本章学习重点

桥下一般冲刷计算；桥墩局部冲刷计算；桥下河槽最低冲刷线的确定方法。

本章学习难点

桥下一般冲刷计算；桥墩局部冲刷计算；桥下河槽最低冲刷线的确定方法。

第一节　墩台冲刷类型

一、河床自然演变冲刷

河道中水流驱使床面泥沙运动，泥沙影响水流结构，两者相互依存、相互制约。水流和泥沙相互作用，使河床平面及其过水断面处于不断发展变化之中，即所谓河床自然演变冲刷。河床演变无论在建桥之前或建桥之后，都在不断地进行着，桥梁设计时必须考虑使用期内可能出现的河床演变称为**河床自然演变冲刷**。

1. 河床自然演变冲刷有四种类型

(1)属河流发育成长过程中河床纵断面的变形，如河源段的逐年下切，河口段的逐年淤积；

(2)属河槽横向移动所引起的变形，如边滩下移、河湾发展，移动和裁弯取直等；

(3)属河段深泓线摆动引起的冲刷变形；

(4)在一个水文周期内，河槽随水位、流量变化而发生周期性变形。

2. 一般规定

(1)对于河床逐年自然下切的变形，可通过调查或利用各年河床断面、河段地形图资料，分析逐年下切程度，估算桥梁使用期内自然下切的深度。

(2)对于河槽横向变动引起的自然演变冲刷，宜在桥位河段内选用对计算冲刷不利的断面作为计算断面。

(3)对于现有涉河工程引起的河床变形，可收集已有分析资料、动床模型试验成果预测，或采用相应公式计算确定。

除上述河槽自然变形外，当河槽经过整治或桥位上下游修建水工建筑物时，也可引起河槽的显著变形，这些变形也应在桥位设计中予以考虑。

3. 解决办法

河床演变是十分复杂的自然过程，对于河床的自然演变冲刷，由于原因复杂，目前尚无可靠的定量分析计算方法，故《公路工程水文勘测设计规范》提出 3 种情况的一般规定，供在确定墩台冲刷深度时应用，据以推算桥梁在使用年限内河床可能下降或上升的幅度，合理地加深墩台基础埋置深度或提高桥下净空。对于河道的平面变形，一般应在桥孔布设时予以考虑。

二、桥下断面一般冲刷

河上建桥后，由于桥梁压缩水流，致使桥孔上游水流急剧集中流入桥孔，桥下流速梯度很大，床面切应力剧增，引起强烈的泥沙运动，床面发生明显冲刷。随着冲刷的发展，桥下河床加深，桥下过水面积加大，流速逐渐下降，待达到新的输沙平衡状态，或桥下流速降低到等于冲止流速时冲刷即停止。桥下断面河槽的一般冲刷，是指建桥后压缩水流在桥下河床断面内发生的冲刷。**一般冲刷深度**系指桥下河床在一般冲刷完成后从设计水位算起的某一垂线水深，以符号 h_p 表示。

三、桥墩局部冲刷

流向桥墩的水流受到桥墩阻挡，桥墩周围的水流结构发生急剧变化。桥墩周围水流结构主要包括墩前向下水流、墩前水面涌波和尺度很大的螺旋形旋涡体系。旋涡体系是一种综合水流结构，其中包括在墩前冲刷坑边缘形成的绕桥墩两侧流向下游的螺旋形旋涡、桥墩两侧水流分离引起的尾流旋涡。旋涡体系在墩后及两侧还不断地由床面附近释放出小旋涡，向水面发展，如图 9-1所示。墩前水流流线接近桥墩头部发生急剧弯曲变化，剧烈淘刷桥墩周围，特别是迎水面的河床泥沙，开始产生桥墩头部的局部冲刷坑。随着冲刷坑的不断加深和扩大，水流流速减小，挟沙能力也随之降低。与此同时，冲刷坑内发生了土壤粗化现象，留下粗粒土壤，铺盖在冲刷坑表面上，增大了土壤的抗冲能力和坑底粗糙度，一直到水流对河床泥沙的冲刷作用与河床泥沙抗冲作用达到平衡时，冲刷则停止，这时冲刷坑外缘与坑底的最大高差，就是**最大局部冲刷深度**，以符号 h_b 表示。

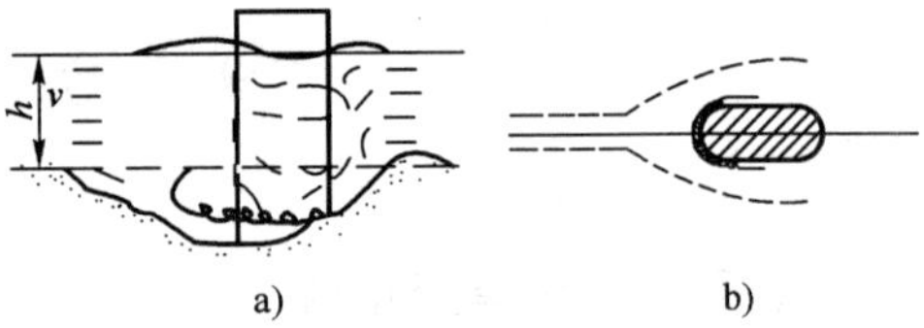

图 9-1　桥墩局部冲刷示意图

a)立面；b)平面

第二节　桥下一般冲刷计算

一、非黏性土河床一般冲刷计算

1. 河槽部分

(1)64—2 简化**公式**

$$h_P = 1.04\left(A_d \cdot \frac{Q_2}{Q_c}\right)^{0.90} \cdot \left(\frac{B_c}{(1-\lambda)\cdot\mu\cdot B_{cq}}\right)^{0.66} \cdot h_{cm} \tag{9-1}$$

式中：h_P——桥下一般冲刷后的最大水深（m）；

Q_2——桥下河槽部分通过的设计流量（m^3/s）；

①当桥下河槽能扩宽至全桥时（桥孔压缩大，河滩土质易冲）$Q_2=Q_P$；

②当桥下河槽不能扩宽时 $Q_2=\frac{Q_c}{Q_c+Q_{t1}}\cdot Q_P$；

Q_c——天然状态下河槽部分设计流量（m^3/s）；

Q_{t1}——天然状态下桥下河滩部分设计流量（m^3/s）；

B_{cq}——桥长范围内河槽宽度（m），当河槽能扩宽至全桥时取用桥孔总长度，即 $B_{cq}=L$（两台前缘间的桥孔长度）；只有当桥孔压缩部分为河滩且桥下河槽又不扩宽时，$B_{cq}=B_c$（天然河槽宽度）；

λ——设计水位下，在 B_{cq} 宽度范围内，桥墩阻水总面积 A_D，与桥下毛过水面积 A_{OM} 的比值；$\lambda=\frac{A_D}{A_{OM}}$；$A_{OM}=A_y+A_x+A_D$；其中 A_y 为冲刷前桥下有效过水面积（m^2），其中不包括桥墩和涡流所占的过水面积；A_x 为冲刷前墩台侧面涡流所占的桥下过水面积（m^2）；A_D 为冲刷前（一般冲刷以前）桥墩所占的桥下过水面积（m^2）。对于一般宽浅河流，可以认为各桥墩处的水深近似相等则 λ 可用墩宽比上墩间距，即 $\lambda=\frac{b}{L}$（其中 b 为桥墩宽度，L 为桥墩中心间距）；

μ——桥墩水流侧向压缩系数，见表 9-1；

h_{cm}——桥下河槽最大水深（m）；

A_d——单宽流量集中系数，$A_d=\left(\frac{\sqrt{B_Z}}{H_Z}\right)^{0.15}$，山前变迁、游荡、宽滩河段，当 $A_d>1.8$ 时，A_d 值可采取 1.8；B_Z 和 H_Z 为造床流量下的河槽宽度和河槽平均水深（m），对复式河床可取平滩水位时的河槽宽度和河槽平均水深。

桥墩水流侧向压缩系数值 μ 表 表 9-1

设计流速 v_s（m/s）	单孔净跨径 L_0（m）								
	≤10	13	16	20	25	30	35	40	45
<1	1.00	1.00	1.00	1.00	1.00	1.00	1.00	1.00	1.00
1.0	0.96	0.97	0.98	0.99	0.99	0.99	0.99	0.99	0.99
1.5	0.96	0.96	0.97	0.97	0.98	0.98	0.98	0.99	0.99
2.0	0.93	0.94	0.95	0.97	0.97	0.98	0.98	0.98	0.98
2.5	0.90	0.93	0.94	0.96	0.96	0.97	0.97	0.98	0.98
3.0	0.89	0.91	0.93	0.95	0.96	0.96	0.97	0.97	0.98
3.5	0.87	0.90	0.92	0.94	0.95	0.96	0.96	0.97	0.97
≥4.0	0.85	0.88	0.91	0.93	0.94	0.95	0.96	0.96	0.97

注：①系数 μ 是指墩台侧面因漩涡形成滞流区而减少过水面积的折减系数；

②当单孔净跨径 $L_0>45$m 时，$\mu=1-0.375\frac{v_s}{L_0}$；（$v_s$ 为设计流速，一般采用天然河槽平均流速）；对不等跨的桥孔可采用各孔 μ 值的平均值。单孔跨径大于 200m 时，取 1。

(2)64—2 简化公式说明

64—2 计算式是 1964 年中国土木工程学会“桥梁冲刷计算学术会议”推荐的桥下一般冲刷计算公式之一，它是根据我国桥梁实测洪水冲刷观测资料，参照国外同类公式，依据桥下河槽输沙平衡原理建立的，具有坚实的理论和实践基础，比较符合我国河流桥下一般冲刷的实际情况。

当桥梁上游天然断面来沙量 G_0 大于桥下冲刷区排出沙量 G_2，床面则淤积；来沙量小于排沙量，床面则冲刷；来沙量与排沙量相等时，冲刷即停止。桥下河槽冲刷主要是推移质运动产生的，因而通过桥下河槽断面推移质输沙量的平衡条件，可导出 64—2 一般冲刷计算公式。64—2 计算式推荐试用 25 年来，未见对它的计算原理和计算精度方面发表存在问题的意见。但是，该式最初的综合系数计算较繁，使该式多年来较少应用。为便于生产上应用，规范编写组委托西安公路学院（后改名为长安大学）对 64—2 计算式予以简化。西安公路学院于 1989 年 5 月提出 64—2 简化公式，将变系数、变指数简化为定指数、定系数，验证结果与最初甘城道提出的 64—2 计算式相比，其精度相当，但简化式计算简便，可在生产中使用。

(3)64—1 修正**公式**

$$h_P = \left[\frac{A_d \cdot \dfrac{Q_2}{\mu B_{cj}}\left(\dfrac{h_{cm}}{h_{cq}}\right)^{\frac{5}{3}}}{E \cdot \bar{d}^{\frac{1}{6}}}\right]^{\frac{3}{5}} \tag{9-2}$$

式中：B_{cj}——桥下河槽部分桥孔过水净宽（m），当桥下河槽能扩宽至全桥时，即为全桥桥孔过水净宽；

h_{cq}——桥下河槽平均水深（m）；

$\bar{d}$——一般冲刷计算层的河槽泥沙平均粒径（m），当桥下河床由多层成分不同的土质组成，分层土河床的冲刷可采用逐层渐近计算法进行，即当多层土计算时，$\bar{d}_c$ 与 h_p 应为同层，否则重新计算；

E——与汛期含沙量有关的系数，按表 9-2 选用。

***E* 值 表** 表 9-2

含 沙 量 ρ (kg/m³)	<1.0	1～10	>10
E	0.46	0.66	0.86

(4)64—1 修正公式**说明**

64—1 计算式是 1964 年中国土木工程学会“桥梁冲刷计算学术会议”推荐的桥下一般冲刷的另一计算公式。它是根据我国各类河段 52 座桥梁 118 站年实测洪水冲刷资料，参照国外同类公式，根据水力学的连续性原理，当一般冲刷停止时，桥下最大垂线水深与桥下断面最大单宽流量之间关系，依据冲止流速的概念建立的一般冲刷计算公式。经过 35 年的使用，尚能满足生产需要。位于比降小、粒径细的深水河段，有时计算成果出现负值。《公路桥位勘测设计规范》(JTJ 062—91) 对 64—1 计算式作了局部修正，改为 64—1 修正公式。

64—2 简化公式、64—1 修正公式，适用于有底沙运动的非黏性河槽，使用该两式时应注意。

2. 河滩部分

(1)公式

$$h_P = \left[\frac{\dfrac{Q_1}{\mu \cdot B_{tj}}\left(\dfrac{h_{tm}}{h_{tq}}\right)^{\frac{5}{3}}}{v_{H1}}\right]^{\frac{5}{6}} \tag{9-3}$$

式中：Q_1——桥下河滩部分通过的设计流量（m^3/s），$Q_1=\dfrac{Q_{t1}}{Q_C+Q_{t1}}\cdot Q_P$；

h_{tm}——桥下河滩最大水深（m）；

h_{tq}——桥下河滩平均水深（m）；

B_{tj}——河滩部分桥孔净长（m）；

v_{H1}——河滩水深 1m 时，非黏性土不冲刷流速（m/s），见表 9-3。

水深 1m 时非黏性土不冲刷流速表　　表 9-3

河床泥沙		$\bar{d}$（mm）	v_{H1}（m/s）
砂	细	0.05～0.25	0.35～0.32
	中	0.25～0.50	0.32～0.40
	粗	0.50～2.00	0.40～0.60
圆砾	小	2.00～5.00	0.60～0.90
	中	5.00～10.00	0.90～1.20
	大	10～20	1.20～1.50
卵石	小	20～40	1.50～2.00
	中	40～60	2.00～2.30
	大	60～200	2.30～3.60
漂石	小	200～400	3.60～4.70
	中	400～800	4.70～6.00
	大	>800	>6.00

(2)式 9-3 说明

式（9-3）为非黏性土河滩部分一般冲刷计算公式。建在河滩上的部分桥孔，经调查桥下河滩确无改变为河槽的可能时，应按河滩冲刷公式计算桥下冲刷。河滩冲刷的特点是：桥下冲刷没有推移质补给；没有单宽流量再分配现象或这种现象甚小；冲止流速应等于土壤允许不冲刷流速。式中 v_{H1} 为水深 1m 时的不冲刷流速，表 9-3 中所列不冲刷流速值系按沙玉清提出的不冲刷流速公式制定的。

二、黏性土河床的桥下断面一般冲刷

按泥沙颗粒大小分类，一般认为粒径小于 0.05mm 的泥沙，属于黏性土；粒径小于 0.005mm 的泥沙颗粒称为黏粒。按黏粒的质量含量不同，黏性土又分为黏沙土、沙黏土和黏土。

黏性土颗粒极细，颗粒表面形成很薄而且结合很牢的黏结水膜，黏滞性很大，颗粒间存在黏结力。黏性土的抗冲能力决定于黏结力的大小，黏结力越大，抗冲能力越强。

黏性土的物理状态和性质与其粒间孔隙大小和含水量关系密切。含水量是土中所含水质量与颗粒质量的比值（以百分数表示）。黏性土随含水量的增大，可以从固态变成流态。物理性质也随之变化，其变化如下：

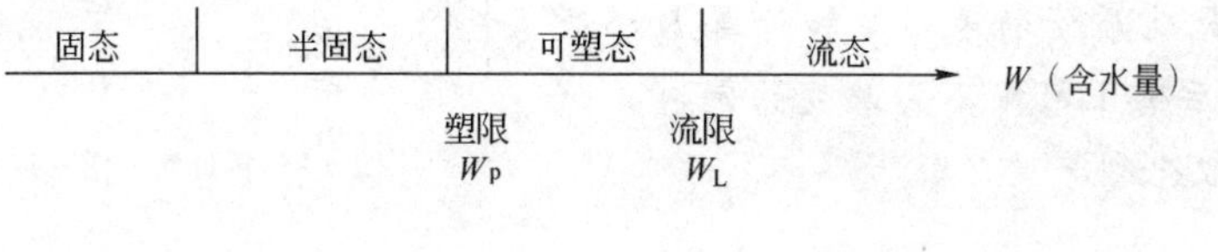

若含水量极小，不能形成黏结水膜，颗粒分散无黏结力；若含水量过大，在粒间水膜之外还存在自由水，黏结力减小，甚至变成流态。含水量为塑限时，黏结力最大，抗冲能力最强。

流限含水量与塑限含水量的差值称为塑性指数 I_P，$I_P=W_L-W_P$。塑性指数大，表明极细颗粒含量多，形成黏结水膜越多，黏结力和抗冲能力都大。

黏性土的物理状态可用液性指数 I_L 表示

$$I_L=\frac{W_0-W_P}{W_L-W_P}=\frac{W_0-W_P}{I_P}$$

式中：I_L——黏性土的液性指数：

W_0——黏性土的天然含水量；

W_P——黏性土的塑限含水量；

W_L——黏性土的流限含水量；

I_P——黏性土的塑性指数。

《公路工程水文勘测设计规范》给出下列黏性土河床一般冲刷计算公式。

1. 河槽部分

$$h_P=\left[\frac{A_d\cdot\frac{Q_2}{\mu B_{cj}}\left(\frac{h_{cm}}{h_{cq}}\right)^{\frac{5}{3}}}{0.33\cdot\left(\frac{1}{I_L}\right)}\right]^{\frac{5}{8}} \tag{9-4}$$

式中：A_d——单宽流量集中系数取 1.0～1.2；

I_L——冲刷坑范围内黏性土液性指数适用范围为 0.16～1.19。

2. 河滩部分

$$h_P=\left[\frac{\frac{Q_1}{\mu\cdot B_{tj}}\left(\frac{h_{tm}}{h_{tq}}\right)^{\frac{5}{3}}}{0.33\left(\frac{1}{I_L}\right)}\right]^{\frac{6}{7}} \tag{9-5}$$

三、桥下断面一般冲刷计算示例

[例 9-1] 已知桥址断面如图 9-2 所示，设计洪峰流量 $Q_p=6\ 000m^3/s$，设计洪水位 93.18m，平滩水位 90.88m，天然情况下主槽的流速 $v_c=2.92m/s$，汛期含沙量 $\rho=5kg/m^3$，河段洪水比降 $i=1.2‰$，桥梁与河道正交，采用 24 孔 32m 的预应力混凝土梁，墩柱宽 1.9m 不带系梁，钻孔灌注桩基础，其他有关地质资料及计算数据见地质资料表 9-4 和计算数据表 9-5，假定建桥后桥下河滩不会改变为河槽，试确定桥墩处一般冲刷深度。

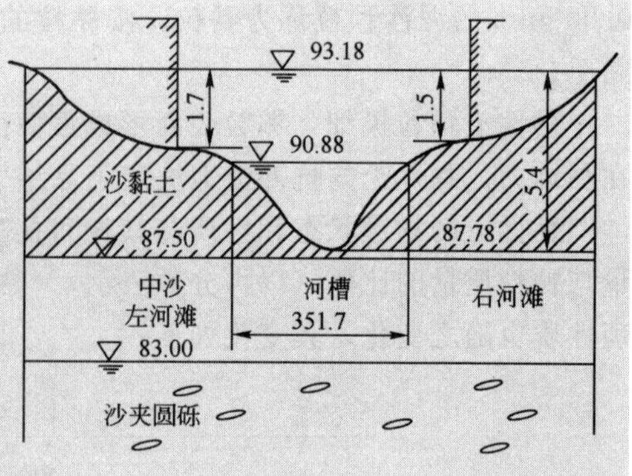

图 9-2 桥址断面图（尺寸单位：m）

地质资料表　　表 9-4

土层层次	土的名称	土的性质	附注
表层（高程 87.5m）	沙黏土	液性指数 $I_L=0.55$	
第二层（87.5～83.0m）	中沙	$\bar{d}=0.32$mm	
第三层（83.0m 以下）	沙夹圆砾	$\bar{d}=6.49$mm	

计算数据表　　表 9-5

项别	左河滩	河槽	右河滩	合计
桥下平均水深	2.0	3.82	1.73	
桥下最大水深	2.3	5.4	2.0	
各部分净孔长	181.0	330.8	211.2	723
桥下冲刷前过水面积	361.8	1 260.0	365.2	1 987
谢才系数	35.0	50.0	20.0	

解：(1)河槽一般冲刷深度计算

由河流横断面可知，其水面宽度大于平均水深的 10 倍，可用平均水深 $\bar{h}$ 代替水力半径计算流速。

①考虑河槽的最深点已经接近沙层，故认为河槽一般冲刷深度计算可用下层非黏性土河槽的计算公式 64—2 简化公式计算。

$$Q_2=\frac{Q_c}{Q_c+Q_{t1}}\cdot Q_p$$

$$=\frac{A_cC\sqrt{h_c\cdot i}}{A_cC\sqrt{h_c\cdot i}+A_{t左}\cdot C\sqrt{h_{t左}\cdot i}+A_{t右}\cdot C\sqrt{h_{t右}\cdot i}}\cdot Q_p$$

$$=\frac{1\,260\times 50\times\sqrt{3.82}}{1\,260\times 50\times\sqrt{3.82}+361.8\times 35\times\sqrt{2}+365.2\times 20\times\sqrt{1.73}}\times 6\,000$$

$$=4\,904\text{m}^3/\text{s}$$

天然状态，桥下河槽流量 $Q_c=A_c\cdot C\sqrt{h_c\cdot i}=1\,260\times 50\times\sqrt{3.82\times 1.2‰}=4\,265\text{m}^3/\text{s}$

桥孔压缩部分为河滩且桥下河槽又不扩宽时，$B_{cq}=B_C=351.7$m（天然河槽宽度）

$$\lambda=\frac{A_D}{A_{OM}}=\frac{11\times 1.9\times 3.82}{1\,260}=0.063$$

桥墩水流侧向压缩系数，查表得，$\mu=0.967$，$H_Z=\frac{1}{2}\times(90.88-87.78)=1.55$m

单宽流量集中系数，$A_d=\left(\frac{\sqrt{B_Z}}{H_Z}\right)^{0.15}=\left(\frac{\sqrt{351.7}}{1.55}\right)^{0.15}=1.45$

桥下河槽最大水深 $h_{cm}=5.4$m，所以

$$h_P=1.04\left(A_d\cdot\frac{Q_2}{Q_c}\right)^{0.90}\cdot\left(\frac{B_c}{(1-\lambda)\cdot\mu\cdot B_{cq}}\right)^{0.66}\cdot h_{cm}$$

$$=1.04\times\left(1.45\times\frac{4904}{4265}\right)^{0.90}\times\left(\frac{1}{(1-0.063)\times 0.967}\right)^{0.66}\times 5.4$$

$$=9.50\text{m}$$

因此，冲刷线高程 93.18－9.50＝83.68＞83.00，在第二层内。

②按 64—1 公式计算

查表知：$E=0.66$，由于河槽最深点与第二层十分接近，故直接取第二层指标计算。

$$h_P=\left[\frac{A_d\cdot\frac{Q_2}{\mu B_{cj}}\left(\frac{h_{cm}}{h_{cq}}\right)^{\frac{5}{3}}}{E\cdot\bar{d}^{\frac{1}{6}}}\right]^{\frac{3}{5}}$$

$$=\left[\frac{1.45\times\frac{4\,904}{0.967\times330.8}\left(\frac{5.4}{3.82}\right)^{\frac{5}{3}}}{0.66\times0.32^{\frac{1}{6}}}\right]^{\frac{3}{5}}$$

$$=13.07\text{m}$$

因此，冲刷线高程 93.18－13.07＝80.11m＜83.00m，冲刷线位于第三层内，故取第三层指标重新计算。

$$h_P=\left[\frac{A_d\cdot\frac{Q_2}{\mu B_{cj}}\left(\frac{h_{cm}}{h_{cq}}\right)^{\frac{5}{3}}}{E\cdot\bar{d}^{\frac{1}{6}}}\right]^{\frac{3}{5}}$$

$$=\left[\frac{1.45\times\frac{4\,904}{0.967\times330.8}\left(\frac{5.4}{3.82}\right)^{\frac{5}{3}}}{0.66\times6.49^{\frac{1}{6}}}\right]^{\frac{3}{5}}$$

$$=9.67\text{m}$$

冲刷线高程 93.18－9.67＝83.51m＞83.00m，冲刷线位于第二层内。由这两种计算结果可知，冲刷最深点位于第二层和第三层的交界面上，即最大冲刷深度

$$h_P=93.18-83.00=10.18\text{m}$$

(2)河滩一般冲刷计算

桥下河滩部分通过的设计流量

$$Q_{1左}=\frac{Q_{t1左}}{Q_C+Q_{t1}}\cdot Q_P$$

$$=\frac{361.8\times35\times\sqrt{2}}{1\,260\times50\times\sqrt{3.82}+361.8\times35\times\sqrt{2}+365.2\times20\times\sqrt{1.73}}\times6\,000$$

$$=713\text{m}^3/\text{s}$$

$$Q_{1右}=\frac{Q_{t1右}}{Q_C+Q_{t1}}\cdot Q_P$$

$$=\frac{365.2\times20\times\sqrt{1.73}}{1\,260\times50\times\sqrt{3.82}+361.8\times35\times\sqrt{2}+365.2\times20\times\sqrt{1.73}}\times6\,000$$

$$=383\text{m}^3/\text{s}$$

桥下左侧河滩最大水深：$h_{tm左}=2.3\text{m}$；桥下右侧河滩最大水深：$h_{tm右}=2.0\text{m}$

因左右两河滩的河床组成为沙黏土，计算一般冲刷深度时需用适合黏性土的计算公式

$$h_{P左} = \left[\frac{\frac{Q_1}{\mu \cdot B_{tj}}\left(\frac{h_{tm}}{h_{tq}}\right)^{\frac{5}{3}}}{0.33\left(\frac{1}{I_L}\right)}\right]^{\frac{6}{7}}$$

$$= \left[\frac{\frac{713}{0.967 \times 181.0}\left(\frac{2.3}{2.0}\right)^{\frac{5}{3}}}{0.33\left(\frac{1}{0.55}\right)}\right]^{\frac{6}{7}} = 6.3\text{m}$$

冲刷线高程 93.18－6.3＝86.88m＜87.50m，已进入第二层，故需用第二层非黏性土的计算公式计算。

河滩水深 1m 时，非黏性土不冲刷流速：$v_{H1}=0.34\text{m/s}$

$$h_{P左} = \left[\frac{\frac{Q_1}{\mu \cdot B_{tj}}\left(\frac{h_{tm}}{h_{tq}}\right)^{\frac{5}{3}}}{v_{H1}}\right]^{\frac{5}{6}}$$

$$= \left[\frac{\frac{713}{0.967 \times 181.0} \times \left(\frac{2.3}{2.0}\right)^{\frac{5}{3}}}{0.34}\right]^{\frac{5}{6}}$$

$$= 9.61\text{m}$$

冲刷线高程 93.18－9.61＝83.57m＞83.00m，在第二层内。

右侧河滩的一般冲刷计算

$$h_{P右} = \left[\frac{\frac{Q_1}{\mu \cdot B_{tj}}\left(\frac{h_{tm}}{h_{tq}}\right)^{\frac{5}{3}}}{0.33\left(\frac{1}{I_L}\right)}\right]^{\frac{6}{7}}$$

$$= \left[\frac{\frac{383}{0.967 \times 211.2}\left(\frac{2.0}{1.73}\right)^{\frac{5}{3}}}{0.33\left(\frac{1}{0.55}\right)}\right]^{\frac{6}{7}}$$

$$= 3.27\text{m}$$

冲刷线高程 93.18－3.27＝89.91m＞87.78m，在表层内。

第三节　桥墩局部冲刷

修建在河床内的桥墩，经受着桥位河段及桥下断面的一般冲刷，同时，桥墩阻挡水流，水流在桥墩两侧绕流，形成十分复杂的、以绕流旋涡体系为主的绕流结构，引起桥墩周围急剧的泥沙运动，形成桥墩周围局部冲刷坑。为了便于分析计算，假定桥墩局部冲刷是在一般冲刷完成后的基础上进行的。桥墩计算公式中的墩前水深和流速都是采用一般冲刷后的水深和流速。

一、桥墩局部冲刷的机理

1. 桥墩周围的水流

桥墩周围的水流（图 9-3）主要包括墩前水面涌波、桥墩迎水面的向下水流和尺度很大的旋涡体系。旋涡体系是一个复杂的综合水流结构，包括两侧绕流旋涡和墩前向下水流在床面附近形成的马蹄形旋涡、桥墩两侧边界层分离形成的尾流旋涡以及床面附近形成的小旋涡。每个急速旋转并向下游移动的旋涡的中心形成负压，吸起床沙，带往下游。伴随旋涡的生成和移动，引起床面静止的泥沙呈阵发性、突然的随机运动状态。在桥墩下游两侧旋涡相汇，泥沙沉积，形成很长的沙脊。当行进流速较小时，在桥墩下游约 8 倍墩宽（墩径）处，旋涡逐渐消失。

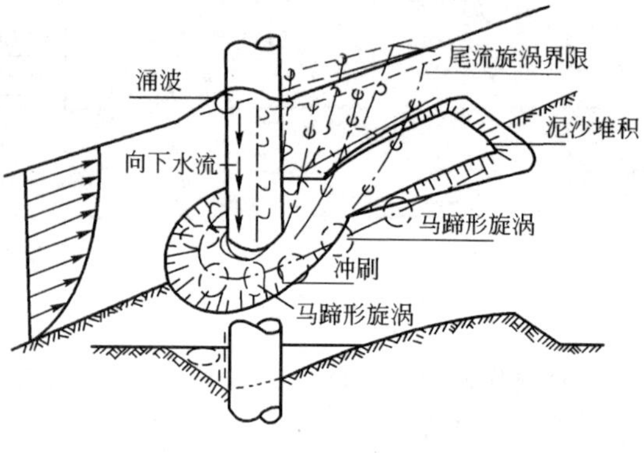

图 9-3 桥墩附近的水流结构

2. 冲刷深度和行进流速

根据模型试验资料可知，桥墩局部冲刷深度 h_b 与涌向桥墩的水流流速有关。行进流速是指桥墩上游不远处，未受绕流影响的墩前天然流速。由于假定局部冲刷是在一般冲刷完成后进行的，故取一般冲刷终止后的墩前流速作为**墩前行进流速**，相应的墩前行进水深也是取一般冲刷后的最大水深 h_p 来计算。

桥墩局部冲刷深度与行进流速有关，图 9-4 是根据江西省宁河大桥 6# 墩模型试验观测资料绘出的冲刷深度与墩前行进流速关系曲线。从图中可以看出，当行进流速逐渐增大到一定数值时，桥墩迎水面两侧的泥沙开始冲走，产生冲刷，这时墩前垂线平均流速称为墩旁床沙的**起冲流速 v'_0**，当 v 继续增大时，冲刷坑逐渐加深和扩大，冲刷坑深度 h_b 与墩前行进流速 v 近似成直线关系。行进流速 v 增大到河床泥沙起动流速 v_0 时，床面泥沙大量起动，上游来的泥沙有些将滞留在冲刷坑内。因此，当 $v>v_0$ 时，冲刷坑深度 h_b 随行进流速的增大缓慢加深，呈曲线关系。冲刷坑的深度和大小，与很多因素有关，除墩前行进流速外，主要的还有桥墩宽度、墩形、水深、床沙粒径等。

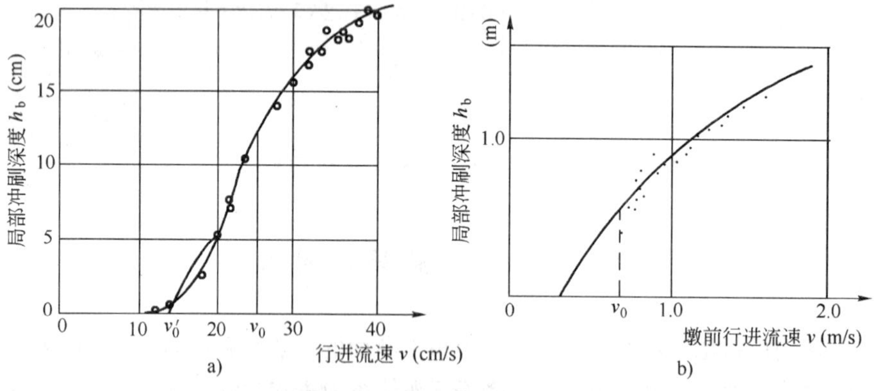

图 9-4 桥墩局部冲刷深度与行进流速的关系曲线

a)模型试验；b)江西省宁河大桥 6# 墩实测

二、非黏性土河床的桥墩局部冲刷计算公式

1. 65—2 式公式

当 $v\leqslant v_0$ 时：

$$h_b=K_\zeta K_{\eta 2}B_1^{0.6}h_p^{0.15}\left(\frac{v-v'_0}{v_0}\right) \tag{9-6}$$

当 $v>v_0$ 时：

$$h_b=K_\zeta K_{\eta 2}B_1^{0.6}h_p^{0.15}\left(\frac{v-v'_0}{v_0}\right)^{n_2} \tag{9-7}$$

式中：h_b——桥墩局部冲刷深度（m）；

K_ζ——墩形系数，查附录表Ⅳ墩形系数及桥墩计算宽度；

$K_{\eta 2}$——河床颗粒影响系数，$K_{\eta 2}=\frac{0.0023}{\bar{d}^{2.2}}+0.375\bar{d}^{0.24}$；

B_1——桥墩计算宽度（m）；

h_P——一般冲刷后的最大水深（m）；

$\bar{d}$——河床计算层泥沙的平均粒径（mm），当桥下河床由多层成分不同的土质组成，分层土河床的冲刷可采用逐层渐近计算法进行；

v——一般冲刷后墩前行进流速（m/s），按后文四一般冲刷后墩前行进流速计算公式计算；

v_0——河床泥沙起动流速（m/s），$v_0=0.28\cdot(\bar{d}+0.7)^{0.5}$；

v'_0——墩前泥沙起冲流速（m/s），$v'_0=0.12\cdot(\bar{d}+0.5)^{0.55}$；

n_2——指数，$n_2=\left(\frac{v_0}{v}\right)^{0.23+0.19\lg\bar{d}}$。

2. 65—2 公式说明

冲刷坑的深度和大小，与很多因素有关，除墩前行进流速外，主要的还有桥墩宽度、墩形、水深、床沙粒径等。这些因素与冲刷深度之间关系十分复杂。1964 年我国公路、铁路部门根据我国各类河段 52 座桥梁 99 站的实桥观测资料和模型试验资料，制定了 65—2、65—1 局部冲刷计算公式。生产实践表明：这两公式结构较为合理，反映了冲刷深度随行进流速的变化关系，并考虑了底沙运动对冲刷深度的影响，计算数值较为稳定可靠。但随着我国经济建设迅速发展的需要，近年来在大江、大河和海湾上修建了不少大跨径的公路特大桥梁，出现了一些新式墩形，在桥位设计时，因无切合实际的墩形系数，致使桥墩局部冲刷计算可靠度得不到保证。在修订《公路桥位勘测设计规程》（JTJ 062—82）规范时，对 1978 年制定的“墩形系数表”未作补充。为满足生产上应用，此次规范修订时，委托铁道部科学研究院对近年来出现的有代表性的两种墩形作了水力模型对比试验，其成果纳入规范《公路工程水文勘测设计规范》（JTG C30—2002）。在《公路桥位勘测设计规程》（JTJ 062—91）修订时，曾对 65—2 式作了修正；65—2 修正式形式简单，结构合理，但在墩前行进流速大于泥沙起动流速 v_0 后，局部冲刷深度计算值与实测值相比，偏于不安全状态，故改用原 65—2 式纳入规范《公路工程水文勘测设计规范》（JTG C30—2002）。

3. 65—1 修正式公式

(1)当 $v\leqslant v_0$

$$h_b=K_\zeta\cdot K_{\eta 1}\cdot B_1^{0.6}\cdot(v-v'_0) \tag{9-8}$$

(2)当 $v>v_0$

$$h_b=K_\zeta\cdot K_{\eta 1}\cdot B_1^{0.6}\cdot(v_0-v'_0)\cdot\left(\frac{v-v'_0}{v_0-v'_0}\right)^{n_1} \tag{9-9}$$

式中：v_0——河床泥沙起动流速（m/s），$v_0=0.0246\cdot\left(\frac{h_P}{\bar{d}}\right)^{0.14}\left(332\bar{d}+\frac{10+h_P}{\bar{d}^{0.72}}\right)^{0.5}$；

$K_{\eta 1}$——河床颗粒的影响系数，$K_{\eta 1}=0.8\left(\frac{1}{\bar{d}^{0.45}}+\frac{1}{\bar{d}^{0.15}}\right)$；

v'_0——墩前泥沙起冲流速（m/s），$v'_0=0.462\left(\frac{\bar{d}}{B_1}\right)^{0.06}v_0$；

n_1——指数，$n_1=\left(\frac{v_0}{v}\right)^{0.25\bar{d}^{0.19}}$；

$\bar{d}$——河床计算层泥沙的平均粒径（mm）。

4.65—1 修正式说明

局部冲刷式（65—1）的修正式自刊布后未发现异议，故仍纳入规范《公路工程水文勘测设计规范》。

三、黏性土河床的桥墩局部冲刷

(1)当$\frac{h_P}{B_1}\geqslant 2.5$时

$$h_b=0.83K_\zeta B_1^{0.6}I_L^{1.25}v \tag{9-10}$$

(2)当$\frac{h_P}{B_1}<2.5$时

$$h_b=0.55K_\zeta B_1^{0.6}h_P^{0.1}I_L^{1.0}v \tag{9-11}$$

式中：I_L——冲刷坑范围内黏性土液性指数，适用范围为$I_L=0.16\sim1.48$。

四、一般冲刷后墩前行进流速计算公式

(1)采用 64—2 简化式计算一般冲刷深度时：(非黏性土河槽)

$$v=\frac{A_d^{0.1}}{1.04}\left(\frac{Q_2}{Q_C}\right)^{0.1}\left[\frac{B_c}{\mu(1-\lambda)B_{cg}}\right]^{0.34}\left(\frac{h_{cm}}{h_c}\right)^{\frac{2}{3}}v_c \tag{9-12}$$

式中：v_c——河槽平均流速（m/s）；

h_c——河槽平均水深（m）。

(2)当采用 64—1 修正式计算一般冲刷深度时：(非黏性土河槽)

$$v=E\bar{d}^{\frac{1}{6}}h_p^{\frac{2}{3}} \tag{9-13}$$

(3)当采用（9-3）式计算一般冲刷深度时：(非黏性土河滩)

$$v=v_{H1}h_p^{\frac{1}{5}} \tag{9-14}$$

(4)当采用（9-4）式计算一般冲刷深度时；(黏性土河槽)

$$v=\frac{0.33}{I_L}h_p^{\frac{3}{5}} \tag{9-15}$$

(5)当采用（9-5）式计算一般冲刷深度时；(黏性土河滩)

$$v=\frac{0.33}{I_L}h_p^{\frac{1}{6}} \tag{9-16}$$

第四节　桥台冲刷

桥台最大冲刷深度，应结合桥位河床特征、压缩程度等情况，分析、计算比较后确定。

一、非黏性土河床

根据长安大学公路学院和国内外大量桥台平衡冲刷试验资料分析发现，桥台冲刷深度随桥台路堤阻水长度L_D、被阻水流的深度h和水流弗汝德数Fr有显著关系，通过数值分析得到桥台冲刷深度h_s为：

$$h_s=1.95Fr^{0.20}(L_Dh)^{0.50}\text{ 或 }h_s=1.95Fr^{0.20}A_Z^{0.50} \tag{9-17}$$

以上是水流与桥轴线正交即挑角90°时得到的结果，水流与桥轴线斜交时，两岸桥台挑角 α 不同，一岸 $\alpha>90°$，另一岸 $\alpha<90°$。两岸桥台冲刷深度是不同的，上式中应引入挑角系数 C_α，应用长安大学公路学院和国外试验资料分析得 C_α 为

$$C_\alpha=\left(\frac{\alpha}{90°}\right)^{0.15} \tag{9-18}$$

另外，桥台的形状对绕流也有明显影响，形状越接近流线型，绕流最大流速 $v_{\theta 1\max}$ 和生成旋涡的尺度及强度越小，冲刷则越浅。因此上式中引入桥台形状系数 C_A，取：桥台前带边坡（埋入式桥台），上下游设锥坡或八字墙，$C_A=0.85$；竖直前墙，带锥坡和八字墙 $C_A=0.90$。

桥台冲刷深度计算公式为

$$h_s=1.95F_r^{0.20}\ (L_D h)^{0.50}C_\alpha C_A \quad 或 \quad h_s=1.95F_r^{0.20}A_Z^{0.50}C_\alpha C_A \tag{9-19}$$

式中：h_s——桥台平衡冲刷深度（m），即给定水力条件，冲刷趋向平衡时的极限深度，自床面平均高程算起（设计水位减平均水深），包括一般冲刷深度和局部冲刷深度；

F_r——受阻挡水流天然状态的弗汝德数，$F_r=\frac{v^2}{gh}$，v 和 h 分别是被阻挡水流天然的平均深度流速和水深；

L_D——桥台路堤阻水长度（m），以垂直水流方向投影长度计；

h——受阻水流平均深度（m）；

A_Z——桥台路堤阻挡水流的面积，以垂直流向投影计；

C_α——挑角系数；

C_A——桥台形状系数。

该式称为交通部科技攻关公式，简称95—1公式。

二、黏性土河床

由桥台附近最大单宽流量 $q_{\max}$ 表达式，根据实桥观测资料建立了黏性土河槽冲止流速 v_z 表达式，将两式代入单位宽度水流连续性方程 $q_{\max}=h_p v_z$，得黏性土河床桥台冲刷深度 h_s

$$h_s=\left[\bar{q}I_L\left(\frac{3}{1-\lambda}+1.05e^{1.97\lambda}\right)\right]^{\frac{5}{8}}C_\alpha C_A \tag{9-20}$$

式中：h_s——桥台附近最大冲刷深度（m），自床面平均高程（设计水位减去平均水深）算起，包括一般冲刷深度和局部冲刷深度；

$\bar{q}$——天然条件下河床平均单宽流量（$m^3/s\cdot m$）；

λ——桥台路堤阻水比，$\lambda=\frac{L_D}{B}$；

I_L——黏性土液性指数，$I_L=0.16\sim1.19$。

第五节　桥下河槽最低冲刷线

一、最低冲刷线高程

全冲后，最大冲刷水深 h_s 包括

$$h_s=h_p+h_b+\Delta h \tag{9-21}$$

式中：h_s——最大冲刷水深（m）；

Δh——自然演变冲刷深度（m）。

因此各墩台处，最大冲刷时的高程：$H_{CM}=H_P-h_s$ (9-22)

二、墩台基底最小埋置深度

在确定桥梁墩台基础埋置深度时，应根据桥位河段具体情况，取河床自然演变冲刷、一般冲刷和局部冲刷的不利组合，作为确定墩台基础埋深的依据。所以河床自然演变冲刷应选择最不利的枯水断面作为桥下一般冲刷的计算断面；一般冲刷 64—2 简化式、64—1 修正式、局部冲刷 65—2 式、65—1 修正式均适用于非黏性土河床，因此一般冲刷和局部冲刷的不利组合应为一般冲刷计算的两种公式分别和局部冲刷计算的两种公式的四种组合，根据河流的河段特性及实践经验酌情取值，取其一种组合再与河床自然演变冲刷叠加，作为确定墩台基础埋深的依据。

1. 冲刷值的组合

(1)河槽中的各桥墩

①非黏性土　(64-2) 简化式＋ (65-2) 式组合

(64-2) 简化式＋ (65-1) 修正式组合

(64-1) 修正式＋ (65-2) 式组合

(64-1) 修正式＋ (65-1) 修正式组合

但由于 4 个经验公式计算机理不同，生产应用可根据各地实际情况酌情采用不同组合的计算结果。

②黏性土：(9-4) ＋ (9-10) 或 (9-4) ＋ (9-11)

(2)河滩中的各桥墩

①非黏性土：(9-5) ＋ (9-6、7) 或 (9-5) ＋ (9-8、9)

②黏性土：(9-5) ＋ (9-10) 或 (9-5) ＋ (9-11)

(3)桥台

①非黏性土：(9-19)

②黏性土：(9-20)

2. 以水文条件确定墩台基础的最小埋深及基底高程（非岩）H_{JM}

埋深 Δ＝最大冲刷线高程 H_{min}－基底高程 H_{JM}

$$\therefore \quad H_{JM}=H_{min}-\Delta \tag{9-23}$$

非岩石河床墩台基底埋深安全值表，见表 9-6。

基底埋深安全值表　　表 9-6

桥梁类别	总冲刷深度（m）				
	0	5	10	15	20
一般桥梁	1.5	2.0	2.5	3.0	3.5
特殊桥梁	2.0	2.5	3.0	3.5	4.0

注：①总冲刷深度为自河床算起的河床自然演变、一般冲刷与局部冲刷深度之和；

②表列数字为墩台基底埋入总冲刷深度以下的最小值；若设计流量、水位和原始断面资料无十分把握或河床演变尚不能获得准确资料时，其值可适当加大；

③若桥位上下游有已建桥梁或旧桥改建，应调查旧桥的特大洪水冲刷情况，新桥墩台基础埋置深度应在旧桥最大冲刷深度上酌加必要的安全值。

3. 岩石河床墩台基底最小埋置深度可按规范《公路工程水文勘测设计规范》（JTG C30—2002）规定执行

桥下岩石河床的冲刷是一个非常复杂的问题，目前尚缺少系统的资料，还不能用公式计算，只能参照规范规定（表 9-7）确定基础埋深。该表系 1984 年经调查组的人员进行了局部修正。鉴于水深大的墩台基础在维修和修复工作时比较困难，因此应给予较多的安全考虑，表中建议埋置深度按施工枯水季平均水位至岩面距离分为三级，此表是根据调查的实有冲刷深度分析拟定的。

岩石地基桥墩冲刷及基底埋深参考数据表 表 9-7

岩石特征						调查资料		建议埋入岩面深度（按施工枯水季平均水位至岩面的距离分级）（m）		
岩石类别		极限抗压强度（MPa）		调查到有冲刷的桥渡岩石特征		桥梁座数	各桥的最大冲刷深度（m）	$h<2$m	$h=2\sim10$m	$h>10$m
				岩石名称	特征					
I	极软岩	<5		胶结不良的长石砂岩，炭质页岩等	成分以长石为主，石英凝灰碎屑、云母次之；以黏土及铁质胶结，胶结不良，用手可捏成散沙，淋滤现象明显，但岩质均匀，节理、裂隙不发育。其他岩石如风化严重，节理、裂隙发育，强度小于 5MPa，用镐、锹易挖动者	2	0.65～3.0	3～4	4～5	5～7
II	软质岩	II_1	5～15	黏土岩、泥质页岩等	成分以黏土为主，方解石、绿泥石、云母次之；胶结成分以泥质为主，钙质铁质次之；干裂现象严重，易风化，处于水下岩石整体性好，不透水，暴露后易干裂成碎块，碎块较坚硬，但遇水后崩解成土状	10	0.4～2.0	2～3	3～4	4～5
	软质岩	II_2	15～30	沙质页岩、沙页岩互层、砂岩砾岩等	沙页岩成分同上，夹沙颗粒；砂岩以石英为主，长石、云母次之，圆砾石沙粒黏土等组成。胶结物以泥质、钙质为主，沙质次之，层理、节理较明显，沙页岩在水陆交替处易干裂、崩解	9	0.4～1.25	1～2	2～3	3～4

续上表

岩石特征					调查资料		建议埋入岩面深度（按施工枯水季平均水位至岩面的距离分级）(m)		
岩石类别		极限抗压强度（MPa）	调查到有冲刷的桥渡岩石特征：岩石名称	调查到有冲刷的桥渡岩石特征：特征	桥梁座数	各桥的最大冲刷深度（m）	$h<2$m	$h=2\sim10$m	$h>10$m
III	硬质岩	＞30	板岩、钙质砂岩、矽质岩、石灰岩、花岗岩、流纹岩、石英岩等	岩石坚硬，强度虽大于30MPa，但节理、裂隙、层理非常发育，应考虑冲刷；如岩体完整节理、裂隙、层理少，风化很微弱，可不考虑冲刷，但基底也宜埋入岩面0.2～0.5m	9	0.4～0.7	0.2～1.0	0.2～2.0	0.5～3.0

注：①在条件较好的情况下可选用埋深数值的下限，在条件较差的情况下可选用埋深数值的上限。情况特殊的桥，例如在水坝下游或流速特大等，可不受表列数值限制；

②表列调查最大冲刷值系参考桥中冲刷最深的桥墩，建议埋深值亦系按此值推广使用。处于非主流部分及流速较小的桥墩，可按具体情况适当减少埋深；

③岩石栏内系调查到的岩石具体名称，使用时应以岩石强度作为选用表中数值的依据；

④表列埋深数值系由岩面算起包括风化层部分，已风化成松散沙粒或土状的除外；

⑤要考虑岩性随深度变化的因素，应以基底的岩石为准，并适当考虑基底以上岩石的可冲性质；

⑥表中建议埋深系指扩大基础或沉井的埋深，如用桩基可作为最大冲刷线的位置。

三、局部冲刷深度及基底埋置的最小深度确定算例

[例9-2] 续［例9-1］试求局部冲刷深度及基底埋置的最小深度。

解：1. 河槽的局部冲刷

(1)按非黏性土河床的局部冲刷65—2公式计算。

①按64—2简化式结果进行计算，考虑83.68－83.00＝0.68m可直接用第三层指标进行计算。

河床泥沙起动流速

$$v_0 = 0.28\cdot(\bar{d}+0.7)^{0.5} = 0.28\times(6.49+0.7)^{0.5} = 0.75\text{m/s}$$

一般冲刷后墩前行进流速

$$v = \frac{A_d^{0.1}}{1.04}\left(\frac{Q_2}{Q_C}\right)^{0.1}\left[\frac{B_c}{\mu(1-\lambda)B_{cq}}\right]^{0.34}\left(\frac{h_{cm}}{h_c}\right)^{\frac{2}{3}}v_c$$

$$= \frac{1.45^{0.1}}{1.04}\times\left(\frac{4\,904}{4\,265}\right)^{0.1}\times\left[\frac{1}{0.967(1-0.063)}\right]^{0.34}\times\left(\frac{5.4}{3.82}\right)^{\frac{2}{3}}\times 2.92$$

$$= 3.85\text{m/s}$$

$v>v_0$，所以采用65—2式的 $h_b = K_\xi K_{\eta 2}B_1^{0.6}h_P^{0.15}\left(\frac{v-v'_0}{v_0}\right)^{n_2}$ 进行计算。

河床颗粒影响系数：$K_{\eta 2} = \frac{0.002\,3}{\bar{d}^{2.2}} + 0.375\bar{d}^{0.24} = \frac{0.023}{6.49^{2.2}} + 0.375\times 6.49^{0.24} = 0.587$

墩前泥沙始冲流速：$v'_0=0.12\ (\bar{d}+0.5)^{0.55}=0.12\ (6.49+0.5)^{0.55}=0.35\text{m/s}$

动床冲刷（$v>v_0$）时指数 n_2

$$n_2=\left(\frac{v_0}{v}\right)^{0.23+0.19\lg\bar{d}}=\left(\frac{0.75}{3.85}\right)^{0.23+0.19\lg6.49}=0.533$$

墩柱为双柱式，墩宽 1.9m，不带系梁，K_ζ 查墩形系数表知为 1.00，桥墩计算宽度 $B_1=d=1.9\text{m}$。

$$\begin{aligned}h_b &= K_\zeta K_{\eta2}B_1^{0.6}h_P^{0.15}\left(\frac{v-v'_0}{v_0}\right)^{n_2}\\ &= 1.00\times0.587\times1.9^{0.6}\times9.5^{0.15}\left(\frac{3.85-0.35}{0.75}\right)^{0.533}\\ &= 2.75\text{m}\end{aligned}$$

②按 64—1 修正式结果进行计算

河床泥沙起动流速：$v_0=0.75\text{m/s}$

一般冲刷后墩前行进流速：$v=E\bar{d}^{\frac{1}{6}}h_P^{\frac{2}{3}}=0.66\times6.49^{\frac{1}{6}}\times10.18^{\frac{2}{3}}=4.24\text{m/s}$

③采用 65—2 式的 $h_b=K_\zeta K_{\eta2}B_1^{0.6}h_P^{0.15}\left(\frac{v-v'_0}{v_0}\right)^{n_2}$ 进行计算。

河床颗粒影响系数：$K_{\eta2}=0.587$

墩前泥沙始冲流速：$v'_0=0.35\text{m/s}$

动床冲刷（$v>v_0$）时指数

$$n_2=\left(\frac{v_0}{v}\right)^{0.23+0.19\lg\bar{d}}=\left(\frac{0.75}{4.24}\right)^{0.23+0.19\lg6.49}=0.514$$

墩柱为双柱式，墩宽 1.9m，不带系梁，K_ζ 查墩形系数表知为 1.00，桥墩计算宽度 $B_1=d=1.9\text{m}$。

$$\begin{aligned}h_b &= K_\zeta K_{\eta2}B_1^{0.6}h_P^{0.15}\left(\frac{v-v'_0}{v_0}\right)^{n_2}\\ &= 1.00\times0.587\times1.9^{0.6}\times10.18^{0.15}\times\left(\frac{4.24-0.35}{0.75}\right)^{0.514}\\ &= 2.85\text{m}\end{aligned}$$

(2)采用 65—1 修正式计算

①采用 64—2 简化式计算结果计算

河床泥沙起动流速

$$\begin{aligned}v_0 &= 0.0246\cdot\left(\frac{h_P}{\bar{d}}\right)^{0.14}\left(332\bar{d}+\frac{10+h_P}{\bar{d}^{0.72}}\right)^{0.5}\\ &= 0.0246\times\left(\frac{9.5}{6.49}\right)^{0.14}\left(332\times6.49+\frac{10+9.5}{6.49^{0.72}}\right)^{0.5}\\ &= 1.21\text{m/s}\end{aligned}$$

河床颗粒的影响系数

$$K_{\eta1}=0.8\times\left(\frac{1}{\bar{d}^{0.45}}+\frac{1}{\bar{d}^{0.15}}\right)=\left(\frac{1}{6.49^{0.45}}+\frac{1}{6.49^{0.15}}\right)=0.949$$

墩前泥沙始冲流速：$v'_0 = 0.462\left(\frac{\bar{d}}{B_1}\right)^{0.06} v_0 = 0.462 \times \left(\frac{6.49}{1.9}\right)^{0.06} \times 1.21 = 0.602\text{m/s}$

指数：$n_1 = \left(\frac{v_0}{v}\right)^{0.25\bar{d}^{0.19}} = \left(\frac{1.21}{3.85}\right)^{0.25 \times 6.49^{0.19}} = 0.66$

因为 $v > v_0$ 所以

$$h_b = K_\zeta \cdot K_{\eta 1} \cdot B_1^{0.6} \cdot (v_0 - v'_0) \cdot \left(\frac{v - v'_0}{v_0 - v'_0}\right)^{n_1}$$

$$= 1.00 \times 0.949 \times 1.9^{0.6} \times (1.21 - 0.602) \times \left(\frac{3.85 - 0.602}{1.21 - 0.602}\right)^{0.66}$$

$$= 2.56\text{m}$$

②采用 64—1 修正式计算结果计算

河床泥沙起动流速

$$v_0 = 0.024\,6 \cdot \left(\frac{h_P}{\bar{d}}\right)^{0.14} \left(332\bar{d} + \frac{10 + h_P}{\bar{d}^{0.72}}\right)^{0.5}$$

$$= 0.024\,6 \times \left(\frac{10.18}{6.49}\right)^{0.14} \left(332 \times 6.49 + \frac{10 + 10.18}{6.49^{0.72}}\right)^{0.5}$$

$$= 1.22\text{m/s}$$

河床颗粒的影响系数：$K_{\eta 1} = 0.949$

墩前泥沙始冲流速：$v'_0 = 0.462\left(\frac{\bar{d}}{B_1}\right)^{0.06} v_0 = 0.462 \times \left(\frac{6.49}{1.9}\right)^{0.06} \times 1.22 = 0.61\text{m/s}$

指数：$n_1 = \left(\frac{v_0}{v}\right)^{0.25\bar{d}^{0.19}} = \left(\frac{1.22}{4.24}\right)^{0.25 \times 6.49^{0.19}} = 0.64$

因为 $v > v_0$ 所以

$$h_b = K_\zeta \cdot K_{\eta 1} \cdot B_1^{0.6} \cdot (v_0 - v'_0) \cdot \left(\frac{v - v'_0}{v_0 - v'_0}\right)^{n_1}$$

$$= 1.00 \times 0.949 \times 1.9^{0.6} \times (1.22 - 0.602) \times \left(\frac{4.24 - 0.602}{1.22 - 0.602}\right)^{0.66}$$

$$= 2.66\text{m}$$

2. 河滩的局部冲刷

(1)左滩

一般冲刷后墩前行进流速（非黏性土河滩）：$v = v_{H1} h_P^{\frac{1}{5}} = 0.34 \times 9.61^{\frac{1}{5}} = 0.53\text{m/s}$

河床泥沙起动流速

$$v_0 = 0.024\,6 \cdot \left(\frac{h_P}{\bar{d}}\right)^{0.14} \left(332\bar{d} + \frac{10 + h_P}{\bar{d}^{0.72}}\right)^{0.5}$$

$$= 0.024\,6 \times \left(\frac{9.61}{0.32}\right)^{0.14} \left(332 \times 0.32 + \frac{10 + 9.61}{0.32^{0.72}}\right)^{0.5}$$

$$= 0.49\text{m/s}$$

河床颗粒的影响系数

$$K_{\eta 1} = 0.8 \times \left(\frac{1}{\bar{d}^{0.45}} + \frac{1}{\bar{d}^{0.15}}\right) = \left(\frac{1}{0.32^{0.45}} + \frac{1}{0.32^{0.15}}\right) = 2.29$$

墩前泥沙始冲流速：$v'_0 = 0.462\left(\frac{\bar{d}}{B_1}\right)^{0.06} v_0 = 0.462 \times \left(\frac{0.32}{1.9}\right)^{0.06} \times 0.49 = 0.20\text{m/s}$

指数：$n_1 = \left(\frac{v_0}{v}\right)^{0.25\bar{d}^{0.19}} = \left(\frac{0.49}{0.53}\right)^{0.25\times 0.32^{0.19}} = 0.98$

因为 $v > v_0$ 所以

$$h_b = K_\zeta \cdot K_{\eta 1} \cdot B_1^{0.6} \cdot (v_0 - v'_0) \cdot \left(\frac{v - v'_0}{v_0 - v'_0}\right)^{n_1}$$

$$= 1.00 \times 2.29 \times 1.9^{0.6} \times (0.49 - 0.20) \times \left(\frac{0.53 - 0.20}{0.49 - 0.20}\right)^{0.66}$$

$$= 1.06\text{m}$$

83.57－83.00＝0.57m＜1.06m，已进入第三层，故采用第三层指标计算。

一般冲刷后墩前行进流速（非黏性土河滩）：$v = v_{H1} h_p^{\frac{1}{5}} = 0.99 \times 9.61^{\frac{1}{5}} = 1.56\text{m/s}$

河床泥沙起动流速

$$v_0 = 0.0246 \cdot \left(\frac{h_P}{\bar{d}}\right)^{0.14} \left(332\bar{d} + \frac{10 + h_P}{\bar{d}^{0.72}}\right)^{0.5}$$

$$= 0.0246 \times \left(\frac{9.61}{6.49}\right)^{0.14} \left(332 \times 6.49 + \frac{10 + 9.61}{60.49^{0.72}}\right)^{0.5}$$

$$= 1.21\text{m/s}$$

河床颗粒的影响系数

$$K_{\eta 1} = 0.8\left(\frac{1}{\bar{d}^{0.45}} + \frac{1}{\bar{d}^{0.15}}\right) = \left(\frac{1}{6.49^{0.45}} + \frac{1}{6.49^{0.15}}\right) = 0.949$$

墩前泥沙始冲流速：$v'_0 = 0.462\left(\frac{\bar{d}}{B_1}\right)^{0.06} v_0 = 0.462 \times \left(\frac{6.49}{1.9}\right)^{0.06} \times 1.21 = 0.60\text{m/s}$

因为 $v < v_0$，故局部冲刷不会进入第三层中。根据计算结果表明在第二层和第三层交界线上。即 83.57－83.00＝0.57m

(2)右滩：$\frac{h_p}{B_1} = \frac{3.27}{1.9} = 1.72 < 2.5$，所以 $h_b = 0.55 K_\zeta B_1^{0.6} h_P^{0.1} I_L^{1.0} v$

一般冲刷后墩前行进流速（黏性土河滩）：$v = \frac{0.33}{I_L} h_p^{\frac{1}{6}} = \frac{0.33}{0.55} \times 3.27^{\frac{1}{6}} = 0.73\text{m/s}$

$$h_b = 0.55 K_\zeta B_1^{0.6} h_P^{0.1} I_L^{1.0} v$$

$$= 0.55 \times 1.00 \times 1.9^{0.6} \times 3.27^{0.1} \times 0.55 \times 0.73$$

$$= 0.33\text{m}$$

89.91－0.33＝89.58＞87.78m 故不需重新计算。

3. 组合

(1)河槽

①一般冲刷

按 64—2 简化式计算：冲刷线高程 93.18－9.50＝83.68m

按 64—1 修正式计算：冲刷线高程 83.00m

②局部冲刷

按64—2简化式与65—2式组合的局部冲刷：2.75m 即 83.68−2.75=80.93m

按64—2简化式与65—1修正式组合的局部冲刷：2.56m 即 83.00−2.56=80.44m

按64—1修正式与65—2式组合的局部冲刷：2.85m 即 83.68−2.85=80.83m

按64—1修正式与65—1修正式组合的局部冲刷：2.66m 即 83.00−2.66=80.34m

根据实践经验取河槽的最大冲刷线高程为：80.34m

(2)河滩

①一般冲刷

左滩：冲刷线高程 93.18−9.61=83.57m

右滩：冲刷线高程 93.18−3.27=89.91m

②局部冲刷

左滩：冲刷线高程 83.00m

右滩：冲刷线高程 89.58m

4. 基础埋置最小深度

(1)河槽：基底高程 H_{JM}

$$H_{JM}=H_{min}-\Delta=80.34-2.5=77.84\text{m}$$

(2)河滩：基底高程 H_{JM}

左滩：$H_{JM}=H_{min}-\Delta=83.0-2.5=80.5\text{m}$

右滩：$H_{JM}=H_{min}-\Delta=89.58-2.0=87.58\text{m}$

本章小结

大中桥水力计算的三大基本内容是桥长、桥面最低高程及墩台基础最小埋置深度。墩台冲刷计算实质是合理确定墩台的最小埋置深度。

1. 在本章中应理解冲刷的类型即河床的自然演变冲刷、一般冲刷和墩台局部冲刷；理解冲刷的实质和三种冲刷的组合关系。

2. 桥梁墩台冲刷，除河床自然演变冲刷外，还有桥孔压缩水流和墩台阻水所引起的冲刷变形。桥长、壅水和桥下冲刷是相互影响的整体。自然界一切物质运动都不是孤立进行的，洪水现象更是如此，对整体问题采用整体解决，无疑是更为合理的，也是发展的方向。目前我国尚未掌握三者整体水力模型试验实质和实桥观测资料而难以制定整体水力计算方法，只能将这复杂的冲刷过程给出特定条件，分解为河床自然演变冲刷、桥下一般冲刷和墩台冲刷三个独立部分，并假定这三部分冲刷先后进行，可以分别计算，然后叠加，作为桥梁墩台的最大冲刷深度，据以确定墩台基础埋置深度。根据我国推荐的最新科研成果，冲刷等部分更新了内容，在学习时要注意对公式的说明。

3. 一般冲刷深度 h_p 是指桥下河床在一般冲刷完成后从设计水位算起的垂线水深。

(1)河槽一般冲刷深度 h_p 的计算公式有三类：第一类是以桥下河槽输沙平衡原理建立的64—2简化公式和接垂线冲止流速建立的64—1修正公式。此类公式用于非黏性土河床的一般冲刷计算；第二类是黏性土河槽的一般冲刷公式；第三类是桥台偏斜冲刷计算公式。

(2)根据河滩土质的不同。河滩的一般冲刷深度 h_p 有非黏性土河滩一般冲刷公式和黏性土河滩一般冲刷公式两种。

4. 最大局部冲刷深度 h_b 是指冲刷坑外缘与坑底的最大高差，影响局部冲刷的主要因素有流速、墩形、墩宽、水深和床沙粒径等。局部冲刷深度 h_b 通常是以一般冲刷完成后的高程起算，它所表示的是桥墩垂线上的冲刷坑深度。现行规范对桥墩局部冲刷的计算有两类计算公式：一类是用于非黏土河床的 65—2 式和 65—1 修正式；另一类是用于黏性土河床的桥墩局部冲刷公式。

5. 最低冲刷线高程

桥梁设计时，计算的桥墩、桥台全部冲刷完成后的床面位置，需用最低冲刷线高程来表示。首先，应进行冲刷值（h_p+h_b）的组合，酌情取用组合值，然后确定最大冲刷水深 $h_s=h_p+h_b+\Delta h$。桥梁各墩台的最低冲刷线高程 $H_{CM}=H_P-h_s$。

思考题与习题

9-1　简述河床自然演变冲刷的机理。

9-2　简述河床一般冲刷概念和计算方法。

9-3　简述局部冲刷的概念和计算方法。

9-4　如何确定最低冲刷线高程与基底埋置高程？

9-5　已知水文资料：设计流量 $Q_p=3\,500\text{m}^3/\text{s}$，设计水位 $H_p=63.65\text{m}$，河槽通过的设计流量 $Q_{CP}=3\,476\text{m}^3/\text{s}$；桥下天然河槽流速 $v_c=3.1\text{m/s}$，相应的过水面积 $A_c=1\,030\text{m}^2$，桥下河槽水面宽度 $L_c=107.47\text{m}$；桥孔中河滩水面宽度 $L_t=11.53\text{m}$，天然河槽水面宽度 $B_c=108.39\text{m}$；如采用四孔预应力钢筋混凝土梁桥，标准跨径 $L_0=30\text{m}$，桥墩直径 $d=1\text{m}$；平滩水位 $H_Z=61.42\text{m}$，相应过水面积 $A_Z=798\text{m}^2$，水面宽度 $B=101.52$；深槽底高程 51.26m；河床 8m 以内为沙砾层，平均粒径 $\bar{d}=2\text{mm}$，$d_{95}=25\text{mm}$，河滩深 6m 以内为中沙，表层土壤为疏松耕地，桥位河段历年汛期含沙量 $\rho=8.83\text{N/m}^3$。计算此桥所得的最小基底埋置深度为多少？（假定自然演变冲刷深度为 0）

第三篇　小桥涵水力水文计算

第十章　小桥涵设计流量的推算

本章学习目标

1. 掌握小桥涵设计流量推算的推理公式和经验公式；
2. 了解小桥涵水力计算的目的、孔径设计的一般要求和孔径的计算步骤；
3. 掌握水流通过小桥、涵洞的图式；
4. 掌握小桥、涵洞孔径水力计算；
5. 了解小桥涵的进出口形式；
6. 了解涵洞进出口河床的处理。

本章学习重点

小桥涵设计流量推算的推理公式和经验公式；水流通过小桥、涵洞的图式；小桥、涵洞孔径水力计算。

本章学习难点

小桥、涵洞孔径水力计算。

水力学与桥涵水文中，大中桥与小桥是从桥孔及桥位河段水流形式来划分的，小桥是指桥下断面全铺砌、加固，不能冲刷变形，桥孔水流压缩呈宽顶堰溢流形式的桥梁。桥下为天然河床，桥下出现冲刷的桥梁，一般桥孔也较大，水力计算时按大中桥孔径计算。

由于小桥涵所控制的流域面积小，河流长度短，河床调蓄能力小，因此，由暴雨形成的洪峰流量一般是暴涨暴落，破坏性极为严重。暴雨强度和暴雨的时空分布对小流域的洪峰流量和其特征有重要的影响，流域形状和下垫面的条件又影响汇流速度和土壤损失，所以降雨强度对坡面汇流的综合作用、流域土壤和植被情况以及河道洪水特性的差异，反映了小桥涵流量的特点。

第一节　推 理 公 式

根据流域汇流理论及流量形成规律，暴雨洪峰流量主要决定于净雨过程和汇流面积、形状。假定洪水频率与暴雨频率相同，交通部公路科学研究所提出的推理公式如下，该公式是根据流域产汇流理论在一定的简化条件下推导得到的，推导过程从略。

$$
\left.\begin{aligned}
Q_p &= 0.278\left(\frac{S_p}{\tau^n}-\mu\right)F \\
\text{北方地区 } \mu &= K_1(S_p)^{\beta 1} \\
\text{南方地区 } \mu &= K_2(S_p)^{\beta 2}F^{-\lambda} \\
\text{北方地区多采用 } \tau &= K_3\left(\frac{L}{\sqrt{J}}\right)^{\alpha_1} \\
\text{南方地区多采用 } \tau &= K_4\left(\frac{L}{\sqrt{J}}\right)^{\alpha_2}S_p^{-\beta_3}
\end{aligned}\right\} \tag{10-1}
$$

式中：　Q_p——设计频率为 P 的洪峰流量(m^3/s)；

S_P——设计频率为 P 的雨力(mm/h)；

μ——损失参数(mm/h)；

n——暴雨强度递减指数；

τ——汇流时间(h)；

F——流域面积(km^2)；

K_1、K_2——损失系数；

β_1、β_2、λ——损失指数；

L——主河道长度(km)；

J——主河道平均坡度(‰)；

K_3、K_4——汇流系数；

α_1、α_2、β_3——汇流指数。

上面公式中的参数、系数和指数定量方法基本上用图表法来确定。这不仅符合公路小桥涵的特点，而且解决了无资料地区的流量计算问题。

1. S_p 值的确定

设计频率 P 的雨力 S_P 采用同频率的年最大 24h 雨量 $H_{24,P}$ 进行推算

$$
S_P = \frac{H_{24,P}}{24^{1-n}} \tag{10-2}
$$

各省(区)都根据暴雨资料绘制了 $S_{1\%}$、$S_{2\%}$ 和 $S_{4\%}$ 等值线图，根据工程地点和设计标准可以直接查得相应的 S_P 值(洪峰流量和暴雨采用同频率处理)。也可利用暴雨资料统计用适线法得到 $H_{24,P}$，然后用式(10-2)计算出 S_P。

2. μ 值的确定

μ 值用于考虑降雨损失，即扣损法。是一种综合反映流域产流过程小损失的方法。它以流域各地面点损失状况相同进行处理，并假定产流历时内损失率等于常数，即为产流历时内的平均损失率。因此，它不同于一次降雨过程中的平均损失率。这种处理方法把初渗部分划出，仅考虑产流后的损失量。由于汇流作用的影响，初渗和稳定入渗不能截然分开，必然造成与实际情况有出入，但比径流系数法有所改进。

μ 值可在各地区的水文手册中查得相关图表或计算公式，也可采用上面两个计算公式。第一个是 μ 与 S_P 单相关的公式，这个公式在北方地区应用较多，南方有的省(区)也有应用。第二个公式 μ 与 S_P、F 建立复相关，这个公式应用于南方沿海和地形复杂暴雨集中的省(区)。μ 值地区性影响比较明显，所以作了分区处理。这个处理方法反映在对系数和指数的定值上。K_1、β_1 或 K_2、β_2 和 λ 值均可在《公路桥涵设计手册——涵洞》、《公路桥涵设计手

册——桥位设计》中查得，即可计算出 μ。

3. τ 值的确定

计算 τ 值也建立了两个公式，这两个公式的基本情况与 μ 计算公式是相同的。对这两个公式中的系数和指数定值，《公路桥涵设计手册——涵洞》、《公路桥涵设计手册——桥位设计》等手册中均可查得相应的 K_3、α_1 或 K_4、α_2、β_3 值，即可计算出 τ。

4. n 值的确定

暴雨递减指数 n 值分三段，即小于 1h 为 n_1，1～6h 为 n_2，6～24h 为 n_3，根据推导求出的汇流时间 τ 来确定 n，即 $\tau<1$h 采用 n_1，$1\leqslant\tau\leqslant6$h 采用 n_2，τ 大于 6h 为 n_3，由各地区水文手册、《公路桥梁设计手册——桥位设计》等手册中查相应图表定值。

5. F、L、J 定值：用二万分之一或五万分之一地形图定值

以上数据确定后代入流量公式，就可计算出小桥涵设计流量。

第二节 经 验 公 式

经验公式是直接建立在洪水要素和有关因素间经验相关关系上的，计算的精度决定于洪水资料的可靠性。因此，必须对采用的资料进行认真的核实。在经验公式中一般包括计算参数(如流域特征、暴雨特性等)、系数和指数。经验公式分为多因素的经验公式和少因素的经验公式。对小流域而言，水文资料一般比较欠缺，其实测资料所占的比重也很小，且资料的地区代表性较差。所以，如果采用过多的平均化条件，就不能反映各流域的特点。况且，流域面积愈小，流域中某项突出的因素对洪水形成的影响就愈明显。但经验公式中的计算参数也不是越少越好。首先考虑的是因素的代表性和合理性，并适当考虑流域条件的特殊性和气象因素的变化。如果计算参数过多，不但对资料要求过高(小流域的水文资料往往不可能满足要求)，而且也不一定能提高精度，还会造成参数定量带来的累积误差。

下面介绍常用的两个经验公式。

1. 交通部公路科学研究所经验公式(1)

$$Q_{\mathrm{P}}=\varphi(S_{\mathrm{P}}-\mu)^{\mathrm{m}}F^{\lambda_2} \tag{10-3}$$

公式中的 S_{P}、μ 和 F 三值可直接用上面推理公式中的计算值。只要确定 φ、m、λ_2，可从《公路桥梁设计手册——桥位设计》中查得，代入公式就可计算流量。

2. 经验公式(2)

$$Q_{\mathrm{P}}=CS_{\mathrm{P}}^{\beta_4}F^{\lambda_3} \tag{10-4}$$

公式中 S_P、F 同样用上面的数值，C、β_4 和 λ_3 在《公路桥梁设计手册——桥位设计》中查得相应值，代入公式即可计算流量。

第三节 小桥涵设计流量推算计算算例

[例 10-1] 甘肃省崛口—郭城驿公路的石沟桥，计算五十年一遇流量。石沟属黄河流域关川河支流，汇水面积 $F=89\mathrm{km}^2$；主河沟长 $L=21.32$km；主河平均比降 $j=16\%$；河床为沙砾夹卵石，两岸为粉质亚黏土，地表为黄土层，划为 III 类土，地处丘陵区。该小桥涵工程点无实测流量资料，经形态调查计算五十年一遇流量 $Q_{2\%}=278\mathrm{m}^3/\mathrm{s}$。

(1)推理公式

计算步骤为

①S_P：根据设计要求查甘肃省 $S_{2\%}$ 等值线图工程点的 $S_{2\%}=39mm/h$。

②μ：采用公式 $\mu=K_1 S_p^{\beta_1}$

在相关表中按土壤类型查得：$K_1=0.70$；$\beta_1=0.86$。

则 $$\mu=0.70\times 39^{0.86}=15.2mm/h$$

③τ：采用公式 $$\tau=K_2\left(\frac{L}{j}\right)^{\alpha_1}$$

查得工程点所在甘肃丘陵区：$K_2=0.62$；$\alpha_1=0.71$

则 $$\tau=0.62\left(\frac{21.32}{\sqrt{16}}\right)^{0.71}=2.03h$$

④n：τ 等于 2.03 所以采用 n_2 在查表得：$n_2=0.65$

⑤以上数值代入流量公式 $$Q_{2\%}=0.278\left(\frac{39}{2.03^{0.65}}-15.2\right)\times 89=238.5m^3/s$$

(2)经验公式(1)

$$Q_P=\varphi(S_P-\mu)^m F^{\lambda_2}$$

①S_P、μ、F 应用推理公式的数值

②φ、m、λ_2 三值查表得：$\varphi=0.14$；$m=1.08$；$\lambda_2=0.96$

③代入公式 $$Q_{2\%}=0.14(39-15.2)^{1.08}\times 89^{0.86}$$
$$=319m^3/s$$

(3)经验公式(2)

$$Q_m=CS_P^{\beta_4}F^{\lambda_3}$$

①$S_{2\%}$ 同上。

②C、β_4、λ_3 查表得：$C=0.025$；$\beta_4=1.4$；$\lambda_3=0.95$

③代入公式 $$Q_{2\%}=0.25\times 39^{1.4}\times 89^{0.95}=287m^3/s$$

(4)三个公式计算结果与形态法比较见表 10-1。

各种计算结果比较表(单位：m^3/s) 表 10-1

形态法调查流量	287	经验公式(1)计算流量	321.9
推理公式计算流量	238.5	经验公式(2)计算流量	287.9

[例 10-2] 四川省嘉陵江水系后河中洞站，地处盆地丘陵区，流域面积 $F=54.9km^2$，河长 $L=15.6km$，比降 $j=8.08‰$，计算五十年一遇的设计流量。

(1)推理公式

①S_P：在四川省 $S_{2\%}$ 等值线图中查洞站的 $S_{2\%}=85mm/h$

②μ：采用公式： $$\mu=K_1 S_P^{\beta_2}F^{\lambda}$$

公式中 K_1、β_2、λ 在手册中查相应表格中的盆地丘陵区得

$$K_2=0.270;\beta_2=0.897;\lambda=0.272$$

则 $$\mu=0.270\times85^{0.897}\times54.9^{-0.272}=4.93$$

③τ：采用公式 $$\tau=K_4\left(\frac{L}{\sqrt{j}}\right)^{\alpha_2}S_P^{-\beta_3}$$

公式中 K_4、α_2、β_3 查表得：$K_4=3.67$；$\beta_3=0.203$；$\alpha_2=0.620$

则 $$\tau=3.67\left(\frac{15.6}{\sqrt{8.08}}\right)^{0.620}\times85^{-0.203}=4.28\text{h}$$

④汇流时间 τ 为 4.28h，故采用 n_2，查表得：$n_2=0.75$

⑤把各计算值代入流量公式

$$Q_{2\%}=\left(\frac{85}{4.28^{0.75}}-4.93\right)\times54.9=360\text{m}^3/\text{s}$$

(2)经验公式(1)

$$Q_m=\varphi(S_P-\mu)^m F^{\lambda_2}$$

①S_P、μ、F 同上面的推理公式数据。

②φ、m、λ_2 在相关表中查盆地丘陵区栏得：$\varphi=0.105$；$m=1.18$；$\lambda_2=0.730$。

③代入公式 $Q_{2\%}=0.105(85-4.93)^{1.18}\times54.9^{0.730}=345\text{m}^3/\text{s}$。

(3)经验公式(2)

$$Q_P=CS_P^{\beta_4}F^{\lambda_3}$$

①SP 同上。

②C、β_4、λ_3 查相应表中盆地丘陵区栏内得：$C=0.145$；$\beta_4=1.10$；$\lambda_3=0.723$。

③代入公式 $Q_{2\%}=0.145\times85^{1.10}\times54.9^{0.728}=348\text{m}^3/\text{s}$。

(4)三个流量公式计算结果比较见表 10-2：

计算结果与实测流量比较表(单位：m³/s) 表 10-2

推理公式计算频率流量	360
经验公式(1)计算频率流量	345
经验公式(2)计算频率流量	348

小桥涵设计流量确定方法常用推理公式、经验公式，但如果有实测流量系列资料，当然应首选适线法，除此之外，还有形态调查法、直接类比法。建立形态断面，进行洪水位调查，然后推算桥涵址处的设计流量，这就是形态调查。此法关键在于洪水位调查并确定其频率，以及准确地确定河沟粗糙系数。在拟建小桥涵址的上下游附近有已建成的小桥涵时，着重通过对已建小桥涵使用以来的情况调查，收集有关资料，采用直接类比法推求拟建小桥涵的设计流量。总之，小桥涵设计洪峰流量的确定还处在研究阶段，各种方法本身还存在缺陷，各公式的参数确定也还完善，所以设计时要注重计算资料的真实性、代表性，并尽量采用多种方法比较，相互验证，以弥补计算方法的不足。

思考题与习题

10-1 简述小流域暴雨径流的水力特征。

10-2 小桥涵设计流量计算的基本公式有哪些？

第十一章　小桥和涵洞孔径计算

这里所说的小桥是指桥孔比河水水面窄，且河底比较坚固或经过加固不能冲刷的小桥。桥孔与水面同宽的小桥对水流无扰动，不须计算；桥下可冲刷的小桥与大中桥同样计算。小桥和涵洞水力计算特点是一般不允许桥下和涵内的河底发生冲刷，但允许有较大的壅水高度，通常都采用人工加固的方法，以提高河床的容许流速，以达到适当缩减孔径的目的。小桥涵**水力计算的目的**，在于合理确定桥涵孔径的大小、河床加固的类型和尺寸、壅水高度、桥涵处路基和桥涵顶面的最低高程。

小桥涵**孔径设计的一般要求**：

(1)小桥涵孔径计算通常考虑铺砌，水力计算以容许不冲刷流速作控制；

(2)孔径必须保证安全通过设计洪水、漂浮物，满足交通、农田灌溉、排涝和排碱等的合理需要；防止桥涵前积水危及路堤、农田和村舍；防止出口水流冲刷耕地，便于施工和养护等。

(3)小桥涵孔径由水力计算提出基本尺寸，并经综合考虑流域水文特征、沟槽形态、地质特点、冲淤情况及人类活动影响等因素选定。

(4)小桥涵孔径应采用标准跨径；桥孔形式应当力求简化，以便于施工养护。

第一节　小桥孔径计算

桥梁的孔径计算必须首先确定计算流速。大中桥常取河床的主槽天然流速，而小桥则可以根据天然河床土质或河床加固铺砌的类型，选择适当的允许流速作为计算流速。小桥**孔径的计算步骤**是首先确定未建桥前的天然水深 h_t 和断面平均流速 v_t，然后根据初拟的桥型、桥孔情况，确定桥下临界水深 h_k，并进行水力计算图式判定；接着通过水力计算，确定小桥孔径，进而决定桥长 L；最后确定桥前壅水高度、推求路线的路堤和小桥桥面的最低高程。

一、水流通过小桥的图式

当桥孔压缩河槽时，水流受到桥头路堤和桥梁墩台的挤束，桥前水位抬高，产生壅水，桥下水面降低，出现收缩断面。

小桥的水流图式与无槛宽顶堰相同，可采用**宽顶堰理论**作为小桥水力计算的理论依据。但是小桥的水流长度较短，坡度的影响较小，收缩断面淹没的可能性较大。通常将桥下水流分为自由出流与淹没出流两类，其判别标准称为淹没标准。

如图 11-1 所示，水流进入桥孔后，在进口附近产生收缩断面，其水深 $h_c < h_k$（h_k 为桥孔中的临界水深），有

$$h_c = \psi h_k \tag{11-1}$$

式中：ψ——进口形状系数。非平滑进口，取 $\psi=0.75\sim0.80$；平滑进口取 $\psi=0.80\sim0.89$。为简化计算，通常可取 $\psi=0.9$。

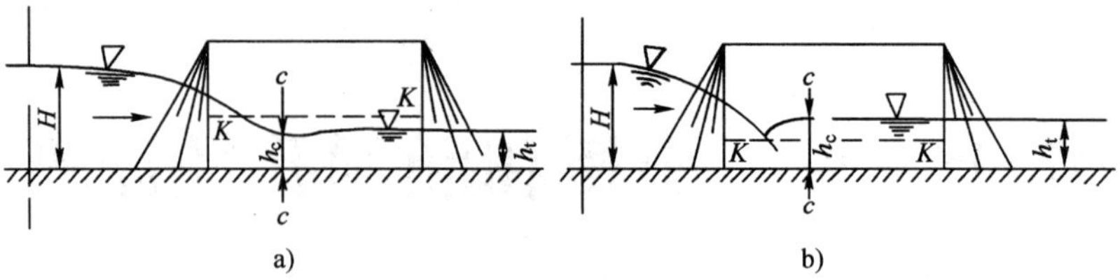

图 11-1　小桥过流图式

a)自由出流；b)淹没出流

小桥墩台对过流产生影响，使实际过流宽度缩小，用侧向收缩系数 ε 反映桥孔的有效过流宽度 B_c，即：$B_c=\varepsilon B$，其中 B 为桥孔净宽。小桥侧收缩系数 ε 由试验确定，见表 11-1。

小桥侧收缩系数 ε 及流速系数 φ　　表 11-1

桥台形状	ε	φ
单孔桥锥坡填土	0.90	0.90
单孔桥有八字翼墙	0.85	0.90
多孔桥或无锥坡或桥台伸出锥坡之外	0.80	0.85
拱脚淹没的拱桥	0.75	0.80

对于**矩形断面**桥孔，有

$$\left.\begin{aligned} h_k &= \sqrt[3]{\frac{\alpha Q^2}{(\varepsilon B)^2 g}} = \frac{\alpha v_k^2}{g} \\ Q &= m(\varepsilon B)\sqrt{2g}H_0^{\frac{3}{2}} \end{aligned}\right\}$$

从而得到

$$h_k=\sqrt[3]{2\alpha m^2}H \tag{11-2}$$

其中，

$$H_0=H+\frac{\alpha_0 v_0^2}{2g}$$

式中：m——流量系数；

v_0——桥前行近流速。

若取 $\alpha=1.0$，m 取宽顶堰流量系数的平均值，即 $m=0.3442$，得 $h_k=0.6188H_0$，$1.3h_k=0.8044H_0\approx0.8\ H_0$。

对照宽顶堰的淹没标准，设小桥下游水深为 h_t，则

自由出流　　$h_t\leqslant1.3h_k$

淹没出流　　$h_t>1.3h_k$

小桥的泄流能力可按下式计算

自由出流　　$Q=\varepsilon bh_c v_c=\varepsilon\psi bh_k v_{max}$

淹没出流　　$Q=\varepsilon bh_t v_{c-c}=\varepsilon bh_t v_{max}$　　(11-3)

式中：v_c——收缩断面流速($v_c>v_k$)；

v_{c-c}——淹没出流时收缩断面处的流速($v_{c-c}<v_k$)；

v_{max}——容许不冲刷流速，见表 4-4。

二、小桥孔径计算

1. 桥孔中的临界水深

小桥桥孔中的临界水深一般不等于上下游的临界水深，桥下收缩断面的断面平均流速最

大，取 $v_c \leqslant v_{max}$，按临界流计算，由式(11-3)得

$$h_k = \frac{\alpha\,\psi^2 v_{max}^2}{g}$$

$$v_k = \psi v_{max}$$

此外，桥孔中的临界水深也可由进口阻力条件及桥前水深求得。(11-2)式中的流量系数表示为

$$m = \varphi K\sqrt{1-K}$$

$$K = \frac{h_c}{H_0} = \frac{h_c}{h_k}\frac{h_k}{H_0} = \varphi\frac{h_k}{H_0}$$

则得

$$h_k = \frac{2\alpha\,\varphi^2\psi^2}{1+2\alpha\varphi^2\psi^3}H_0 \tag{11-4}$$

其中

$$H_0 = H + \frac{\alpha_0 v_0^2}{2g}$$

式中：H——桥前水深；

φ——由于桥下局部水头损失计入的流速系数，可查表 11-1；

v_0——桥前行进流速。

求得桥孔临界水深后，即可由下游水深 h_t 判别小桥的出流状态，按公式(11-3)计算小桥孔径。下游水深和桥前水深计算方法如下：

(1)下游水深 h_t：一般按未建桥涵时河流的正常水深 h_0 计算，可根据已知的设计流量 Q 及河槽特征，按明渠均匀流计算。先假定一个水深 h_1，从河槽断面图上量得过水面积 ω 和水力半径 R，按谢才—曼宁公式计算相应的流量 Q_1，若计算的流量与设计流量相差不大(一般不得超过 10%)，则假定的水深即可作为所求的正常水深，否则需要新假定水深进行计算，直到符合要求为止。

(2)桥前水深 H

①自由出流

桥下流速以收缩断面水深 h_c 控制。

矩形断面计算的公式

$$H = \psi h_k + \frac{v_k^2}{2g\varphi^2\psi^2} - \frac{\alpha_0 Q^2}{2gA_0^2} \tag{11-5}$$

式中：v_k——桥下临界流速，可取 $v_k = \psi v_{max}$；

A_0——上游行进流速对应的断面面积；

其他符号意义同前。

因为 $A_0 = A_0(H)$，公式(11-5)的求解需用试算法。通常式中可取 $\alpha_0 = 1$、$\psi = 1$。

类似的，梯形断面计算时，桥下临界水深也需试算求解。

②淹没出流

由于桥下收缩断面淹没，桥下水深与下游水深接近相等，桥的泄水能力降低，桥前水深比自由出流时的桥前水深要大。但桥下流速相应减小，有利于桥下河床加固材料的选择。桥前水深 H 的计算公式为

$$H = h_t + \frac{v_{max}^2}{2g\varphi^2} - \frac{\alpha_0 Q^2}{2gA_0^2} \tag{11-6}$$

同样，H 通过试算求得。

2. 小桥桥孔长度计算

沿着设计水位的水面线，两桥台前缘之间(埋入式桥台则为两桥台护坡坡面之间)的水面宽度，称为桥孔长度 L。桥孔长度是两岸桥台之间的最大间距。小桥可有单跨和多跨两类，桥孔长度取决于桥下水面宽度、桥墩宽度、上部结构底面对水面的超高及桥孔断面形状。小桥水力计算任务是统一解决孔径、桥下流速和桥前水深之间的矛盾。**处理的原则和解决的办法**通常是通过设计流量时，按临界水流状态设计，根据天然河床土质情况或加固河床的类型选择确定允许流速，再根据设计流量计算孔径大小和桥前壅水水深，然后与允许的桥前水深值比较，从而判断是否要调整孔径大小。若桥前壅水水深超过实际允许的桥前水深值，则应增大孔径，使桥前壅水水深降低至允许值。

(1)自由出流

桥孔泄流呈急流状态，且有 $h_c=\psi h_k$，$v_c=v_k/\psi$，全桥孔水深 $h<h_k$，按临界流计算，考虑侧收缩的影响，有

$$\frac{A_k^3}{\varepsilon B_k}=\frac{\alpha Q^2}{g}$$

式中：B_k——临界流时的水面宽度；

ε——侧收缩系数；

其他符号意义同前。

将 $A_k=\dfrac{Q}{v_k}$，$v_k=\psi v_c=\psi v_{max}$代入上式，得

$$B_k=\frac{gQ}{\alpha\varepsilon v_k^3} \tag{11-7}$$

$$B=\frac{gQ}{\alpha\varepsilon\psi^3 v_{max}^3}$$

$$L=B+2m\Delta h+Nd \tag{11-8}$$

式中：B——设计水位对应的水面净宽度；

v_{max}——允许不冲刷流速；

m——桥台边坡系数，矩形桥孔 $m=0$；

Δh——净空高度，按有关规范取值；

N——桥墩数，单孔时 $N=0$；

d——桥墩宽度。

(2)淹没出流

当桥下水流为淹没式出流，如图 11-1b)所示，桥下水深为天然水深，计算孔径时可先求出桥下过水断面的平均宽度(将梯形断面概化为矩形断面)

$$A=\varepsilon\overline{B}h_t$$

$$\overline{B}=\frac{A}{\varepsilon h_t}=\frac{Q}{\varepsilon h_t v_{max}} \tag{11-9}$$

从而得

$$L=\overline{B}+Nd+2m\left(\frac{1}{2}h_t+\Delta h\right) \tag{11-10}$$

式中符号意义同式(11-8)。

(3)小桥轴线与流向斜交的桥孔净长 L_j

当桥轴线与主流方向斜交，偏角为 θ，桥孔净长需要折算

$$L_j = \frac{L}{\cos\theta} \tag{11-11}$$

需要指出的是，根据上述计算而求得孔径长度后，应参照计算结果选用标准跨径长度，选用标准跨径后的净跨径长度要大于或等于计算出的孔径长度。桥涵的标准跨径有(单位：m)：0.75，1.0，1.25，1.5，2.0，3.0，4.0，5.0，6.0，8.0，10.0，13.0，16.0，20，25，30，35，40，50，60 等。由于选用的净跨径长度往往与计算值不等，为此还应重新计算 h_k，验算桥下出流状态有无变化，如有变化需重新设定，直至满足条件。一般情况，两者相差小于或等于10%范围内，选用标准路径后的水力计算图式不变。

三、小桥孔径计算示例

[例 11-1] 某公路跨越一河沟，桥位横断面如图 11-2 所示。设计流量 $Q_s = 22\text{m}^3/\text{s}$，桥址附近的河床比降 $i = 9‰$，粗糙系数 $n = 0.045$，桥址处路基设计高程为 103.00m，河床最低点高程为 100.00m，拟采用钢筋混凝土板式桥，试确定其孔径、桥面最低高程及桥头路基最低高程。

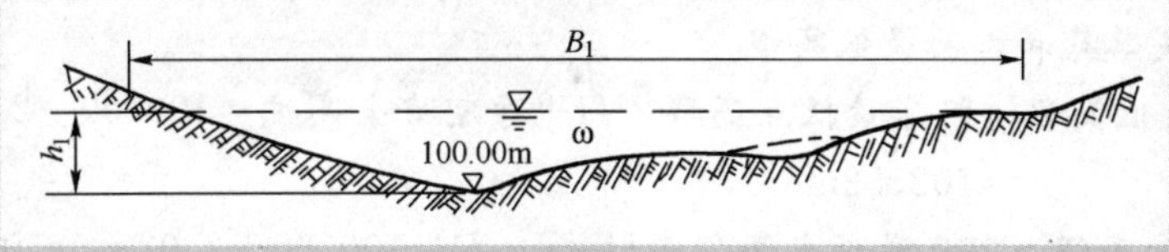

图 11-2 桥位河流断面

解：(1)确定河槽的天然水深 h_t

先假定通过设计流量 Q_s 时的天然水深 $h_t = 1.2\text{m}$，根据河床横断面求得：$\omega = 15.1\text{m}^2$，湿周 $\chi \approx 5.2\text{m}$，水力半径 $R \approx 0.6\text{m}$。则

$$v = \frac{1}{n} R^{\frac{2}{3}} i^{\frac{1}{2}} = \frac{1}{0.045} \times 0.6^{\frac{2}{3}} \times 0.009^{\frac{1}{2}} = 1.5\text{m/s}$$

$$Q = \omega v = 15.1 \times 1.50 = 22.7\text{m}^3/\text{s}$$

计算的 Q 值与设计流量 Q_s 之差小于5%，故可确定河槽的天然水深 $h_t = 1.2\text{m}$。

(2)确定桥下的临界水深 h_k 及水流图式

河床加固选用碎石垫层上的 20cm 片石单层铺砌，查得其允许流速为 3.5m/s，取临界流速 $v_k = 3.5\text{m/s}$，因桥孔为矩形，所以临界水深为

$$h_k = \frac{v_k^2}{g} = \frac{3.5^2}{9.81} = 1.25\text{m}$$

$$1.3h_k = 1.3 \times 1.25 = 1.63\text{m} > h_t = 1.2\text{m}$$

所以，桥下的水流图式为自由式出流。

(3)确定桥孔长度 L

采用单孔，桥台用八字翼墙式，由表 11-1 得 $\varepsilon = 0.85$，桥孔断面为矩形，则

$$L = B = \frac{gQ_s}{\varepsilon v_k^3} = \frac{9.81 \times 22}{0.85 \times 3.5^3} = 5.92\text{m}$$

选用单孔标准跨径 6.00m 的装配式钢筋混凝土板式桥，净跨 5.40m，与计算的 L 相差不超过 10%，可以不再重新复核水流图式。按路线标准、路基宽度，查标准图知桥的建筑高度为 0.42m。

(4)计算桥前水深 H

由公式(11-5)计算，由表 11-1 查得 $\varphi=0.90$，取 $\psi=1$，若不计行进流速水头，则

$$H = h_k + \frac{v_k^2}{2g\varphi^2} = 1.25 + \frac{3.5^2}{2 \times 9.81 \times 0.9^2} = 2.02\text{m}$$

由河床断面图可求得，当 $H=2.02\text{m}$，桥前的过水断面面积 $\omega=42.84\text{m}^2$，

$$v = \frac{Q}{\omega} = \frac{22}{42.84} = 0.51\text{m/s}$$

再假设 $v_H=0.51\text{m/s}$，代入(11-5)式，$H=1.25+0.77-\frac{0.51^2}{2\times 9.81}=2.01\text{m}$

当 $H=2.01\text{m}$ 时，$\omega=42.42\text{m}^2$，计算得 $v_H=0.52\text{m/s}$，与假设非常接近，所以确定桥前水深为 $H=2.02\text{m}$。

(5)确定桥头路基和桥面最低高程

桥头路基最低高程＝河床最低点高程＋H＋净空安全高度＝100.00＋2.02＋0.50
＝102.52m

桥面最低高程＝河床最低点高程＋$H+J+D$＝100.00＋2.02＋0.50＋0.42
＝102.94m

为了保持桥面与桥头路基设计高程一致，取高程为 103.00m。

第二节　涵洞孔径计算

一、水流通过涵洞的图式

涵洞与小桥相比，其特点是孔径小、孔道长，河沟底往往具有较大的纵坡，涵前水深可以高于涵洞高度。涵洞长度随路基填土高度增加而增长，洞身断面尺寸对工程量影响较大。在计算涵洞孔径时，要求跨径与台高有一定的比例关系，按经济比例常取 1∶1～1∶1.5。因此，涵洞孔径计算除解决跨径尺寸外，还应从经济出发确定涵洞的台高。

通常可采用加固河床、提高容许流速的办法来减小涵洞孔径，但这一措施会使涵前水深增大，危及涵洞和路堤的安全。因此**涵洞孔径计算的基本要求**是控制涵前水深，满足泄流要求和具有合适断面高、宽比例。

涵洞进口在垂直面上有升高式和不升高式两种，如图 11-3 所示。升高式洞口的进口升高部分常做成流线型，与水流进入涵洞的水面形状相似，泄水能力较强，但其结构比较复杂。进口不升高的涵洞，其全部高度相同，泄水能力较差。

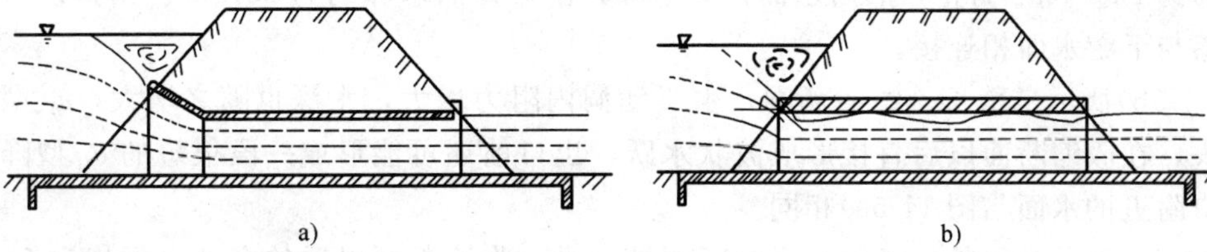

图 11-3　两种进口方式

a)升高式;b)不升高式

根据涵洞进水口的形式与涵前水头高低，可将涵洞的水流图式分为无压式、半压式和全压力式三种，如图 11-4 所示。

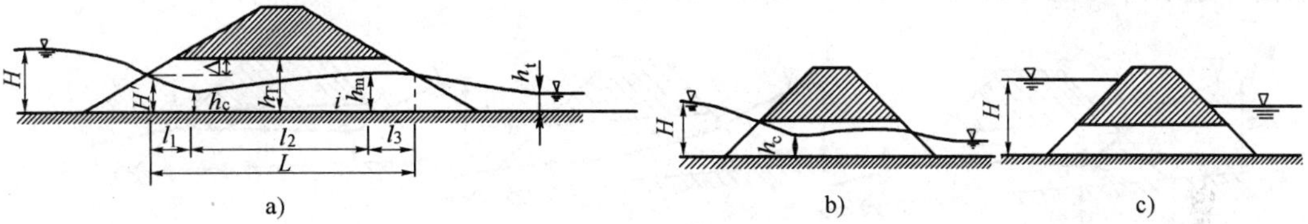

图 11-4　涵洞水流图式

a)无压式涵洞;b)半压式涵洞;c)全压式涵洞

(1)无压式涵洞

涵洞上下游和涵洞内部的水面连续不断，保持自由水面，称为**无压式涵洞**，如图 11-4a)。将涵洞设计为无压式涵洞，其要求低，便于维护，大部分情况下与工况相符，故在公路工程中被广泛应用。设涵前水深为 H，下游水深 h_t，涵洞净高为 h_T，则无压涵洞要求满足两个条件：

①$h_t < h_T$；

②洞口不升高的，$H < 1.2h_T$；洞口升高的，$H < 1.4h_T$。

涵洞的孔径一般比涵洞上下游河道的水面宽度要窄得多，水流进入涵洞时水面急剧降落而在进口以后不远处形成一个收缩断面，收缩断面以前的涵洞与无槛宽顶堰相同。收缩以后的涵洞，由于具有大于零的坡度，应看作明渠。当涵洞底坡 $i=0$，即平坡涵洞，使用中易在涵洞内积水，影响路基稳定，在公路工程中尽量避免采用。现分以下三种情况说明涵洞内的水流特点。

第一类：缓坡涵洞，$i < i_k$

缓坡涵洞的水流如图 11-5 所示。

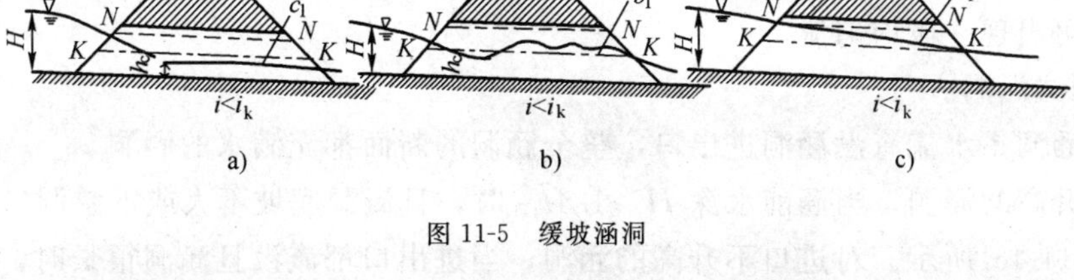

图 11-5　缓坡涵洞

图 11-5a)所示是很短的涵洞，水流进入涵洞后水面急剧降落，约在进口后 1.5H 处形成一个收缩断面，收缩断面水深约为 0.9h_k。收缩断面以后形成 c_1 型壅水曲线，一直延伸到距

出口断面约 $2h_k$～$5h_k$ 为止，然后水面开始下降，出口处的水深约为 $0.75h_k$。出口以后水面继续降落与下游水面相连接。

图 11-5b)所示是稍长一些的涵洞，由于涵洞内阻力增大，水深也随之增大，c_1 型壅水曲线消失，在收缩断面以后直接形成波状水跃，出口前还可能形成一段很短的 b_1 型降水曲线，出口附近的水面与图 11-5a)相同。

图 11-5c)所示是很长的涵洞，收缩断面被淹没，收缩断面以后的全部水面均为 b_1 型降水曲线。

第二类：临界坡涵洞，$i=i_k$

如图 11-6c)所示。收缩断面以后形成 c_3 型壅水曲线。如果涵洞较短，则壅水曲线末端的水深可小于 h_k；如果涵洞较长，则涵洞中部可形成一段均匀流，它的水深等于 h_k。出口前水面开始下降，直至出口后与下游水面相连接。

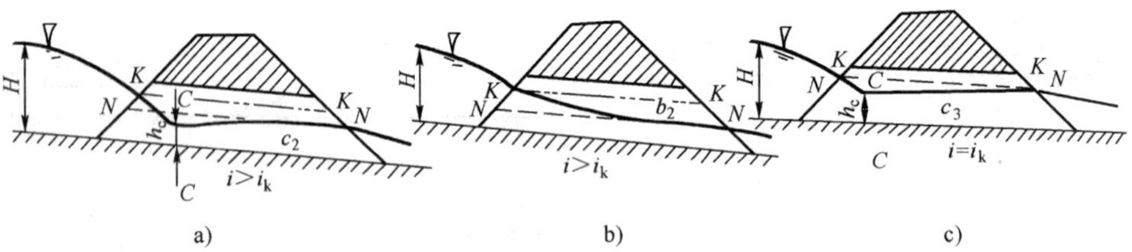

图 11-6 陡坡及临界坡涵洞

第三类：陡坡涵洞，$i>i_k$

如图 11-6a)所示。当涵洞底坡仅略大于 i_k，但 $h_0>h_c$ 时，涵洞的收缩断面后出现 c_2 型壅水曲线。若涵洞较短，壅水曲线可延伸到出口附近，水深接近于 h_0 为止，而后水面略有降低与下游水面相连接；若涵洞较长，则涵洞中部可出现一段均匀流，它的水深等于 h_0。

当涵洞坡度较大，如图 11-6b)所示。$h_0<h_c$ 时，则涵洞的收缩断面后出现 b_2 型降水曲线，涵洞出口水深等于或略大于 h_0，视涵洞长短而定。

(2)半压式涵洞

进口不升高的涵洞，当下游洞口不淹没，涵前水深 $H>1.2h_T$ 时，仅涵洞进口被水流淹没，称为**半压式涵洞**，如图 11-4b)所示。水流进入涵洞时，水面从洞顶脱离并急剧降落，约在距进口 $2h_T$～$3h_T$ 处形成收缩断面，它的水深小于临界水深，约等于涵洞高度的 60%，收缩断面以前的水流与闸门下的出流相同，收缩断面以后的水流，属于明渠非均匀流。

半压式涵洞，当底坡 $i<i_k$ 时，涵洞收缩断面以后形成波状水跃，波动的水面与洞顶断续接触，使收缩断面顶部的压强断续出现真空，这种水流很不稳定，工程上一般要避免。当底坡 $i\geqslant i_k$ 时，涵洞收缩断面以后的水流与无压式涵洞类似，水面是 c_2 型或 b_2 型曲线，当涵洞很长时可出现一段均匀流。

(3)全压式涵洞

全压式涵洞是水流淹没涵洞进出口，整个涵洞的断面都充满水的涵洞。

对进口升高的涵洞，当涵前水深 $H>1.4h_T$ 时，且涵洞底坡不大或下游洞口淹没时才能形成，如图 11-4c)所示。对进口不升高的涵洞，当进出口都淹没且涵洞很长时，也有可能形成全压式水流，但这种情况下水流很不稳定，工程上仍按半压式计算。

下游洞口淹没的涵洞，由于上下游水头差一般不大，因而涵洞的泄水能力不大。下游水位比涵洞顶低时，出口断面的水面可能脱离洞顶而形成半压式水流。为了保证全断面充满水，应使涵洞的底坡不大于摩擦坡。摩擦坡是涵洞的均匀流水深恰好等于涵洞高度时所具有的底坡，用下式计算

$$i_w = \frac{Q^2}{C^2 R\overline{\omega}^2} = \frac{n^2 Q^2}{\overline{\omega}^2 R^{\frac{4}{3}}} \tag{11-12}$$

二、涵洞孔径计算

涵洞的流量按第十章的方法确定，涵洞水力计算的目的是确定涵洞的孔径和高度、涵前和涵洞内的水深和流速、涵洞的底坡等。

1. 无压式涵洞的水力计算

对于无压式涵洞，当底坡等于或大于临界坡时，收缩断面一般是不淹没的。这种涵洞的孔径和涵前水深都比较小，且不受涵洞内部水流变化的影响，工程上多采用这种涵洞。当坡度较小，致使收缩断面淹没时，涵前和涵洞内的水深都随之增大，要求涵洞的高度增加，或者增大孔径，相应的工程造价也高。为了避免这种情况，工程上通常将涵洞底坡增大到临界坡来解决。因此，工程中小于临界坡的涵洞尽量少采用。

无压式涵洞的孔径计算，常以进口附近水深恰为 h_k 处(或收缩断面处)的水流断面及涵前断面列能量方程，来推算过涵流量和涵前水深。

涵洞的过流流量应为

$$Q = \varepsilon\varphi\omega_k\sqrt{2g(H_0 - h_k)} \tag{11-13}$$

$$v_k = \frac{Q}{\varepsilon w_k} \tag{11-14}$$

$$H_0 = h_k + \frac{v_k^2}{2g\varphi^2} \tag{11-15}$$

$$H = H_0 - \frac{v_0^2}{2g} \tag{11-16}$$

按进口条件计算

$$h_k = \frac{2\alpha\varphi^2\psi^2}{1 + 2\alpha\varphi^2\psi^3} H_0 \tag{11-17}$$

按防冲刷条件计算

$$h_k = \frac{\alpha\psi^2 v_{max}^2}{g} \tag{11-18}$$

式中：Q——过涵流量(m^3/s)；

h_k、v_k、ω_k——涵洞进口附近的临界水深(m)、流速(m/s) 和断面面积(m^2)；

ε——压缩系数，考虑涵洞进口对水流的侧向压缩，无压式涵洞取 $\varepsilon=1$；对于拱涵，进口升高者 $\varepsilon=1$，无进口升高者取 $\varepsilon=0.96$；

ψ——进口形状系数，常取 0.9～1；

α——流速分布系数，取 $\alpha=1$；

φ——流速系数，箱涵、盖板涵 $\varphi=0.95$，圆管涵 $\varphi=0.85$；

H_0——涵前总水头(m)；

H——涵前水深(m)；

v_{max}——涵底允许不冲刷流速(m/s)。

根据已知条件情况，利用上述公式，可计算涵洞的水力要素。实际上，为了简化计算，涵洞的孔径多数采用标准图的水力计算图表资料，从表中可直接查出主要的水力要素，其中涵前水深常按水面降落系数β计算

$$\beta=\frac{H'}{H}=\frac{h_T-\Delta}{H}$$
$$H=\frac{h_T-\Delta}{\beta} \tag{11-19}$$

式中：H'——涵洞进口水深(m)；

Δ——涵洞净空高度，按设计规范确定。

有关计算表请参考《公路桥涵设计手册——涵洞》。

2. 半压式涵洞的水力计算

半压式涵洞的水力计算，常以收缩断面与涵前断面列能量方程求解，得公式为

$$v_c=\varphi\sqrt{2g(H_0-\varepsilon h_T)} \tag{11-20}$$
$$H_0=H+\frac{Q^2}{2g\omega_0^2}$$

式中各符号的意义同前。在计算中应检查是否符合进口淹没条件。

3. 压力式涵洞的水力计算

压力式涵洞的过流能力一般按短管水力计算确定，其基本公式为

$$Q=\omega\varphi\sqrt{2g[H-l(i_w-i)-h_T]} \tag{11-21}$$

式中：l——涵洞长度(m)；

i——涵洞底坡；

i_w——涵洞的摩擦底坡，按均匀流计算；

其他符号的意义同前。

三、涵洞孔径计算示例

[例 11-2] 涵洞长 $L=10$m，断面为圆形，$d=2$m，底坡 $i=0.003$，进口形式具有扩张角 $\theta=30°$ 的垂直八字形翼墙，进口处的洞底高程 $H_0=34$m，涵洞上游水位 $H_1=35.8$m，下游水位 $H_t=34.5$m，洞前水深 $H=1.8$m，该处河沟的过水面积 $\omega_0=10.8\text{m}^2$。求涵洞的泄水流量。

解：(1)涵洞的泄流类型分析

进口洞顶高程：$H_T=H_0+d=34+2=36\text{m}>H_1=35.8\text{m}$，进口不被淹没。

出口洞顶高程：$H_E=H_T-iL=35.8-0.003\times10=34.77\text{m}>H_t=34.5\text{m}$，出口不被淹没。

可见涵洞为无压涵洞。

(2)泄流量计算

取涵洞流量系数 $m=0.35$，$Q=mB_k\sqrt{2g}H_0^{\frac{3}{2}}$

本例属非矩形断面，因 Q 与 B_k 有关，H_0 与 v_0 有关，需试算。

设 $H_{01}=H=1.8$m，$B_k=1.6$m，则

$$Q_1 = mB_k\sqrt{2g}H_{01}^{\frac{3}{2}} = 0.35 \times 1.6 \times \sqrt{2g} \times 1.8^{\frac{3}{2}} = 5.987\text{m}^3/\text{s}$$

$$v_{01} = \frac{Q_1}{\omega_0} = \frac{5.987\,2}{10.8} = 0.554\,4\text{m/s}$$

$$H_{02} = H + \frac{\alpha v_{01}^2}{2g} = 1.8 + \frac{1 \times 0.554\,4^2}{2 \times 9.81} = 1.815\,7\text{m}$$

$$Q_2 = mB_k\sqrt{2g}H_{02}^{\frac{3}{2}} = 6.065\,7\text{m}^3/\text{s}$$

经检验，Q_2 的精度满足要求，取涵洞的泄流流量 $Q=6.07\text{m}^3/\text{s}$。

第三节　小桥和涵洞出口处理

一、小桥涵进出口形式及选择

小桥的设计和大桥基本是大同小异。设计中一般应适当压缩河床，故小桥墩台基础埋深除满足受力需求外，还取决于冲刷深度的大小，因此很少做河床铺砌。小桥的进出口多用锥形护坡。

涵洞则是不允许冲刷的，因此涵洞洞身内和洞口的原河底应有一定的铺砌，以防止冲刷，并在洞口铺砌的两端做截水墙(也称垂墙)，以保护洞底铺砌，如图 11-7 所示。

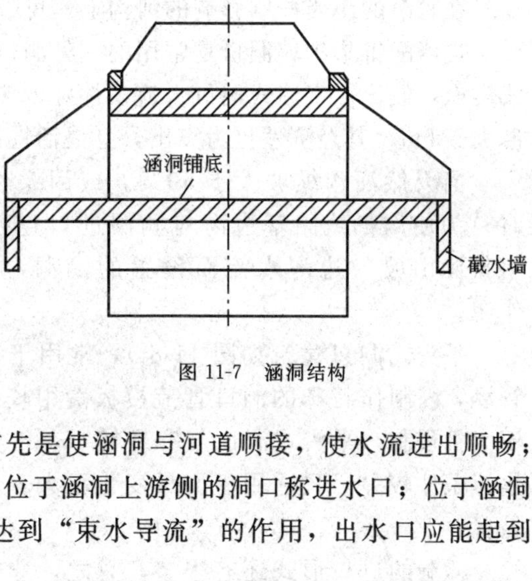

图 11-7　涵洞结构

涵洞是路基下的一个过水孔道，由洞身、洞口和基础等组成。洞身是形成过水孔道的主体。它一方面保证水流通过；另一方面也直接承受荷载压力和填土压力，并将其传给地基。洞身通常由承重结构物(如拱圈、盖板等)、涵台、基础以及防水层伸缩缝等部分构成。涵洞洞底还应有铺砌，并不小于最小坡度为 0.4%。洞口是洞身、路基、河道三者的连接构造物。涵洞洞口形式较多，作用和特点各异。涵洞设计中洞口设计十分重要，且洞口与洞身及基础需分别设计，施工时分别施工。修建洞口建筑首先是使涵洞与河道顺接，使水流进出顺畅；其次是确保路基边坡稳定，使之免受水流冲刷。位于涵洞上游侧的洞口称进水口；位于涵洞下游侧的洞口称为出水口。进水口设计中应能达到“束水导流”的作用，出水口应能起到“散水防冲”的作用。

涵洞受水流冲刷而引起的破坏，大部分是由于涵洞进出口处理不当所致，并且出水口引起的涵洞病害又较进水口为多。因此，认真作好涵洞进出口沟床的处理，对保证小桥涵安全及下游的农田免遭水害，有着重要的意义。

1. 进口形式

涵洞的进口形式有：端墙式(一字式)、锥形护坡式、八字翼墙式、跌水井式及流线型洞口等，如图 11-8 所示。洞口形式的选择应根据涵洞所在河沟的大小、附近的地形、涵洞与路基的关系情况而定。

河沟较宽，孔径压缩较大时，可采用八字式或锥形护坡式。正八字墙洞口［图 11-8a)］。常用于涵洞与路线正交的场合，其洞口为重力式墙式结构，特点是：构造简单，建筑结构比较美观。常用于河沟平坦顺直，无明显河槽，且沟底与涵底高差变化不大的情况。当涵洞与路线斜交时，宜采用斜交八字墙洞口形式。

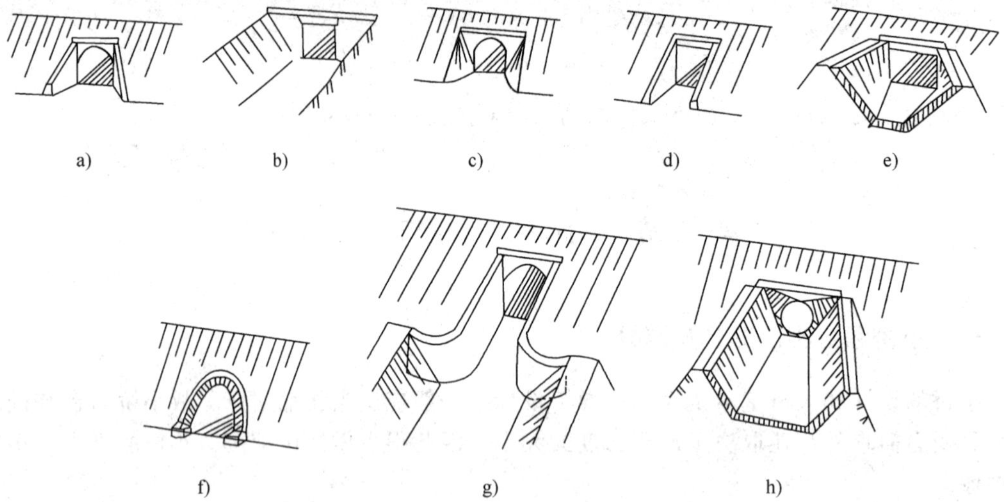

图 11-8　洞的进口

在较窄的不受冲刷影响的河沟上，可选用端墙式，如图 11-8b)所示。

端墙配锥形护坡洞口是常用的一种洞口形式，如图 11-8c)所示。它的使用条件与八字墙式类似，但比八字墙式洞口水流条件好，多用于宽浅河沟及河道压缩较多的情况。当路基高度大于 5m，其经济性更为突出，且灵活性更强。

当天然河沟纵坡大于 50%，或因条件限制洞口开挖以及天然沟槽与涵洞高差较大时，为使沟槽或路基边沟与涵洞进口连接，常采用跌水井洞口形式，如图 11-9 所示。为排除山坡与边沟水流而设置的涵洞，一般采用跌水井式洞口，跌水井还起到消能作用。

平头式洞口建筑如图 11-8f)，常用于钢筋混凝土管涵，因制作特殊的洞口管节模板费用较高，仅适用于大批预制。平头式洞口节省材料 45%～85%，但其水流条件较差，只适用于流量变化不大、水道稳定的情况。

涵洞的进口形式还有很多，总之，选择洞口形式时应考虑洞口的进水要求，并结合河沟的沟形以及与路基的衔接，合理布置，尽量使进出口水流顺畅，确保涵洞及路基的安全稳定。

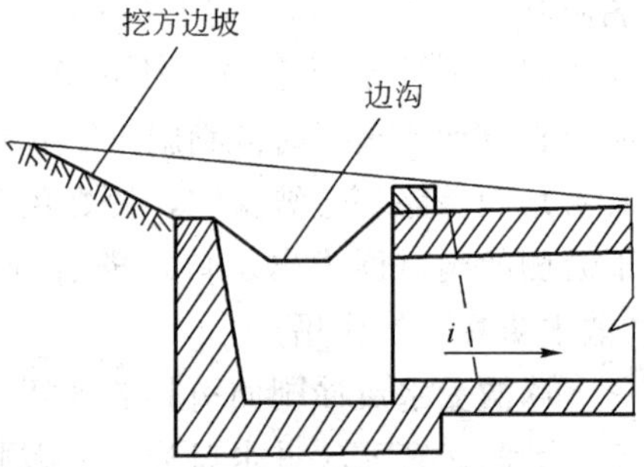

图 11-9　跌水井式进口

2. 涵洞的出口

涵洞出口要衔接自然河沟，水流在涵洞处被压缩后，于出口应逐渐扩散恢复到自然的水流状态。所以涵洞出口宜用八字墙式，扩散角可采用 30°。当出口处地形陡峻，涵洞可直接与急流槽衔接，将水送至沟底。

二、涵洞进出口河床的处理

涵洞进出口河床的处理方法，根据河沟与涵洞的纵坡以及地质情况而定，加固类型主要根据流速而定。

1. 进口加固

(1)缓坡涵洞

a. 在建涵处的河沟纵坡小于10％和河沟顺直的情况下，涵洞常顺河沟纵坡向设置，此时涵前河沟纵坡有时稍作开挖与涵洞衔接，开挖后纵坡可略大于1∶10。新开挖部分是否需要加固，视土质和流速而定。

进水口的河床加固常用人工铺砌法，铺砌形式分整体和局部两种。局部铺砌仅用于流速较小、孔径较大的多孔涵洞。

b. 涵前天然河沟纵坡为10％～40％时，涵洞仍按缓坡设置，此时涵前河沟开挖后的纵坡可取1∶4～1∶10。除了岩石地基之外，新开挖的沟底和沟槽侧向边坡均须采取人工铺砌加固，加固类型选择主要根据水流流速而定。由于涵前沟底纵坡较大，水流在进口处产生水跃，故在进口前应设置一段缓坡，其水平距离约为(1～2)d_0，d_0为涵洞孔径。当水流挟带泥沙较多时，可在进口处设深约0.5m的沉沙池，既能沉淀泥沙，又可以起到消能作用。

(2)陡坡涵洞

①涵前河沟纵坡较陡，但小于50％时，涵洞可按陡坡设置。涵内水流呈急流状态，涵底坡度与涵前沟底纵坡可直接平顺衔接。除了人工铺砌之外，无须采取其他措施。

②当涵前河沟纵坡大于50％，且水流流速很高时，进口处须设跌水或消力池、消力坎，以产生强迫式水跃，达到消能减速的目的。上游沟槽为非岩石地基时，开挖的纵坡可取1∶1～1∶2，但应严格根据河沟地质情况而定，以确保土体不致产生活动危险。同时，上游沟槽可挖成梯形断面，但沟底及沟槽边坡需要铺砌加固。若是沟槽设在岩石地基地面上，应首先消除表层风化岩石，两则设厚度为40cm的边墙。为保证急流槽的稳定，槽底每隔150～200cm宜设置防滑墙一道。必要时，急流槽内还可增设人工加糙设施。

③当涵洞及涵前均位于良好的岩石地基上，并且流量不大、纵坡很陡时，上游开挖的坡度可取1∶1～1∶0.2的陡坡，采用水流直接沿陡坡泄入涵内的形式。

2. 出口处理

涵洞出口处的流速，一般都大于河沟的天然流速，常使出口处的沟底、路基边坡和下游的农田遭受冲刷。因此，应根据不同情况，对出水口的沟床作适当处理。出口沟床的加固类型有：铺砌加固、挑坎防护及消能设施，如急流槽、多级跌水、消力池等。

当河沟的纵坡小于15％，涵洞的底坡小于5％(设置缓坡涵洞)时，出水洞口常采用延长铺砌，加深截水墙(垂裙)的处理方法，如图11-10所示。

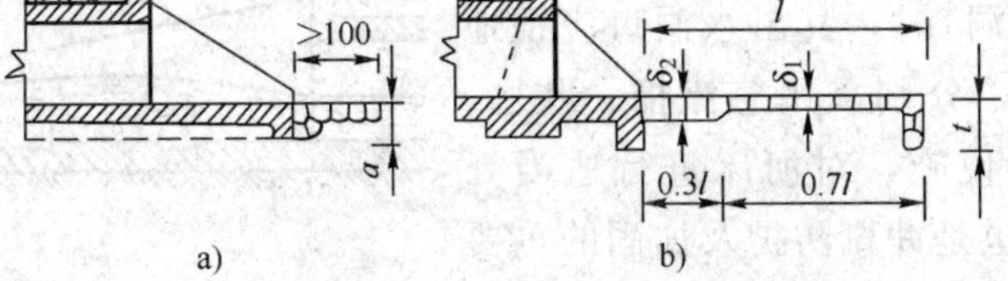

图11-10　涵洞出口加固（尺寸单位：cm）

截水墙埋入的深度，一般应等于或大于涵洞及翼墙基础底面的深度；也可根据涵后冲刷深度计算确定，有关计算公式可参考文献。

当采用长铺砌截水墙加固时，铺砌加固的长度，可按下式计算

$$l = kq^{n} \tag{11-22}$$

式中：l——铺砌长度(m)；

q——单宽流量(m^3/s)。

k、n 系数见表 11-2。

k、n 值 表 11-2

土壤种类	自由出流		淹没出流		土壤种类	自由出流		淹没出流	
	k	n	k	n		k	n	k	n
亚黏土、亚沙土	2.5	0.7	1.7	0.7	卵石、砾石	1.7	0.75	1.1	0.75
重亚黏土、密实亚黏土	2.2	0.7	1.4	0.7	大卵石	1.1	0.75	0.7	0.75

铺砌类型、材料及厚度根据出口流速选定，见表 11-3、11-4。

涵洞铺砌类型 表 11-3

出口流速 v(m/s)	≤1.0	1～2	2～6	>6
铺砌类型	无铺砌	干砌片石	浆砌片石	混凝土

截水墙厚度 表 11-4

截水墙埋深(m)	<1.2	1.2～1.5	1.5～1.8	1.8～2.1	≥2.2
截水墙厚度(m)	0.4	0.5	0.6	0.7	0.8

对于小孔径涵洞，河沟坡度不大时，常取 $l=(1\sim3)L_0$。

如图 11-10b)所示，铺砌厚度加厚段的厚度 δ_2 计算公式为

$$\delta_2 = \frac{\gamma}{\gamma_s - \gamma}(h_k - h) \tag{11-23}$$

式中：δ_2——加厚段的厚度(m)；

γ——水的重度，取 $9.8kN/m^3$；

γ_s——石块或混凝土的重度，取 $26kN/m^3$；

h_k——涵洞出口处的临界水深(m)；

h——加固段上的平均水深(m)。

涵洞出口采用八字翼墙配以三级挑坎，消能效果较好，如图 11-11 所示。一般八字翼墙铺砌长度达 4m 以上时，采用三级挑坎；铺砌长度 2～4m 时，可采用不设平台的二级挑坎；铺砌长度小于 2m 时，可采用只有上坎的一级挑坎。这些挑坎可以有效地使水流消能减速，减弱水流的冲刷能力，抬高下游水位，因而可以减少铺砌层末端的冲刷。

当天然河沟的纵坡大于 15%，涵洞的底坡大于 5%(设置陡坡涵洞)时，其出水洞口应视地形、地质和水力条件，分别采用急流槽、跌水、消力池或人工加糙等设施，对河床进行适当处理，其中急流槽末端也是冲刷防护及加固的重要部位。

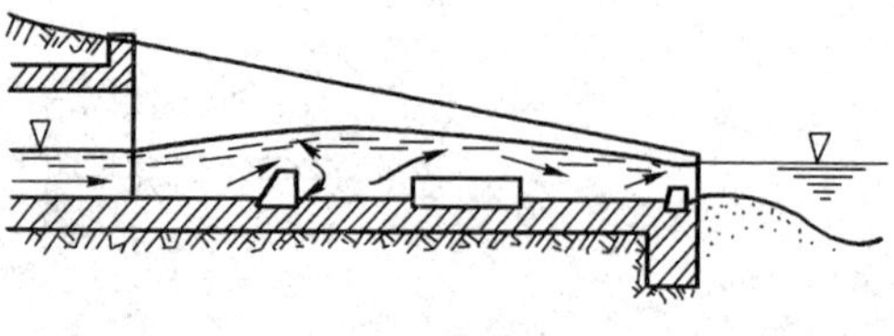

图 11-11 三级挑坎消能

本篇小结

本篇讲述小桥涵设计流量的推算、孔径计算和涵洞类型选择及其进出口沟床的处理等内容。

1. 小桥涵设计流量的推算，多采用小流域推算设计流量的方法。在生产实际中，多采用推理公式和经验公式，公式是根据流域产汇流理论在一定的简化条件下推导得到的，对于公式的理解，可以应用第六章第二节关于河川径流形成过程及影响径流的主要因素的知识。公式(10-1、2、3)中各组成部分与径流的主要影响因素是密切相关的。公式(10-1、2、3)中系数很多，同学通过学习应掌握含义与查用方法。

2. 在学习小桥涵孔径计算时，应与以往学过的大中桥孔径计算方法联系起来。首先，要弄清设计的指导思想上两者有着不同的特点，大中桥允许河床发生一定的冲刷，而小桥涵不允许冲刷。其次，要区别大中桥、小桥与涵洞的水流图式。

3. 在学习小桥涵的孔径计算公式中，与临界水深有密切的关系，同学们应把水力学的有关知识作一复习，同时能熟练使用《公路桥涵设计手册——桥位设计》和《公路桥涵设计手册——涵洞》进行小桥涵的孔径计算。

4. 在生产实际工作中，涵洞的孔径多数根据设计流量查阅标准图的水力计算图表资料，从表中可直接查出主要的水力要素。为了理解标准图上的水力资料来源，或者有些特殊的涵洞难以套用标准图，需要特殊设计，这都要求同学们学会涵洞的孔径计算方法。

5. 小桥涵进出口形式选择时要注意小桥的设计和大桥基本是大同小异，小桥墩台基础埋深除满足受力需求外，还取决于冲刷深度的大小，因此很少做河床铺砌，小桥的进出口多用锥形护坡。而涵洞则是不允许冲刷的，涵洞受水流冲刷而引起的破坏大部分是由于涵洞进出口处理不当所致，并且出水口引起的涵洞病害又较进水口为多，说明涵洞进出口沟床处理好坏对保证行车畅通及下游的农田免遭水害，有着重要意义。

思考题与习题

11-1　小桥孔径计算与大中桥孔径计算的不同点是什么？

11-2　小桥的水流图式有哪几种？其孔径计算的理论依据是什么？

11-3　涵洞的特点是什么？其水流图式有哪几种？它们的水力计算图式有何不同？

11-4　涵洞有某些形式？如何选用？

11-5　涵洞的进出口沟床为什么要进行加固处理？

附录 I　河段分类表

河流类型	河段类型	稳定程度		河流特性及河床演变特点			
		序号	分类	形态特征	水文泥沙特征	河床演变特征	河段区别要点
山区河流	峡谷河段	I	稳定	1. 在平面上多急弯卡口，宽窄相间，河床为 V 形或 U 形。 2. 河流纵断面多呈凸形，比降缓陡相连。 3. 峡谷河段，河床狭窄。河岸陡峭多石质，中、枯水河槽无明显区别。 4. 开阔河段，河面较宽，有边滩，有时也有不大的河漫滩和明显阶地，有的地方也会出现心滩和沙洲，比降较缓，河床泥沙较细	1. 河床比降陡，一般大于 2‰。 2. 流速大，洪水时河槽平均流速可达到 5～8m/s。 3. 水位变幅大，个别达到 50m 左右。 4. 含沙量小，河床泥沙颗粒较大；由于流速大，搬运能力强，故洪水时河床上有卵石运动	1. 河流稳定，变形多为单向的切蚀作用，速度相当缓慢。 2. 峡谷河段的进口或窄口的上游，受壅水的影响。 3. 开阔河段有时有较厚的颗粒较细的沉积物，且多呈洪冲，枯淤变化。 4. 两岸对河流的约束和牵制作用大	峡谷河段，河床窄深，床面岩石裸露或为大漂石覆盖，河床比降大，多急弯、卡口，断面呈 V 形或 U 形 开阔河段，和顺直微弯河段，岸线整齐，河槽稳定，断面多呈 U 形，滩、槽分明，各级洪水流向基本一致
山区河流	开阔河段	II III	稳定				
平原区河流	顺直微弯河段	II III	稳定	1. 平原区河流，平面外形可分为顺直微弯型、分汊型、弯曲型、宽滩型和游荡型。 2. 河谷开阔，有时河槽高出地面，靠两侧堤防束水。 3. 河床横断面多呈宽浅矩形，通常横断面上滩槽分明，在河弯处横断面呈斜三角形，凹岸侧窄深，凸岸侧为宽且高的边滩，过渡段有浅滩、沙洲。 4. 枯水期河槽中露出多种形态的泥沙堆积体。 5. 由于平原区河流多河弯、浅滩连续分布，因此，河床纵断面深浅相间	1. 河床比降平缓，一般小于 1‰，有时不到 0.1‰。 2. 流速小，洪水时河槽平均流速多为 2～4m/s。 3. 洪峰持续时间长，水位和流量变幅小于山区河流。 4. 河床泥沙颗粒较细；水流输送泥沙以悬移质为主，多为沙、粉沙和黏粒；但也有推移质。 5. $\frac{Q_t}{Q_p}>0.4$ 或者 $\frac{Q_t}{Q_p}>0.67$ 为宽滩河流	1. 顺直微弯河段，中水河槽顺直微弯，边滩呈犬牙交错分布；洪水时边滩向下游平移，对岸深槽亦向下游平移。 2. 分汊河段，中高水河槽分汊，两汊可能有周期性交替变迁趋势。 3. 弯曲型河段，凹冲凸淤。自由弯曲型河段，由于周而复始的凹冲凸淤，随着凹岸侧冲刷下切和侵蚀，弯顶横移下行，凸岸侧成鬃岗地形并扭曲弯向下游；与此同时弯曲路径加长，阻力加大，颈口缩短，洪水时发生裁弯取直。 4. 宽滩蜿蜒型河段，河床演变与弯曲型河段类似。 5. 游荡型河段，河槽宽浅，沙洲众多，且变化迅速，主流、支汊变化无常	稳定性和次稳定性河段的区别，前者河槽岸线、河槽、洪水主流均基本稳定，变形缓慢；后者河湾发展下移，主流在河槽内摆动。分汊河段，两汊有交替变迁的趋势；宽滩河段泛滥宽度很宽，达几公里、十几公里，滩槽宽度比、流量比都较大，滩流速小，槽流速大
平原区河流	分汊河段	III IV	次稳定				
平原区河流	弯曲河段	III IV	次稳定				
平原区河流	宽滩河段	III IV	次稳定				
平原区河流	游荡河段	IV V	不稳定				

续上表

河流类型	河段类型	稳定程度		河流特性及河床演变特点			
		序号	分类	形态特征	水文泥沙特征	河床演变特征	河段区别要点
山前区河流	山前变迁河段	V	不稳定	1. 山前变迁河段，多出现在较开阔的地面，坡度较平缓的山前平原地带，河段距山口较远，其下多是比较稳定的平原河流，水流多支汊，主流迁徙不定，河槽岸线不稳，洪水时主流有滚动可能。 2. 冲积漫流河段，距山口较近，河床坡度较陡；因为地势单调平坦，水流出山口后成喇叭形散开，流速、水深骤减，水流夹带大量泥沙落淤在山口坦坡上形成冲积扇	1. 河床比降介于山区和平原区之间，一般为 1‰～10‰；但冲积漫流河段有时大于 20‰～50‰。 2. 流速介于山区与平原区之间，洪水时河槽平均流速可达到 3～5m/s。 3. 水流宽浅；水深变幅不大，既小于山区亦小于平原区。 4. 泥沙中等或较大；在干旱、半干旱地区，洪水时往往携带大量细颗粒泥沙（既有悬移质又有推移质），是淤积的主要材料	1. 山前变迁型河段，泥沙与河床演变特点有类似平原游荡型河段之处，但其比降和泥沙颗粒皆大于平原游荡型河段；主要还是山前河流的特点，夺流改道之势更为凶猛迅速。 2. 冲积漫流河段，通常无固定河槽，夹带大量粗颗粒泥沙的水流淤此冲彼；加以坡陡、流急造成水沙混合体奔突冲击，有很大的破坏力。洪水后，河床支汊纵横，支离破碎，没有固定河漫滩，是最不稳定的河段；河床有可能淤高	不稳定河段与次稳定河段的区别，前者主流在整个河床内摆动，幅度大，变化快，河床有可能扩宽；后者主流在河槽内摆动，幅度小。游荡性河段与山前变迁性河段的区别，前者土质颗粒细，冲刷深，回淤快，主流不仅在河床内摆动，甚至可能造成河道改道；后者颗粒粗，冲刷浅，由于河床淤高扩宽和主流摆动，造成主槽变迁，河岸傍切扩宽幅度小。冲积漫流河段地貌大致具有冲积扇体特征，床面逐年淤高，较游荡性河段明显，洪水股流按总趋势在高沟槽中通过
	冲积漫流河段	VI					
河口	三角洲河口	V		1. 三角港河口段为凹向大陆的海湾型河口段。 2. 三角洲河口段为凸出海岸伸向大海的冲积型河口；河口段沙洲林立，支汊纵横交错	比降一般小于 0.1‰，流速也小；由于受潮汐影响，流速呈周期性正负变化；泥沙颗粒极细，多为悬移质	河口除受波浪和海流作用外，河流下泄的部分泥沙（进入河口后），由于受潮流和径流的相互作用，常形成拦门沙，加之咸、淡水交汇造成泥沙颗粒的絮凝现象，促进了泥沙的淤积，洪水期山水占控制的河段，可能有河床冲刷。因此很多河口段河床的冲淤变化很明显	区别要点同形态特征
	三角洲河口	VI					

注：①表列河段为一般情况，如山区河段一般为稳定性河段，但也有例外的情况。有的山区河流有次稳定的、甚至有不稳定的河段，遇到这类场合，应根据具体河段的实际情况，分析其稳定性，决定采用何种勘测设计方法；②表中序号表示河段的稳定程度，序号愈小，河段愈稳定；反之，愈不稳定。

附录 II　皮尔逊 III 曲线的离均系数 Φ_p 值表

C_s \ P(%)	0.01	0.1	0.2	0.33	0.5	1	2	5	10	20	50	75	90	95	99
0.0	3.72	3.09	2.88	2.71	2.58	2.33	2.05	1.64	1.28	0.84	0.00	−0.67	−1.28	−1.64	−2.33
0.1	3.94	3.23	3.00	2.82	2.67	2.40	2.11	1.67	1.29	0.84	−0.02	−0.68	−1.27	−1.62	−2.25
0.2	4.16	3.38	3.12	2.92	2.76	2.47	2.16	1.70	1.30	0.83	−0.03	−0.69	−1.26	−1.59	−2.18
0.3	4.38	3.52	3.24	3.03	2.86	2.54	2.21	1.73	1.31	0.82	−0.05	−0.70	−1.24	−1.55	−2.10
0.4	4.61	3.67	3.36	3.14	2.95	2.62	2.26	1.75	1.32	0.82	−0.07	−0.71	−1.23	−1.52	−2.03
0.5	4.83	3.81	3.48	3.25	3.04	2.68	2.31	1.77	1.32	0.81	−0.08	−0.71	−1.22	−1.49	−1.96
0.6	5.05	3.96	3.60	3.35	3.13	2.75	2.35	1.80	1.33	0.80	−0.10	−0.72	−1.20	−1.45	−1.88
0.7	5.28	4.10	3.72	3.45	3.22	2.82	2.40	1.82	1.33	0.79	−0.12	−0.72	−1.18	−1.42	−1.81
0.8	5.50	4.24	3.85	3.55	3.31	2.89	2.45	1.84	1.34	0.78	−0.13	−0.73	−1.17	−1.38	−1.74
0.9	5.73	4.39	3.97	3.65	3.40	2.96	2.50	1.86	1.34	0.77	−0.15	−0.73	−1.15	−1.35	−1.66
1.0	5.96	4.53	4.09	3.76	3.49	3.02	2.54	1.88	1.34	0.76	−0.16	−0.73	−1.13	−1.32	−1.59
1.1	6.18	4.67	4.20	3.86	3.58	3.09	2.58	1.89	1.34	0.74	−0.18	−0.74	−1.10	−1.28	−1.52
1.2	6.41	4.81	4.32	3.95	3.66	3.15	2.62	1.91	1.34	0.73	−0.19	−0.74	−1.08	−1.24	−1.45
1.3	6.64	4.95	4.44	4.05	3.74	3.21	2.67	1.92	1.34	0.72	−0.21	−0.74	−1.06	−1.20	−1.38
1.4	6.87	5.09	4.56	4.15	3.83	3.27	2.71	1.94	1.33	0.71	−0.22	−0.73	−1.04	−1.17	−1.32
1.5	7.09	5.23	4.68	4.24	3.91	3.33	2.74	1.95	1.33	0.69	−0.24	−0.73	−1.02	−0.13	−1.26
1.6	7.31	5.37	4.80	4.34	3.99	3.39	2.78	1.96	1.33	0.68	−0.25	−0.73	−0.99	−1.10	−1.20
1.7	7.54	5.50	4.91	4.43	4.07	3.44	2.82	1.97	1.32	0.66	−0.27	−0.72	−0.97	−1.06	−1.14
1.8	7.76	5.64	5.01	4.52	4.15	3.50	2.85	1.98	1.32	0.64	−0.28	−0.72	−0.94	−1.02	−1.09
1.9	7.98	5.77	5.12	4.61	4.23	3.55	2.88	1.99	1.31	0.63	−0.29	−0.72	−0.92	−0.98	−1.04
2.0	8.21	5.91	5.22	4.70	4.30	3.61	2.91	2.00	1.30	0.61	−0.31	−0.71	−0.895	−0.949	−0.989
2.1	8.43	6.04	5.33	4.79	4.37	3.66	2.93	2.00	1.29	0.59	−0.32	0.71	−0.869	−0.914	−0.945
2.2	8.65	6.17	5.43	4.88	4.77	3.71	2.96	2.00	1.28	0.57	−0.33	−0.70	−0.844	−0.879	−0.905
2.3	8.87	6.30	5.53	4.97	4.51	3.76	2.99	2.00	1.27	0.55	−0.34	−0.69	−0.820	−0.849	−0.867
2.4	9.08	6.42	5.63	5.05	4.58	3.81	3.02	2.01	1.26	0.54	−0.35	−0.68	−0.795	−0.820	−0.831
2.5	9.80	6.55	5.73	5.13	4.65	3.85	3.04	2.01	1.25	0.52	−0.36	−0.67	−0.772	−0.791	−0.800
2.6	9.51	6.67	5.82	5.20	4.72	3.89	3.06	2.01	1.23	0.50	−0.37	−0.66	−0.748	−0.764	−0.769
2.7	9.72	6.79	5.92	5.28	4.78	3.93	3.09	2.01	1.22	0.48	−0.37	−0.65	−0.726	−0.736	−0.740
2.8	9.93	6.91	6.01	5.36	4.84	3.97	3.11	2.01	1.21	0.46	−0.38	−0.64	−0.702	−0.710	−0.714
2.9	10.14	7.03	6.10	5.44	4.90	4.01	3.13	2.01	1.20	0.44	−0.39	−0.63	−0.680	−0.687	−0.690
3.0	10.35	7.15	6.20	5.51	4.96	4.05	3.15	2.00	1.18	0.42	−0.39	−0.62	−0.658	−0.665	−0.667
3.1	10.56	7.26	6.30	5.59	5.02	4.08	3.17	2.00	1.16	0.40	−0.40	−0.60	−0.639	−0.644	−0.645
3.2	10.77	7.38	6.39	5.66	5.08	4.12	3.19	2.00	1.14	0.38	−0.40	−0.59	−0.621	−0.624	−0.625
3.3	10.97	7.49	6.48	5.74	5.14	4.15	3.21	1.99	1.12	0.36	−0.40	−0.58	−0.604	−0.606	−0.606
3.4	11.17	7.60	6.56	5.80	5.20	4.18	3.22	1.98	1.11	0.34	−0.41	−0.57	−0.587	−0.588	−0.588
3.5	11.37	7.72	6.65	5.86	5.25	4.22	3.23	1.97	1.09	0.32	−0.41	−0.55	−0.570	−0.571	−0.571
3.6	11.57	7.83	6.73	5.93	4.30	4.25	3.24	1.96	1.08	0.30	−0.41	−0.54	−0.555	−0.556	−0.556
3.7	11.77	7.94	6.81	5.99	6.35	4.28	3.25	1.95	1.06	0.28	−0.42	−0.53	−0.540	−0.541	−0.541
3.8	11.97	8.05	6.89	6.05	5.40	4.31	3.26	1.94	1.04	0.26	−0.42	−0.52	−0.526	−0.526	−0.526
3.9	12.16	8.15	6.97	6.11	5.45	4.34	3.27	1.93	1.02	0.24	−0.41	−0.506	−0.513	−0.513	−0.513

附录 III K_p 值表（$C_s=3C_v$）

O_v	p(%)											O_v
	0.1	1	2	5	10	20	50	75	90	95	99	
0.05	1.17	1.12	1.11	1.08	1.07	1.04	1.00	0.97	0.94	0.92	0.89	0.05
0.10	1.35	1.25	1.22	1.17	1.13	1.08	0.99	0.93	0.88	0.85	0.79	0.10
0.15	1.56	1.40	1.35	1.26	1.20	1.12	0.99	0.89	0.82	0.78	0.70	0.15
0.20	1.79	1.55	1.47	1.30	1.27	1.16	0.98	0.86	0.76	0.71	0.62	0.80
0.25	2.05	1.72	1.61	1.46	1.34	1.20	0.97	0.82	0.71	0.65	0.56	0.25
0.30	2.32	1.89	1.75	1.56	1.40	1.23	0.96	0.78	0.66	0.60	0.50	0.30
0.35	2.61	2.07	1.90	1.66	1.47	1.26	0.94	0.74	0.61	0.55	0.46	0.35
0.40	2.99	2.26	2.05	1.76	1.54	1.29	0.92	0.70	0.57	0.50	0.42	0.40
0.45	3.26	2.46	2.21	1.87	1.60	1.33	0.90	0.67	0.58	0.47	0.39	0.45
0.50	3.62	2.67	2.37	1.98	1.67	1.35	0.88	0.64	0.49	0.44	0.37	0.50
0.55	3.99	2.85	2.54	2.08	1.78	1.36	0.86	0.60	0.46	0.41	0.36	0.85
0.60	4.38	3.10	2.71	2.19	1.79	1.38	0.83	0.57	0.44	0.39	0.35	0.60
0.65	4.81	3.33	2.88	2.29	1.85	1.40	0.80	0.58	0.41	0.37	0.34	0.65
0.70	5.28	3.56	3.05	2.40	1.90	1.41	0.78	0.50	0.39	0.36	0.34	0.70
0.75	5.68	3.80	3.24	2.50	1.96	1.42	0.76	0.48	0.33	0.35	0.34	0.75
0.80	6.14	4.05	3.42	2.61	2.01	1.43	0.72	0.46	0.36	0.34	0.34	0.80
0.85	6.62	4.29	3.59	2.71	2.06	1.43	0.69	0.44	0.35	0.34	0.34	0.85
0.90	7.11	4.54	3.78	2.81	2.10	1.43	0.67	0.42	0.35	0.34	0.34	0.90
0.95	7.62	4.80	3.96	2.91	2.14	1.43	0.64	0.39	0.34	0.34	0.34	0.95
1.00	8.15	5.05	4.15	3.00	2.18	1.42	0.61	0.38	0.34	0.34	0.34	1.00
1.05	8.68	5.32	4.34	3.10	2.21	1.41	0.58	0.37	0.34	0.34	0.33	1.05
1.10	9.24	5.57	4.58	3.19	2.23	1.40	0.55	0.36	0.34	0.34	0.33	1.10
1.15	9.81	5.83	4.70	3.26	2.26	1.38	0.53	0.35	0.34	0.34	0.33	1.15
1.20	10.40	6.10	4.89	3.35	2.30	1.36	0.51	0.35	0.33	0.33	0.33	1.20
1.25	11.00	6.36	5.07	3.44	2.31	1.34	0.49	0.85	0.33	0.33	0.33	1.25
1.30	11.61	6.64	5.25	3.51	2.33	1.31	0.47	0.34	0.33	0.33	0.33	1.30
1.35	12.21	6.91	5.42	3.59	2.34	1.30	0.45	0.34	0.33	0.35	0.33	1.35
1.40	12.82	7.18	5.60	3.66	2.34	1.27	0.43	0.34	0.33	0.33	0.33	1.40
1.45	13.47	7.45	5.77	3.72	2.35	1.23	0.42	0.34	0.33	0.33	0.33	1.45
1.50	14.13	7.72	5.95	3.78	2.35	1.21	0.40	0.34	0.33	0.33	0.33	1.50

附录Ⅳ　墩形系数及墩宽计算表

<table>
<tr><th>编号</th><th>墩形示意图</th><th>墩形系数 K_ξ</th><th>桥墩计算宽度 B_1</th></tr>
<tr><td>1</td><td>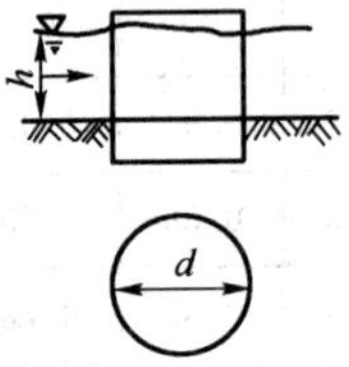
</td><td>1.00</td><td>$B_1=d$</td></tr>
<tr><td>2</td><td>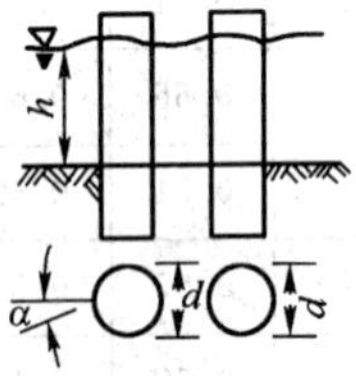
</td><td>不带联系梁：$K_\xi=1.00$
带联系梁：
<table>
<tr><td>α</td><td>0°</td><td>15°</td><td>30°</td><td>45°</td></tr>
<tr><td>K_ξ</td><td>1.00</td><td>1.05</td><td>1.10</td><td>1.15</td></tr>
</table></td><td>$B_1=d$</td></tr>
<tr><td>3</td><td>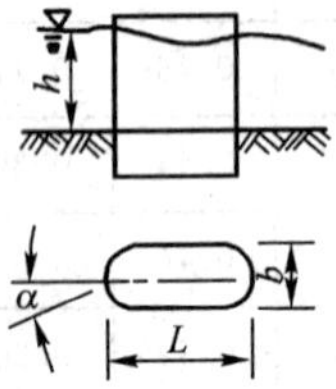
</td><td>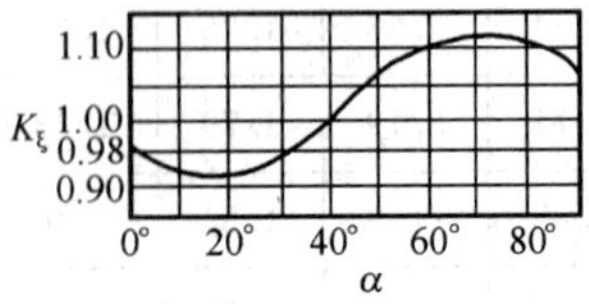
</td><td>$B_1=(L-b)\sin\alpha+b$</td></tr>
<tr><td>4</td><td>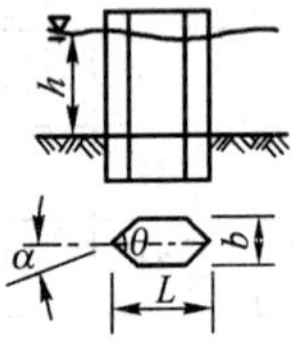
</td><td>
<table>
<tr><td rowspan="2">与水流正交时各种迎水角系数</td><td>θ</td><td>45°</td><td>60°</td><td>75°</td><td>90°</td><td>120°</td></tr>
<tr><td>K_ξ</td><td>0.70</td><td>0.84</td><td>0.90</td><td>0.95</td><td>1.10</td></tr>
</table>
迎水角 $\theta=90°$与水流斜交时的系数 K_ξ
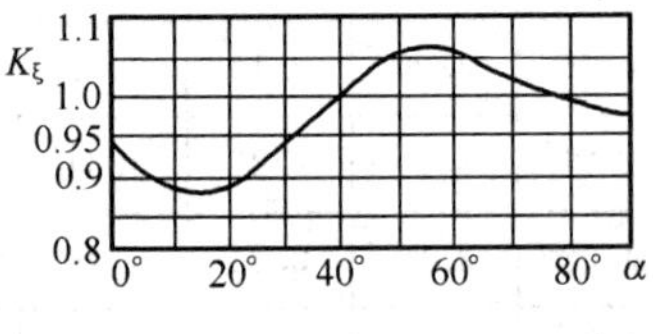
</td><td>$B_1=(L-b)\sin\alpha+b$
（为了简化可按圆端墩计算）</td></tr>
<tr><td>5</td><td>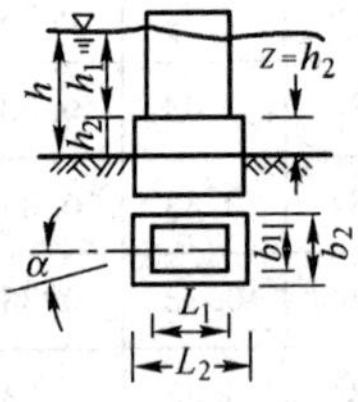
</td><td>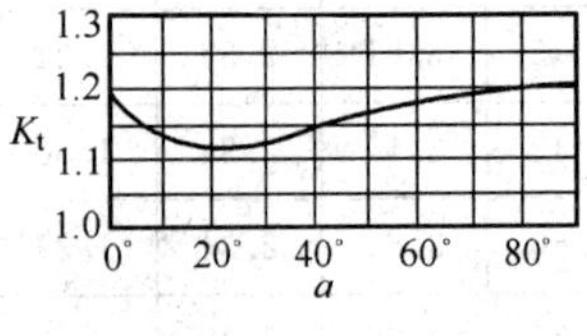
</td><td>与水流正交
$B_1=\dfrac{b_1h_1+b_2h_2}{h}$
与水流斜交
$B_1=\dfrac{B'_1h_1+B'_2h_2}{h}$
$B'_1=L_1\sin\alpha+b_1\cos\alpha$
$B'_2=L_2\sin\alpha+b_2\cos\alpha$</td></tr>
</table>

续上表

编号	墩形示意图	墩形系数 K_ξ	桥墩计算宽度 B_1
6	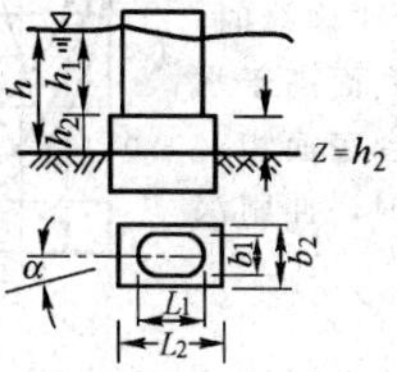	$K_\xi=K_{\varepsilon1}K_{\varepsilon2}$ 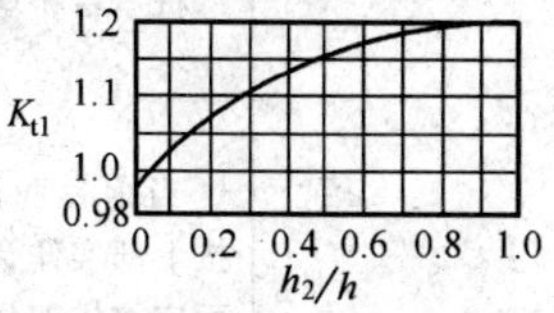 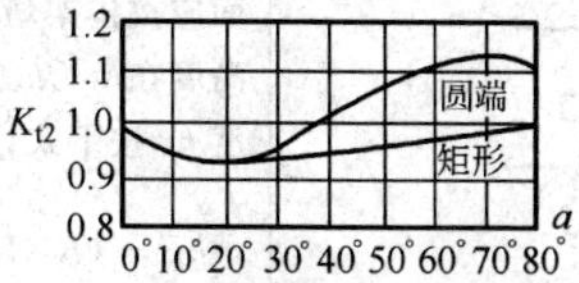 注：沉井与墩身的 $K_{\varepsilon2}$ 相差较大时根据 h_1h_2 的大小，在两线间按比例定点取值。	与水流正交时 $B_1=\dfrac{b_1h_1+b_2h_2}{h}$ 与水流斜交时 $B_1=\dfrac{B'_1h_1+B'_2h_2}{h}$ $B'_1=(L_1-b_1)\sin\alpha+b_1$ $B'_2=L_1\sin\alpha+b_2\cos\alpha$
7	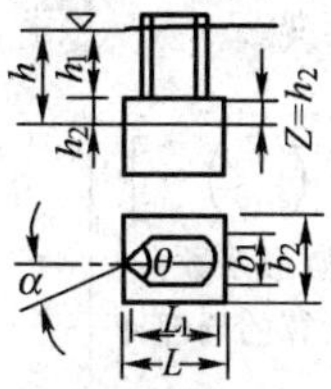	与水流正交时 $K_\xi=K_{\varepsilon1}$ 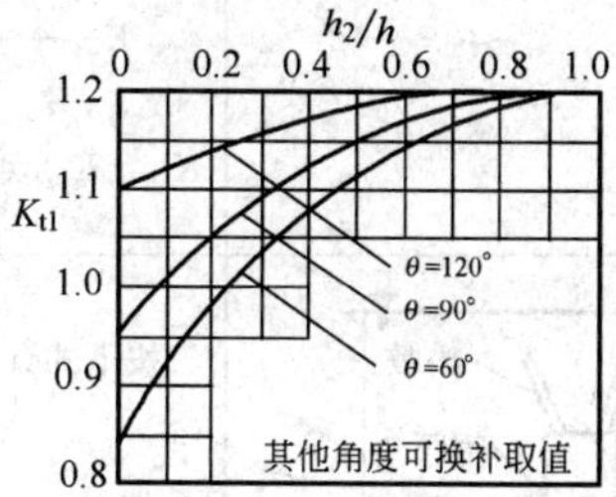 迎水角 $\theta=90°$ 与水流斜交时的 $K\varepsilon=K_\varepsilon K_{\varepsilon2}$ 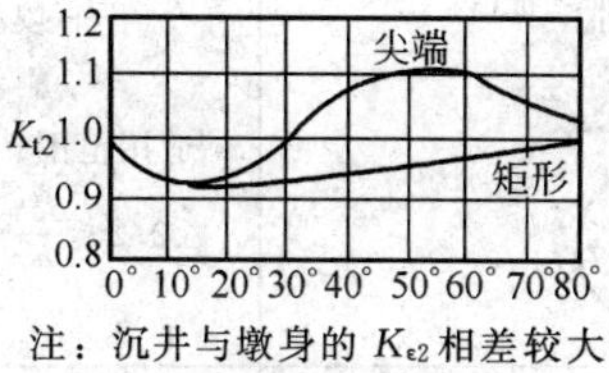 注：沉井与墩身的 $K_{\varepsilon2}$ 相差较大时根据 h_1h_2 的大小，在两线间按比例定点取值。	与水流正交时 $B_1=\dfrac{b_1h_1+b_2h_2}{h}$ 与水流斜交时 $B_1=\dfrac{B'_1h_1+B'_2h_2}{h}$ $B'_1=(L_1-b_1)\sin\alpha+b_1$ $B'_2=L_1\sin\alpha+b_2\cos\alpha$
8	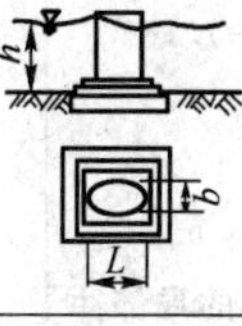	采用与水流正交时的墩形系数	与水流正交 $B_1=b$ 与水流斜交 $B_1=(L-b)\sin\alpha+b$
9	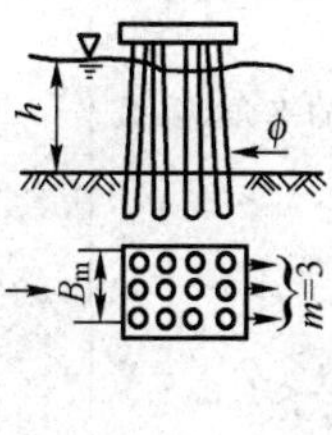	$K_\xi=K'_\varepsilon K_{m\phi}$ K'_ε——单桩形状系数，按编号（1），（2），（3），（5）墩形确定（如多为圆桩，$K_\xi=1.0$ 可省略）； $K_{m\phi}=1+5\left[\dfrac{(m-1)\phi}{m_m}\right]$——桩群系数； B_m——桩群垂直水流方向的分布宽度； m——桩的排数	$B_1=\phi$

续上表

编号	墩形示意图	墩形系数 K_ξ	桥墩计算宽度 B_1
10	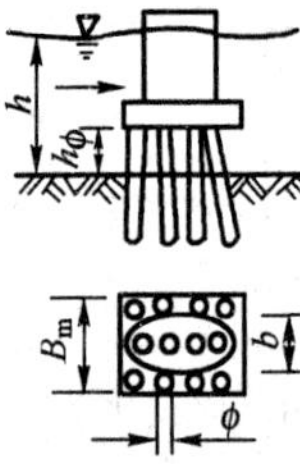	桩承台桥墩局部冲刷计算方法 当承台底面低于一般冲刷线时，按上部实体计算；承台底面高于水面应按排架墩计算，承台底面相对高度在 $0 \leqslant h_\varphi/h \leqslant 1.0$ 时，冲刷深度 h_b 按下式计算： $h_b = (K'_\xi K_{m\phi} K_{h\phi} \phi^{0.6} + 0.85 K_{\varepsilon1} K_{h2} B_1^{0.6}) K_{\eta_1} (v_0 - v'_0) \times \left(\frac{v - v'_0}{v_0 - v'_0}\right)^{n1}$ $K_{b\phi} = 1.0 - \frac{0.001}{(h_\phi/h + 0.1)^3}$ 为淹没柱体折减系数； $K_\varepsilon B_1$——按承台底处于一般冲刷线计算； K_{b2}——为墩身承台减少系数； $K_{\eta1}$，v，v_0，v'_0，n_1 见 65－1 公式： K'_ε、$K_{m\phi}$ 见编号(9)	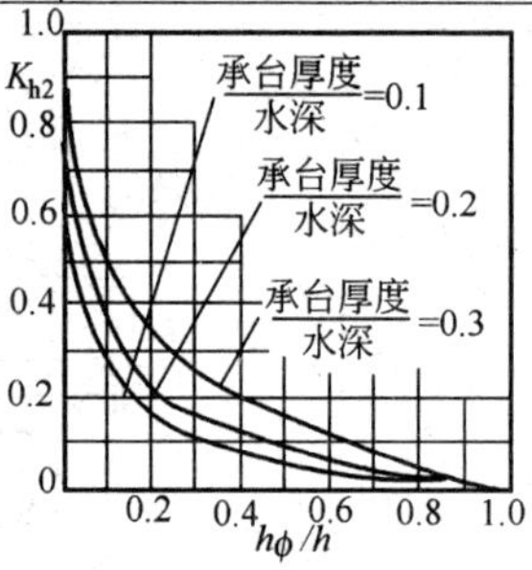
11	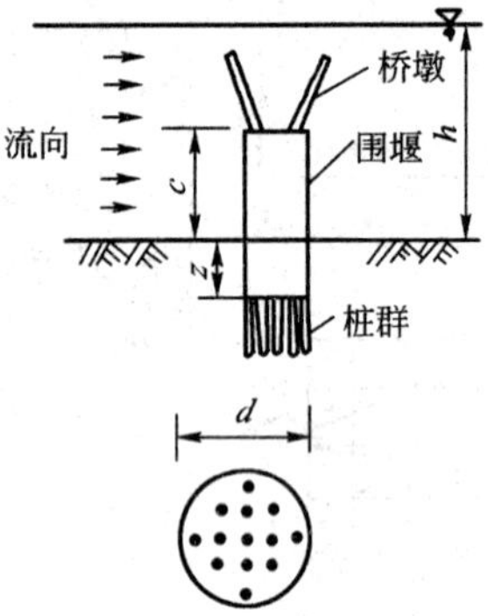	按下式计算局部冲刷深度 h_b $h_b = K_{cd} h_{by}$ $K_{cd} = 0.2 + 0.4\left(\frac{c}{h}\right)^{0.3}\left[1 + \left(\frac{Z}{h_{by}}\right)^{0.6}\right]$ K_{cd}——大直径围堰群桩墩形系数； h_{by}——按编号(1)墩形计算的局部冲刷深度 适用范围： $0.2 \leqslant \frac{c}{h} \leqslant 1.0$，$0.2 \leqslant \frac{Z}{h_{by}} \leqslant 1.0$	$B_1 = b$
12	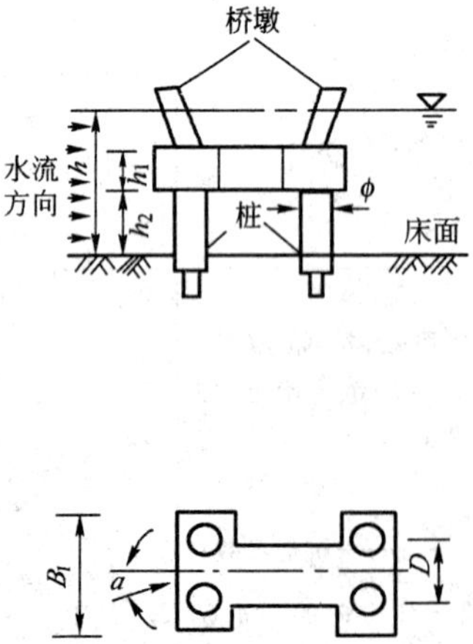	按下式计算局部冲刷 h_b： $h_b = K_\alpha K_{zh} h_{by}$ $K_{zh} = 1.22 K_{h2}\left(1 + \frac{h_\phi}{h}\right) + 1.18 \left(\frac{\phi}{B_1}\right)^{0.6} \cdot \frac{h_\phi}{h}$ $K_a = -0.57\alpha^2 + 0.57\alpha + 1$ h_{by}——按编号(1)墩形计算的局部冲刷深度； K_{zh}——工字承台大直径基桩组合墩墩形系数； α——桥轴法线与流向的夹角(以弧度计) 适用范围： $D = 2\phi$ $0.2 < \frac{h_2}{h} < 0.5$，$0 < \frac{h_\phi}{h} < 1.0$ $\alpha = 0 \sim 0.785$	B_1

参 考 文 献

[1] JTG C30—2002 公路工程水文勘测设计规范. 北京：人民交通出版社，2002.
[2] JTG B01—2003 公路工程技术标准. 北京：人民交通出版社，2003.
[3] JTG D60—2004 公路桥涵设计通用规范. 北京：人民交通出版社，2004.
[4] 高冬光. 公路桥涵设计手册—桥位设计. 北京：人民交通出版社，2000.
[5] 蒋焕章. 公路水毁勘测设计与水毁防治. 北京：人民交通出版社，1996.
[6] 田伟平，王亚铃. 水力学. 北京：人民交通出版社，2004.
[7] 高学平，张效先. 水力学. 北京：中国建筑工业出版社，2006.
[8] 吴应辉. 桥涵水力水文. 北京：人民交通出版社，1998.
[9] 金建华，王烽. 水力学. 长沙：湖南大学出版社，2004.
[10] 张耀先. 水力学. 北京：化学出版社，2005.
[11] 胡敏良. 流体力学(第三版). 武汉：武汉理工大学出版社，2004.
[12] 高冬光. 桥位勘测设计. 北京：人民交通出版社，2001.
[13] 高冬光. 桥涵水文(第三版). 北京：人民交通出版社，2003.
[14] 景天然. 桥涵水文. 上海：同济大学出版社，1993.
[15] 陆浩，高冬光. 桥梁水力学. 北京：人民交通出版社，1991.
[16] 盛海洋. 工程地质与桥涵水文. 北京：机械工业出版社，2006.
[17] 宋广尧. 水力学与桥涵水文. 北京：中国铁道出版社，1996.
[18] 马学尼. 水文学(第三版). 北京：中国建材工业出版社，2003.
[19] 雒文生. 水文学. 北京：中国建筑工业出版社，2001.
[20] 邱大洪. 工程水文学. 北京：人民交通出版社，2004.
[21] 叶镇国. 水力学与桥涵水文. 北京：人民交通出版社，2003.